"十三五"普通高等教育本科规划教材

机电一体化系统设计

主　编　王裕清　张业明
副主编　陈国强　陈水生　张明军
编　写　王　耿　康件丽　范小彬
主　审　李长有

中国电力出版社
CHINA ELECTRIC POWER PRESS

内 容 提 要

本书为“十三五”普通高等教育本科规划教材。本书注重理论与实践的结合，主要介绍了与机电一体化技术相关的基本概念、基本组成、基础理论和典型应用技术，对控制系统与接口设计技术也进行了较为详细的介绍。全书共五章，主要内容包括概述、机电一体化的基础部件设计与选用、机电一体化控制系统设计、机电一体化系统分析与设计、机电一体化技术的典型应用。为了配合课堂教学与读者学习，各章都配备了习题，针对应用性较强的章节均配备图片与实例。

本书可作为高等院校机械类各专业以及仪器科学与技术、能源与动力工程等专业的本科生教材，亦可作为从事机电一体化产品开发工作的工程技术人员的参考用书。

图书在版编目（CIP）数据

机电一体化系统设计/王裕清，张业明主编. —北京：中国电力出版社，2015.9

“十三五”普通高等教育本科规划教材

ISBN 978-7-5123-8244-2

Ⅰ.①机… Ⅱ.①王… ②张… Ⅲ.①机电一体化-系统设计-高等学校-教材 Ⅳ.①TH-39

中国版本图书馆CIP数据核字（2015）第229598号

中国电力出版社出版、发行

（北京市东城区北京站西街19号 100005 http://www.cepp.sgcc.com.cn）

航远印刷有限公司印刷

各地新华书店经售

*

2015年9月第一版 2015年9月北京第一次印刷

787毫米×1092毫米 16开本 20.5印张 505千字

定价 **42.00** 元

前　言

机电一体化系统设计是机械类各专业的一门专业核心课程，是集机械技术、电子技术及信息技术等多种技术于一体的综合性课程，涉及机械、电子、检测、控制等诸多课程的内容，对学生综合素质的提高、创新能力的培养起着重要作用。

机电一体化系统设计的教材很多，各具特色，在内容设计、体系结构、侧重点上都有所不同。本课程涉及的知识点多、知识面广，系统性显得尤为重要。加之本课程具有很强的理论性与实践性，因此，结合编者多年机电一体化技术方面教学和科研的经验与体会，在本书编写的过程中，进行了如下尝试。

首先，慎重处理本书与相关其他课程的教材在内容上的分工及在学生能力培养方面的作用。本课程与机电传动控制、机械工程测试技术、微机原理与接口技术、机械设计等课程在内容上有些重叠，但是考虑到个别课程类型（限选、任选等）的不同及本书的完整性与系统性，在编写的过程中，只将一些课程的内容在宏观上进行讲述，但是更加注重不同课程内容之间的联系与融合。

其次，在不削弱理论知识的同时，加强实用性内容，培养学生理论与实践相结合的意识及运用理论知识的能力。考虑到当前机械类专业学生知识结构特点及机电一体化控制系统实际应用的要求，在控制系统部分中只保留具有代表性的、目前机电一体化产品中广泛应用的MCS-51单片机及PLC的内容。

最后，在典型应用实例方面，典型性、广泛性、新颖性并重。精选的应用实例与技术涉及日常生活、航空航天、工业应用等方面，使学生充分认识到机电一体化技术在提高产品性能方面的巨大作用，提高学习兴趣。

本书共分五章，具体内容安排如下：第一章为概述，内容包括机电一体化概念、共性关键技术、组成、分类、接口、监控软件、技术评价以及机电一体化的设计方法；第二章为机电一体化的基础部件设计与选用，内容包括机电一体化的构成、机械部件、执行部件、传感检测部件和控制部件；第三章为机电一体化控制系统设计，内容包括单片机控制、总线技术、接口技术、抗干扰技术、PLC技术、计算机控制；第四章为机电一体化系统分析与设计，内容包括元部件动态特性、稳态与动态设计、安全性设计、传统加工设备的机电一体化改造；第五章为机电一体化技术的典型应用，内容包括机器人、数控机床、汽车机电一体化、特殊设备的机电一体化、生活领域的机电一体化、机电一体化系统的故障诊断与自修复技术。

本书由河南理工大学王裕清、张业明任主编，陈国强、陈水生和张明军任副主编。河南理工大学的李长有教授担任主审。张业明编写第一章和第五章的第一节、第四节和第五节，陈水生编写第二章的第一节、第二节、第三节和第五节，王耿编写第二章的第四节和第四章，陈国强编写第三章的第一节和第五章的第三节，康件丽编写第三章的第二节、第三节和

第四节，张明军编写第三章的第五节和第六节，王裕清编写第五章的第二节，范小彬编写第五章的第六节。

本书在编写过程中得到了河南理工大学的领导和教务处以及机械与动力工程学院的大力支持，河南理工大学陈西平在本书的编写过程中，也给予了大量帮助，在此表示衷心的感谢。

此外，本书参考引用了大量的优秀教材、著作与资料，主要参考文献均一一列在末尾，在此谨向这些教材与著作的作者们表示衷心的感谢！

由于编者水平和经验所限，书中难免有错误与疏漏之处，敬请读者批评指正。

编　者

2015 年 5 月

目　录

第一章　概　述

机电一体化（mechatronics）最早（1971年）起源于日本。它由英语mechanism（机械）的前半部和electronics（电子）的后半部拼合而成，字面上表示机械学与电子学两个学科的综合，在我国通常称为机电一体化或机械电子学。但是机电一体化并不是机械技术和电子技术的简单叠加，而是一种有着自身体系的新型学科。

机电一体化系统设计是多学科的交叉和综合，涉及的学科和技术非常广泛，应用领域众多，且不断有新的技术产品涌现，要全面精通它是很不容易的。这就要求对新概念、新技术具有浓厚的兴趣，以便在开发产品或系统设计中及时采用。因此，这门课程的学习，不但需要强化训练学科融合的思维能力，还要加强相应的实践环节，让学生在实践中不断提高学习兴趣和动手能力，将来才能成为机电一体化复合型人才。

本课程的目的是研究怎样利用系统设计原理和综合集成技巧，将控制电动机、传感器、机械系统、微机控制系统、单片机、可编程序控制器、接口及控制软件等机电一体化要素组成各种性能优良的、可靠的机电一体化产品或系统。为了突出重点，本教材以机械为基础，以机电结合为重点，以机械系统设计、检测传感器、执行机构、控制系统设计、机电一体化系统设计实例作为该书的主要内容。学习本课程之前，应具有机械、电子、控制和微机方面的基本知识。

本课程的具体要求是：

（1）掌握机电一体化的基本概念、基本原理和基本知识。

（2）掌握常用机电一体化元部件原理、结构、性能和作用。

（3）根据系统动力学的概念，对系统中的机电元部件的主要输入输出参数的匹配，进行协调设计计算，以适应控制系统和监控软件的需求。

（4）初步掌握机电一体化设计原理和综合集成的技巧，进行总体方案的分析、设计和评价。

第一节　机电一体化概念

一、什么是机电一体化

目前，机电一体化这一术语尚无统一的定义，其基本概念和涵义可概述为：机电一体化是以微型计算机为代表的微电子技术、信息技术迅速发展，并向机械工业领域迅猛渗透，机械电子技术深度结合的现代工业的基础上，综合应用机械技术、微电子技术、信息技术、自动控制技术、传感测试技术、电力电子技术、接口技术和软件编程技术等群体技术，从系统的观点出发，根据系统功能目标和优化组织结构目标，以智能、动力、结构、运动和感知组成要素为基础，对各组成要素及其之间的信息处理、接口耦合、运动传递、物质运动、能量变换机理进行研究使得整个系统有机结合与综合集成，并在系统程序和微电子电路的有序信息流控制下，形成物质和能量的有规则运动，在高功能、高质量、高精度、高可靠性、低功耗意义上实现最佳功能价值的系统工程技术。

顾名思义，机电一体化技术的目标就是机械技术和电子技术相结合，充分发挥各自的长处，弥补各项技术的不足。机电一体化技术的实质是从系统的观点出发，应用机械技术和电子技术进行有机的组合、渗透和综合，以实现系统最优化。

机械的强度较高，输出功率大，可以承受较大的载荷，但实现微小运动和复杂运动比较困难。而电子领域，利用传感器和计算机可以实现复杂的检测和控制，但只利用电子技术无法实现重载运动。将机械技术与电子技术相结合，可以在重载条件下实现微小运动和复杂运动。

机电一体化产品中一定有运动机械，并且采用了电子技术使运动机械实现柔性化和智能化。机器人、微机控制型缝纫机、自动对焦防抖照相机、全自动洗衣机等都是机电一体化产品的例子。装有微型计算机的电视机和电饭煲等因为其工作原理在本质上不属于运动的机械，所以不属于机电一体化产品。

二、机电一体化技术的发展概述

机电一体化的产生与迅速发展的根本原因在于社会的发展和科学技术的进步。系统工程、控制论和信息论是机电一体化的理论基础，也是机电一体化技术的方法论。微电子技术的发展，半导体大规模集成电路制造技术的进步，则为机电一体化技术奠定了物质基础。机电一体化技术的发展有一个从自发状态向自为方向发展的过程。

20 世纪 70 年代以来，以大规模集成电路和微型电子计算机为代表的微电子技术迅速地应用于机械工业中，出现了种类繁多的计算机控制的机械装置和仪器仪表。随着科学技术的发展，数控机床发展到加工中心，继而出现了具有柔性功能的自动化生产线、车间、工厂，为先进制造技术（advanced manufacturing technology，AMT）的建立和发展提供了硬件基础，大幅度提高了产品质量和劳动生产率，适应市场对产品多样化的需求，使传统机械工业的面貌焕然一新。机电一体化技术（mechatronics technology，MT）的出现，推动了机械工业、电子工业和信息技术（information technology，IT）的紧密结合，并发展为综合性的热门学科。

20 世纪 70 年代发达国家为推动本国工业发展兴起了机电一体化热潮，应用范围从一般数控机床、加工中心发展到智能机器人、柔性制造系统（flexible manufacturing system，FMS），出现了将设计、制造、销售、管理集成为一体的计算机集成制造系统（computer integration manufacturing system，CIMS）。

20 世纪 90 年代以前开发应用机电一体化系统工程是以人力物力财力雄厚的大企业为主要对象，其开发周期长，投资大，难度高，风险大，见效慢，人员素质要求高。进入 20 世纪 90 年代，生产自动化发展趋势是面向绝大多数的中小企业，人们对生产自动化的认识也发生了很大变化，其主要表现如下。

（1）在自动化系统中强调人的作用。以计算机集成制造系统为例，在强调技术管理集成的同时，也强调人的集成，突出人在自动化系统中的作用。20 世纪 70 年代提出的工厂“全盘自动化”的思想已趋消失。

（2）以经济、实用、节能为出发点的面向中小企业的综合自动化系统得到迅速发展。如德国政府在 1988 年制定的 CIMS 规划中，拟参加该计划的中小企业（小于 500 人）约占 80%。美国与日本也着手研制适用于中小企业的基于微机的 CIM/CAD/CAM/CAPP（computer integration manufacturing/computer-aided design/computer-aided manufacturing/computer-aided process planning）等。我国政府也大力发展“面向制造业中小企业的综合自动化技术”，多次将其列入机械、汽车工业的科技规划发展纲要。面向中小企业的综合自动化开发项目其投资强度降低，企业承担的风险减少，企业见到效益的进程较快。因此，这些项目对广大中小企业具有很大的吸引力。

三、机电一体化技术的主要特征

机电一体化技术的主要特征表现在以下三个方面。

1. 整体结构最优化

在传统机械产品中，为了增加一种功能或实现某一种控制规律，往往靠增加机械结构的办法来实现。为了达到变速的目的，采用一系列齿轮组成的变速箱；为了控制机床的走刀轨迹而出现了各种形状的靠模；为了控制柴油发动机的喷油规律，出现了凸轮机构等。随着电子技术的发展，过去笨重的齿轮变速箱可以用轻便的电子调速装置来部分替代，精确的运动规律可以通过计算机的软件来调节。由此看来，在设计机电一体化系统时，可以从机械、电子、硬件和软件四个方面考虑去实现同一种功能。一个优秀的机械设计师，可以在这个广阔的空间里充分发挥自己的聪明才智，设计出整体结构最优的系统。这里的“最优”不一定是什么尖端技术，而是指满足用户要求的最优组合。

2. 系统控制智能化

系统控制智能化，这是机电一体化技术与传统工业自动化最主要的区别之一。电子技术的引入，显著地改变了传统机械那种单纯靠操作人员，按照规定的工艺顺序或节拍，频繁、紧张、单调、重复的工作状况。这些繁重乏味的工作可以依靠电子控制系统，按照一定的程序一步一步地协调各相关的动作和功能关系。有些高级的机电一体化系统，还可以通过被控制对象的数学模型，根据任何时刻外界各种参数的变化情况，随机自寻最佳工作程序，以实现最优化工作和最佳操作，即专家系统（expert system，ES）。大多数机电一体化系统都具有自动控制、自动检测、自动信息处理、自动修正、自动诊断、自动记录、自动显示等功能。在正常情况下，整个系统按照人的意图（通过给定指令）进行自动控制，一旦出现故障就自动采取应急措施，实现自动保护等功能。在危险、有害、高速等单靠人的操作难以完成的工作条件或有高精度控制要求时，应用机电一体化技术不仅是有利的，而且是必要的。

3. 操作性能柔性化

计算机软件技术的引入，使机电一体化系统的各个传动机构的动作通过预先给定的程序，一步一步由电子系统来协调。生产对象更改时只需改变传动机构的动作规律而无需改变其硬件机构，只要调整一系列指令组成的软件，就可以达到预期的目的。这种软件由软件工程人员根据要求动作的规律及操作事先编写，使用磁盘或数据通信方式，装入机电一体化系统里的存储器中，进而对系统的机构动作实施控制和协调。

目前，机电系统的冗余控制、远程控制都是研究的热点，其具体技术包括硬件冗余、软件冗余、复合冗余、无线传感物联、大数据、云计算等新技术。

第二节 机电一体化的共性关键技术

机电一体化是多学科技术领域综合交叉的技术密集型系统工程，它的产生和发展具有广泛的技术基础。其主要的共性关键技术可以归纳为六个方面：机械技术、传感检测技术、信息处理技术、自动控制技术、伺服驱动技术和系统总体技术。

一、机械技术

机械技术是机电一体化的基础。机电一体化的机械产品与传统的机械产品相比，机械结构更简单，机械功能更强，性能更优越。现代机械不但要求结构新、体积小、质量轻，还要求精度高、刚度大、动态性能好。因此，机械技术的出发点在于如何与机电一体化技术相适应，利用其他高新技术来更新传统机械概念，实现结构上、材料上、性能上以及功能上的更新。在设计和制造机械系统时除了考虑静态、动态刚度以及热变形等问题外，还应考虑采用新型复合材料和新型结构以及新型的制造工艺和工艺装置。

二、传感检测技术

传感检测装置是机电一体化系统的感觉器官，即从待测对象那里获取能反映待测对象特征与状态的信息。它是实现自动控制、自动调节的关键环节，其功能越强，系统的自动化程度就越高。传感检测技术的研究内容包括两方面：一是研究如何将各种被测量（包括物理量、化学量和生物量等）转换为与之成比例的电量；二是研究如何将转换的电信号加工处理，变为标准电信号，如放大、补偿、标定变换等。

机电一体化要求传感检测装置能快速、精确、可靠地获取信息并经受各种严酷环境的考验。与计算机技术相比，传感检测技术发展显得缓慢，难以满足控制系统的要求，使得不少机电一体化产品不能达到满意的效果或无法实现设计要求。因此，大力开展传感检测技术的研究对发展机电一体化技术的发展具有十分重要的意义。

三、信息处理技术

信息处理技术包括信息的交换、存取、运算、判断和决策等，实现信息处理的主要工具是计算机，因此信息处理技术与计算机技术是密不可分的。

计算机技术包括计算机硬件技术、软件技术、数据技术、网络与通信技术。机电一体化系统中主要采用工业控制机（如可编程序控制器，单、多回路调节器，PID 控制器，单片机控制器，总线式工业控制机，分布式计算机测控系统等）进行数据采集信息的处理。计算机信息处理技术已成为促进机电一体化技术发展和变革的最重要因素，信息处理的发展方向是如何提高信息处理的速度、可靠性和智能化程度。人工智能、专家系统、神经网络、图像识别与处理、蚁群算法、模拟退火算法等都属于计算机信息处理技术的范畴。

四、自动控制技术

自动控制技术的目的在于实现机电一体化系统的目标最佳化。自动控制所依据的理论是自动控制原理（包括经典控制理论和现代控制理论），自动控制技术就是依据这些理论的指导对具体控制装置或控制系统进行设计，然后进行系统仿真、现场调试，最后使研制的系统可靠地投入运行。由于被控对象种类繁多，所以自动控制技术的内容极其丰富，机电一体化系统中的自动控制技术包括位置控制、速度控制、最优控制、自适应控制、模糊控制、神经网络控制等。

自动控制技术的难点在于自动控制理论的工程化与实用化，这是由于现实世界中的被控对象往往与理论上的控制模型之间存在较大差距，使得从控制设计到控制实施往往要经过多次反复调试与修改，才能获得比较满意的结果。随着计算机技术的高速发展，自动控制技术与计算机技术的结合越来越密切，成为机电一体化中十分重要的关键技术。

五、伺服驱动技术

伺服驱动技术是在控制指令的指挥下，控制驱动元件，使机械的运动部件按照指令要求运动，并具有良好的动态性能。伺服驱动包括电动、气动、液压等各种类型的传动装置。这些传动装置通过接口与计算机连接，在计算机控制下，带动工作机械做回转、直线以及其他各种复杂运动。伺服驱动技术是直接执行操作的技术，伺服系统是实现电信号到机械动作的转换装置和部件，对机电一体化系统的动态性能、控制质量和功能具有决定性的作用。常见的伺服驱动系统主要有电气伺服（如步进电动机、直流伺服电动机、交流伺服电动机等）、液压伺服（如液压伺服马达、脉冲液压缸、液压伺服阀控制系统、变量泵伺服控制等）和气动伺服（如气动伺服马达、气动伺服阀控制系统等）。

近年来，由于变频技术的进步，交流伺服驱动技术取得突破性进展，为机电一体化系统提供高质量的伺服驱动单元，促进了机电一体化的发展。

六、系统总体技术

系统总体技术是一种从整体目标出发，用系统工程的观点和方法，将系统总体分解成相互有机联系的若干功能单元，并以功能单元为子系统继续分解，直至找到可实现的技术方案，然后再把功能和技术方案组合进行分析、评价和优选的综合应用技术。系统总体技术所包含的内容很多，例如接口转换、软件开发、微机应用技术、控制系统的成套性和成套设备的自动化技术等。机电一体化系统是一个技术综合体，它利用系统总体技术将各有关技术协调配合、综合运用而达到整体系统的最优化。

接口技术是系统总体技术的重要内容，是实现系统各部分有机连接的保证。机电一体化产品的各功能单元通过接口连接成一个有机的整体。

第三节 机电一体化系统的组成和分类

一、机电一体化系统的组成

机电一体化系统的基本组成部分有机械本体、动力与驱动部分、传感检测部分、执行机构、控制及信息处理部分。

1. 机械本体

机电一体化系统的机械本体包括机身、框架、连接等。由于机电一体化产品技术性能、水平和功能的提高，机械本体在机械结构、材料、加工工艺性以及几何尺寸等方面都要适应产品高效率、多功能、高可靠性、节能环保、小型美观等要求。

2. 动力与驱动部分

动力部分是按系统控制要求，为系统提供能量和动力，保证系统的能源和动力，保证系统正常运行。机电一体化产品的显著特征是用尽可能小的能源获得尽可能大的功能输出。驱动部分是在控制信息作用下提供动力，驱动各执行机构完成各种动作和功能。机电一体化系统要求驱动具有高效率和快速响应性特性，同时要求具有对水、油、温度、尘埃等外部环境的适应性和可靠性。在电力电子技术的高速发展下，高性能的步进驱动、直流伺服、交流伺服和流体伺服等驱动方式大量应用于机电一体化系统。

3. 传感检测部分

传感检测部分的功能是对系统运行过程中所需要的本身和外界环境的各种参数及状态进

行检测，并转换成可识别信号，传输到控制信息处理单元，经过分析、处理产生相应的控制信息。传感检测部分通常由传感器和仪器仪表组成。

4. 执行机构

执行机构的功能是根据控制信息和指令完成所要求的机械动作。执行机构一般采用机械、电磁、电液、气动等方式将输入的各种形式的能量转换为机械能。根据机电一体化系统的匹配性要求，需要考虑改善执行机构的工作性能，如提高刚性、减轻质量、实现组件化、标准化和系列化，以提高机电系统整体的可靠性和易维修性。

5. 控制及信息处理部分

控制及信息处理部分是机电一体化系统的中央处理单元。它的主要功能是将各传感器的检测信息和外部输入命令进行集中、存储、分析、加工，根据信息处理结果，按照一定的程序发出相应的控制信号，通过输出接口送往执行机构，控制整个系统的正确运行，达到预期的目的。控制及信息处理部分一般由计算机、单片机、可编程控制器（programmable logic controller，PLC）、数控装置以及可编程逻辑器件等组成。

二、机电一体化系统的分类

到目前为止，机电一体化产品还在不断发展，很难进行正确地分类。按照其用途和功能的粗略分类，就可以得出机电一体化产品的大致概貌。

（1）按照机电一体化产品的用途分类，可以分为产业机械、信息机械、民生机械等。

1）产业机械：用于生产过程的电子控制机械。如数控机床、数控锻压设备、微机控制自动焊接设备、工业机器人、自动食品包装机械、注塑成型机械、皮革机械、纺织机械以及自动导引车系统（automatic guide vehicle system，AGVS）等。

2）信息机械：用于信息处理、存储等的电子机械产品。如传真机、打印机、自动绘图仪、磁盘存储器以及其他办公自动化设备等。

3）民生机械：用于人民生活领域的机械电子产品。如磁带录放机、电冰箱、数码相机、影碟机、录音笔、全自动洗衣机、手机、电子手表、汽车自动导航仪、行车记录仪和医疗器械（数字血糖仪、数字血压计等）等。

（2）按照机电一体化产品的功能分类，可以分以下几种类型。

1）在原有机械本体上采用微电子控制装置，以实现产品的高性能和多功能，如产业机械的电子化产品、工业机器人、三坐标测量机、发动机控制系统等。

2）用电子装置局部取代机械控制装置，如电子缝纫机、校园自动售货机、无刷电动机、电子控制的针织机等。

3）用电子装置取代原来执行信息处理能力的机构，如石英电子表、电子计算器、电子秤、数字程控交换机等。

4）用电子装置取代机械的主功能，如电加工机床、激光加工机床、超声加工设备等。

5）电子装置、检测装置和机械机构有机结合的机械电子设备：自动探伤机、机器视觉设备、CT 扫描成像诊断仪以及汽车上的防滑刹车系统（anti-skid brake system，ABS）等。

在以上产品中，应根据机电一体化的定义，判断产品中有无本质的机械运动来区分是否为机电一体化产品。随着人类生产生活需求的不断变化发展，机电一体化的产品也在不断变化发展，不断有新品创造出来，以至于机电一体化的产品种类繁多、包罗万象。

第四节 机电一体化系统的接口、监控软件和技术评价

机电一体化系统由机械本体、动力驱动部分、传感检测部分、执行机构和控制及信息处理部分组成，各子系统又分别由若干要素构成。各子系统、各要素之间需要进行物质、能量和信息的传递与交换。为此，各子系统和各要素的相连接处必须具备一定的联系条件，这个联系条件，通常被称为接口，简单地说就是各子系统之间以及子系统内各模块之间相互连接的硬件及相关协议软件。

一、机电一体化系统接口的分类和特点

机电一体化系统的接口有多种分类方法。根据接口的变换和调整功能，可将接口分为零接口、无源接口、有源接口和智能接口；根据接口的输入/输出对象，可将接口分为机械接口、物理接口、信息接口与环境接口等；根据接口的输入/输出类型，可将接口分为数字接口、开关接口、模拟接口和脉冲接口。图 1-1 所示为机电一体化系统各构成要素之间的相互联系。

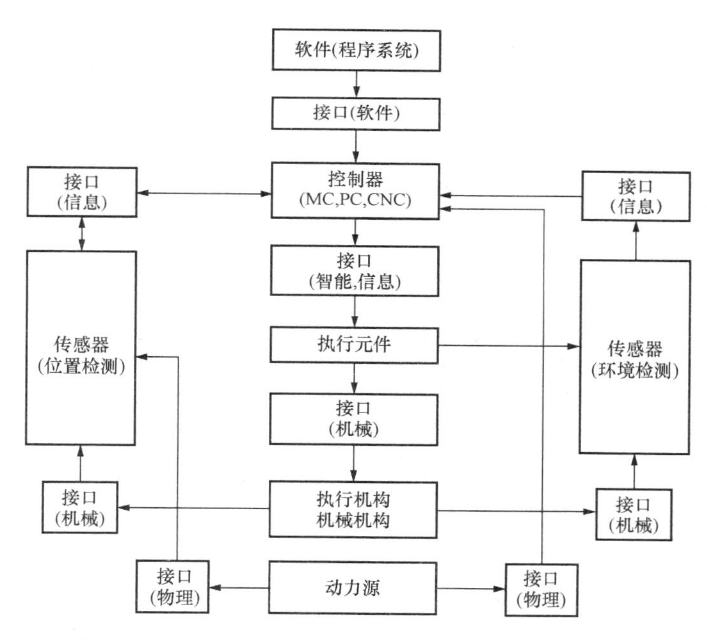

图 1-1 机电一体化系统各构成要素之间的相互联系

根据接口的变换和调整功能，可将接口分为以下四种：

(1) 零接口：不进行参数的变换和调整，即输入输出的直接接口。如联轴器、输送管、插头、插座、导线、电缆等。

(2) 被动接口：仅对被动要素的参数进行变换或调整。如齿轮减速器、进给丝杠、变压器、可变电阻器以及光学透镜等。

(3) 主动接口：含有主动要素并能与被动要素进行匹配的接口。如电磁离合器、放大器、光电耦合器、A/D（analog to digital）、D/A（digital to analog）转换器、RS-232—RS-485 转换器以及 RS-485—RS-232 转换器等。

（4）智能接口：含有微处理器，可进行程序编制或适应条件而变化的接口。自动调速装置、自适应光源、通用输出/输入芯片（如 8255 芯片）、RS-232 串行接口、USB 串行接口、蓝牙接口、WIFI（wireless fidelity）接口、通用接口总线（general purpose interface bus，GPIB）等。

根据接口的输入/输出功能，可将接口分为以下四种：

（1）机械接口。根据输入/输出部位的形状尺寸、精度配合规格等进行机械连接的接口，如联轴节、管接头、法兰盘、万能插头、接线柱、接插头与接插座等。

（2）物理接口。受通过接口部位的物质能量与信息的具体形态和物理条件约束的接口，称为物理接口。如受电压、电流、频率、电容、传递扭矩的大小、气（液）体成分（压力或流量）约束的接口。

（3）信息接口。受规格、标准法律、语言符号等逻辑、软件约束的接口，称为信息接口，如 GB、ISO、ASCII 码、RS-232C、FORTRAN、C、C++等。

（4）环境接口。对周围环境条件（温度、湿度、磁场、火、振动、放射能、水、气、灰尘）有保护作用和隔绝作用的接口，称为环境接口。如防尘过滤器、防水连接器、防爆开关等。

在机电一体化系统设计中，认真处理接口设计是很重要的，它是保证产品具有高性能、高质量、高可靠性的必要条件。

二、机电一体化系统中的监控软件

在机电一体化系统中，除了机械装置、电子设备和计算机系统软件（如操作系统）外，通常还需要一个控制软件，即机电一体化系统的监控软件，具有操纵系统启、停和监控系统正常运行的功能，如水泵、压缩机、热泵等设备的自动监控软件系统。

机电一体化系统的监控软件一般由操作界面（启动按钮、停止按钮、可调仪表盘等）、状态显示界面（指示灯、显示器、语音提示、报警器、文本框、实时曲线、历史曲线、静态仪表盘等）和系统参数设置界面（可编辑文本框、选择列表框、确定按钮等）组成。

机电一体化系统的监控软件可以利用可视化编程软件（如 Visual Basic、Visual C++、Visual C#等）进行编程开发，也可以利用 LabView 或 LabWindows 进行监控系统的开发，还有一些监控软件支持组态开发，例如 MCGS（monitor and control generated system）、组态王等。

三、机电一体化系统中的技术评价

机电一体化系统的价值，通常根据系统内部功能的有关参数来进行评价。表 1-1 列出了系统内部功能的主要参数和系统价值之间的关系。

表 1-1 系统内部功能的主要参数和系统价值之间的关系

内部功能	主要参数	系统价值（由大到小）
主功能	系统误差	小—大
	抗外干扰能力	强—弱
	废弃输出	少—多
	变换效率	高—低

续表

内部功能	主要参数	系统价值（由大到小）
动力功能	输入动力	小—大
	动力源	内部—外部
信息与控制功能	控制输入输出数	多—少
	手动操作	少—多
机械结构功能	尺寸、重量	小—大
	强度刚度、抗震性	高—低

机电一体化系统是一种高质量、多功能、高效率、节能环保的高附加值产品，随着机电一体化技术的不断创新发展，这种高质量、高性能的最终目标将导致智能机电产品或具有人工智能机电一体化系统的不断涌现。

第五节 机电一体化系统的设计方法

机电一体化系统或产品是机械技术、电子技术和信息技术的有机结合。在设计机电一体化系统或产品时，需考虑哪些功能由机械技术实现，哪些功能由电子技术实现，进一步还需要考虑产品的控制策略由硬件和软件如何协作实现。所以，在机电系统设计中会遇到机电有机结合实现机、电、液、气如何匹配，机电一体化系统如何整个优化等一些不同于一般传统机械产品的问题。因此，机电一体化系统的设计方法作为现代设计方法的重要组成部分，必然有一些特有的设计方法，使得它能够综合运用机械技术和电子技术的特长，实现产品机械特性与电子特性的有机结合。机电一体化的主要设计方法有：模块化设计方法、柔性化设计方法、机电互补设计方法、交叉融合设计方法、整体优化设计方法。

一、模块化设计方法

机电一体化系统或产品可以分解为若干子系统或功能部件，这些子系统或功能部件经过标准化、通用化和系列化，就成为功能模块。每一个功能模块可视为一个独立体，在设计时只需了解其性能规格，按其功能来选用，而不必了解其结构细节。作为机电一体化系统要素的电动机、传感器、工控机等都是功能模块的实例。

在新产品设计时，可以把各种功能模块组合起来，形成所需的产品。采用这种方法可以缩短设计与研制周期，节约工装设备费用，从而降低生产成本，也便于生产管理、使用和维修。

二、柔性化设计方法

将机电一体化系统或产品中完成某一功能的传感检测元件、执行元件和控制器作为机电一体化功能模块，如果控制器具有可编程的特点，则该模块就成为柔性模块。如利用凸轮连杆机构可以实现位置控制，但这种控制是刚性的，一旦运动改变时难以调节。若采用伺服电动机驱动，则可以使机械装置简化，且利用电子控制装置可以实现复杂的运动控制以满足不同的运动和定位要求，采用计算机编程还可以进一步提高该驱动模块的柔性。

三、机电互补设计方法

机电互补设计方法的主要特点是利用通用或专用电子器件取代传统机械产品中的复杂机

械部件，以便简化结构，获得更好的功能和特性。机电互补设计的常见情况有：

（1）用电力电子器件或部件与电子计算机及其软件相结合取代机械式变速机构。如用变频调速器或直流调速装置代替机械减速器、变速箱。

（2）用 PLC 取代传统的继电器控制柜，大大减小了控制模块的质量和体积，并被柔性化。PLC 便于嵌入机械结构内部实现设备自动控制。

（3）用数字式、集成式、智能式传感器取代传统机械式传感器，以提高检测精度和可靠性。智能传感器是把敏感元件、信号处理电路与微处理器集成在一起的传感器。

（4）用单片机及其控制程序取代凸轮机构、拨码盘、时间继电器等，以弥补机械技术的不足。

机电互补法不仅适用于旧产品的改造，还适用于新产品的开发。

四、交叉融合设计方法

交叉融合设计方法是把机电一体化产品的某些功能部件或子系统设计成该产品所专用的。用这种方法可以使该产品各要素和参数之间的匹配问题考虑得更充分、更合理、更经济、更能体现机电一体化的优势。交叉融合法可以简化接口，使彼此融为一体。例如，在金属切削中，把电动机轴与主轴部件作成一体，缩短传动链。在激光打印机中把激光扫描镜的转轴与电动机轴制作成一体，使结构更加简单、紧凑。国外还有把电动机（含驱动器）和控制器做成一体的产品出售，以方便使用。

交叉融合法主要用于机电一体化新产品的设计与开发。

五、整体优化设计方法

1. 机械技术和电子技术的综合与优化

在机电一体化系统或产品中，对于同样的功能有时既可以通过机械技术来实现，也可以通过电子技术和软件来实现。这就要求设计者要掌握机械技术、电子技术和计算机技术，站在机电有机结合的高度，对机电一体化系统或产品予以全盘考虑，加以整体优化设计，以便决定哪些功能由机械技术实现，哪些功能由电子技术实现，并对机电系统的各类参数（机、电、液、光、气）加以优化，使系统或产品工作在最优状态，即质量最轻、体积最小、功能最强、成本最低、功耗最省。最常用的全局优化设计方法有数学规划法、最优控制理论和方法、遗传算法、蚁群算法、粒子群算法、模拟退火算法、神经网络等。

2. 硬件与软件的交叉与优化

机电一体化系统的一些功能既可以通过硬件来实现，也可以通过软件来实现，究竟采用哪一种方法实现，这也是对机电一体化系统或产品进行整体优化的重要问题之一。这里的硬件是广义的硬件概念，它包含两部分：机械结构和电子电路。例如，PID 控制功能可以通过模拟电路 PID 控制器来实现，也可以通过计算机软件 PID 控制程序来实现。计算机测控软件在现代工业中应用已经非常广泛。计算机软件在易操作性、控制灵活性、控制精度、性能价格比等方面都比模拟控制器有明显的优势。通过软件设置或修改，可以方便地改变控制规律，尤其当采用计算机控制多个生产工艺过程时，上述优点更为明显。

对于机械结构，也有很多功能可以通过软件实现。首先，在利用通用或专用电子部件取代传统机械部件或系统中的复杂机械部件时，一般都需要配合相应的计算机软件。另外，由于微机受字长与速度的限制，采用软件的速度往往没有采用硬件的速度快。例如，要实现数控机床的轮廓轨迹控制，就要靠插补功能来实现。插补功能的实现有硬件插补、软件插补和软硬件结合插补等多种方案。软件插补方便灵活，容易实现复杂的插补运算，并获得较高的插补精度。若采用硬件插补，设计一块或几块专用大规模集成电路芯片（专用插补器），可以大大加快插补运算速度，然而费用也必然增加。如果既要求较高的插补精度，又要求较高的插补速度，可采用软硬件结合的办法。

对于由电子电路组成硬件所能实现的功能，在大多数情况下，既可以用硬件来实现，又可以用软件来实现。一般来说，在必须用分立元件组成硬件的情况下，不如采用软件。因为与采用分立元件组成的电路相比，采用软件不需要底板、元件等，无需焊接，并且所需功能也容易修改，因此采用软件有利。如果能用通用的大规模集成电路（large scale integrated circuit，LSI）和超大规模集成电路（very large scale integrated circuit，VLSI）芯片组成所需电路，则最好采用硬件。因为用通用的 LSI 和 VLSI 芯片组成的集成电路，不仅价廉，而且可靠性高，处理速度快，因而采用硬件更有利。

3. 机械一体化系统或产品的整体优化

通过计算机软件工具，采用非线性数学规划方法进行产品或系统的整体优化是普遍适用的。首先，建立机电一体化系统或产品的数学模型，确定变量，拟定目标函数，列出约束条件，然后选择合适的计算方法（如二次插值法、网格法、拉格朗日乘子法、惩罚函数法、共轭梯度法、函数双下降法等），再编制程序，用计算机求出最优解，然后进行理论验证和实践验证。由于机电一体化系统的复杂性，目前还无法找到一个通用的数学模型对机电一体化产品进行整体优化，只能针对具体产品、具体问题进行优化求解。

习题与思考题

1-1 什么是机电一体化？

1-2 机电一体化的主要特征是什么？

1-3 机电一体化的共性关键技术有哪些？

1-4 机电一体化系统主要由哪几部分组成？各部分的功能是什么？

1-5 试列举 10 种常见的机电一体化产品。

1-6 试简述机电一体化的接口概念及分类。

1-7 试简述机电一体化系统中监控软件的组成和作用。

1-8 如何进行机电一体化产品或系统的技术评价？

1-9 试列举机电一体化产品或系统的主要设计方法。

第二章　机电一体化的基础部件设计与选用

机电一体化的基础部件包括机械部件、执行部件、传感检测部件和控制部件四大部分。其中，机械部件一般由减速装置、丝杠螺母副、涡轮蜗杆副等线性传动部件以及旋转支撑部件、导向支撑部件、轴系等组成；执行部件包括电动机、微动执行机构、定位机构等；传感检测部件包括常用传感器和调理电路等；控制部件包含控制系统分类和控制元件等。

第一节　机电一体化的构成

机电一体化系统的功能在于各部分有机协调共同完成一项任务，如人体各个器官一样。如图 2-1（a）所示，人体由五大要素构成，他们分别是头脑、感官、四肢、内脏及躯干。图 2-1（b）所示为各个要素相应的功能：头脑集中处理各种信息并进一步控制其他要素；感官获取外界信息；四肢执行指定动作；内脏提供能量（动力），维持人体活动；躯干把人体各要素有机地联系为一体。类比发现，机电一体化系统内部功能与人体一样，其实现各功能的相应构成要素如图 2-1（c）所示。表 2-1 列出了机电一体化系统构成要素与人体构成要素的对应关系。

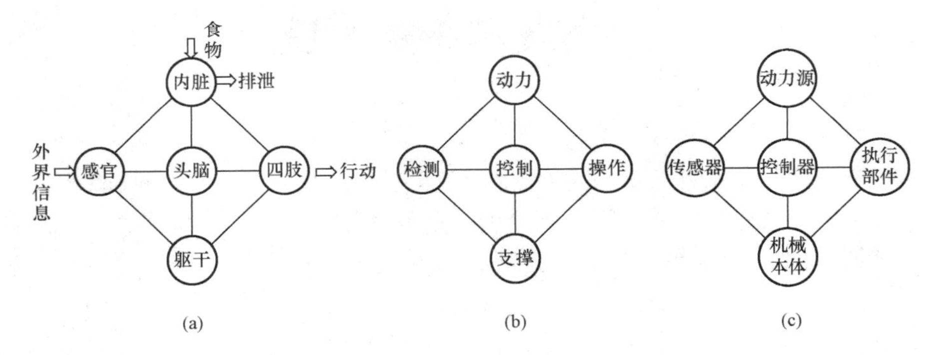

图 2-1　组成人体与机电一体化系统的对应要素及相应功能关系
（a）人体的组成要素；（b）人体各组成要素的相应功能；（c）机电一体化系统的组成要素

表 2-1　　机电一体化系统构成要素与人体构成要素的对应关系

机电一体化系统要素	功能	人体要素
控制器（计算机等）	控制（信息存储、处理、传送）	头脑
传感器	检测（信息收集与变换）感官	感官
执行部件	驱动（操作）	四肢
动力源	提供动力源（能量）	内脏
机械本体	支撑与连接	躯干

因此，一个完善的机电一体化系统，主要包括机械本体、动力系统、检测传感系统、执行部件、信息处理及控制系统，他们之间通过接口相联系。

（1）机械本体。支撑和连接其他要素，将各要素有机结合成一个整体。机电一体化技术应用广泛，其产品及装置的种类繁多，但都基于机械本体而工作。例如，机器人和数控机床的本体是机身和床身；指针式电子手表的本体是表壳。可见，机械本体是机电一体化系统必要的组成部分。

（2）动力系统。按照系统控制要求，给机电一体化产品提供能量和动力，驱动执行机构工作以完成预定的任务；动力系统包括多种动力源，如电、液、气等。

（3）传感与检测系统。将运行过程中所需的各种参数及状态转换成可以测定的物理量，并通过检测系统测定这些物理量，为机电一体化产品运行控制提供所需信息。传感与检测系统的功能一般由传感器或仪表来实现，对其要求是体积小、易安装与连接、检测精度高、抗干扰等。

（4）信息处理及控制系统。根据机电一体化产品的功能和性能要求，接收传感与检测系统反馈的信息，并对其进行相应的处理、运算和决策，以对产品的运行实施指定控制。机电一体化产品中，信息处理及控制系统主要是由计算机的软件和硬件及相应的接口组成。硬件一般包括输入/输出设备、显示器、可编程控制器和数控装置；机电一体化产品要求信息处理速度高，A/D 和 D/A 转换及分时处理时的输入/输出可靠，系统的抗干扰能力强。

（5）执行部件。在控制指令的指导下完成规定的动作，实现产品的功能。执行机构一般是运动部件，常采用机械、电液、气动等机构，是实现产品既定功能的直接执行者。因机电一体化产品的种类和作业对象不同，执行部件有较大的差异，其性能好坏决定着整个产品的性能，是机电一体化产品中重要的组成部分。

机电一体化系统五大要素实例如图 2-2 所示。

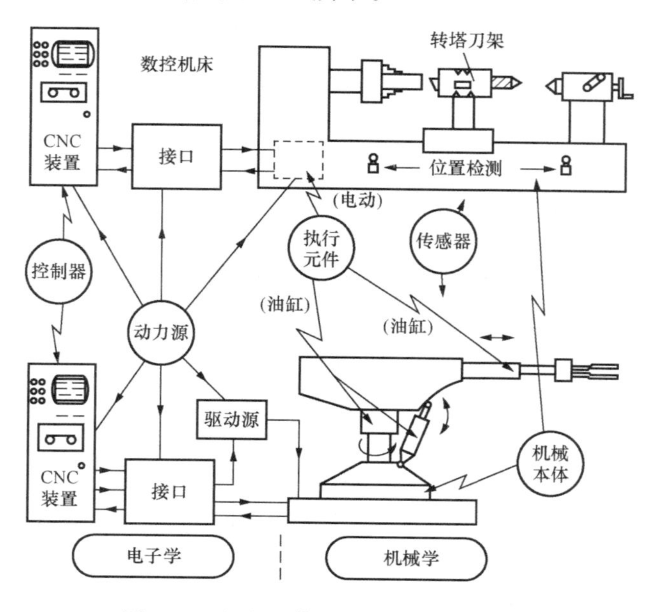

图 2-2 机电一体化系统五大要素实例

机电一体化产品的5个组成部分在产品运行中相互协调，共同完成所规定的功能。在结构上，他们通过各种接口及相应的软件有机结合，形成一个内部匹配合理、外部效能最佳的有机整体。

实际上，机电一体化系统是比较复杂的，有时某些构成要素是复合在一起的。构成机电一体化系统的几个部分并不是并列的：机械部分是主体，机械本体是系统重要的组成部分，且系统的主要功能必须通过机械装置完成，否则就不属于机电一体化产品，如电子计算机、非指针式电子表等，其主要功能由电子器件和电路等完成，机械装置的作用居次要位置，这类产品应归属于电子产品。因此，机械系统是实现机电一体化产品功能的基础，故对其提出了更高的要求：需在结构、材料、工艺加工及几何尺寸等方面满足机电一体化产品高效、可靠、节能、多功能、小型轻量和美观等要求。除一般性的机械强度、刚度、精度、体积和重量等指标外，机械系统技术开发的重点是模块化、标准化和系列化，以便于机械系统的快速组合和更换。其次，电子技术是机电一体化的核心，包括微电子技术和电力电子技术，重点是微电子技术，特别是微型计算机或微处理器。机电一体化需要多种新技术的结合，但微电子技术是必要条件，不和微电子结合的机电产品不能称为机电一体化产品。如非数控机床，有电动机驱动，但它不是机电一体化产品。除了微电子技术以外，在机电一体化产品中，其他技术则根据需要进行结合。

综上所述，可以概括出以下几点认识：

（1）机电一体化以工业产品和过程为基础。

（2）机电一体化以机械为主体。

（3）机电一体化以微电子技术，特别是计算机控制技术为核心。

（4）机电一体化将工业产品和过程都作为一个完整的系统来看待，因此强调各种技术的协同和集成，不是将各个单元或部件简单拼凑到一起。

（5）机电一体化贯穿于设计和制造的全过程中。

第二节 机 械 部 件

一、概述

机械系统是机电一体化系统的最基本要素，是由计算机信息网络协调与控制的，用于完成包括机械力、运动和能量流等动力学任务的机械及机电部件相互联系的系统。它的主要功能是完成机械运动，一部机器必须完成相互协调的若干机械运动。每个机械运动可由单独的控制电动机、传动件和执行机构组成的若干子系统来完成，若干个机械运动由计算机来协调控制。其核心是由计算机控制的，包括机械、电力、电子、液压、光学等技术的伺服系统。机电一体化机械系统的设计要从系统的角度进行合理化和最优化设计。

机电一体化机械系统的结构主要包括执行机构、传动机构和支承部件。在机械系统设计时，除考虑一般机械设计要求外，还必须考虑机械结构因素与整个伺服系统的性能参数及电气参数的匹配，以获得良好的伺服性能。

二、机电一体化对机械系统的基本要求

机电一体化中的机械系统是通过微机控制以完成一系列机械运动的机构与机电部件形成的一个有机系统，主要包括传动机构、导向机构、执行机构、轴系、机座五大部分。与一般

的机械系统相比，机电一体化机械系统除要求具有较高的制造精度外，还应具有良好的动态响应特性，即快速响应和良好的稳定性。

1. 高精度

精度是机电一体化产品的重要性能指标，直接影响产品的质量。特别是对机电一体化产品而言，其技术性能、工艺水平和功能比普通的机械产品有更高的要求。因此，机电一体化机械系统的基本要求是高精度。机械系统设计主要是执行机构的位置精度，包括结构变形、轴系误差和传动误差，甚至是温度变化产生的误差。

2. 转动惯量小

大的转动惯量将增大机械负载、降低系统响应性，降低固有频率，导致谐振。此外，大的转动惯量还将降低电气驱动部件的谐振频率，导致阻尼增大，衰减加快。

机械系统减小惯量可扩展控制系统的带宽，提高系统精度，减小用于克服惯性载荷的伺服电动机功率，提高整个系统的稳定性、动态响应和精度等。

3. 良好的稳定性

机电一体化系统要求其机械装置在温度、振动等外界干扰的影响下依然能够正常稳定地工作，即系统抵御外界环境的影响和干扰能力强。

4. 大刚度

机械系统要有足够的刚度，弹性变形要限制在一定范围内。弹性变形不仅影响系统精度，而且影响系统结构的固有频率、控制系统的带宽和动态性能。刚度增大还有利于增加闭环系统的稳定性。

三、机械系统的组成

概括地讲，机电一体化机械系统包括如下三大机构：

（1）传动机构。机电一体化机械系统中的传动机构不仅仅是转速和转矩的变换器，而是已成为伺服系统的一部分，它要根据伺服控制的要求进行选择设计，以满足整个机械系统良好的伺服性能。因此，传动机构除了需满足传动精度要求外，还要满足体积小、惯性小、高速、低噪声和高可靠性的要求。

（2）导向机构。其作用是支承和导向，为机械系统中各运动装置能安全、准确地完成其特定方向的运动提供保障。

（3）执行机构。执行机构按操作指令的要求在动力源的带动下，完成预定的操作。一般要求它具有较高的灵敏度、精确度，良好的重复性和可靠性。由于计算机的强大功能，使传统的作为动力源的电动机发展为具有动力、变速与执行等多重功能的伺服电动机，从而大大地简化了传动和执行机构。

本章将分别介绍这三大机构及其设计计算方法。

四、机械传动机构

（一）机械传动机构概述

1. 基本要求

机械传动是一种将动力机产生的运动和动力传递给执行机构的中间装置，是一种扭矩和转速的变换器，其目的是在动力机与负载之间使扭矩得到合理的匹配，并可通过机构变换实现对输出的速度调节。

在机电一体化系统中，伺服电动机的伺服变速功能在很大程度上代替了传统机械传动中的变速机构，只有当伺服电动机的转速范围满足不了系统要求时，才通过传动装置变速。由于机电一体化系统对快速响应指标要求很高，因此，机械传动装置不仅用来解决伺服电动机与负载间的力矩匹配，更重要的是为了提高系统伺服性能。为了获得更高的伺服性能，在传动结构设计和选择时，传动部件应满足传动间隙小、精度高、摩擦低、体积小、质量轻、运动平稳、响应速度快、传递转矩大、高谐振频率以及伺服电动机等与其他环节的动态性能相匹配。为此，从以下几个主要方面考虑：

（1）尽可能减小系统传动部件的静摩擦力，动摩擦力应是尽可能小的正斜率，若为负斜率则易产生爬行，精度降低，寿命减小。因此，精度要求较高的机电一体化系统通常采用低摩擦阻力的传动部件和导向支撑部件，如采用滚珠丝杠副、滚动导向支撑、动（静）压导向支撑等。

（2）缩短传动链，提高传动与支撑刚度，如用预紧的方法提高滚珠丝杠副和滚动导轨副的传动与支撑刚度；采用大扭矩、宽调速的直流或交流伺服电动机直接与丝杠螺母副连接，以减少中间传动机构；丝杠的支撑设计中采用两段轴向预紧或预拉伸支撑结构等。

（3）选用最佳传动比，以提高系统分辨率、减少等效到执行元件输出轴上的等效转动惯量，尽可能提高加速能力。

（4）缩小反向死区误差，如采取消除传动间隙、减少支撑变形等措施。

（5）适当的阻尼比。

机电一体化系统中所用的传动机构及其功能见表 2-2，可以看出，一种传动机构可满足一项或同时满足几项功能要求。

表 2-2 传动机构及其功能

基本功能 传动机构	运动的变换				动力的变换	
	形式	行程	方向	速度	大小	形式
丝杠螺母	√				√	√
齿轮			√	√	√	
齿轮齿条	√					√
链轮链条	√					
带、带轮			√	√		
缆绳、绳轮	√		√	√	√	√
杠杆机构		√		√	√	
连杆机构		√		√	√	
凸轮机构	√	√	√	√		
摩擦轮			√	√	√	
万向节			√			
软轴			√			
涡轮蜗杆			√	√	√	
间歇机构	√					

对工作机（如离心泵、真空泵、螺杆泵、风机等）中的传动机构，既要求能实现运动的变换，又要求能实现动力的变换；对信息机（如电话、传真机、银行ATM机等）中的传动机构，则主要要求具有运动的变换功能，只需要克服惯性力（或力矩）和各种摩擦阻力（力矩）及较小的负载即可。

2. 机械传动机构的发展

随着机电一体化技术的发展，要求传动机构不断适应新的技术要求。具体讲有以下三个方面：

（1）精密化。对某一特定的机电一体化系统（或产品）来说，应根据其性能的需要提出适当的精密度要求。虽然不是越精密越好，但由于要适应产品的高定位精度等性能要求，对机械传动机构的精密度要求也越来越高。

（2）高速化。产品工作效率的高低，直接与机械传动部件的运动速度相关。因此，机械传动机构应能适应高速运动的要求。

（3）小型化、轻量化。随着机电一体化系统（或产品）精密化、高速化的发展，必然要求传动机构的小型化、轻量化，以提高运动灵敏度（快速响应性）、减小冲击、降低能耗。为与微电子部件微型化相适应，也要尽可能做到使机械传动部件短小轻薄化。

3. 传动机构的设计内容

机械传动系统的设计任务包括系统设计和结构设计两个方面。其具体设计内容如下：

（1）估算载荷。

（2）选择总传动比，选择伺服电动机。

（3）选择传动机构的形式。

（4）确定传动级数，分配各级传动比。

（5）配置传动链，估算传动链精度。

（6）传动机构结构设计。

（7）计算传动装置的刚度和结构固有频率。

（8）做必要的工艺分析和经济分析。

五、支撑和导向机构

机电一体化产品的机械系统要完成准确的各项运动，主要通过支撑和导向机构来完成。支撑和导向机构包括回转运动和直线运动两大类。

（一）回转运动支撑

1. 概述

回转运动支撑的作用是给做回转运动的零部件，如轴、丝杠等提供支撑。机电一体化系统中回转运动支撑主要有滚动轴承和静压轴承，还有适用于特殊情况的磁轴承和特制的滑动轴承。随着精密与超精密机床、新材料的发展，机床主轴的转速越来越高，这给主轴系统的承载能力、精度、刚度、抗震性、摩擦性能等提出了更高的要求，对轴承的各项性能指标的要求也相应地提高。同时，为满足越来越高的使用要求，出现了许多新型结构和材料的轴承。

表2-3列出了机电一体化系统中常见的轴承性能及特点。对于各种轴承的具体性能、结构和设计选用，可参考《机械设计手册》及生产厂商的技术资料。

表 2-3　机电一体化系统中常见的轴承性能及特点

性能＼种类	滚动轴承	静压轴承		磁轴承
		液压轴承	气体静压轴承	
精度	无预紧时一般；在预紧无间隙情况下较高，可达 1～1.5μm	高，可达 0.1μm，精度保持性好	高，可达 0.02～0.12μm，精度保持性好	一般，精度可达到 1.5～3μm
刚性	滚动轴承预紧后较高，短圆柱和圆锥轴承预紧后高	高	较差	较差
抗震性	较差，阻尼比 $\zeta=0.02\sim0.04$	好	好	较好
速度性能	用于低中速，特殊轴承可以用于较高速	适用于各种速度	适用于超高速 80 000～160 000r/min	用于高速 30 000～50 000r/min
摩擦损耗	较小，$\mu=0.002\sim0.008$	小	小	很小
寿命	抗疲劳强度低	长	长	长
制造难易	轴承生产专业化、标准化	需复杂的供油系统、工艺要求高	需复杂的供气系统、工艺要求高	结构相对庞大、系统复杂
使用维护	简单，用油脂润滑	轴承供油系统清洁，较难	轴承供气系统清洁高，但使用维护容易	较难
成本	低	较高	较高	高

2. 滚动轴承

（1）标准滚动轴承。滚动轴承已标准化系列化，有向心轴承、向心推力轴承和推力轴承等共十种类型。在轴承设计中应根据承载的大小、旋转精度、刚度、转速等要求选用合适的轴承类型。举例如下：

1）深沟球轴承。轴系用球轴承有单列向心轴承和角接触球轴承。前者一般不能承受轴向力，且间隙不能调整，常用于旋转精度和刚度要求不高的场合。后者既能承受径向载荷也能承受轴向载荷，并且可以通过内外圈之间的相对位移来调整其间隙的大小。因此在轻载荷时应用广泛。

2）双列向心短圆柱滚子轴承。如图 2-3 所示，图 2-3（a）为较为常见的 NN3000 系列轴承，其滚道开在内圈上；图 2-3（b）为 4162900 系列轴承，其滚道开在外圈上。此两类轴承的圆柱滚子数目多、密度大，分两列交叉排列，旋转时支撑刚度变化较小，内圈上均有 1∶12 的锥孔与带锥度的轴颈配合，内圈相对于轴颈作轴向移动时，内圈被胀大，从而可调整轴承的径向间隙或实现预紧。因此，其承载能力大、支撑刚度高，但只能承受径向载荷，与其他推力轴承组合使用，可用于较大载荷、较高转速场合。

3）圆锥滚子轴承。图 2-4 所示为 35000 系列双向圆锥滚子轴承，它由外圈、内圈、隔圈和圆锥滚子组成。外圈一侧有凸沿，这样可将箱体座孔设计为通孔，修磨隔圈的厚度便可实现间隙调整和预紧。该轴承能承受较大载荷，用其代替短圆柱滚子轴承和推力轴承，则刚度提高，虽极限转速有所降低，但仍能达到高精度的要求。

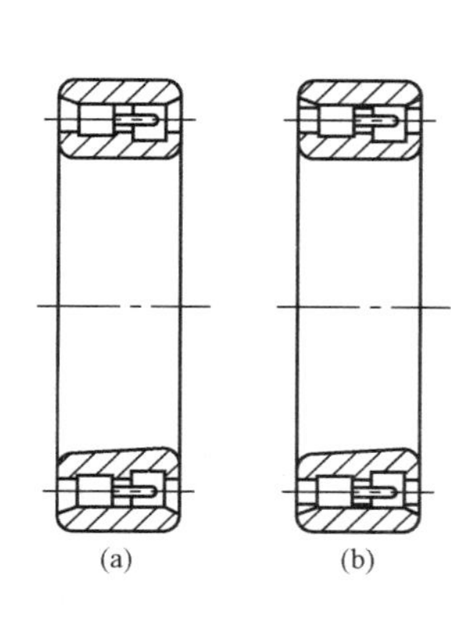

图 2-3　双列向心短圆柱滚子轴承

(a) NN3000 系列轴承；(b) 4162900 系列轴承

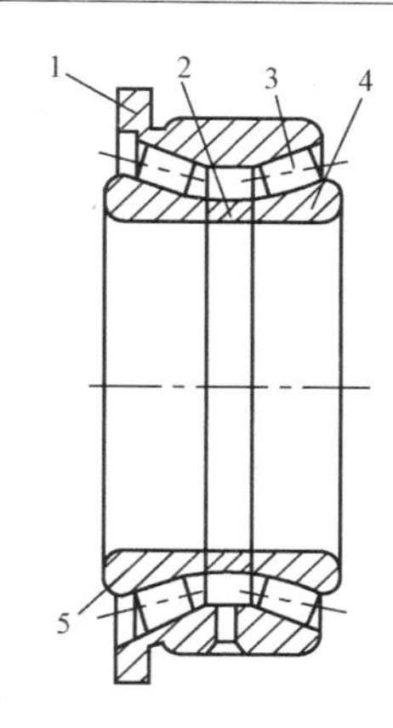

图 2-4　圆锥滚子轴承

1—外圈；2—隔圈；3—圆锥滚子；4、5—内圈

4）推力轴承。5100 系列（单向）和 5200 系列（双向）推力球轴承，其轴向承载能力很强，支撑刚度很大，但极限转速较低，运动噪声较大。新发展起来的 230000 系列为 60°接触角双列推力球轴承，其结构如图 2-5 所示，它由内圈、滚珠、外圈和隔套组成，其外径与同轴颈的 NN3000 轴承相同，但外径公差带在零线以下，因此与箱体座孔配合较松，目的在于不承受径向载荷，仅承受轴向推力。修磨隔套可实现轴承间隙的调整和预紧。它与双列向心短圆柱滚子轴承的组合配套使用获得广泛应用。图 2-6 所示为其配套应用实例，双列向心短柱滚子轴承的径向间隙调整，是先将螺母 6 松开、转动螺母 1，拉主轴向左推动轴承内圈，利用内圈胀大以消除间隙与预紧。这种轴承只能承受径向载荷，轴向载荷由双列推力轴承承受，用螺母 1 调整间隙。轴向力的传递见图中箭头方向所示，轴向刚度较高。这种推力轴承的制造精度已达 B 级，适用于各种精度的主轴轴系。其预紧力和间隙大小调整用修磨隔套来实现。外围开有油槽和油孔，以利于润滑油进入轴承。

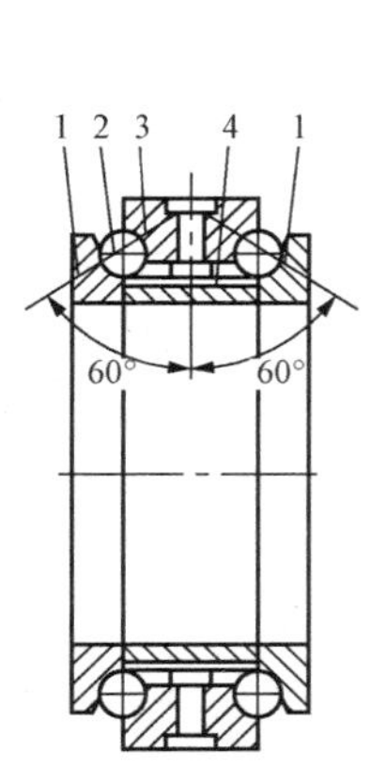

图 2-5　双列推力球轴承结构

1—内圈；2—滚珠；3—外圈；4—隔套

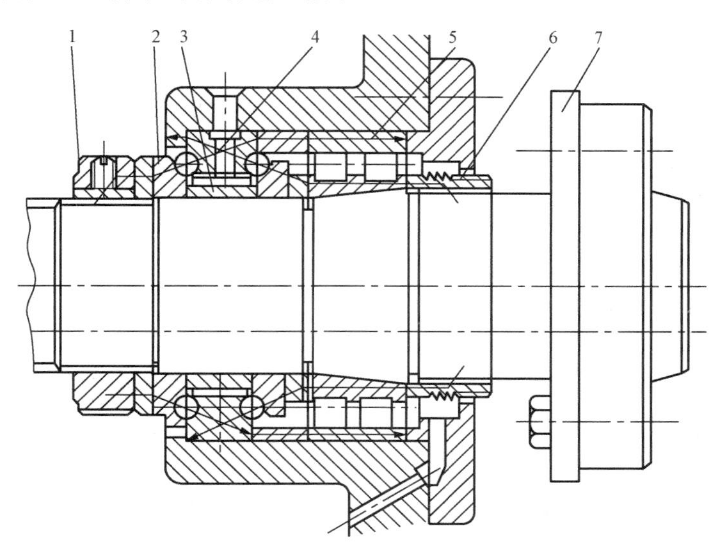

图 2-6　双列推力球轴承配套运用实例

1、6—螺母；2—推力轴承；3—修磨隔套；

4—油槽和油孔；5—套筒；7—主轴

（2）非标滚动轴承。非标滚动轴承是适应轴承精度较高、结构尺寸较小或因特殊要求不能采用标准轴承时自行设计的。图 2-7 所示为微型滚动轴承，图 2-7（a）与（b）具有杯形外圈而没有内圈，锥形轴颈与滚珠直接接触，其轴向间隙由弹簧或螺母调整。图 2-7（c）采用蝶形垫圈来消除轴向间隙，垫圈的作用力比作用在轴承上的最大轴向力大 2～3 倍。另外，前面介绍嵌入式滚动支撑也属于此类轴承。

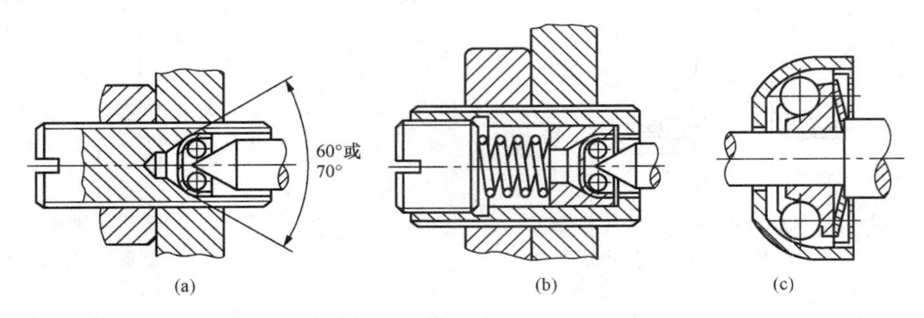

图 2-7 微型滚动轴承

（a）螺母调整间隙；（b）弹簧调整间隙；（c）蝶形垫圈调整间隙

3. 静压轴承

流体滑动轴承具有良好的阻尼性能、支撑精度、抗震性和运动平稳性。按照流体介质的不同，流体滑动轴承可分为液体滑动轴承和气体滑动轴承两大类。按照油膜和气膜压强的形成方法又有动压、静压和动静压相结合的轴承之分。

动压轴承是在轴旋转时，油（气）被带入轴与轴承间的楔形间隙，并随着转轴速度的提高，油（气）压强逐步升高，将轴浮起而形成油（气）楔，以承受载荷。其承载能力与滑动表面的线速度成正比，低速时承载能力很低，故动压轴承只适用于转速很高且速度变化不大的场合。

静压轴承是利用外部供油（气）装置将具有一定压力的油（气）体通过油（气）孔进入轴套油（气）腔，将轴浮起而形成压力油（气）膜，以承受载荷。其承载能力与滑动表面的线速度无关，广泛应用于低、中速，大载荷的机器。它具有刚度大、精度高、抗震性好、摩擦阻力小等优点。

按支撑承受负荷方向的不同，静压轴承常可分为向心、推力和向心推力三种形式。

（1）液体静压轴承。液体静压系统由静压支撑、节流器和供油装置三部分组成（如图 2-8所示）。

液体静压向心轴承的工作原理如图 2-9（a）所示，在图 2-9（b）所示轴承的内圆柱面上，对称地开有四个油腔，油腔与油腔之间开有回油槽，油腔与油槽之间的圆弧面称为轴向封油面，轴承两端面和油腔之间的圆弧面称为周向封油面。轴装入轴承后，周向封油面与轴颈之间有适量间隙。

液压泵输出的压力油通过四个节流器后，油压降低至 p_r 并分别流进各节流器所对应的油腔，在油腔内形成静压，从而使轴颈和轴承表面被油膜隔开。然后经封油面上的间隙和回油槽流回油池。

空载时，由于各油腔与轴颈间的间隙 h_0 相同，四个油腔的压力均为 p_{r0}，此时，转轴收到各油腔的油压作用而处于平衡状态，轴颈与轴承同心（忽略转轴部件的自重）。

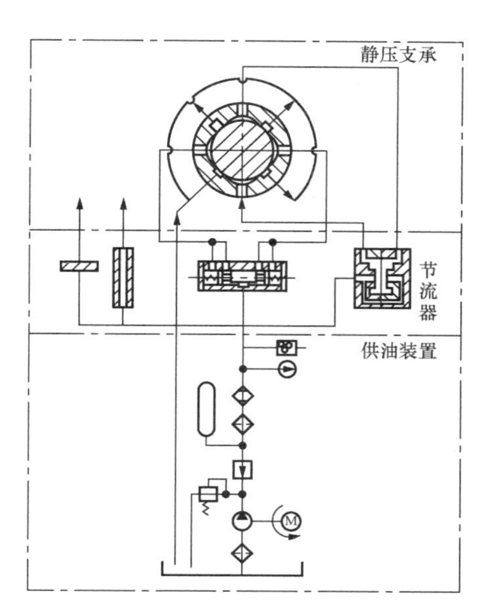

图 2-8　液体静压系统的组成

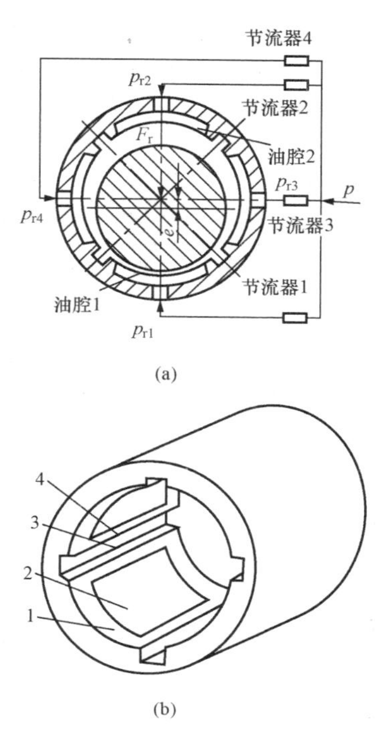

图 2-9　液体静压向心轴承的工作原理

（a）工作原理；（b）轴瓦

1—轴向封油面；2—油腔；3—回油槽；4—周向封油面

当支撑受到外负荷 F_r 作用时，轴颈沿负荷方向产生微量位移 e。于是，油腔 1 的间隙减少为（h_0-e），油流阻力增大，由于节流器的调压作用，油腔 1 的油压从 p_{r0} 升高到 p_{r1}；油腔 2 的间隙则增大到（h_0+e），油流阻力减小，同样由于节流器的作用，油腔 2 的压力从 p_{r0} 降至 p_{r2}。因此，在油腔 1、2 之间形成压力差 $\Delta p=p_{r1}-p_{r2}$，该压力差作用在轴颈上，与外负荷 F_r 相平衡［即 $F_r=(p_{r1}-p_{r2})A_e$，A_e 为油腔有效承载面积］，使轴颈稳定在偏心量 e 的位置上。转轴偏移量 e 的大小与支撑和节流器参数选择有关，若选择合适，可使转轴的位移很小。

与普通滑动和滚动轴承相比，液体静压轴承有以下优点：摩擦阻力小、传动效率高、使用寿命长、转速范围广、刚度大、抗震性好、回转精度高，能适应不同负荷、不同转速的大型或中小型机械设备的要求，但也有下列缺点不易解决：

1）工作时油温会升高。油温升高将造成热变形，影响主轴精度。

2）回油时会将空气带入油源，并形成微小气泡悬浮于油中，不易排除。小气泡的存在将降低液体静压轴承的刚度和动特性。

为解决上述两个问题，可采取如下措施：

1）提高静压油的压力。油压升高会减小微小气泡的影响，提高静压轴承刚度和动特性。

2）对用油实行温度控制，使其基本达到恒温。

3）用恒温水对轴承进行冷却。

（2）气体静压向心轴承。图 2-10 为气体静压向心轴承简图。由专用供气装置输出的压缩气体进入轴承的圆柱容腔，并通过沿轴承圆周均匀分布、与端面有一定距离的两排进气孔（又称节流孔），进入轴和轴承之间的间隙，然后沿轴向流至轴承端部，并由此排入大气。气体静压轴承的工作原理与液体静压轴承相同。

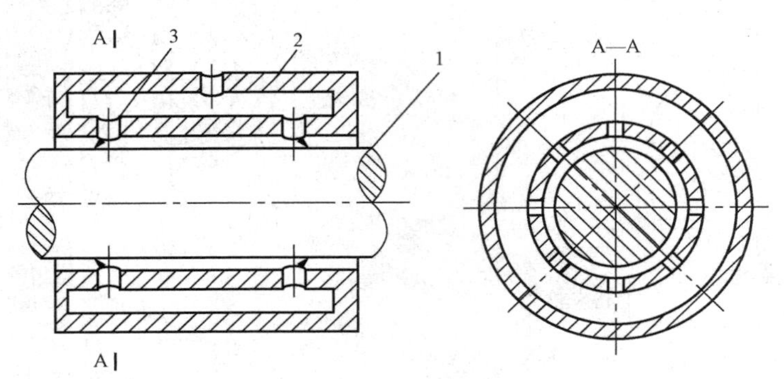

图 2-10 气体静压向心轴承

1—轴；2—轴承；3—进气孔

与液体静压轴承相比较，气体静压轴承的主要优点是：气体的内摩擦很小、黏度极低，故摩擦损失极小，不易发热，因而适用于极限转速极高和灵敏度要求高的场合；又由于气体理化性高度稳定，因而可在支撑材料许可的高温、深冷、放射性等恶劣环境中正常工作；若采用空气静压轴承，空气来源十分方便，对环境无污染；循环系统较液体静压轴承简单。它的主要缺点是：负荷能力低；支撑的加工精度和平衡精度要求高，所供气体清洁度要求较高，需严格过滤。

4. 磁轴承

磁轴承主要由两部分组成：轴承本身及其电气控制系统。磁轴承可分为向心轴承和推力轴承两类，它们都由转子和定子组成，其工作原理相同，如图 2-11 所示。

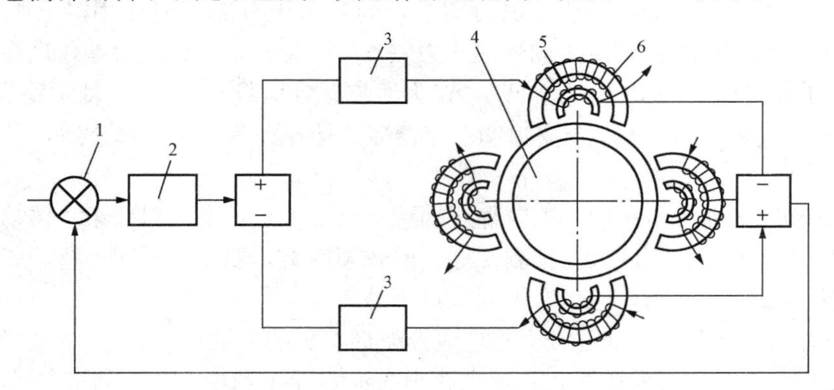

图 2-11 磁轴承

1—比较元件；2—调节器；3—功率放大器；4—转子；5—位移传感器；6—电磁铁

定子上安装有电磁铁，转子的支撑轴颈处装有铁磁环，定子电磁铁产生的磁场使转子悬浮在磁场中，转子与定子无任何接触，气隙为 0.3～1μm。转子转动时，由位移传感器检测转子的偏心，并通过反馈与基准信号 1（转子的理想位置）进行比较，调节器根据偏差信号进行调节，并把调节信号送到功率放大器以改变定子上电磁铁的励磁电流，从而改变对转子的吸引力，使转子始终保持在理想的位置。

由于无机械接触，磁轴承不磨损，功耗小，因而可以达到很高的转速。但在低速时，轴与轴承间存在电磁关系，会使轴承座震动。在高转速时，磁力结合的动刚度较差。磁轴承常用于机器人、精密仪器、陀螺仪、火箭发动机等。

（二）导向机构

在机电一体化机械系统中，导向支承部件的作用是支承和限制运动部件能按给定的运动要求和运动方向运动，这样的部件通常称为导轨副，简称导轨。

1. 导轨的组成、分类及特点

导轨主要由两部分组成：在工作时一部分固定不动，称为支承导轨；另一部分相对支承导轨作直线或回转运动，称为动导轨。

常用的导轨种类很多，按其接触面的摩擦性质可分为滑动导轨、滚动导轨、流体介质摩擦导轨等。按其结构特点可分为开式导轨（借助重力或弹簧弹力保证运动件与承导面之间的接触）和闭式导轨（只靠导轨本身的结构形状保证运动件与承导面之间的接触）。根据导轨之间的摩擦情况，常用导轨可分为滑动导轨和滚动导轨。

（1）滑动导轨：两导轨工作面的摩擦性质为滑动摩擦。滑动导轨结构简单，制造方便，刚度好，抗震性高，是机械产品中使用最广泛的导轨形式。为减小磨损，提高定位精度，改善摩擦特性，通常选用合适的导轨材料，采用适当的热处理和加工方法，如采用优质铸铁，合金耐磨铸铁或镶淬火钢导轨，采用导轨表面滚轧强化，表面淬硬、涂铬、涂钼等方法提高导轨的耐磨性。另外采用新型工程塑料可满足导轨低摩擦、耐磨及无爬行的要求。

（2）滚动导轨：两导轨表面之间为滚动摩擦。导向面之间放置滚珠或滚针等滚动体来实现两导轨无滑动地相对运动，这种导轨磨损小，寿命长，定位精度高，灵敏度高，运动平稳可靠，但结构复杂，几何精度要求高，抗震性较差，防护要求高，制造困难，成本高。它适用于工作部件要求移动均匀、动作灵敏以及定位精度高的场合，因此在高精密的机电一体化产品中应用广泛，常用导轨性能比较见表 2-4。

表 2-4　常用导轨性能比较

导轨类型	结构工艺性	方向精度	摩擦力	对温度变化的敏感性	承载能力	耐磨性	成本
开式圆柱面导轨	好	高	较大	不敏感	小	较差	低
闭式圆柱面导轨	好	较高	较大	较敏感	较小	较差	低
燕尾导轨	较差	高	大	敏感	大	好	较高
闭式直角导轨	较差	较低	较小	较敏感	大	较好	较低
开式“V”形导轨	较差	较高	较大	不敏感	大	好	较高
开式滚珠导轨	较差	高	小	不敏感	较小	较好	较高
闭式滚珠导轨	差	较高	较小	不敏感	较小	较好	高
开式滚柱导轨	较差	较高	小	不敏感	较大	较好	较高
滚动轴承导轨	较差	较高	小	不敏感	较大	好	较高
液体静压导轨	差	高	很小	不敏感	大	很好	很高

2. 导轨的基本要求及设计要点

机电一体化系统对导轨的基本要求是导向精度高、耐磨性好、温度变化影响小以及结构工艺性好等。对精度要求高的直线运动导轨，还要求导轨的承载面与导向面严格分开；当运动件较重时，必须设有卸载装置；运动件的支承必须符合二点定位原理。

(1) 导轨的基本要求如下。

1) 导向精度。导向精度是指动导轨按给定方向作直线运动的准确程度。导向精度的高低主要取决于导轨的结构类型、几何精度、接触精度和配合间隙，油膜的厚度和刚度，以及导轨和基础件的刚度和热变形等。

如图 2-12 所示，直线运动导轨的几何精度一般由直线度和两导轨间的平行度决定。

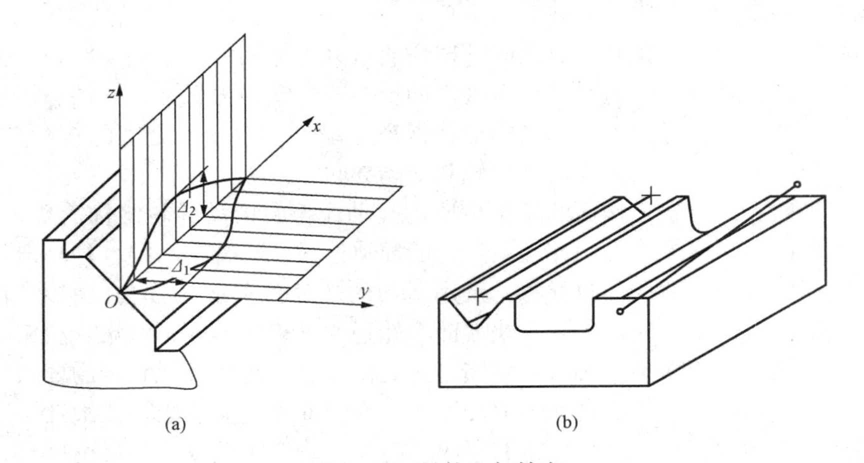

图 2-12 导轨几何精度

(a) 导轨在垂直和水平面内的直线度；(b) 两导轨面间的平行度

直线度。导轨在水平平面内曲直线度（横向直线度）Δ_1 和在垂直平面内的直线度（纵向直线度）Δ_2，如图 2-12 (a) 所示。理想的导轨与垂直和水平截面上的相交线都应该是一条直线。在实际制造过程中，由于加工误差使得实际轮廓线偏离理想曲直线。测得实际包容线的两平行直线间的宽度为导轨在水平平面内或垂直平面内的直线度。在这两种精度中，通常规定导轨全长上的直线度或导轨在一定长度上的直线度。

两导轨面间的平行度。这项误差一般规定用在导轨一定长度上或全长上的横向扭曲值表示，如图 2-12 (b) 所示。

2) 刚度。导轨的刚度即抵抗受理变形的能力。抵抗恒定载荷的能力称为静刚度；抵抗交变载荷的能力称为动刚度。导轨受力变形会影响导轨的导向精度及部件之间的相对位置。导轨变形包括导轨本体变形和导轨副接触变形，两者均应考虑。为了加强导轨的自身刚度，常用增大尺寸、合理布置筋与筋板或添加辅助导轨等办法来解决。

3) 精度保持性。精度保持性是指导轨工作过程中保持原有几何精度的能力。导轨的精度保持性主要取决于导轨的耐磨性及其尺寸稳定性。耐磨性与导轨的材料匹配、受理、加工精度、润滑方式和防护装置的性能等因素有关。另外，导轨及其支撑件内的残余应力也会影响导轨的精度保持性。

4) 耐磨性。导轨的耐磨性是指导轨在长期使用后，应能保持一定的导向精度。导轨的耐磨性主要取决于导轨的结构、材料、摩擦性质、表面粗糙度、表面硬度、表面润滑及受力情况等。提高导轨的精度保持性，必须进行正确的润滑与保护。采用独立的润滑系统自动润滑已被普遍应用。防护的方法目前主要采用多层金属薄板伸缩式防护罩进行防护。

5）运动的灵活性和低速运动的平稳性。导轨的平稳性是指导轨低速运动或微量移动时不出现爬行现象的性能。平稳性与导轨的结构、导轨副材料的匹配、润滑状况、润滑剂性质及导轨运动之传动系统的刚度等因素有关。

机电一体化系统和计算机外围设备等的精度和运动速度都比较高，因此，导轨应有较好的灵活性和平稳性。工作时应轻便省力，速度均匀，低速运动或微量位移时不出现爬行现象，高速运动时应无振动。在低速运行时（如 0.05mm/min），往往不是作连续的匀速运动而是时走时停（即爬行），其主要包括摩擦因数随运动速度的变化和传动刚性不足。

为防止产生爬行现象，可同时采取以下几项措施：采用滚动导轨、静压导轨、卸荷导轨、贴塑料层导轨等；在普通滑动导轨上使用含有极性添加剂的导轨油；用减小结合面、增大结构尺寸、缩短传动链、减少传动副等方法来提高传动系统的刚度。

6）结构工艺性。结构工艺性是指导轨副（包括导轨副所在构件）加工的难易程度。在满足设计要求的前提下，应尽量做到制造和维修方便，成本低廉。

（2）导轨副的设计要点。设计导轨应包括下列几方面内容：

1）根据工作条件，选择合适的导轨类型。

2）选择导轨的截面形状，以保证导向精度。

3）选择适当的导轨结构及尺寸，使其在给定的载荷及工作温度范围内，有足够的刚度、良好的耐磨性，运动轻便、低速平稳。

4）选择导轨的补偿及调整装置，经长期使用后，通过调整能保持所需要的导向精度。

5）选择合理的耐磨涂料、润滑方法和防护装置，使导轨有良好的工作条件，以减少摩擦和磨损。

6）制订保证导轨所必需的技术条件，如选择适当的材料，以及热处理、精加工和测量方法等。

3. 导向机构设计方法

（1）直线滚动导轨。目前各种滚动导轨基本已实现生产的系列化，因此接下来重点介绍滚动直线导轨的选用方法和有关计算。

1）滚动直线导轨的特点。

承载能力大。其滚道采用圆弧形式，增大了滚动体与圆弧滚道接触面积，从而大大地提高了导轨的承载能力，可达到平面滚道形式的 13 倍。

刚性强。在该导轨制作时，常需要预加载荷，这使导轨系统刚度得以提高。所以滚动直线导轨在工作时能承受较大的冲击和振动。

寿命长。由于是纯滚动，摩擦系数为滑动导轨的 1/50 左右，磨损小，因而寿命长，功耗低，便于机械小型化。

传动平稳可靠。由于摩擦力小，动作轻便，因而定位精度高，微量移动灵活准确。

具有结构自调整能力。装配调整容易，因此降低了对配件加工精度要求。

2）滚动直线导轨的分类。按滚动体的形状分，有钢珠式和滚柱式两种，如图 2-13 所示。滚柱式由于为线接触，故其有较高的承载能力，但摩擦力也较高，同时加工装配也相对复杂。目前使用较多的是钢珠式。

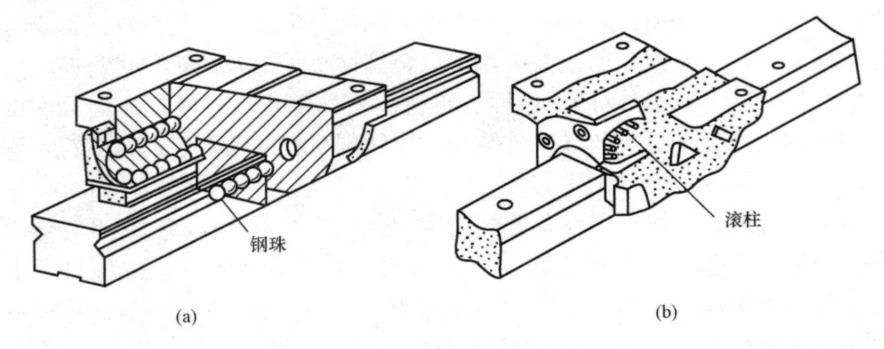

图 2-13 滚动直线导轨的滚动体形式

（a）钢珠式；（b）滚柱式

按导轨截面形状分，有矩形和梯形两种。导轨截面为矩形，承载时各方向受力大小相等。梯形截面导轨能承受较大的垂直载荷，而其他方向的承载能力较低，但对于安装基准的误差调节能力较强。

按滚道沟槽形状分，有单圆弧和双圆弧两种，如图 2-14 所示。单圆弧沟槽为两点接触，双圆弧沟槽为四点接触。前者的运动摩擦和对安装基准的误差平均作用比后者要小，但其静刚度比后者稍差。

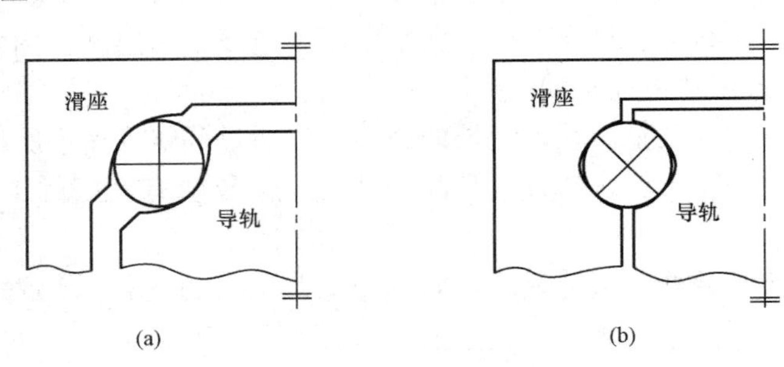

图 2-14 滚动直线导轨沟槽类型

（a）单圆弧沟槽；（b）双圆弧沟槽

3）滚动直线导轨的选择程序。在设计选用滚动直线导轨时，除应对其使用条件，包括工作载荷、精度要求、速度、工作行程、预期工作寿命进行研究外，还须对其刚度、摩擦特性及误差平均作用、阻尼特征等综合考虑，从而达到正确合理的选用，以满足主机技术性能的要求。

滚动直线导轨的选择程序如图 2-15 所示。

（2）塑料导轨。塑料导轨是在滑动导轨上镶装塑料而成的。这种导轨化学稳定性高、工艺性好、使用维护方便，因而得到越来越广泛的应用。但它的耐热性差，且易蠕变，使用中必须注意散热。

1）塑料导轨软带。这种导轨软带是以聚四氟乙烯为基体，添加青铜粉、二硫化钼和石墨等物质所构成的高分子复合材料，将其粘贴在金属导轨上所形成的导轨，又称为贴塑导轨。软带粘贴形式如图 2-16 所示，图 2-16（a）为平面式，多用于设备的导轨维修；

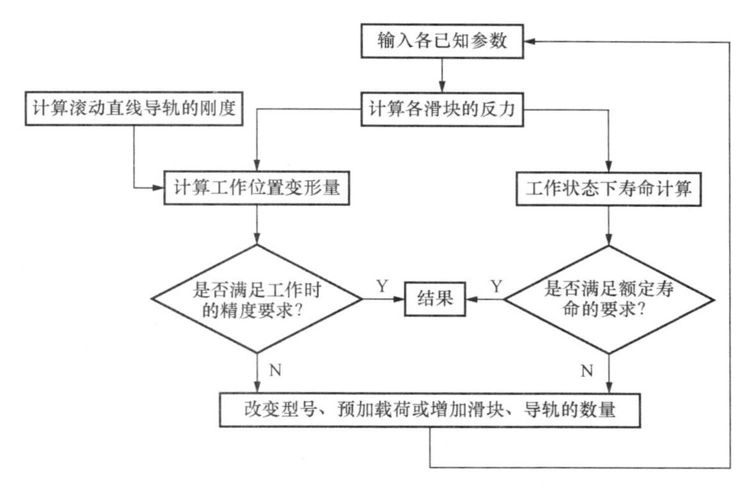

图 2-15　滚动直线导轨的选择程序

图 2-16（b）为埋头式，即粘贴软带的导轨加工有带档边的凹槽，多用于新产品。

图 2-16　塑料导轨软带粘贴形式

（a）平面式；（b）埋头式

塑料导轨软带可与铸铁或钢组成滑动摩擦副，也可以与滚动导轨组成滚动摩擦副。

2）金属塑料复合导轨板。导轨板分三层，如图 2-17 所示。内层为钢带以保证导轨板的机械强度和承载能力。钢带上镀有烧结成球的青铜粉或青钢丝网形成多孔中间层，再浸渍聚四氟乙烯等塑料填料，中间层可以提高导轨的导热性，避免浸渍进入孔或网中的氟塑料产生冷流和蠕变。当青铜与配合面摩擦而发热时，膨胀系数远大于金属的塑料从中间层的孔隙中挤出，向摩擦表面转移，形成厚度为 0.01～0.05mm 的表面自润滑塑料层。这种导轨板一般用胶粘贴在金属导轨上，成本比聚四氟乙烯软带高。

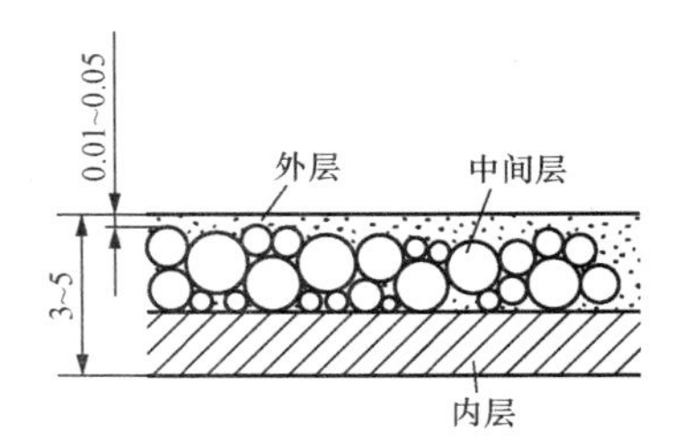

图 2-17　金属塑料复合导轨

（单位：mm）

3）塑料涂层。导轨副中，若只有一面磨损严重，则可以把磨损部分切除，涂敷配制好的胶状塑料涂层，利用模具或另一摩擦面使涂层成形，固化后的塑料涂层即成为摩擦副中的配对面之一，与另一金属配对面形成新的摩擦副。目前常用的塑料涂层材料有环氧涂料和含氟涂料，它们都是以环氧树脂为基体，但所用牌号和加入的成分有所不同。环氧涂料的优点是摩擦因数小且稳定，防爬性能好，有自润滑作用；缺点是不易存放，且强度不断增大。含氟涂料则克服了上述缺点。

这种方法主要用于导轨的维修和设备的改造，也可用于新产品设计。

第三节 执 行 部 件

执行部件是工业机器人、CNC 机床、各种自动机械、信息处理计算机外围设备、办公室设备、汽车电子设备、医疗器械、光学设备、家用电器（包括音响设备、录音机、摄像机、电冰箱）等机电一体化系统必不可少的驱动元件，如数控机床的主轴转动、工作台的进给运动以及工业机器人手臂升降、回转和伸缩运动等所用驱动部件即为执行元件。执行部件是机电一体化系统的机械运动机构与微电子控制装置的接点（连接）部位的能量转换元件，其功能是在微电子装置的控制下，将输入的不同形式的能量转化为机械能，例如电动机、电磁铁、继电器、液压缸、气缸、内燃机等分别把输入的电能、液压能、气压能和化学能转化为机械能。大多数执行元件形成了系列性商品，所以在机电一体化系统设计时，可作为标准件选用。

一、执行元件的分类及特点

根据使用能量的不同，可以将执行元件分为电磁式、液压式和气压式等类型，如图 2-18所示。电气式是将电能转变成电磁力，进而驱动运行机构运动。液压式是先将电能转化为液压能，并通过电磁阀改变压力油的流向，从而使液压执行元件驱动运行机构运动。气压式和液压式的原理相同，只是将介质由液压油改为压缩空气。其他执行元件与使用材料有关，如使用双金属片、形状记忆合金或压电元件。

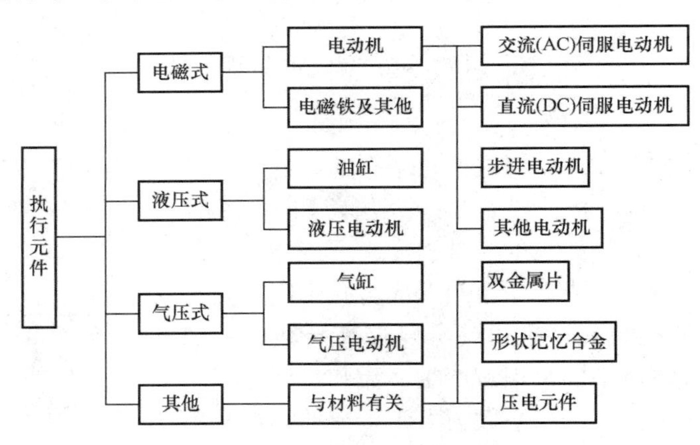

图 2-18 执行元件的种类

（一）电气式执行元件

电气式执行元件包括控制用电动机（步进电动机、直流和交流伺服电动机）、静电电动机（利用高压静电的电场力使电枢转动，功率虽小，但空载转速较大）、磁致伸缩器件、压电元件、超声波电动机以及电磁铁等。其中，利用电磁力的电动机和电磁铁，因其实用、易得而成为常用的执行元件。对控制用电动机的性能，除了要求稳速运转之外，还要求具有良好的加速、减速性能和伺服性能等动态性能以及频繁使用时的适应性和便于维修性能。

控制用电动机驱动系统一般由电源供给电力，经电力变换器变换后输送给电动机，使电动机能驱动负载机械（运行机构）运动，并在指令器指定位置定位停止。这种具有位置（或速度）反馈环节的系统是闭环系统，没有位置（或速度）反馈环节的系统是开环系统。

另外，其他电气式执行元件中还有微量位移用器件，例如：电磁铁是由线圈和衔铁两部分组成，结构简单。由于是单向驱动，故需要弹簧复位，用于实现两固定点间的快速驱动；压电驱动器是用压电晶体的压电效应来驱动运行机构做微量位移的；电热启动器是利用物体（如金属棒）的热变形来驱动运行机构的直线位移，用控制电热器（电阻）的加热电流来改变位移量，由于物体的线膨胀量有限，位移量当然很小，可用于机电一体化产品中实现微量进给。

（二）液压式执行元件

液压式执行元件主要包括往复运动的油缸、回转油缸、液压电动机等，其中油缸占绝大多数。目前，世界上已开发出各种数字式液压式执行元件，例如电—液伺服电动机和电—液步进电动机，这些电—液式电动机的最大优点是比电动机的转矩大，可以直接驱动运行机构，转矩/惯量比大，过载能力强，适合于重载的高加减速驱动。因此，电—液式电动机在强力驱动和高精度定位时性能好，而且使用方便。对一般的电—液伺服系统，可采用电—液伺服阀控制油缸的往复运动。比数字伺服执行元件便宜得多的是采用电子控制电磁阀的开关式伺服机构，其性能适当，而且对液压伺服起辅助作用。

（三）气压式执行元件

气压式执行元件除了用压缩空气作为工作介质外，与液压式执行元件无太大差别。具有代表性的气压执行元件有气缸、气压电动机等。气压驱动虽可得到较大的驱动力、行程和速度，但由于空气黏性差，具有可压缩性，不适合精度要求较高的场合使用。

上述几种执行元件的基本特点见表 2-5。

表 2-5　执行元件的基本特点

种类	特点	优点	缺点
电气式	可使用商用电源；信号与动力的传输方向相同；有交流和直流之分，应注意电压大小	操作简便；编程容易；能实现定位伺服；响应快、易于 CPU 相接；体积小、动力较大；无污染	瞬时输出功率大；过载差，特别是由于某种原因卡住时，会引起烧毁事故，易受外部噪声影响
气压式	空气压力源的压力为（5～7）× 10^5 Pa；要求操作人员技术熟练	空气压力源方便、成本低；无泄漏、污染；速度快，操作比较简单	功率小，体积大，动作不够平稳；不易小型化；工作噪声大、难于伺服
液压式	要求操作人员技术熟练；液压源压力为（20～80）× 10^5 Pa	输出功率大，速度快，动作平稳，可实现定位伺服；易与 CPU 相接；响应快	设备难以小型化；液压源或液压油要求（杂质、温度、油量、质量）严格；易泄漏且有污染

二、执行元件的基本要求

1. 快速性能好

执行元件惯性小、加减速时动力大，频率特性要好。表征执行元件惯量的性能指标：对直线运动为质量 m，对回转运动为转动惯量 J。表征输出动力的性能指标为推力 F、转矩 T 或功率 P。对直线运动来说，设加速度为 a，则推力 $F=ma$，$a=F/m$。对回转运动来说，设角速度为 ω，角加速度为 ε，则 $P=\omega T$，$\varepsilon=T/J$，$T=J\varepsilon$。a 与 ε 表征了执行元件的加速性能。

另一种表征动力大小的综合性能指标称为比功率 $P_{比}$，包含了功率、加速性能与转速三种因素，即

$$P_{比} = P\varepsilon/\omega = \omega TT/J(1/\omega) = T^2/J \tag{2-1}$$

2. 体积小、重量轻，输出功率大

为了使执行元件易于安装并使伺服系统结构紧凑，通常希望执行元件具有较小的体积。同时为使伺服系统具有足够的负载能力，希望执行元件能输出较大的功率。既要缩小执行元件的体积、减轻重量，又要增大其动力，故通常采用执行元件的单位重量所能达到的输出功率或比功率，即用功率密度或比功率密度来评价这项指标。设执行元件的重量为 G，则功率密度为 P/G，比功率密度为 $T^2/(J \cdot G)$。

功率密度反映了电动机单位重量输出的功率，在启停频率低，但要求运行平稳和扭矩脉动小的场合可采用这一指标。

3. 便于维修、安装

执行元件最好不需要维修。无刷 DC 及 AC 伺服电动机就是走向无维修的例子。

4. 易于微机控制

根据这个要求，用微机控制最方便的是电气式执行元件。因此，机电一体化系统所有执行元件的主流是电气式，其次是液压式和气压式（在驱动接口中需要增加电—液或电—气变换环节）。内燃机定位运动的微机控制较难，故通常仅被用于交通运输机械。

三、微动机构

微动机构是一种能在一定范围内精确、微量移动到给定位置或实现特定的进给运动的机构，一般用于精确、微量调节某些部件的相对位置，如在仪器的读数系统中，利用微动机构调整刻度尺的零位；在磨床中，用螺旋微动机构调整砂轮架的微量进给；在精密和超精密机床及其加工中，用微动机构进一步提高机床的分辨力或进行机床及加工误差的在线补偿，以提高加工精度；在医学领域中采用微动机构构造各种微型手术器械。

高精度微动装置目前已成为精密和超精密机床的一个重要部件，其分辨力已达 0.001～0.01μm，这对实现超薄切削、高精度尺寸加工和在线误差补偿是十分有用的。

微动机构的性能好坏在一定程度上影响系统的精确性和操作性能，因而要求它应满足如下基本要求：

（1）低摩擦、高灵敏度、最小位移量达到使用要求。

（2）传动平稳、可靠，无空程和爬行，有足够的刚度，制动后能保持稳定的位置。

（3）抗干扰能力强，快速响应性好。

（4）具有良好的动特性，即响应频率高。

（5）良好的结构工艺性。

（6）应能实现自动控制。

微动机构按执行件运动原理的不同分为弹性变形式、双螺旋差动式、热变形式、磁致伸缩式、电致伸缩式等，下面进行详细介绍。

（一）弹性变形式

双 T 形弹性变形式微动进给装置工作原理如图 2-19 所示。当驱动螺钉前进时，T 形弹簧 1 变直伸长，因 B 端固定，C 端压向 T 形弹簧 2。T 形弹簧 2 的 D 端固定，故推动 E 端微位移刀夹作微位移前进。

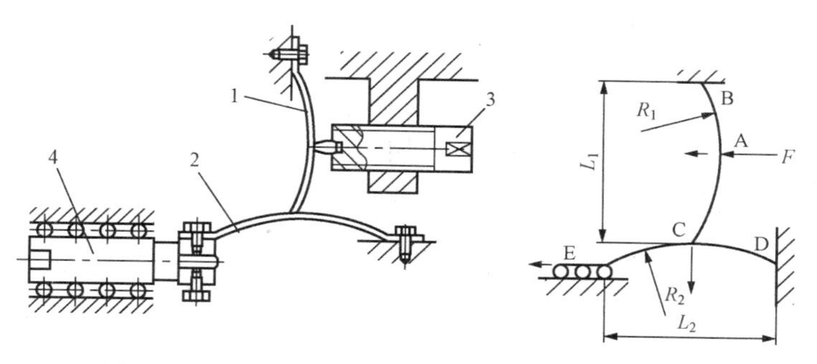

图 2-19　双 T 形弹性变形式微动进给装置工作原理
1、2—T 形弹簧；3—驱动螺钉；4—微位移刀夹

（二）双螺旋差动式

双螺旋差动式微动机构原理如图 2-20 所示，图中差动手轮上的内外螺纹旋向相反。设外螺纹导程为 p_1、内螺纹导程为 p_2，且 $\delta=p_1-p_2$，当手轮旋转一周时，移动体的位移量为 δ。该结构刚度较高，移动量准确。

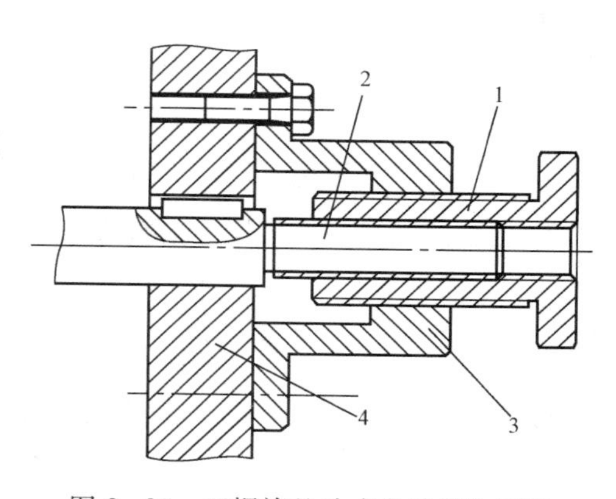

图 2-20　双螺旋差动式微动机构原理
1—差动手轮；2—移动体；3—固定座；4—基体

（三）热变形式

热变形式执行机构属于微动机构，该类机构利用电热元件作为动力源，电热元件通电后产生的热变形实现微小位移，其工作原理如图 2-21 所示。传动杆的一端固定在基座上，另一端固定在沿导轨移动的运动件上。电阻丝通电加热时，传动杆受热伸长，其伸长量 ΔL 为

$$\Delta L=\alpha L(t_1-t_0)=\alpha L\Delta t \tag{2-2}$$

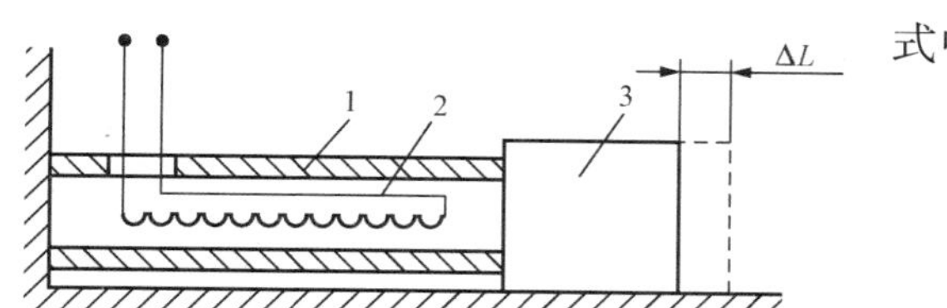

图 2-21　热变形式微动机构原理
1—传动杆；2—电阻丝；3—运动件

式中　α——传动杆材料的线性膨胀系数，m/℃；
L——传动杆长度，mm；
t_1——加热后的温度，℃；
t_0——加热前的温度，℃；
Δt——加热前后的温度差，℃。

当传动杆由于伸长而产生的力大于导轨副中的静摩擦力时，运动件就开始移动。理想情况为运动件的移动量等于传动杆的伸长量；但由于导轨副摩擦力性质、位移速度、运动件质量及系统阻尼的影响，实际运动件的移动量与传动件的伸长量有一定的差值，称为运动误差（ΔS），即

$$\Delta S=\pm\frac{CL}{EA} \tag{2-3}$$

式中　C——考虑到摩擦阻力、位移速度和阻尼的系数；
E——传动杆材料的弹性模量，Pa；
A——传动杆的面积，m^2。

所以，位移的相对误差为

$$\frac{\Delta S}{\Delta L}=\pm\frac{C}{EA\alpha\Delta t} \tag{2-4}$$

为减少微量位移的相对误差，应增加传动杆的弹性模量 E、线性膨胀系数 α 和截面积 A，因此作为传动杆的材料，其线性膨胀系数和弹性模量要高。

热变形微动机构可利用变压器、变阻器等来调节传动杆的加热速度，以实现位移速度和微量进给量的控制。为了使传动杆回复到原来的位置（或使运动件复位），可利用压缩空气或乳化液流经传动杆的内腔使之冷却。

热变形微动机构具有高刚度和无间隙的优点，并可通过控制加热电流来得到所需微量位移；但由于热惯性以及冷却速度难以精确控制等原因，这种微动系统只适用于行程较短、频率不高的场合。

（四）磁致伸缩式

磁致伸缩式机构利用某些材料在磁场作用下具有改变尺寸的磁致伸缩效应，来实现微量位移，其原理如图 2-22 所示。

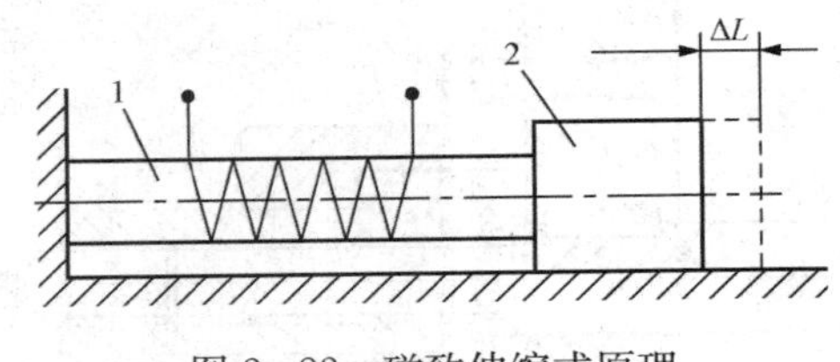

图 2-22 磁致伸缩式原理

1—伸缩棒；2—运动件

伸缩棒左端固定在机座上，右端与运动件相连；绕在伸缩棒外的磁致线圈通电励磁后，在磁场作用下伸缩，棒产生伸缩变形而使运动件实现微量移动。通过改变线圈的通电电流来改变磁场强度，使伸缩棒产生不同的伸缩变形，从而运动件可得到不同的位移量。在磁场作用下，伸缩棒的变形量 ΔL（单位为 μm）为

$$\Delta L=\pm\lambda L$$

式中 λ——材料磁致伸缩系数，μm/m；

L——伸缩棒被磁化部分的长度，m。

当伸缩棒变形时产生的力能克服运动件导轨副的摩擦时，运动件产生位移，其最小位移量为

$$\Delta L_{\min}>F_0/K \tag{2-5}$$

最大位移量为

$$\Delta L_{\max}\leqslant\lambda_S L-F_d/K \tag{2-6}$$

式中 F_0——导轨副的静摩擦力，N；

F_d——导轨副的动摩擦力，N；

K——伸缩棒的纵向刚度，N/μm；

λ_S——磁饱和时伸缩棒的相对磁致伸缩系数，μm/m。

磁致伸缩式微动机构的特征为重复精度高，无间隙，刚度好，转动惯量小，工作稳定性好，结构简单、紧凑；但由于工程材料的磁致伸缩量有限，该类机构所提供的位移量很小，如 100mm 长的铁钴矾棒，磁致伸缩只能伸长 7μm，因而该类机构适用于精确位移调整、切削刀具的磨损补偿及自动调节系统。

（五）电致伸缩式

要实现自动微量进给和要求微量进给装置有较好动特性时，现在都采用电致伸缩微量进给装置。电致伸缩式微量进给机构有很多优点：

（1）能够实现高刚度无间隙位移。

（2）能实现极精细的微量位移，分辨力可达1.0～2.5nm。

（3）变形系数较大。

（4）有很高的响应频率，其响应时间达100μs。

（5）无空耗电流发热问题。

当电致伸缩陶瓷片一侧通正电，一侧通负电，陶瓷片在静电场作用下将伸长，当静电场的电压增加时，伸长量亦增大。为增加总伸长量，采取将很多陶瓷薄片叠在一起的办法，使各陶瓷片的伸长量加在一起。

常用的电致伸缩材料为压电陶瓷PZT（PbZnO-PbT）等，这种材料具有很好的电致伸缩性能。最近美国AVX公司又推出一种新的电致伸缩陶瓷材料，其性能要比PZT陶瓷材料好。

四、定位机构

定位机构是机电一体化机械系统中一种确保移动件占据准确位置的执行机构，通常采用分度机构和锁紧机构组合的形式来实现精确定位要求。

分度工作台的功能是完成回转分度运动，在加工中自动实现工件一次安装完成几个面的加工。通常分度工作台的分度运动只限于某些规定的角度，不能实现0°～360°范围内任意角度的分度。为了保证加工精度，分度工作台的定位精度（定心和分度）要求很高。实现工作台转位的机构很难达到分度精度的要求，所以要用专门定位元件来保证。

为了满足分度精度的要求，需要使用专门的定位组件。常用的定位方式有插销定位、反靠定位、齿盘定位和钢球定位等。插销定位的分度工作台的定位元件由定位销和定位套孔组成，定位精度取决于定位销和定位套孔的位置精度和配合间隙，最高可达±5″。因此，定位销和定位孔轴套的制造和装配精度要求都很高，硬度的要求也很高，而且耐磨性要好。齿盘定位的工作台也称端面多齿盘或鼠牙盘定位，采用这种方式定位的分度工作台能达到较高的分度定位精度，一般为±3″，最高可达±4″，并能承受很大的外载，定位刚度好，精度保持性好。实际上，由于齿盘脱开相当于两齿盘对研过程，随着齿盘使用时间的延长，其定位精度有不断提高的趋势。钢球定位的工作台一般也具有定位的作用，此外还具有较高的分度精度，因此逐渐被广泛使用。钢球定位还具有齿盘的一些优点，如自动定心和分度精度很高，而且制造简单。

分度工作台旋转和粗定位的控制原理流程如图2-23所示，数控系统（NCS）控制可编程控制器（PLC），由PLC经位置控制器及速度控制装置控制驱动分度的伺服电动机。与伺服电动机同轴的测速发电机产生速度反馈信号，分解器产生位置反馈信号。电动机回转指令

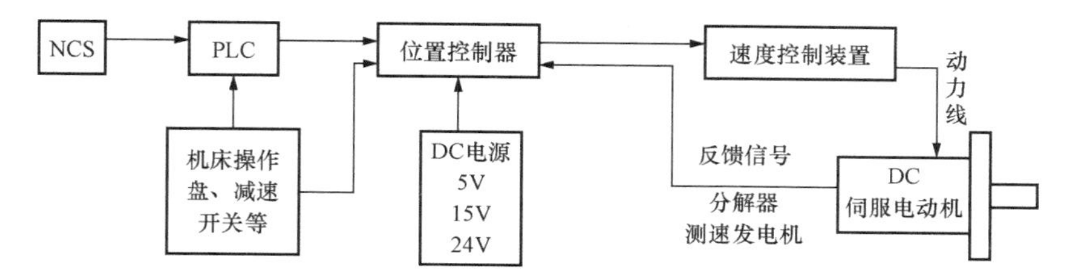

图2-23　分度工作台的旋转和粗定位的控制原理流程

为增量式，分解器转一圈为一波距，此时分度工作台已转动一个设定指令的最小增量值。根据数控系统 NCS 发出的指令，工作台转过要求的角度，这就是粗定位。最后定位精度由端面齿盘保证。

五、数控机床回转刀架

数控机床回转刀架是在一定空间范围内，能使刀架执行自动松开、转位、精密定位等一系列动作的机构。数控车床的刀架是机床的重要组成部分，其结构直接影响机床的切屑性能和工作效率。回转刀架上的各种回转刀头座用于安装和支持各种不同用途的刀具，通过回转头的旋转、分度和定位，实现机床的自动换刀。回转刀架分度准确，定位可靠，重复定位精度高，转位速度快，夹紧性好，可以保证数控车床的高精度和高效率。

回转刀架在结构上必须具有良好的强度和刚度，以承受粗加工时的切削抗力，减小刀架在切屑力作用下的位移变形，提高加工精度。由于车削加工精度在很大程度上取决于刀尖位置，对于数控车床来说，加工过程中刀具位置不进行人工调整，因此更有必要选择可靠的定位方案和合理的定位结构，以保证回转刀架在每次转位之后，具有尽可能高的重复定位精度（一般为 0.001～0.005mm）。一般情况下，回转刀架的换刀动作包括刀架抬起、刀架转位及刀架压紧等。

（一）发展趋势

目前国内数控刀架以电动为主，分为立式和卧式两种。主要用于简易数控车床；卧式刀架有八、十、十二等工位，可正、反方向旋转，就近选刀，用于全功能数控车床。另外卧式刀架还有液压驱动刀架和伺服驱动刀架。电动刀架是数控车床重要的传统结构，合理地选配电动刀架，并正确实施控制，能够有效地提高劳动生产率，缩短生产准备时间，消除人为误差，提高加工精度与加工精度的一致性等。另外，加工工艺适应性和连续稳定的工作能力也明显提高：尤其是在加工几何形状较复杂的零件时，除了控制系统能提供相应的控制指令外，很重要的一点是数控车床需配备易于控制的电动刀架，以便一次装夹所需的各种刀具，灵活方便地完成各种几何形状的加工。数控刀架的市场分析：国产数控车床将向中高档发展，中档采用普及型数控刀架配套，高档采用动力型刀架，兼有液压刀架、伺服刀架、立式刀架等品种。数控刀架的高、中、低档产品市场数控刀架作为数控机床必需的功能部件，直接影响机床的性能和可靠性，是机床的故障高发点。这就要求设计的刀架具有转位快、定位精度高、切向扭矩大的特点。它的原理采用蜗杆传动，上下齿盘啮合，螺杆夹紧。

随着数控车床的发展，数控刀架开始向快速换刀、电液组合驱动和伺服驱动方向发展。

（二）工作原理

按照回转刀架的回转轴相对于机床主轴的位置，可分为立式和卧式回转刀架。

立式回转刀架的回转轴垂直于机床主轴，有四方刀架和六方刀架等外形，多用于经济型数控机床。卧式回转刀架的回转轴与机床主轴平行，径向和轴向均可安装刀具。

按照工作原理立式回转刀架可分为机械螺母升降转位、十字槽轮转位、凸台棘爪式、电磁式及液压式等多种工作方式。但其换刀的过程一般为刀架抬起、刀架转位、刀架压紧并定位等几个步骤。

图 2-24 所示为一螺旋升降式四方刀架，其切换过程如下。

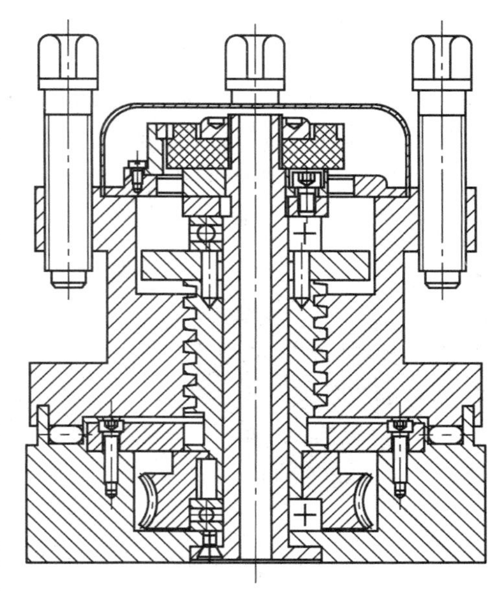

图 2-24　螺旋升降式四方刀架

1. 刀架抬起

当数控系统发出换刀指令后，通过接口电路使电动机正转，经传动装置、驱动蜗杆蜗轮机构。蜗轮带动丝杆螺母机构逆时针旋转，此时由于齿盘处于啮合状态，在丝杆螺母机构转动时，使上刀架体产生向上的轴向力将齿盘松开并抬起，直至两定位齿盘脱离啮合状态，从而带动上刀架和齿盘产生“上抬”动作。

2. 刀架转位

当圆套逆时针转过 150°时，齿盘完全脱开，此时销钉准确进入圆套中的凹槽中，带动刀架体转位。

3. 刀架定位

当上刀架转到需要到位后（旋转 90°、180°或 270°），数控装置发出的换刀指令使霍尔开关中的某一个选通，当磁性板与被选通的霍尔开关对齐后，霍尔开关反馈信号使电动机反转，插销在弹簧力作用下进入反靠盘的地槽中进行粗定位，上刀架体停止转动，电动机继续反转，使其在该位置落下，通过螺母丝杆机构使上刀架移到齿盘重新啮合，实现精确定位。

4. 刀架压紧

刀架精确定位后，由微动开关发出的控制信号使电动机反转，夹紧刀架，当两齿盘增加到一定夹紧力时，电动机由数控装置停止反转，防止电动机不停反转而过载毁坏，从而完成一次换刀过程，如图 2-25 所示。

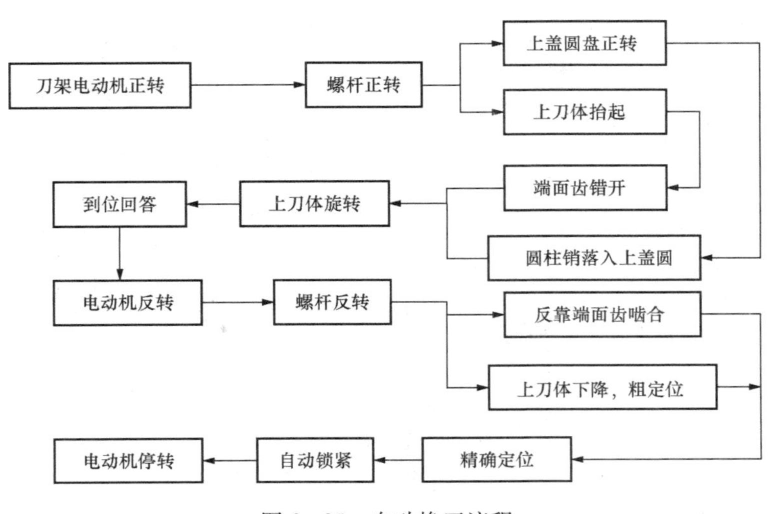

图 2-25　自动换刀流程

回转刀架除了采用液压缸驱动转位和定位销定位以外，还可以采用电动机十字槽轮机构转位和鼠盘定位，以及其他转位和定位机构。

六、工业机械手末端执行器

工业机械手是一种自动控制、可重复编程、多自由度的操作机，是能搬运物料、工件或操作工具以及完成其他各种作业的机电一体化设备。工业机械手末端执行器装在操作机械手腕的前端，是直接执行操作功能的机构。

末端执行器因用途不同而结构各异，一般可分为三大类：机械夹持器、特种末端执行器、万能手（或灵巧手）。

（一）机械夹持器

机械夹持器是工业机械手中最常用的一种末端执行器，图 2-26 所示为机械夹持器实例。

图 2-26 机械夹持器实例

1. 机械夹持器应具备的基本功能

首先它应具有夹持和松开的功能。夹持器夹持工件时，应有一定的力约束和形状约束，以保证被夹工件在移动、停留和装入过程中，不改变姿态。当需要松开工件时，应完全松开。另外它还应保证工件夹持姿态再现几何偏差在给定的公差带内。

2. 分类和结构形式

机械夹持器常用压缩空气作动力源，经传动机构实现手指的运动。根据手指夹持工件时的运动轨迹的不同，机械夹持器分为圆弧开合型、圆弧平行开合型和直线平行开合型。

（1）圆弧开合型。在传动机构带动下，手指端的运动轨迹为圆弧。如图 2-27 所示，图 2-27（a）采用凸轮机构，图 2-27（b）采用连杆机构作为传动件。夹持器工作时，两手指绕支点做圆弧运动，同时对工件进行夹紧和定心。这类夹持器对工件被夹持部位的尺寸有严格要求，否则可能会造成工件状态失常。

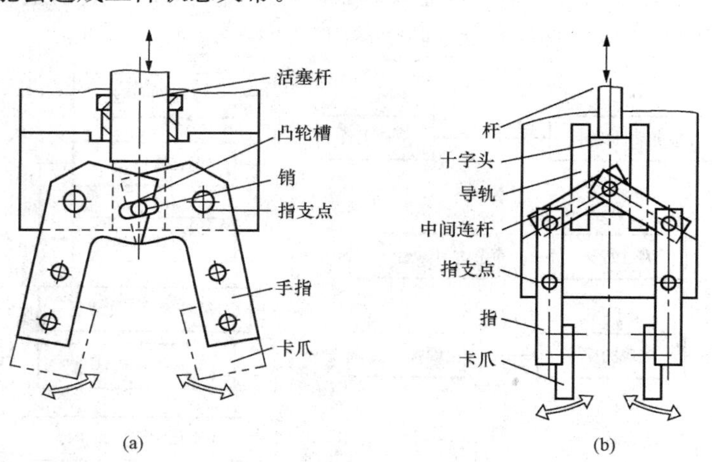

图 2-27 圆弧平行开合型夹持器

（a）采用凸轮机构作为传动件；（b）采用连杆机构作为传动件

（2）圆弧平行开合型。这类夹持器两手指工作时做平行开合运动，而指端运动轨迹为一圆弧。图 2-28 所示的夹持器是采用平行四边形传动机构带动手指的平行开合的两种情况，其中图 2-28（a）所示机构在夹持时指端前进，图 2-28（b）所示机构在夹持时指端后退。

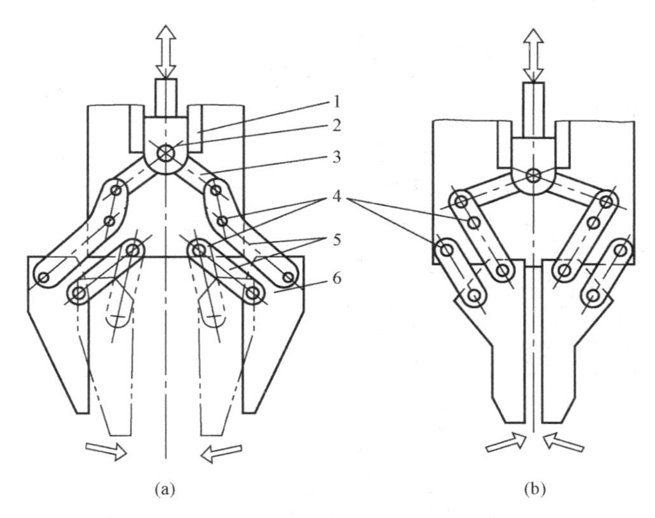

图 2-28　圆弧平行开合型夹持器

(a) 夹持时指端前进；(b) 夹持时指端后退

1—导轨；2—十字头；3—中间连杆；4—指支点；5—平行连杆；6—手指

(3) 直线平行开合型。这类夹持器两手指的运动轨迹为直线，且两指夹持面始终保持平行，如图 2-29 所示。图 2-29 (a) 采用凸轮机构实现两手指的平行开合，在各指的滑动块上开有斜形凸轮槽，当活塞杆上下运动时，通过装在其末端的滚子在凸轮槽中运动，实现手指的平行夹持运动。图 2-29 (b) 采用齿轮齿条机构，当活塞杆末端的齿条带动齿轮旋转时，手指上的齿条作直线运动，从而使两手指平行开合，以夹持工件。

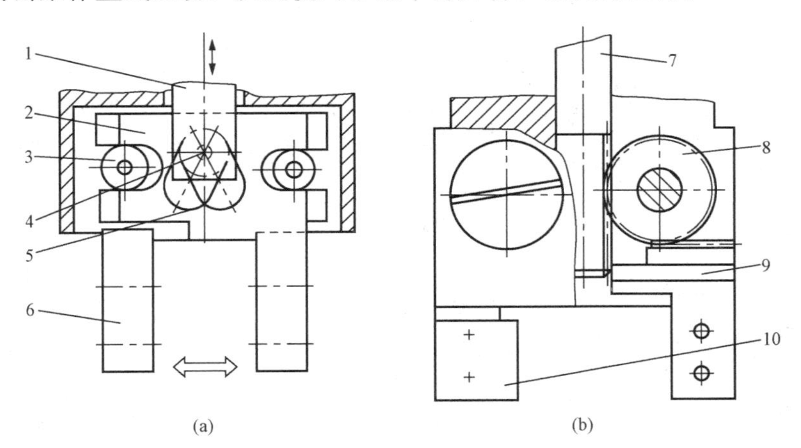

图 2-29　直线平行开合型夹持器

(a) 采用凸轮机构实现两手指的平行开合；(b) 采用齿轮齿条机构实现两手指的平行开合

1—活塞杆；2—手指的滑动块；3—导向滚子；4—滚子；5—凸轮槽；

6、10—手指；7—活塞杆齿条；8—齿轮；9—手指齿条

夹持器根据作业的需要形式繁多，有时为了抓取特别复杂形体的工件，还设计有特种手指机构的夹持器，如具有钢丝绳滑轮机构的多关节柔性手指夹持器、膨胀式橡胶手袋手指夹持器等。

（二）特种末端执行器

特种末端执行器供工业机器人完成某类特定的作业，图 2 - 30 列举了一些特种末端执行器的应用实例。下面简单介绍其中的两种。

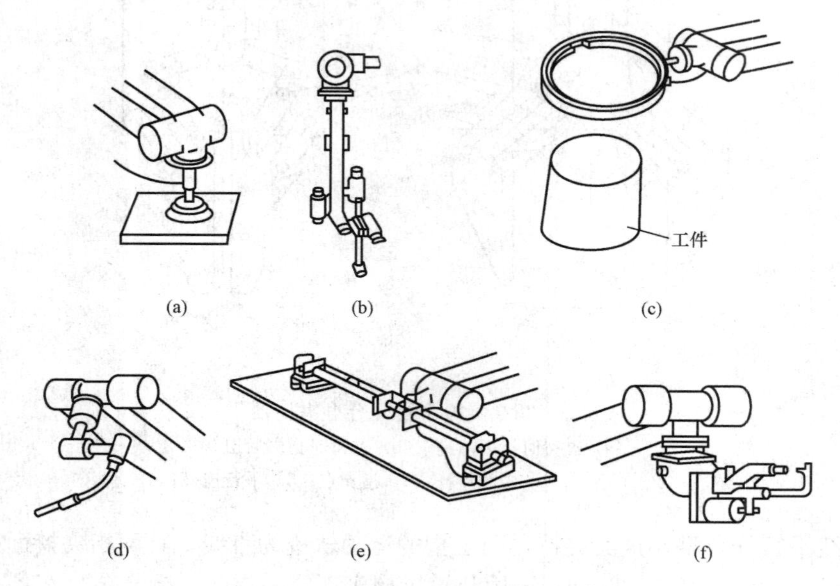

图 2 - 30　特种末端执行器

（a）真空吸附手；（b）喷枪；（c）空气袋膨胀手；（d）弧焊焊枪；（e）电磁吸附手；（f）电焊枪

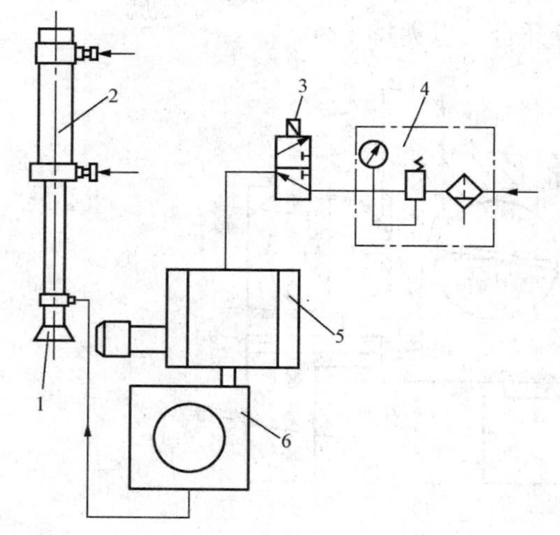

图 2 - 31　负压真空吸附系统

1—吸附手；2—送进缸；3—电磁换向阀；4—调压单元；5—负压发生器；6—空气净化过滤器

1. 真空吸附手

工业机器人中常把真空吸附手与负压发生器组成一个工作系统（如图 2 - 31 所示），控制电磁换向阀的开合可实现对工件的吸附和脱开。结构简单，价格低廉，且吸附作业具有一定柔顺性（如图 2 - 32 所示），即使工件有尺寸偏差和位置偏差也不会影响吸附手的动作。常用于小件搬运，也可根据工件形状、尺寸、重量的不同将多个真空吸附手组合使用。

2. 电磁吸附手

电磁吸附手利用通电线圈的磁场对可磁化材料的作用力来实现对工件的吸附作用。具有结构简单，价格低廉等特点，但其最特殊的是：吸附工件的过程从不接触工件开始，工件与吸附手接触之前处于漂浮状态，即吸附过程由极大的柔顺状态突变到低的柔顺状态。吸附力由通电线圈的磁场提供，所以可用于搬运较大的可磁化性材料的工件。

吸附手的形式根据被吸附工件表面形状来设计，用于吸附表面平坦工件的应用场合较多。图 2 - 33 所示的电磁吸附手可用于吸附不同的曲面工件，这种吸附手在吸附部位装有磁

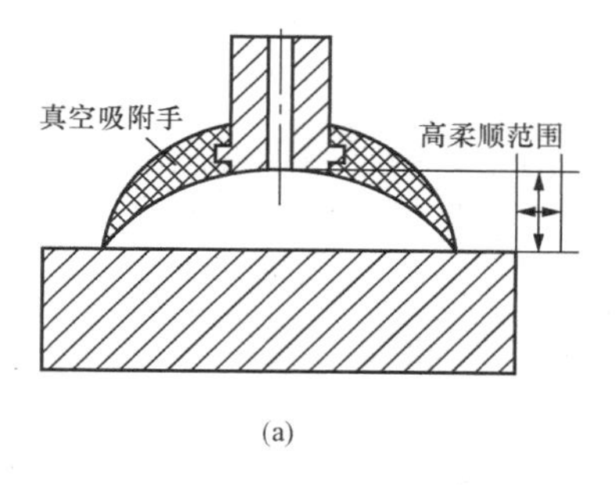

(a)

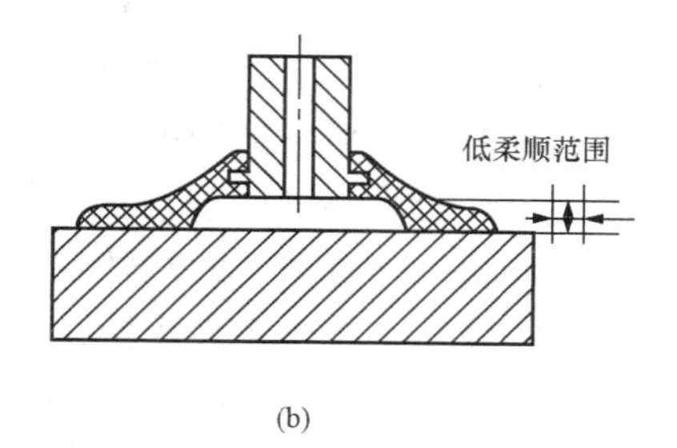

(b)

图 2-32　真空吸附手的柔顺性

（a）高柔顺状态；（b）低柔顺状态

粉袋，线圈通电前将可变形的磁粉袋贴在工件表面上，当线圈通电励磁后，在磁场作用下，磁粉袋端部外形固定成被吸附工件的表面形状，从而达到吸附不同表面形状工件的目的。

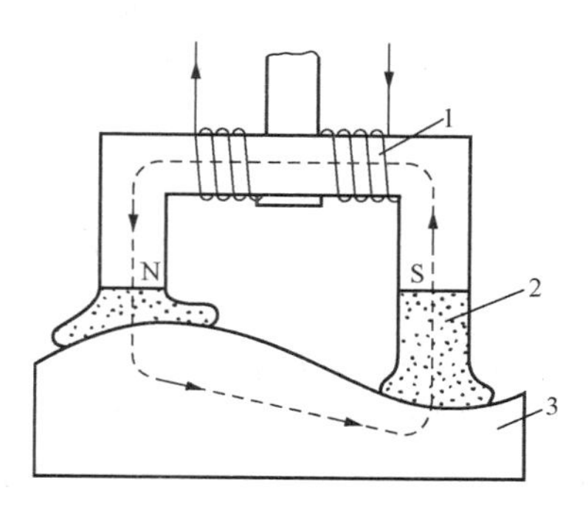

图 2-33　具有磁粉袋的吸附手

1—励磁线圈；2—磁粉袋；3—工件

3. 灵巧手

灵巧手是一种模仿人手制作的多指多关节的机器人末端执行器。它可以适应物体外形的变化，对物体进行任意方向、任意大小的夹持力，可以满足对任意形状、不同材质的物体操作和抓持要求，但其控制、操作系统技术难度较大，图 2-34 为灵巧手的实例。

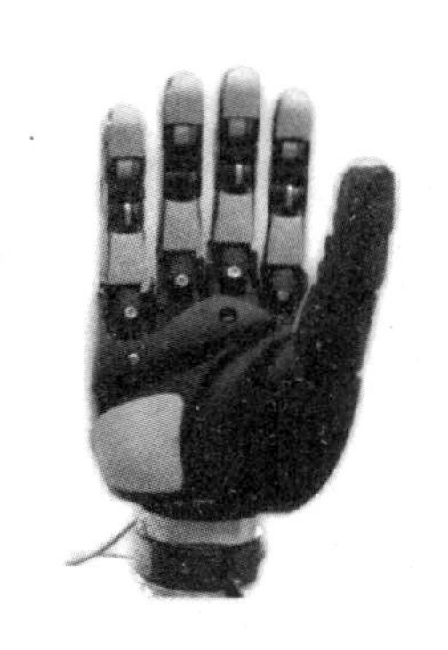
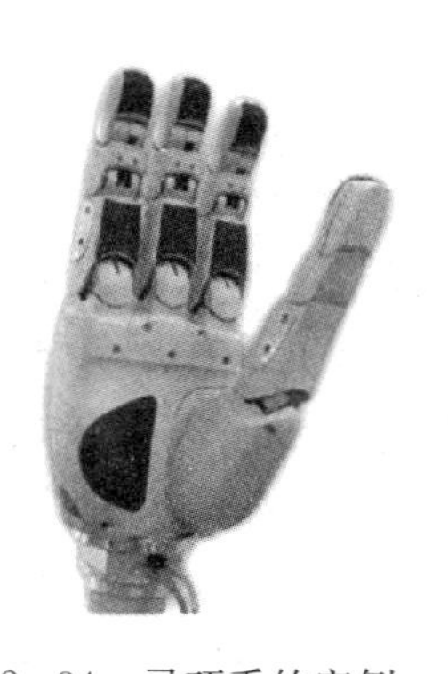
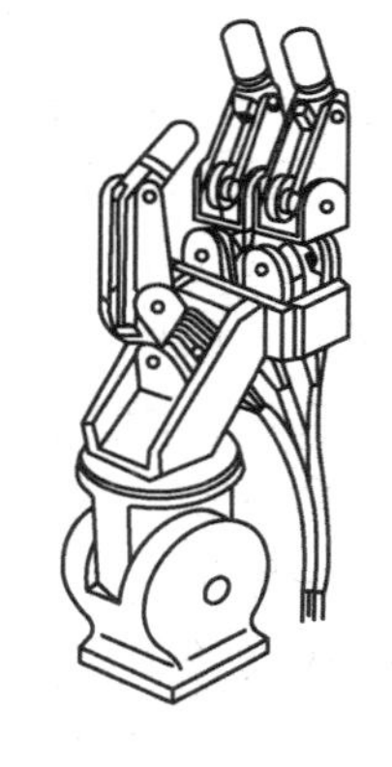

图 2-34　灵巧手的实例

第四节　传 感 检 测 部 件

一、概述

（一）传感器与接口电路的作用

传感器一般由敏感元件、转换元件、接口电路三部分组成。敏感元件的输入为被测量，输出为与输入有确定关系的非电物理量，如弹性敏感元件的输入为力，其输出为位移或应变。转换元件的作用是将非电物理量转换为电参数，如压电元件能将机械力转换为电荷量。

值得注意的是，有些传感器中敏感元件和转换元件为同一个元件。接口电路也称为传感器电路，其作用是将电路参数转换为易于测量的电量信号。接口电路包括信号检测与变换（电平转换或电量转换）电路、模拟信号处理电路、数字信号处理电路和输出电路等。在测量系统中，传感器或转换器一般用来测量系统的状态。传感器是一种将被测量转换为与之有确定关系的、易于处理和测量的电量信号的器件或装置。

传感器在机电一体化系统中主要起检测作用，通过一定的技术手段和方法，可以实现检测被测量的状态、收集信息和获取数据、微小量检测、实时检测、遥测（遥感）或遥控、无损检测及自动控制等功能，是机电一体化系统中测试和控制的首要环节，具有重要的地位和作用。它是整个设备的感觉器官，监测整个设备的工作过程，使其保持最佳工作状况。在闭环伺服系统中，传感器被用作位置环的检测反馈元件，其性能直接影响到工作机械的运动性能、控制精度和智能水平，因而要求传感器灵敏度高、动态特性好，特别要求其稳定、可靠、抗干扰性强、能适应不同的环境。

（二）传感器的分类

传感器是借助于检测元件接收信息，并按一定规律将它转换成另一种信息的装置。它获取的信息，可以是各种物理量、化学量和生物量，而且转换后的信息也有各种形式。由于电信号最易于处理和传输，所以大多数的传感器将获取的信息转换为电信号。

目前机电一体化系统中传感器的种类繁多，同一被测量可以用不同的传感器来测量，而同一工作原理的传感器，也可测量不同类型的被测量。因此，传感器的分类方法也很多。

按照能量变换来分，传感器可分为物理和化学两类传感器。物理传感器包括温度传感器、压力传感器、光电传感器、磁传感器、压电传感器、光纤传感器、流量传感器、声表面波传感器、半导体传感器等。化学传感器包括气体传感器、湿度传感器、离子传感器等。

根据工作原理分，传感器可分为结构型和物性型两种传感器。结构型传感器利用弹性管、双金属片、电感、电容等结构元件进行测量，如气压表头、线圈型结构传感器。物性型传感器是利用一些材料的物理变化来实现检测的，又称为固体传感器和现代传感器，具有灵敏度高、精度高、体积小、反应速度快、寿命长、可实现非接触探测等优点。现代传感器正在向集成化、数字化、智能化方向发展，利用半导体集成电路工艺技术，将敏感器件与外部预处理电路集成在一起，可构成集成传感器或者数字传感器。

不同的机电一体化产品所检测的量不同，如数控机床的进给系统要检测刀具的进给量和进给速度；在锻压设备中，要检测液压缸和横梁压力；在一些产品中还需要检测温度。由于在机电一体化产品中，控制系统的控制对象主要是伺服驱动单元和执行机构，传感器主要用于检测位移、速度、加速度、运动轨迹以及机器操作和加工过程中的参数等机械运动参数，本章在介绍传感器的相关知识的基础上，重点介绍位移、速度、位置三种类型的传感器及后续处理接口电路。

（三）传感器性能与选用原则

1. 传感器的性能

传感器的输入输出特性即为传感器的基本性能。由于输入信息的状态不同，传感器所表现的基本特性也不同，因此存在所谓的静态特性和动态特性。

（1）传感器的静态特性。传感器在静态信号作用下，其输入-输出关系称为静态特性。如图 2-35 所示，x 轴代表传感器的输入，y 轴代表传感器的输出，图 2-35（a）为理想传感器特性曲线，图 2-35（b）为只包含偶次项的特性曲线，图 2-35（c）为只包含奇次项的特性曲线。描述传感器静态特性的主要技术指标是线性度、灵敏度、迟滞和重复性、分辨力和零漂。

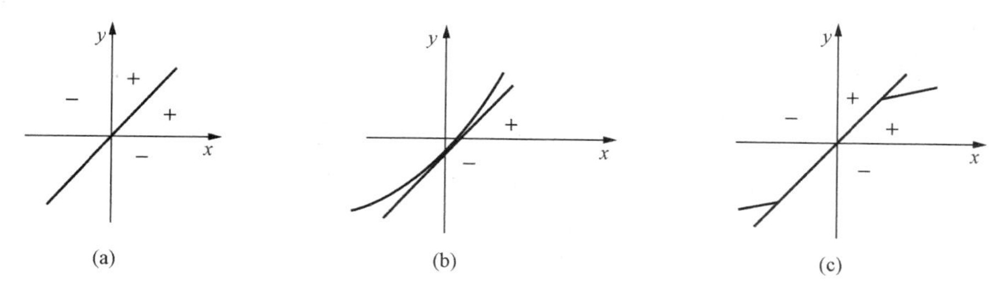

图 2-35　传感器静态特性

（a）理想传感器特性曲线；（b）只包含偶次项的特性曲线；（c）只包含奇次项的特性曲线

1）线性度。传感器的静态特性是指在静态标准条件下，利用一定等级的标准设备，对传感器进行往复循环测试，得到输出-输入特性。通常希望这个特性为线性，这对标定和数据处理带来方便。但是，传感器的实际输入-输出特性只能接近线性，与理论直线存在一定的偏差，如图 2-36 所示。实际曲线和理论直线之间的偏差成为传感器的非线性误差。取其中的最大值与输出满度值之比作为评价线性度的指标。

$$\gamma_L = \pm \frac{\Delta_{max}}{y_{FS}} \times 100\% \qquad (2-7)$$

式中　γ_L——线性度；

Δ_{max}——最大非线性绝对误差；

y_{FS}——输出满度值。

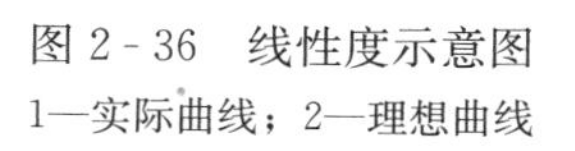

图 2-36　线性度示意图

1—实际曲线；2—理想曲线

2）灵敏度。传感器在静态标准条件下，输出变化对输入变化的比值称灵敏度，用 S 表示，即

$$S = \frac{输出量的变化}{输入量的变化} = \frac{\Delta y}{\Delta x} \qquad (2-8)$$

对线性传感器来说，它的灵敏度是个常数。

3）迟滞。传感器在正（输入量增大）反（输出量减小）行程中输出输入特性曲线的不重合程度称为迟滞，迟滞误差一般以满量程输出 y_{FS} 的百分数表示。

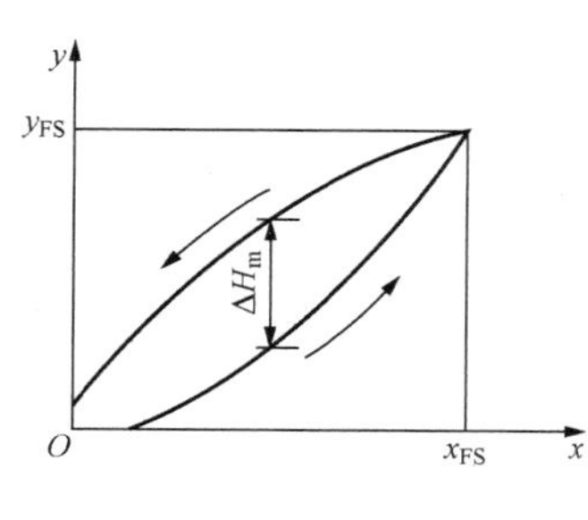

图 2-37　迟滞特性

产生迟滞性现象的主要原因是机械的间隙、摩擦或磁滞等因素。迟滞特性代表了传感器在输入量增大与减少的行程期间输入-输出特性曲线不重合的程度。迟滞特性一般以 γ_H 表示。

$$\gamma_H = \frac{\Delta H_m}{y_{FS}} \times 100\% \qquad (2-9)$$

式中　ΔH_m——传感器的输出值在正反行程之间的最大差值。

迟滞特性一般由实验方法确定，如图 2-37 所示。

4）重复性。传感器在同一条件下，被测输入量按同一方向做全量程连续多次重复测量时，所得输入-输出曲线的不一致程度，称为重复性。重复性误差 γ_R 用满量程输出的百分数表示，即

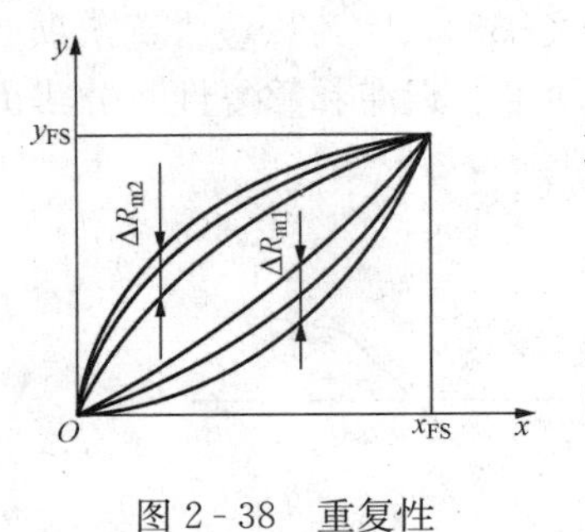

图 2-38 重复性

$$\gamma_R = \frac{\Delta R_{m2}}{y_{FS}} \times 100\%$$

或

$$\gamma_R = \frac{\Delta R_{m1}}{y_{FS}} \times 100\% \qquad (2-10)$$

其中，ΔR_{m1}和ΔR_{m2}分别表示了传感器在两个不同方向上的不一致量的大小，其值越小，重复性越好。

重复性一般也由实验方法确定，如图 2-38 所示。

5）分辨力。传感器能检测到的最小输入增量称分辨力，在输入零点附近的分辨力称为阈值。

6）零漂。传感器在零输入状态下，输出值的变化称为零漂，零漂可用相对误差表示，也可用绝对误差表示。

（2）传感器的动态特性。传感器的动态特性是指传感器对随时间变化的输入量的响应特性。很多传感器要在动态条件下检测，被测量可能以各种形式随时间变化。只要输入量是时间的函数，则其输出量也将是时间的函数，输出与输入之间的关系要用动态特性来说明。设计传感器时，要根据其动态性能要求与使用条件选择合理的方案和确定合适的参数；使用传感器时，要根据其动态特性与使用条件确定合适的使用方法，同时对给定条件下的传感器的动态误差做出估计。

传感器的动态特性首先取决于传感器本身。传感器一般由若干环节组成，这些环节可能是模拟环节，也可能是数字环节，模拟环节又可分为接触式环节和非接触式环节。以某一环节组成的传感器，其动态特性就取决于这类环节的动态特性，有些传感器兼有几个环节，这时就要研究这些环节的动态特性。其中，起主要作用者就决定了整个传感器的动态特性。

在研究传感器的动态特性时，为简单起见，通常只根据规律性的输入来考察传感器的响应。复杂周期输入信号可以分解为各种谐波，所以可用正弦周期输入信号来代替。其他瞬变输入可看作若干阶跃输入，可用阶跃输入代表。因此，研究传感器动态特性时需要用一种标准输入信号，如正弦周期输入、阶跃输入和线性输入，而经常使用的是前两种。

2. 传感器的选用原则

传感器是测量与控制系统的首要环节，通常应该具有快速、准确、可靠地实现信息转换的基本要求，即：

（1）足够的容量。传感器的工作范围或量程要足够的大，具有一定的过载能力。

（2）与测量或控制系统的匹配性好，转换灵敏度高。要求其输出信号与被测输入信号呈确定关系（通常为线性），且比值要大。

（3）精度适当，且稳定性高。传感器的静态响应与动态响应的准确度能满足要求，并且长期稳定。

（4）反应速度快，工作可靠性好。

（5）适用性和适应性强。动作能量小、对被测对象的状态影响小、内部噪声小又不易受外界干扰的影响、使用安全等。

（6）使用经济成本低，寿命长，且易于使用、维修和校准。

在实际的传感器选用过程中，能完全满足上述要求的传感器是很少的，应根据使用目的、使用环境、被测对象情况、精度要求和信号处理等具体条件做出综合考虑。

二、常用传感器

传感器在机电一体化产品中是不可缺少的部分，它是整个系统的感觉器官，监视着整个系统的工作过程。在闭环伺服系统中，传感器用作反馈元件，其性能直接影响到工作机械的运动性能、控制精度和智能水平，因而要求传感器灵敏度高、动态特性好，特别要求其稳定可靠、抗干扰性强，且能适应不同的环境。目前市场上出售的传感器类型很多，本节将只重点介绍在机电一体化系统中常用的位移传感器、速度传感器、位置传感器。

（一）位移传感器

位移传感器是线性位移和角位移测量传感器的总称，位移测量在机电一体化领域中应用十分广泛。常用的直线位移测量传感器有电感传感器、电容传感器、感应同步器、光栅传感器等，常用角位移传感器有电容传感器、光电编码盘等，下面举例介绍。

1. 电容位移传感器

电容位移传感器是将被测非电量的变化转换为电容量变化的一种传感器。这种传感器具有结构简单、分辨力高、可实现非接触测量，并能在高温、辐射和强烈振动等恶劣条件下工作等优点，因此在自动检测中得到普遍应用。

现以平板式电容器来说明电容式传感器的工作原理。电容是由两个金属电极板和中间的一层电介质构成的。当两极板间加上电压时，电极上就会储存有效电荷，所以电容器实际上是一个储存电场能的元件。平板式电容器在忽略边缘效应时，其电容量 C 可表示为

$$C=\frac{\varepsilon_0\varepsilon_r A}{\delta} \tag{2-11}$$

式中　ε_0——真空介电常数，等于 8.85×10^{-12}，F/m；

ε_r——极板间介质的相对介电常数，在空气中 $\varepsilon_r=1$；

A——极板的有效面积，m^2；

δ——两极板间的距离，m。

从式（2-11）可知，当 ε_r、A、δ 三个变量中任意一个发生变化时，都会引起电容量的变化，通过测量电路就可转换为电量输出。根据上述工作原理，电容式传感器可分为变极距型、变面积型和变介质型三种类型。这里以变极距型为例来对电容位移传感器进行介绍。

如图 2-39（a）所示，图中一个电极板固定不动，成为固定极板，另一极板可左右移动，引起极板间距离相应变化，从而引起电容量的变化。因此只要测出电容变化量，便可测得极板间距的变化量，即动极板的位移量。变极距电容传感器的初始电容 C_0 为

$$C_0=\frac{\varepsilon_0\varepsilon_r A}{\delta_0} \tag{2-12}$$

当动极板因被测量变化而向左移动使 δ_0 增大 $\Delta\delta$ 时，电容量将减小 ΔC，则有

$$C=C_0-\Delta C=\frac{\varepsilon_0\varepsilon_r A}{\delta_0+\Delta\delta}=C_0\frac{1}{1+\Delta\delta/\delta_0} \tag{2-13}$$

可见，传感器的输出特性 $C=f(\delta)$ 是非线性的，如图 2-39（b）所示，由式（2-13）易得电容相对变化量为

$$\frac{\Delta C}{C_0}=1-\left(1+\frac{\Delta\delta}{\delta_0}\right)^{-1}=\frac{\frac{\Delta\delta}{\delta_0}}{1+\frac{\Delta\delta}{\delta_0}}$$

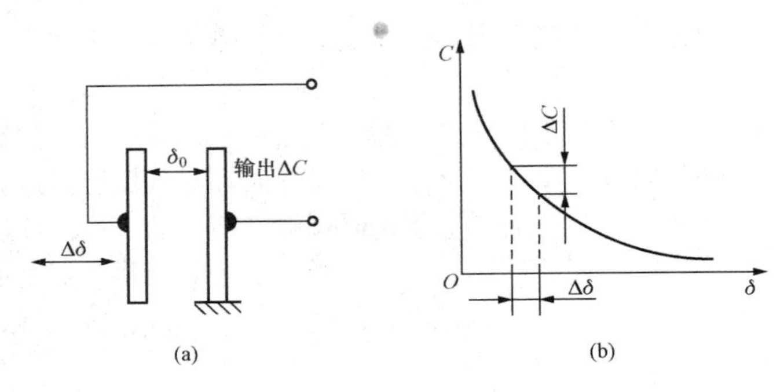

图 2-39 变极距型电容传感器原理图

(a) 原理图；(b) 输出特性曲线

如果满足条件$\frac{\Delta\delta}{\delta_0}<<1$，则可以得到近似的线性关系和灵敏度 S 分别为

$$\frac{\Delta C}{C_0}\approx\frac{\Delta\delta}{\delta_0}$$

$$S=\frac{\Delta C}{\Delta\delta}=\frac{C_0}{\delta_0}=\frac{\varepsilon_0\varepsilon_r A}{\delta_0^2}$$

因此，以上述线性关系作为传感器的特性使用时，其相对非线性误差 e_f 为

$$e_f=\left|\frac{\Delta\delta}{\delta_0}\right|\times 100\% \tag{2-14}$$

由上讨论可知：变极距型电容传感器只有在$\frac{\Delta\delta}{\delta_0}$很小（小测量范围）时，才有近似的线性输出；灵敏度 S 与初始极距的平方成正比，故可通过减小 δ_0 的办法来提高灵敏度。

由相对非线性误差 e_f 的表达式可知，δ_0 的减小会导致非线性误差增大。为了改善这种状况，可采用差动变极距式电容传感器，它有三个极板，其中两个极板固定不动，只有中间极板可以产生移动。当中间活动极板处在平衡位置时，即 $\delta_1=\delta_2=\delta_0$，则 $C_1=C_2=C_0$，如果活动极板向右移功 $\Delta\delta$，则 $\delta_1=\delta_0-\Delta\delta$，$\delta_2=\delta_0+\Delta\delta$，采用上述相同的近似线性处理方法，可得传感器电容总的相对变化为

$$\frac{\Delta C}{C_0}=\frac{C_1-C_2}{C_0}=2\frac{\Delta\delta}{\delta_0} \tag{2-15}$$

传感器相对非线性误差 e_f 为

$$e_f=\pm\left|\frac{\Delta\delta}{\delta_0}\right|^2\times 100\% \tag{2-16}$$

不难看出，变极距式电容传感器改成差动式之后，非线性误差大大减少，而且灵敏度也提高了一倍。

2. 旋转编码器

旋转编码器是将机械传动过程中的模拟量转换成旋转角度的数字信号，从而进行角位移检测的传感器。目前使用较多的有电刷式、光电式和电磁式等。电刷式的输出形式有二进制码、循环码、十进制码等许多种。由于码盘与电刷间存在摩擦，因此寿命最长不超过 200 万次。光电编码器的主要部件是编码盘，通常采用非接触式光学编码盘。在发光元件和光电元件之间，装有一个具有透光狭缝的光盘（编码盘），通过联轴器直接与旋转轴连接。当它转

动时，就可得到与转角或转速成比例的脉冲电压信号。编码盘有增量式和绝对式两种。由于光电式的分辨率高且无触点，所以得到了极为广泛的应用。

（1）增量式编码器。增量式编码器由编码圆盘、指示标度盘、发光二极管和光敏三极管等组成，结构原理如图 2-40（a）所示。编码圆盘与旋转轴固定并一起旋转，指示标度盘与传感器外壳固定。编码盘上刻有等分的明暗相间的主信号栅格及一个零信号栅格。在指示表盘上有三个窗口，其中两个是主信号窗口，错开 90°相位角；另一个是零信号窗口。当发光二极管及光敏三极管接入电路，旋转轴转动，得到图 2-40（b）所示的光电波形输出。A、B 两组信号在相位上相差 90°，用以判定回转方向。设 A 相导前 B 相时为正方向旋转，则 B 相导前 A 相时就是负方向旋转。利用 A 相与 B 相的相位关系可以判别编码器的旋转方向。Z 相产生的脉冲为基准脉冲，又称为零点脉冲，当轴旋转一周时在固定位置上产生一个脉冲，可用于高速旋转的转数计数或加工中心等数控机床上的准停信号。A、B 相脉冲信号经频率——电压变换后，得到与转轴转速成正比例的电压信号，它就是速度反馈信号。二进制码盘有每圈可输出 100 个、200 个、300 个、360 个、500 个、600 个、1000 个脉冲的数种，高精度的可达 2000～5000 个。这种编码盘结构简单、体积小、价格便宜且原点复位容易，但抗干扰性差。

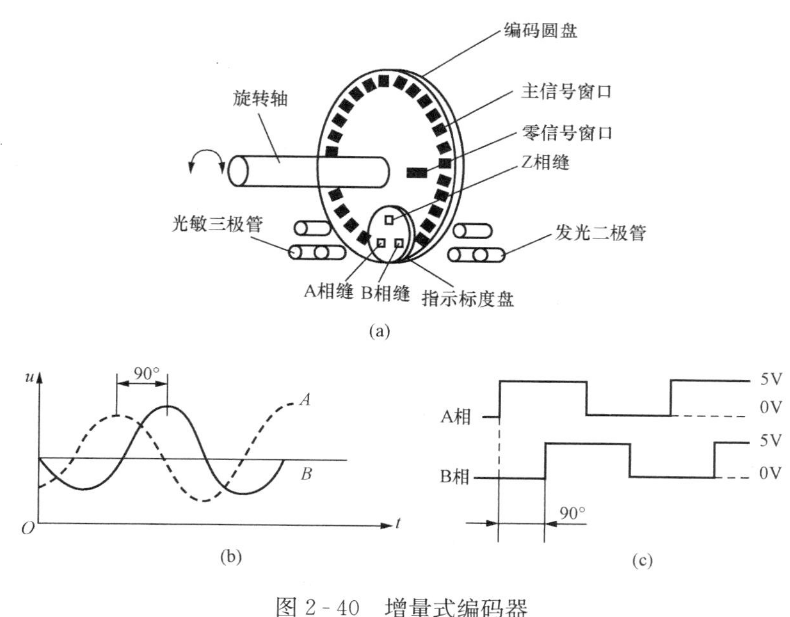

图 2-40　增量式编码器

（a）结构原理；（b）光电波形输出；（c）脉冲波形

（2）绝对式编码器。增量式编码器的缺点是可能由于噪声或其他外界干扰产生技术错误，若因停电、刀具破损停机，事故排除后不能再找到事故前执行部件的正确位置。采用绝对式编码器可以克服这些缺点，它将被测转角转换成相应的代码，指示其绝对位置。绝对式编码器的编码盘有两种，图 2-41 所示为二进制码盘，码盘的绝对角位置由各列通道的“明”（透光）、“暗”（不透光）部分组成的二进制数表示（透光部分表示“0”，不透光部分表示“1”），通道越多分辨率越高，例如，直径为 140mm 的码盘上可以做成 20 个通道。图 2-41 所示是一个具有 4 个通道的码盘，按照圆盘上形成二进制的每一通道配置光电变换器

(图中黑点所示位置)，光源隔着圆盘从后侧照射。每一通道配置的光电变换器对应为 2^0、2^1、2^2、2^3。图中内侧是二进制的高位即 2^3，外侧是低位，如二进制的“1101”，读出的是十进制“13”的角度坐标值。这种二进制编码盘由于相邻二进制数图形变化不明确，使用时容易产生读数误差，因而实际使用中大都采用葛莱码（循环码）编码盘，如图 2-42 所示。

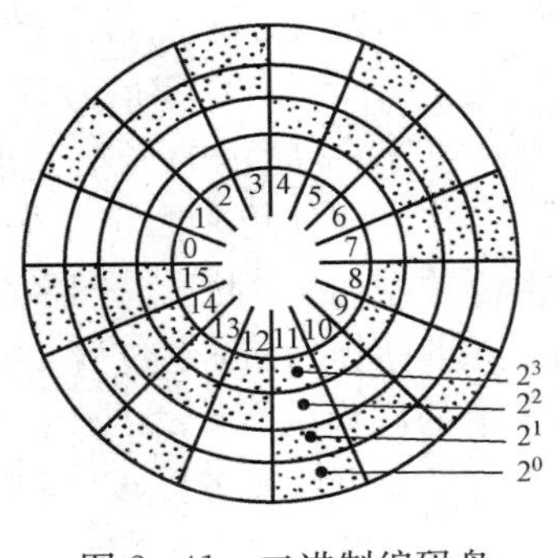

图 2-41　二进制编码盘

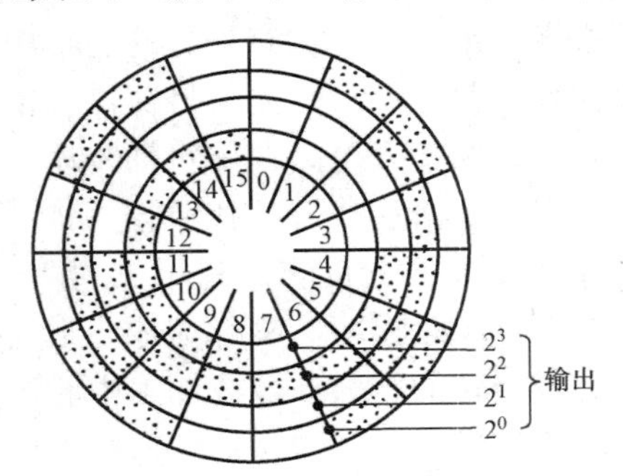

图 2-42　葛莱码编码盘

葛莱码编码盘的特点是在从一个计数状态变到下一个计数状态的过程中，只有一位码改变，因此使用葛莱码盘的编码器不易误读，提高了可靠性。4 位二进制码与葛莱码的对照关系见表 2-6。

表 2-6　　4 位二进制码与葛莱玛的对照关系

十进制数	二进制数	葛莱码	十进制数	二进制数	葛莱码
0	0000	0000	8	1000	1100
1	0001	0001	9	1001	1101
2	0010	0011	10	1010	1111
3	0011	0010	11	1011	1110
4	0100	0110	12	1100	1010
5	0101	0111	13	1101	1011
6	0110	0101	14	1110	1001
7	0111	0100	15	1111	1000

绝对式编码器的优点是：坐标值从绝对式编码盘中直接读出，不会有累积进程中的误计数；运转速度可以提高；编码器本身具有机械位置存储功能，即使因停电或其他的原因造成坐标值清除，通电后，仍可找到原绝对坐标位置。其缺点是当进给转数大于一转，需做特别处理，必须用减速轮系将两个编码器连接起来，组成双盘编码器，其结构复杂，制作困难，成本高。

（二）速度传感器

1. 测速发电机

测速发电机是检测转速最常用的传感器之一，它一般安装在电动机转轴上，可直接测量电动机的运转速度。测速发电机的工作原理是发电机原理，如图 2-43（a）所示，其定子采用高性能的永久磁铁，转子则直接安装在与电动机同轴的位置。当电动机转动时，测速发电机也被带着运转，由于永磁铁的作用，在测速发电机的电枢中将感应出电动势，通过换向器

的电刷获得直流电压，这个电压正比于电动机运转的速度，即

$$U_{out}=K\cdot n \tag{2-17}$$

式中　U_{out}——测速发电机的输出电压，V；

n——测速发电机的转速，r/min；

K——比例系数。

输出特性如图 2-43（b）所示。当有负载时，电枢绕组中流过电流，由于电枢反应引起输出电压降低。若负载较大，或者在测量过程中负载改变，则破坏了线性特性而产生测量误差。为减小误差，则必须使负载尽可能的小且恒定不变。这就意味着接入测速发电机转子绕组的电阻应尽可能的大。

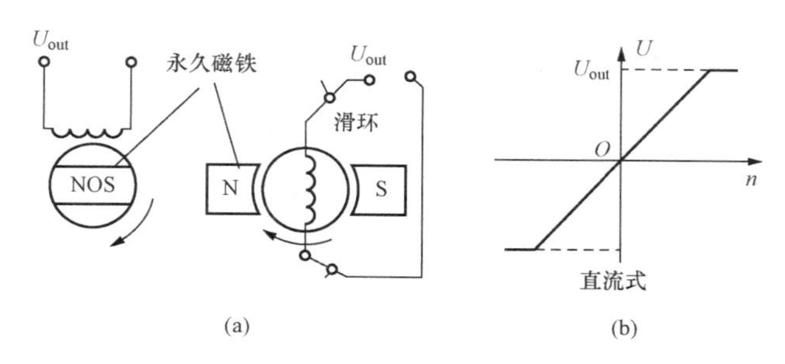

图 2-43　测速发电机工作原理

（a）工作原理；（b）输出特性

图 2-44 为机器人控制系统中采用直流测速发电机进行速度控制的例子。这是一个数字伺服系统，位置检测采用光电编码器。这个系统不仅有位置反馈，而且接入速度反馈，这与仅有位置反馈的控制系统相比，可以很平滑的接近目标位置。

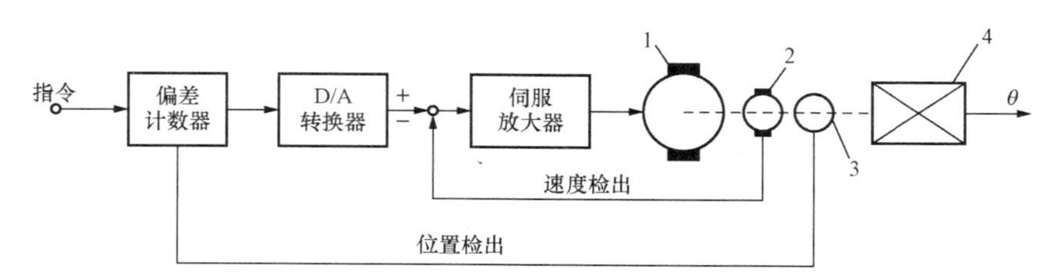

图 2-44　直流测速发电机在控制系统中的应用

1—直流伺服电动机；2—测速发电机；3—编码器；4—减速器

2. 光电式转速传感器

光电式转速传感器是一种角位移传感器，由装在被测轴上的带缝隙圆盘、光源、光电器件和指示缝隙盘组成，如图 2-45 所示。光源发出的光通过缝隙圆盘和指示缝隙照射到光电器件上。当缝隙圆盘随被测轴转动时，由于圆盘上的缝隙间距与指示缝隙的间距相同，因此圆盘每转一周，光电器件会输出与圆盘缝隙数相等的电脉冲，根据测量时间 t 内的脉冲数 N，则可测出转速为

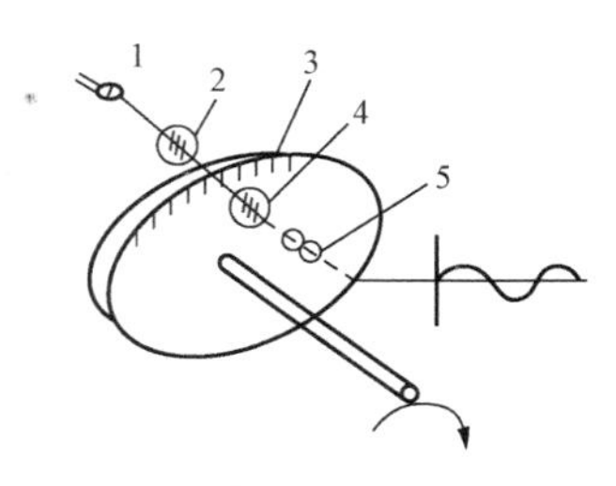

图 2-45　光电转速传感器

1—光源；2—透镜；3—带缝隙圆盘；4—指示缝隙盘；5—光电器件

$$n=\frac{60N}{Zt} \tag{2-18}$$

式中 Z——圆盘上的缝隙数。

一般取 $Z=60\times10^m$（$m=0$，1，2…），利用两组缝隙间距 W 相同，位置相差 $\left(\frac{i}{2}+\frac{1}{4}\right)W(i=0,1,2,\cdots)$ 的指示缝隙和两个光电器件，则可辨别出圆盘的旋转方向。

（三）位置传感器

位置传感器和位移传感器不一样，它所检测的量不是一段距离的变化量，而是通过检测，判断检测量是否已到达某一位置。所以，不需要产生连续变化的模拟量，只需产生能反映某种状态的开关量即可。这种传感器常被用在机床上作为刀具、工件或工作台的到位检测或行程限制，也经常用在工业机器人上。位置传感器分为接触式和接近式两种。接触式位置传感器是能获取两个物体是否已接触的信息的一种传感器；接近式位置传感器是用来判别某一范围内是否有某一物体的一种传感器。

1. 接触式位置传感器

这类传感器用微动开关之类的触点器件便可构成，它分以下两种。

（1）由微动开关制成的位置传感器。它用于检测物体的位置，有如图 2-46 所示的几种构造和分布形式。

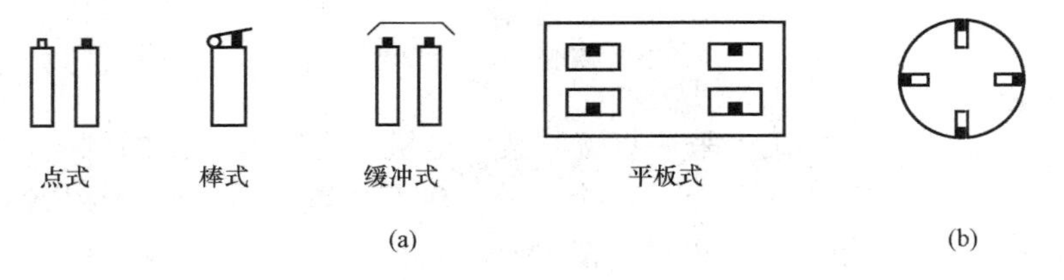

图 2-46 微动开关制成的位置传感器

（a）分布形式；（b）构造

（2）二维矩阵式配置的位置传感器。如图 2-47 所示，它一般用于机器人手掌内侧，在手掌内侧常安装有多个二维触觉传感器，用以检测自身与某一物体的接触位置，被握物体的中心位置和倾斜度，甚至还可识别物体的大小和形状。

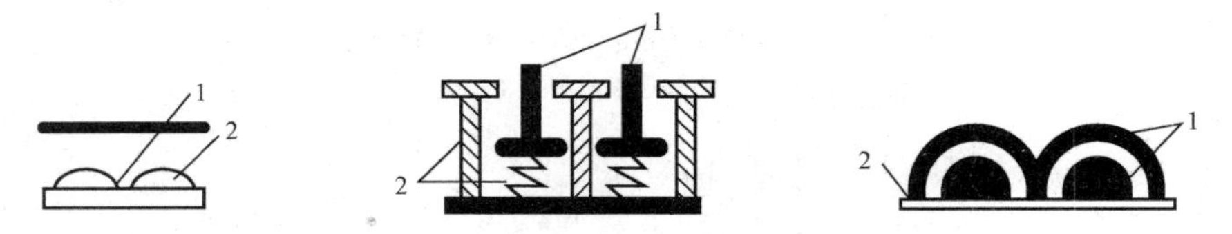

图 2-47 二维矩阵式的配置传感器

1—柔软电极；2—柔软绝缘体

2. 接近式位置传感器

接近式位置传感器分电磁式、光电式、静电容式、气压式、超声波式等。这几种传感器的基本工作原理如图 2-48 所示。在此介绍使用最多的电磁式传感器，它的工作原理如下：当一个永久磁铁或一个通有高频电流的线圈接近一个铁磁体时，它们的磁力线分布将发生变化，因此，可以用另一组线圈检测这种变化。当铁磁体靠近或远离磁场时，它所引起的磁通量变化将在线圈中感应出一个电流脉冲，其幅值正比于磁通的变化率。

图 2-49 所示为线圈两端的电压随铁磁体进入磁场的速度变化的曲线（电压—速度曲线），其电压极性取决于物体进入磁场还是离开磁场。因此，对此电压进行积分便可得出一个二值信号。当积分值小于某一特定的阈值时，积分器输出为低电平；反之，则输出高电平，此时，表示已接近某一物体。

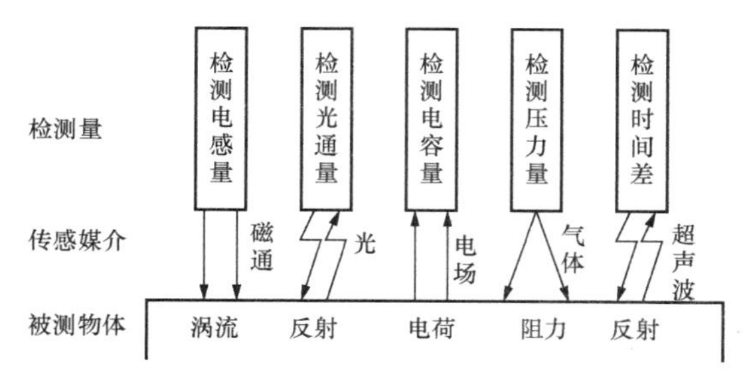

图 2-48　接近式位置传感器工作原理

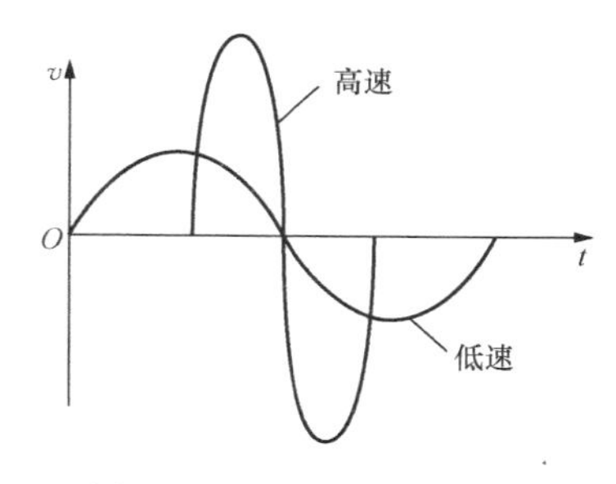

图 2-49　电压—速度曲线

显然，电磁式传感器只能检测电磁材料，对其他非电磁材料则无能为力。而电容式传感器能却能克服以上缺点，它几乎能检测所有的固体和液体材料。电容式接近传感器是一个以电极为检测端的静电电容式接近开关，它由高频振荡电路、检波电路、放大电路、整形电路及输出电路组成。平时检测电极与大地之间存在一定的电容量，它成为振荡电路的一个组成部分。当被检测物体接近检测电极时，由于检测电极加有电压，检测物体就会受到静电感应而产生极化现象，被测物体越靠近检测电极，检测电极上的电荷越多，由于检测电极的静电电容 $C=q/U$，所以电荷的增多，使电容 C 随之增大，从而使振荡电路的振荡减弱，甚至停止振荡。振荡电路的振荡与停振两种状态被检测电路转换为开关信号后向外输出，即可判断被检测物体的相对位置。

现在使用较多的还有光电式位置传感器，它具有体积小，可靠性高、检测位置精度高、响应速度快，易与 TTL 及 CMOS 电路兼容等优点。

三、传感器信号检测与处理

（一）传感器信号放大器

信号放大电路亦称放大器，用于将传感器或经基本转换电路输出的微弱信号不失真地加以放大，以便于进一步加工和处理。通常，传感器输出信号较弱，最小为 0.1μV，而且动态范围较宽，往往有很大的共模干扰电压。测量放大电路的目的是检测叠加在高共模电压上的微弱信号，因此要求测量放大电路具有输入阻抗高、共模抑制能力强、失调及漂移小、噪声低、闭环增益稳定性高等性能。随着集成运算放大器性能的不断完善和价格的不断下降，传感器的信号放大采用集成运算放大器的情况越来越多。一般运算放大器的原理和特点，已在电子技术课程中介绍，在此不再叙述。这里主要介绍几种典型的传感器信号放大器。

1. 测量放大器

在应用中，传感器输出的信号往往较弱，而且包含了工频、静电、电磁耦合等共模干扰信号，对这种信号的放大就需要放大电路具有很高的共模抑制比以及高增益、低噪声和高输入阻抗。一般将具有这种特点的放大器称为测量放大器或仪表放大器。这里以高输入阻抗放大器为例进行介绍。

为了与传感器电路或基本转换电路相匹配，希望放大器具有较高的输入阻抗。图 2 - 50 所示是同相输入差分放大器，两输入信号均采用同相输入以提高输入阻抗。为保证共模抑制比，取 $R_1R_{f1}^{-1}=R_{f2}R_4^{-1}$，则放大器输出为

$$U_0=(1+R_{f2}R_4^{-1})(U_2-U_1) \tag{2-19}$$

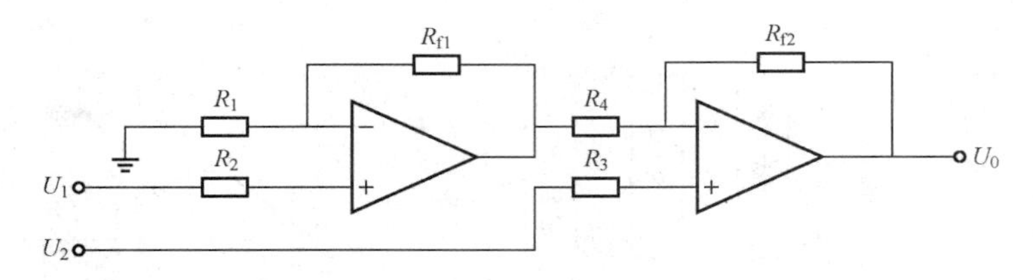

图 2 - 50 同相输入差分放大器

图 2 - 51 是高输入阻抗反相放大器，其中两个运算放大器 N_1 和 N_2 的输出与输入关系分别为

$$U_0=-R_2R_1^{-1}U_i$$

$$U_{01}=-2R_1R_2^{-1}U_0=2U_i$$

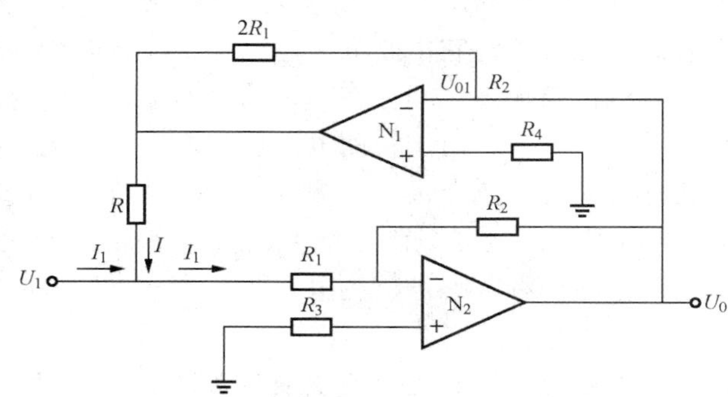

图 2 - 51 高输入阻抗反相放大器

信号源的输出电流为

$$I_i=I_1-I=U_iR_1^{-1}-(U_{01}-U_i)R^{-1}=(R_1^{-1}-R^{-1})U_i \tag{2-20}$$

若取 $R_1=R$ 则 $I_i=0$，对于信号源来说，相当于输入阻抗无穷大。实际上 R_1 与 R 的电阻值总存在一定偏差，为防止电路自激振荡，常取 R 略大于 R_1，电路的输入阻抗可高达 100MΩ。

2. 电荷放大器

电荷放大器是一种专门用于压电式传感器的信号调理电路，它能将压电式传感器产生的电荷转换成电压信号。压电式传感器是一个弱信号输出元件，其内阻很大，它的等效电路如图 2 - 52 所示，一个电荷发生器 q 和一个等效电容 C_a 的并联。产生的电荷容易从外接电缆和电路的杂散电容、输入电容泄漏。如果采用电压

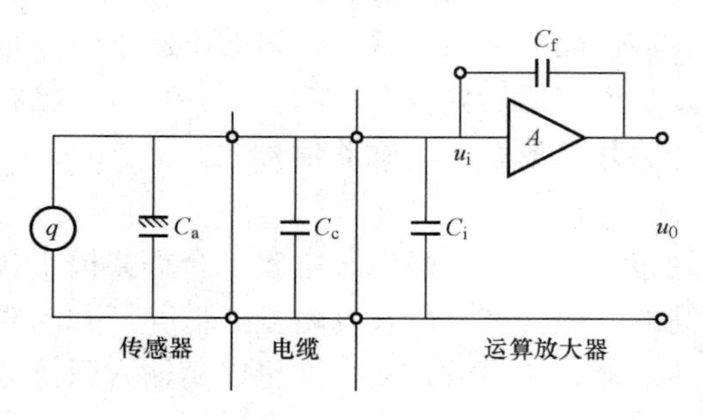

图 2 - 52 压电式传感器等效电路

放大器，则对绝缘阻抗要求很高，对电缆的长度要求严格。因此，必须采用对电路中的传输电容、杂散电容不敏感的电荷放大器。

图 2 - 52 中，压电式传感器后接电荷放大器。电荷放大器是一个由高增益运算放大器构成的电容负反馈放大器。图中 C_f 为反馈电容，C_c 为电缆电容，C_i 为运算放大器的输入电容，A 为运算放大器的开环增益。因为电荷放大器的输入电阻和传感器的漏电阻很大，所以，电路中将其忽略。设电荷放大器输入电压为 u_i，输出电压为 u_o，则

$$q \approx u_i(C_a + C_c + C_i) + (u_i - u_0)C_f \tag{2-21}$$

由于 $u_0 = -Au_i$，故

$$u_0 = \frac{-Aq}{(C_a + C_c + C_i) + (1+A)C_f} \tag{2-22}$$

因为放大器开环增益足够大，则式（2 - 22）可简化为

$$u_0 \approx \frac{-q}{C_f} \tag{2-23}$$

式（2 - 23）表明，当采用高开环增益的运算放大器时，电荷放大器的输出电压与传感器的电荷量成比例，其比例系数为反馈电容，与其他电容无关。因此，采用电荷放大器，即使连接电缆长达百米以上，其闭环灵敏度也无明显变化，这就是电荷放大器的突出优点。

（二）信号的调制与解调

调制与解调是信号传输过程中常用的一种处理方法。机电一体化系统中在两种情况下采用调制与解调，一种情况是经过传感器变换以后的信号常常是一些缓慢变化的微弱电信号，直接传输容易受到干扰，并且信号损失较大，因此往往先将信号调制成变化较快的交流信号，经交流放大后传输。另一种情况是传感器的电参量在变换成电量的过程中用调制和解调。如交流电桥就是一种调制电路，用桥臂元件的变化来调制电桥输出电压的幅值，这称作幅度调制。被调制的信号称为载波，一般是较高频率的交变信号。被测信号（控制信号）称为调制信号，最后输出的是已调制波，已调制波一般都便于放大和传输。最终从已调制波中恢复出调制信号的过程称为解调。调制的目的是使缓慢变化信号叠加在载波信号上，使其放大和传输；解调的目的则是为了恢复原信号。

根据载波受调制的参数的不同，使载波的幅值、频率或相位随调制信号而变化的过程分别称为调幅（AM）、调频（FM）和调相（PM）。它们的已调制波分别称为调幅波、调频波或调相波。

1. 调幅及其解调

（1）调幅原理。调幅就是用调制信号去控制高频振荡（载波）信号的幅度。常用的方法是线性调幅，即调幅波的幅值随调制信号按线性规律变化。调幅波的表达式可写为

$$u_0 = (U_m + mx)\cos\omega_c t \tag{2-24}$$

式中　U_m——原载波信号的幅度，V；

m——调制深度；

x——输入信号，V；

ω_c——载波信号的角频率，rad/s；

t——时间，s。

幅值调制的信号波形如图 2 - 53 所示，其中图 2 - 53（c）所示为当 $U_m \neq 0$ 时的调幅波

形，图 2-53（d）所示为当 $U_m=0$ 时的调幅波形。

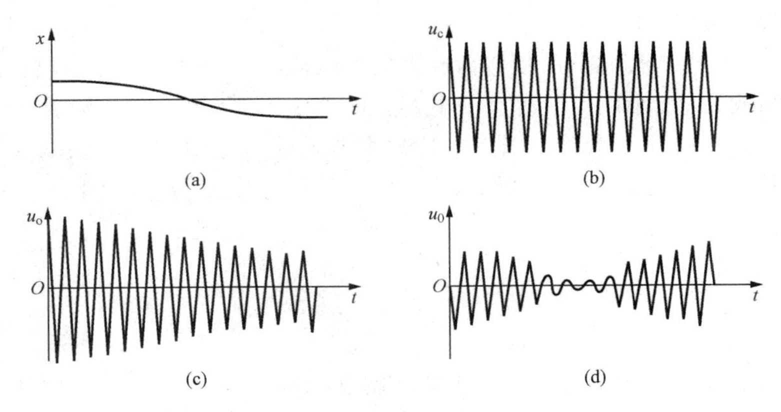

图 2-53　调幅信号的波形

（a）调制信号；（b）载波；（c）调幅波（$U_m \neq 0$）；（d）调幅波（$U_m=0$）

（2）调幅解调。从已调制的信号中检出调制信号的过程称为解调或检波。为了解调可以使调幅波和载波相乘，再通过低通滤波，但这样做需要性能良好的线性乘法器件。若把调制信号进行偏置，叠加一个直流分量 A，使偏置后的信号都具有正电压，那么调幅波的包络线将具有原调制信号的形状，如图 2-54（a）所示。把该调幅波 $x_m(t)$ 简单地整流（半波或全波整流）、滤波就可以恢复原调制信号。如果原调制信号中有直流分量，在整流以后应准确地减去所加的偏置电压。

若所加的偏置电压未能使信号电压都在零线的一侧，则对调幅波只是简单地整流就不能恢复原调制信号，如图 2-54（b）所示，这就需要采用相敏检波技术。

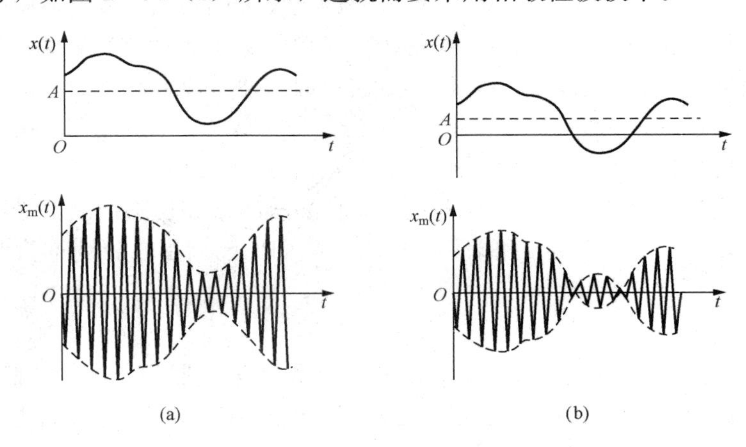

图 2-54　调制信号加偏置的调幅波

（a）偏置电压足够大；（b）偏置电压不够大

动态电阻应变仪（如图 2-55 所示）可作为电桥调幅与相敏检波的典型实例。电桥由振荡器供给等幅高频振荡电压，测量通过接在桥臂上的传感元件调制电桥的输出。电桥输出信号为调幅波，经过放大、相敏检波和滤波取出测量信号。该电路称作动态电阻应变仪，是因为它最早用于应变测量。实际上电感、电容传感器所接交流电桥电路都采用该种电路。

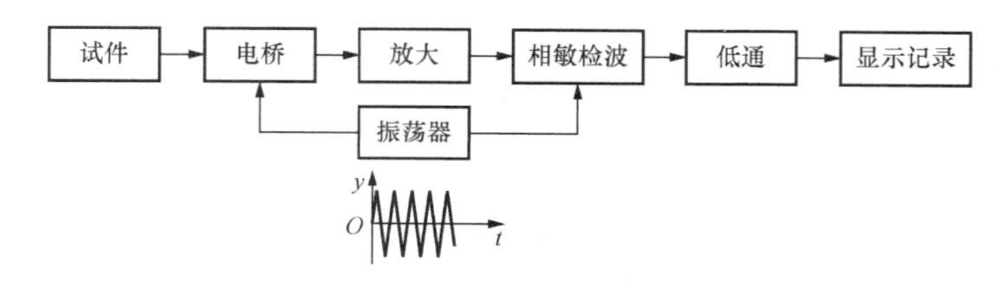

图 2-55 动态电阻应变仪

2. 调频及其解调

（1）频率调制。频率调制是让一个高频振荡的载波信号的频率随被测量（调制信号）而变化，则得到的已调制信号中就包含了被测量的全部信息。在线性调频中，调频信号可表示为

$$u_0 = U_m \cos(\omega_c + mx)t \tag{2-25}$$

式中 U_m、ω_c——载波信号的幅值和中心角频率；

m——调制深度；

x——被测量信号（调制信号）。

调频信号的波形如图 2-56 所示。在对调频信号进行放大时，应按 mx 的变化范围来选择通频带。

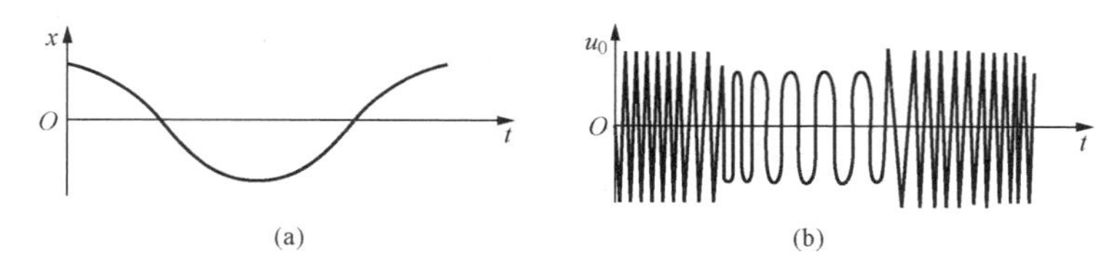

图 2-56 调频信号的波形

（a）调制信号；（b）调频信号

（2）频率解调。调频波是以正弦波频率的变化来反映被测信号的幅值变化。因此调频波的解调是先将调频波变换成调频调幅波，然后进行幅值检波。调频波的解调由鉴频器完成，通常鉴频器由线性变换电路与幅值检波器构成。

图 2-57 所示为一种采用变压器耦合的谐振鉴频方法，也是常用的鉴频方法。图 2-57（a）中 L_1、L_2 是变压器的一次、二次线圈，它们和 C_1、C_2 组成并联谐振回路。将等幅调频波 u_f 输入，在回路的谐振频率 f_0 处，线圈 L_1、L_2 中的耦合电流最大，二次输出电压 u_0 也最大。当频率偏离 f_0 时，f_D 也随之下降。u_0 的频率虽然和 u_f 保持一致，但幅值却不保持常值，其电压幅值和频率关系如图 2-57（b）所示。通常利用特性曲线的亚谐振区近似直线的一段实现频率—电压变换。被测量值（如位移）为零时，调频回路的振荡频率 f_0 对应特性曲线上升部分近似直线段的中点。

随着测量参量的变化，幅值随调频波频率而近似线性变化，调频波的频率却和测量参量保持近似线性的关系。因此，通过幅值检波就能获得测量参量变化的信息，且保持近似线性的关系。调幅、调频技术不仅在一般检测仪表中应用，而且是工程遥测技术的重要内容。工程遥测是对被测量的远距离测量，以现代通信方式（有线或无线通信、光通信）实现信号的发送和接收。

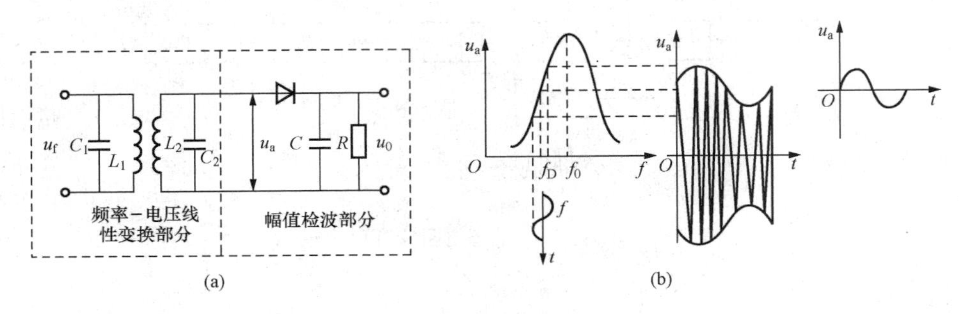

图 2-57　用变压器耦合的谐振回路鉴频

（a）鉴频器；（b）频率—电压特性曲线

（三）传感器非线性校正原理

在机电一体化测控系统中，特别是需对被测参量进行显示时，总是希望传感器及检测电路的输入输出特性呈线性关系，使测量对象在整个刻度范围内灵敏度一致，以便于读数及对系统进行分析处理。但是，很多检测元件如热敏电阻、光敏管、应变片等具有不同程度的非线性特性，这就使得在对较大范围的动态特性进行检测时存在着很大的误差。以往在使用模拟电路组成检测回路时，为了进行非线性补偿，通常用硬件电路组成各种补偿电路，如常用的信息反馈式补偿回路使用对数放大器、反对数放大器等，这不但增加了电路的复杂性，而且也很难达到理想的补偿。随着计算机技术的广泛应用，这种非线性补偿完全可以用计算机软件来完成，其补偿过程较简单，精确度也高，又减少了硬件电路的复杂性。计算机在完成了非线性参数的线性化处理以后，要进行工程量转换，即标度转换，才能显示或打印带物理单位的数值，其框图如图 2-58 所示，下面主要介绍计算机软件实现传感器非线性化补偿处理。

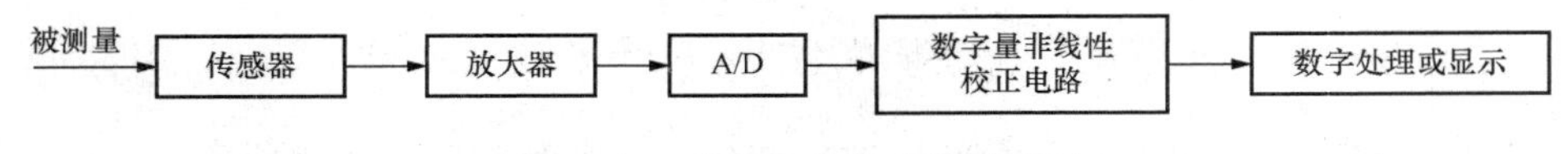

图 2-58　数字量非线性校正框图

用软件进行“线性化”处理，方法有计算法、查表法和插值法三种。

1. 计算法

当输出电信号与传感器的参数之间有确定的数字表达式时，就可采用计算法进行非线性补偿，即在软件中编制一段完成数字表达式计算的程序，被测参数经过采样、滤波和标度变换后直接进入计算机程序进行计算，计算后的数值即为经过线性化处理的输出参数。在实际工程上，被测参数和输出电压常常是一组测定的数据。这时如仍想采用计算法进行线性化处理，则可以应用曲线拟合的方法对被测参数和输出电压进行拟合，得出误差最小的近似表达式。

2. 查表法

在机电一体化测控系统中，有些参数的计算是非常复杂的，如一些非线性参数，它们不是用一般地算术运算就可以得出来的，而需要涉及指数、对数、三角函数，以及积分、微分等运算，所有这些运算用汇编语言编写程序都比较复杂，有些甚至无法建立相应的数学模型。为了解决这些问题，可以采用查表法。

所谓查表法，就是把事先计算或测得的数据按一定顺序编制成表格，查表程序的任务就是根据被测参数的值或者中间结果，查出最终所需要的结果。查表法是一种非数值计算方法，利用这种方法可以完成数据补偿计算、转换等各种工作，它具有程序编写简单、执行速度快等优点。

表的排列不同，查表的方法也不同。常用的查表方法有：顺序查表法、计算查表法、对分搜索法等。其中顺序查表法是针对无序排列表格的一种方法。因为在无序表格中，所有各项的排列均无一定的规律，所以只能按照顺序从第一项开始逐项寻找，直到找到所要查找的关键字为止。顺序查表法虽然比较“笨”，但对于无序表格和较短的表格而言，仍是一种比较常用的方法。

3. 插值法

查表法占用的内存单元较多，表格的编制比较麻烦，所以在机电一体化测试系统中常利用计算机的运算能力，使用插值计算方法来减少列表点和测量次数。

（1）插值原理。设某传感器的输出特性曲线（例如电阻—温度特性曲线）可以用图 2 - 59 表示，可以看出当已知某一输入值 x 以后，要想求出 y 值并非易事，因为其函数关系式 $y=f(t)$ 并不是简单的线性方程。为使问题简化，可以把该曲线按一定要求分成若干段，然后用直线连起来（如图 2 - 59 中虚线所示），用此直线代替相应的各段曲线，即可求出输入值 x 所对应的输出值 y。例如，设 x 在（x_i，x_{i+1}）之间，则对应的逼近值为

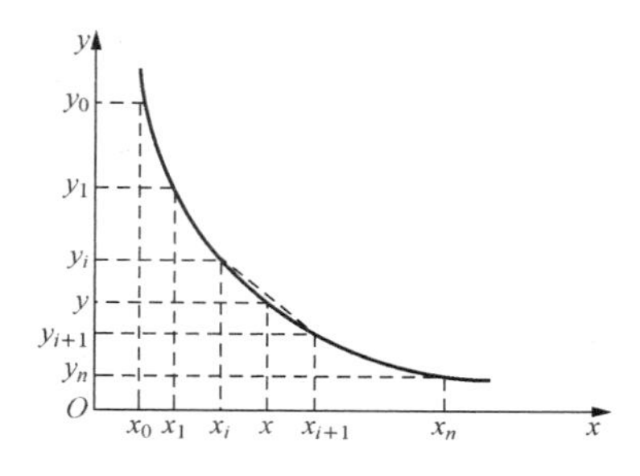

图 2 - 59　分段性插值原理

$$y = y_i + \frac{y_{i+1} - y_i}{x_{i+1} - x_i}(x - x_i) \qquad (2-26)$$

令 $k_i=\dfrac{y_{i+1}-y_i}{x_{i+1}-x_i}$，则得

$$y = y_i + k_i(x - x_i) \qquad (2-27)$$

只要点数足够多就可以获得较好的插值精度。

（2）插值算法的计算机实现。

第一步，用实验法测出传感器的变化曲线 $y=f(x)$。为准确起见，要多测几次，以便求出一个比较精确的输入输出曲线。

第二步，将上述曲线进行分段，选取各插值基点。为了使基点的选取更合理，不同的曲线采用不同的方法分段。主要有以下两种方法。

1）等距分段法。等距分段法即沿 x 轴等距离地选取插值基点。这种方法的主要优点是 $x_{i+1}-x_i=$常数，因而使计算变得简单。但是函数的曲率和斜率变化比较大时，会产生一定的误差：要想减少误差，必须把基点分得很细，这样势必占用较多的内存，并使计算机插值计算所占用的机时加长。

2）非等距分段法。非等距分段法的特点是函数基点的分段不是等距的，通常将常用刻度范围插值距离划分小一点，而使非常用刻度区域的插值距离大一点，但非等值插值点的选取比较麻烦。

第三步，确定并计算出各插值点 x_i、y_i 值及两相邻插值点的拟合直线的斜率 k_i，并存

放在存储器中。

第四步，计算 $x-x_i$。

第五步，找出 x 所在的区域（x_i，x_{i+1}），并从存储器中取出该段的斜率的 k_i。

第六步，计算 $k_i(x-x_i)$。

第七步，计算结果 $y=y_i+k_i(x-x_i)$。

对于非线性参数的处理，除了前边讲过的几种以外，还有许多其他方法，如最小二乘拟合法、函数逼近法、数值积分法等。对于机电一体化测控系统来说，具体采用哪种方法来进行非线性计算机处理，应根据实际情况和具体被测对象而定。

四、检测接口技术

（一）传感器信号的采样保持

当传感器将非电物理量转换成电学量，并经放大、滤波等系列处理后，再经过模/数转换器变换成数字量，才能输入到计算机系统。

在对模拟信号进行模/数转换时，从启动变换到变换结束的数字量输出，需要一定的时间，即 A/D 转换器的孔径时间。当输入信号频率提高时，由于孔径时间的存在，会造成较大的转换误差。要防止这种误差的产生，必须在 A/D 转换开始时将信号电平保持住，而在 A/D 转换后又能跟踪输入信号的变化，即使输入信号处于采样状态。能完成这种功能的器件叫采样/保持器。从上面分析可知，采样/保持器在保持阶段相当于一个“模拟信号存储器”。在模拟量输出通道，为使输出得到平滑的模拟信号，或对主通道进行分时控制，也常采用采样/保持器。

采样/保持由存储器电容 C、模拟开关 S 等组成，如图 2-60 所示，当 S 接通时，输出信号跟踪输入信号，称采样阶段。当 S 断开时，电容 C 两端一直保持 S 断开时的电压（称保持阶段），由此构成简单的采样/保持器。实际上为使采样/保持器具有足够的精度，一般在输入级和输出级均采用缓冲器。

下面以 LF398 为例，介绍集成采样/保持器的原理。图 2-61 为 LF398 采样/保持器原理图，其内部由输入缓冲级、输出驱动级和控制电路三部分组成。

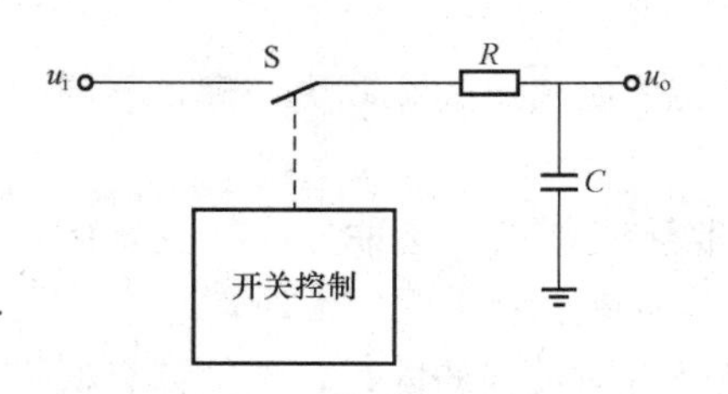

图 2-60 采样/保持原理

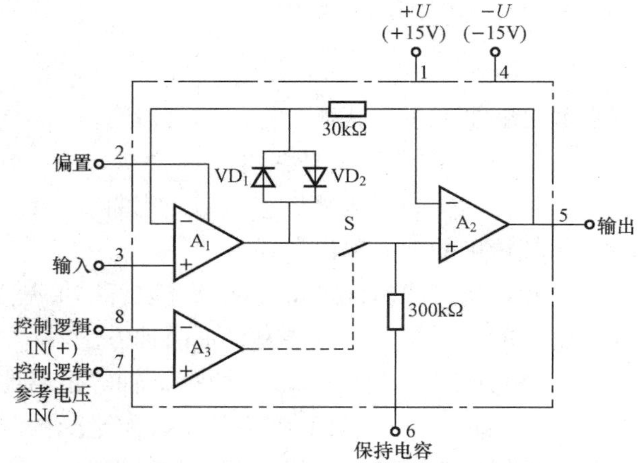

图 2-61 LF398 采样/保持器原理图

控制电路中 A_3 主要起到比较器的作用；其中 7 脚为控制逻辑参考电压输入端，8 脚为控制逻辑电压输入端。当输入控制逻辑电平高于参考端电压时，A_3 输出低电平信号驱动，开关 S 闭合，此时输入经 A_1 后跟随输出到 A_2，再由 A_2 的输出端跟随输出，同时向保持电容（接 6 端）充电；而当控制端逻辑电平低于参考电压时，A_3 输出一个正电平信号使开关

S断开，以达到非采样时间内保持器仍保持原来输入的目的。因此 A_1、A_2 是跟随器，其作用主要是对保持电容输入和输出端进行阻抗变换，以提高采样/保持器的性能。

与LF398结构相同的还有LF19R、LF298等，它们都是由场效应管构成，具有采样速度高、保持电压下降慢以及精度高等特点。当作为单一放大器时，其直流增益精度为0.002%，采样时间小于6μs时精度可达0.01%；输入偏置电压的调整只需在偏置端（2脚）调整即可，并且在不降低偏置电流的情况下，带宽允许为1MHz，其主要技术指标有：

（1）工作电压：±5～±18V。采样时间小于10μs。

（2）可与TTL、PMOS、CMOS兼容。

（3）当保持电容为0.01μF时，典型保持步长为0.5mV。

（4）输入漂移，保持状态下输入特性不变。

（5）在采样或保持状态时高电源抑制。

图2-62为LF398芯片外引脚图，图2-63为典型应用图。在有些情况下，还可采用二级采样保持串联的方法。根据选用不同的保持电容，使前一级具有较高的采样速度而后一级保持电压下降速率慢，二级结合构成一个采样速度快而下降速度慢的高精度采样/保持电路，此时的采样保持总时间为两个采样/保持电路时间之和。

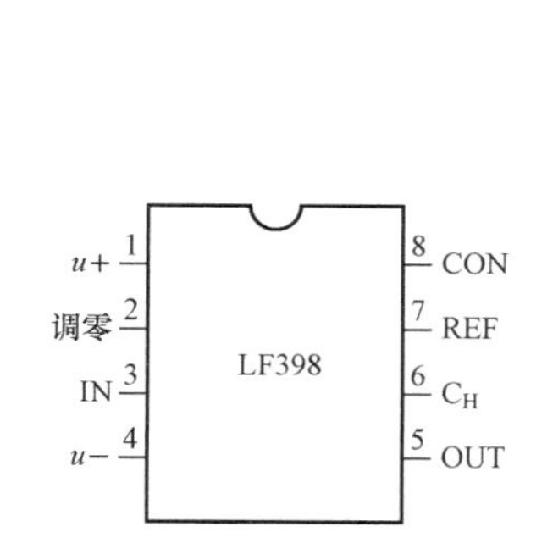

图2-62　LF398芯片外引脚图

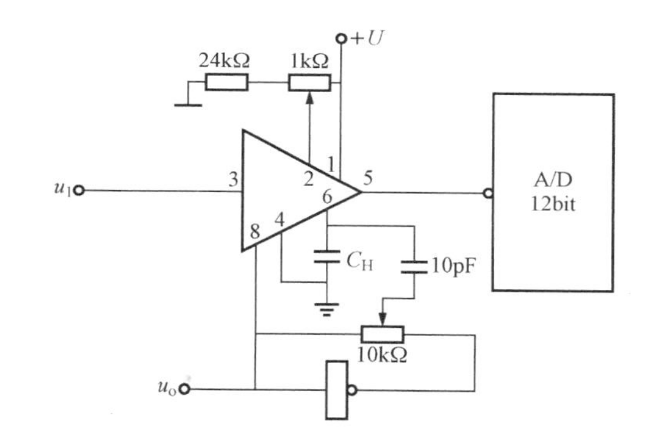

图2-63　LF398典型应用图

（二）数字控制系统

在数字控制系统中，对信号的采样和复现是分别由A/D转换装置和D/A转换装置来实现的。为了了解数字控制系统的特点，下面对A/D、D/A过程做一简单介绍。

（1）A/D转换过程。A/D转换装置每隔 Ts 对输入的连续信号 $e(t)$ 进行一次采样，采样信号为 $e^*(t)$，如图2-64（a）所示。该采样信号是时间上离散而幅值上连续的信号，它不能直接进入计算机进行运算，必须经量化后成为数字信号才能为计算机所接受。将采样信号量化后成为数字信号的过程是一个近似过程，称量化过程。现对量化过程做简单的说明：将采样信号 $e^*(t)$ 的变化范围分成若干层，每一层都用一个二进制数码表示，这些数码可表示幅值最接近它的采样信号。如图2-64（b）所示，采样信号 A_1 为1.8V，则量化值 A'_1 为2V，用数字量010来代表；采样信号 A_2 为3.2V，则量化值 A'_2 为3V，用数字量011来代表。这样就把采样信号变成了数字信号，A/D转换装置最小的二进制单位称量化单位，用 q 表示，q 可用式（2-28）确定

$$q=\frac{e_{\max}-e_{\min}}{2^i} \tag{2-28}$$

式中　e_{max}、e_{min}——信号的最大值和最小值；

i——二进制字长。

采样信号 $e^*(t)$ 量化后变成数字信号 $\bar{e}^*(t)$，如图 2-64（c）所示，这就是编码过程。由以上可知，数字计算机中，信号的断续性表现在幅值上。

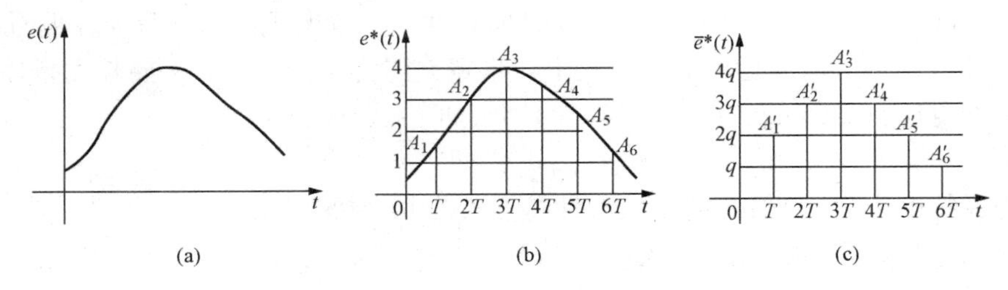

图 2-64　A/D 转换过程

（a）原信号；（b）采样信号；（c）数字信号

这里应该指出：量化会使信号失真，会给系统带来量化噪声，影响系统的精度和过程的平滑性。量化噪声的大小取决于量化单位 q 的大小。为了减小由于量化噪声对于系统精度和平滑性的不利影响，希望 q 值足够小，亦希望计算机的数码有足够的字长。因此，当计算机有足够的字长来表示数码时，就可以忽略由于量化引起的幅值上的连续性。

另外，如果认为采样编码过程瞬时完成，并用理想脉冲来等效代替数字信号，则数字信号可以看成采样信号，A/D 转换过程就可以用一个每隔 Ts 瞬时闭合一次的理想开关 S 来表示。

（2）D/A 转换过程。数字计算机经数字运算后，所给出的数字信号 $\bar{e}^*(t)$，如图 2-65（a）所示，要将它恢复成连续的电信号，通常最简单的办法是利用计算机的输出寄存器，使每个采样周期内保持数字信号为常值，然后再经解码网络，将数字信号转换成模拟电信号 $u_h(t)$，如图 2-65（b）所示。

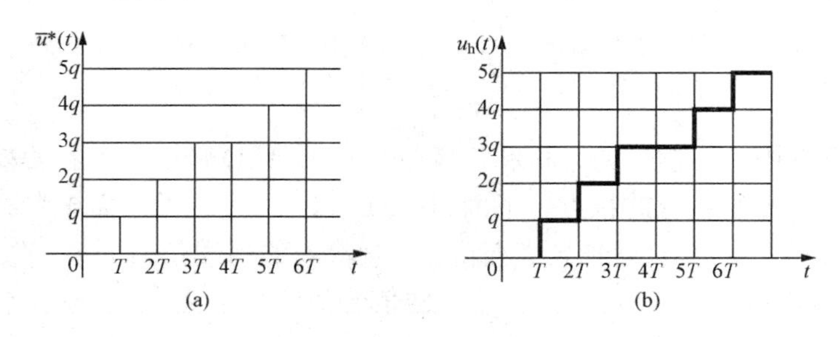

图 2-65　D/A 转换过程

（a）数字信号；（b）模拟信号

显然，$u_h(t)$ 是一个阶梯信号，计算机的输出寄存器和解码网络起到了信号保持器的作用。当采样频率足够高时，$u_h(t)$ 趋于连续信号。

（三）光电隔离

在有强电或强电磁干扰的环境中，为了防止电网电压等对测量回路的损坏，其信号输入通道采用隔离技术，能完成这种任务，具有这种功能的放大器称为隔离放大器。

一般来讲，隔离放大器是指对输入、输出和电源在电流和电阻彼此隔离使之没有直接耦合的测量放大器。由于隔离放大器采用了浮离式设计，消除了输入、输出端之间的耦合，因此还具有以下特点。

（1）保护系统元件不受高共模电压的损害，防止高压对低压信号系统的损坏。

（2）泄漏电流低，对于测量放大器的输入端无须提供偏流返回通路。

（3）共模抑制比高，能对直流和低频信号（电压或电流）进行准确、安全地测量。

目前，隔离放大器中采用的耦合方式主要有两种：变压器耦合和光电耦合。利用变压器耦合实现载波调制，通常具有较高的线性度和隔离性能，但是带宽一般在 1kHz 以下；利用光电耦合方式实现载波调制，可获得 10kHz 带宽，但其隔离性能不如变压器耦合。上述两种方法均需对差动输入级提供隔离电源，以便达到预定的隔离性能。

图 2-66 为 284 型隔离放大器电路结构图。为提高微电流和低频信号的测量精度，减小漂移，其电路采用调制式放大，其内部分为输入、输出和电源三个彼此相互隔离的部分，并由低泄漏高频载波变压器耦合在一起。通过变压器的耦合，将电源电压送到输入电路，并将信号从输入电路送出。输入部分包括双极前置放大器、调制器；输出部分包括解调器和滤波器，一般在滤波器后还有缓冲放大器。

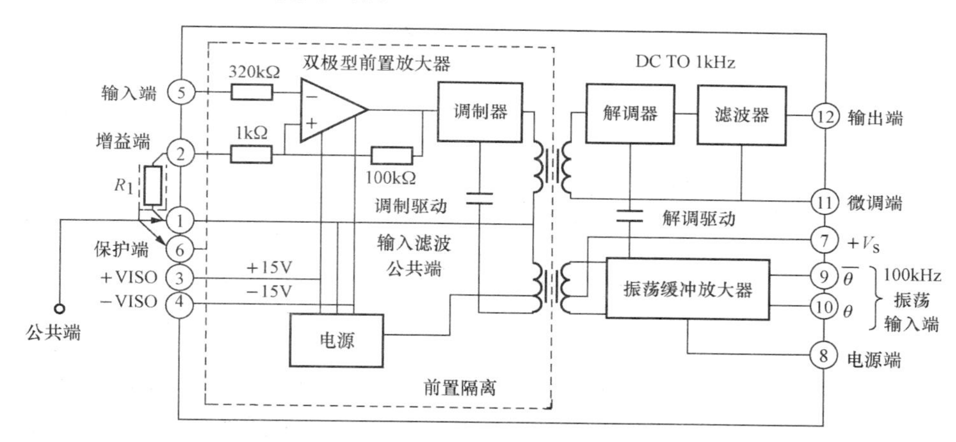

图 2-66　284 型隔离放大器电路结构图

第五节　控　制　部　件

一、计算机控制技术

（一）基本概念

计算机控制技术是自动控制理论与计算机技术相结合的产物。随着电子计算机的出现，人们对自动控制系统的控制设备进行了革新，用电子计算机取代了常规的控制器（即经典的模拟调节器），实现对控制系统的调节和控制，形成计算机控制系统。计算机控制系统与通常的连续控制系统的主要差别是：可以实现过去连续控制难以实现的更为复杂的控制规律，比如非线性控制、逻辑控制、自适应和自学习控制等。计算机控制系统的原理图如图 2-67 所示。

（二）计算机控制系统的组成

计算机控制系统是由两部分组成的，一是硬件系统部分，二是软件系统部分，如图 2-68所示。

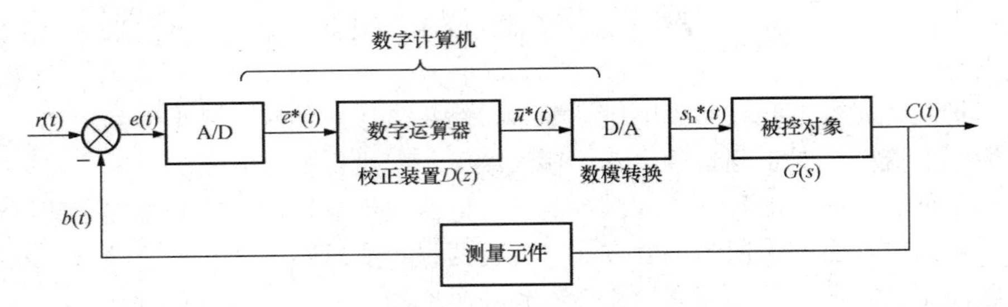

图 2-67 计算机控制系统原理框图

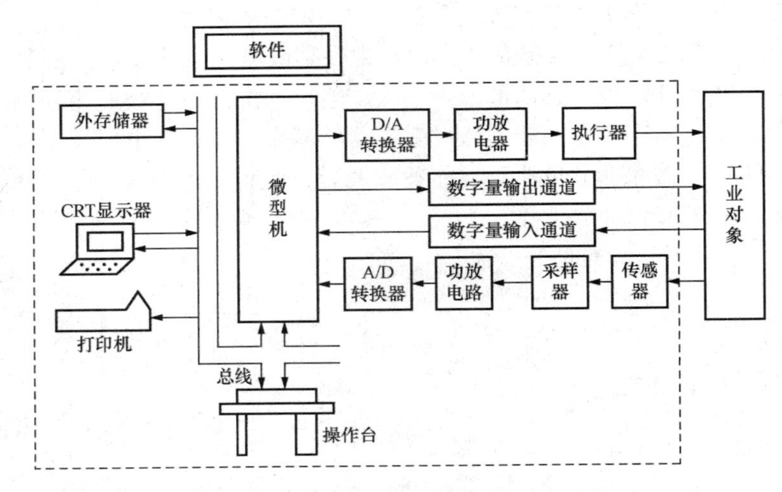

图 2-68 计算机控制系统的基本组成

1. 硬件系统

计算机：是计算机控制系统的核心部件，包括 CPU、存储器、接口及总线。

外围设备：是操作人员与计算机进行对话联系的设备，包括外存储器、显示器、操作台、打印机等。

输入输出通道：是计算机与被控对象之间设置信息传递和变换的连接通道包括 A/D 转换器、D/A 转换器、采样保持器、数字量输入输出设备等。

执行器：是用来驱动被控对象的驱动部件。

传感器：是用来检测被控对象各种参数的测量元件。

2. 软件系统

计算机控制系统的软件包括系统软件和应用软件两部分。

系统软件：包括指令系统、监控程序、诊断程序、程序设计语言、操作系统以及与计算机密切相关的程序。

应用软件：用户根据要解决的实际问题而编写的各种程序。

（三）计算机控制系统分类

1. 顺序控制

顺序控制是使被控对象按事先规定好的时间函数或逻辑的顺序而进行工作的控制方式，属于开环控制系统。

2. 直接数字控制（direct digital control，DDC）

在直接数字控制中，计算机直接根据约定值、被控变量的测量值，计算出输出控制量，再经过 D/A 转换，直接控制执行器，使各被控变量保持在给定值左右，属于闭环控制系统，系统框图如图 2-69 所示。

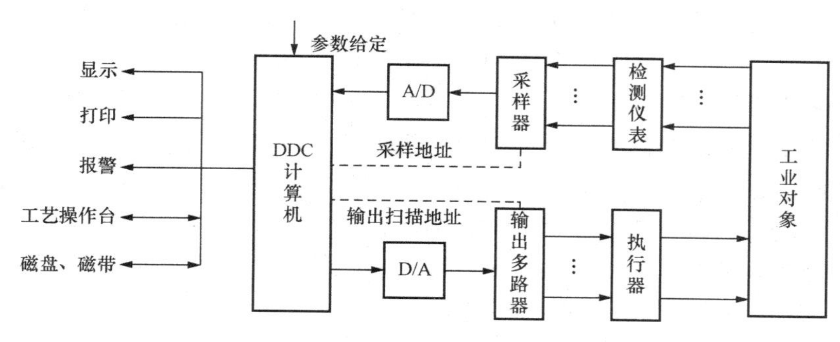

图 2-69　DDC 系统框图

3. 计算机监督控制（supervisory computer control，SCC）

该系统对所测量的数据进行运算，从而求得合适或最优的给定值，然后由计算机本身来直接修改各控制回路的给定值。监督控制系统有两种类型：一是 SCC＋模拟调节器系统，如图 2-70（a）所示，二是 SCC+DDC 系统，如图 2-70（b）所示。

4. 计算机分组控制系统

计算机分组控制系统具有生产管理、任务协调、优化计算、直接数字控制等多种功能。其典型结构如图 2-71 所示。

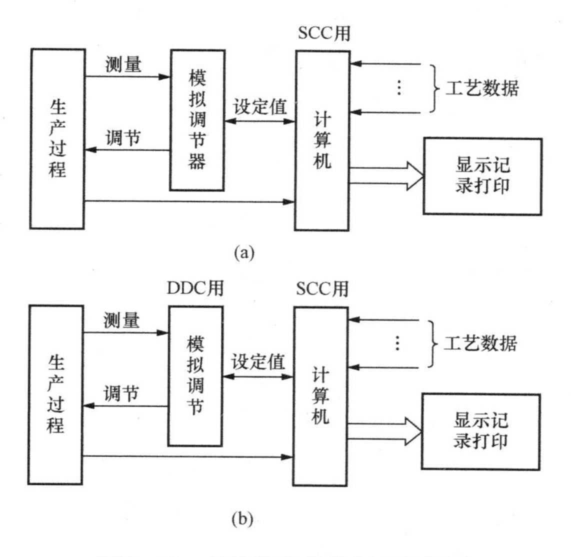

图 2-70　计算机监督控制系统框图

（a）SCC＋模拟调节器系统；（b）SCC+DDC 系统

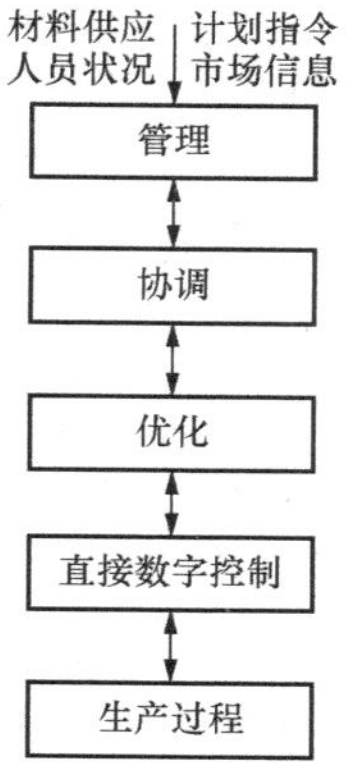

材料供应 人员状况 | 计划指令 市场信息

管理

协调

优化

直接数字控制

生产过程

图 2-71　计算机分组控制系统结构

（四）控制系统对计算机的要求

（1）高运转率和高可靠性。一般工业生产都是连续性生产，因此要求计算机的运转率必须很高。另外，计算机发生任何故障都将对生产产生严重的影响，所以要求计算机的可靠性要高。

(2) 环境适应性。控制计算机的工作环境常有强电磁干扰和腐蚀性气体，因此在系统设计时必须考虑到这些因素，以提高计算机控制系统适应不同环境的能力。

(3) 实时性。计算机控制系统都有实时性要求，除了进行控制外，观察现场情况的各种工艺参数，修改操作条件，紧急故障处理等，也需要进行实时处理。因此，控制计算机必须配有实时时钟和完善的中断系统。

(4) 完善的输入输出通道装置。控制计算机除了配备有适当的通用外部设备外，还必须配有专用的输入输出通道装置，才能进行控制。因此，控制计算机应有丰富的指令系统，尤其是应有较完善的输入输出指令和逻辑判断指令。

(5) 优质的软件配备。为了充分发挥计算机的优势，除了重视系统软件外，更要重视应用软件的研究和完善。

此外，应有良好的人机界面。

(五) 自动控制技术在机电一体化产品中的应用

机电一体化产品涉及面很广，各种计算机外部设备、办公室出动化设备、微加工设备、数控机床、机器人、家用电器、电子玩具等，都可归属于机电一体化产品的范畴。这些产品所运用的控制技术，既有共性，也各具特点。正因为机电一体化产品中采用了自动控制技术，从而使产品的质量得到提高，并可降低生产成本；同时也改善了劳动条件，提高了劳动生产率。特别是在高速、超距、有害和危险工作的场合，采用自动控制技术能有效地替代人的工作，大大改善操作人员的工作条件。除此以外，对一些复杂的机电一体化产品，要其快速、准确地按照预定目标来动作，必须有一套对其工作过程和运行状态能自行进行监测、调节和控制的完善系统，否则也是不可想象的。因此，自动控制技术在机电一体化产品中起着非常重要的作用，它是机电一体化关键技术之一。

二、机电一体化产品的控制形式

机电一体化产品中使用了多种控制技术。控制形式可分为开环控制和闭环控制。一般在一个产品中仅使用一种控制形式的不多，多为两者并用。

(一) 开环控制

若控制系统中的被控制量对控制系统的控制作用没有影响，则该系统采用的是开环控制形式，此时系统称为开环控制系统，如图 2-72所示。

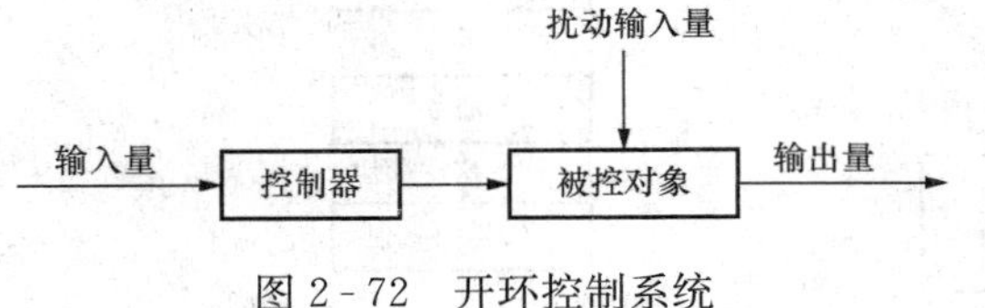

图 2-72 开环控制系统

在开环控制系统中，既不需要对被控制量进行测量，也不需要将被控制量反馈到系统的输入端与控制量进行比较。这样，对于一个确定的控制量就有一个与之对应的被控制量。因此，系统的控制精度将取决于控制器及被控对象的参数稳定性。也就是说，欲使开环控制系统具有满足要求的控制精度，则在工作过程中，系统各部分的参数值都必须严格保持在事先校准的量值上，这就必须对组成系统元部件的质量提出严格的要求。

当出现干扰时，开环控制系统就不能完成既定的控制任务。这是因为开环控制系统无法识别起控制作用的控制信号和起妨碍控制作用的干扰信号。只要有外加的输入信号，就会引起被控制量的变化。另外，系统内部参数的变化也会引起被控制量的变化。这说明开环制系统的抗干扰能力差。

（二）闭环控制

若控制系统中的被控制量对系统的控制作用有直接影响，则该系统采用的是闭环控制形式，此时系统被称为闭环控制系统，如图 2-73 所示。

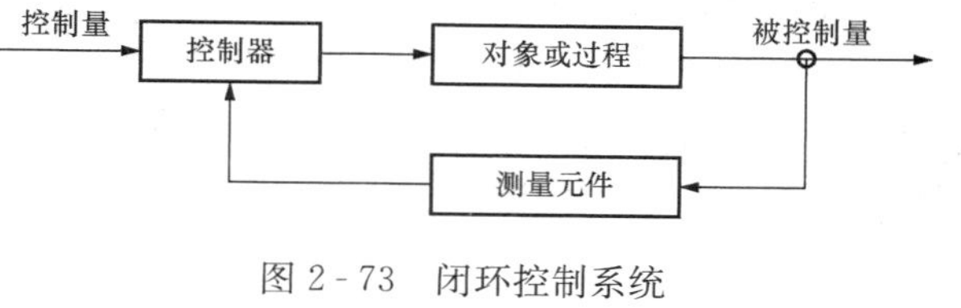

图 2-73　闭环控制系统

在闭环控制系统中，需要对被控制量不断地进行测量，变换并反馈到系统的控制端与控制信号进行比较，产生偏差信号，实现按偏差控制。

由于闭环控制系统采用了负反馈，使系统的被控制量对外界干扰和系统内部参数的变化都不敏感，即闭环控制抗干扰能力强。这样，就有可能采用不太精密的、成本较低的元部件构成精确的控制系统，而开环控制系统做不到这一点。

从控制系统的稳定性来考虑，开环控制系统容易使其稳定，因而不是十分重要的问题。但对闭环控制系统来说，稳定性始终是一个重要的问题。因闭环控制系统可能引起超调，从而造成系统振荡，甚至使得系统不稳定。

开环控制系统结构简单，容易建造，工作稳定。一般来说，当控制系统的控制量变化规律能预先知道，并且对系统中可能出现的干扰可以有办法抑制时，采用开环控制系统是有优越性的，特别是被控制量很难进行测量时，更是如此。比如：自动售货机、自动洗衣机、产品生产自动化线及自动车床等，一般都是开环控制系统。只有当控制系统的控制量和干扰量均无法事先预知的情况下，采用闭环控制系统才有明显的优越性。

如果要求实现复杂而准确度较高的控制任务，则可将开环控制与闭环控制结合起来，组成一个比较经济而性能较好的控制系统。

三、自动控制系统的发展及未来发展前景

现代科学技术尤其是计算机技术的迅速发展，带动了自动控制技术的进一步发展，出现了许多新型、新颖的控制技术，比如计算机控制技术、数控技术、自适应控制技术、最优控制技术、模糊控制技术、智能控制技术等。从机电一体化的发展来看，一个显著而重要的趋势是越来越多地引入了自动控制技术。自动控制技术的范围很广，包括的理论很多，可根据自动控制技术的发展，把控制理论分为三个阶段。

（一）经典控制理论

经典控制理论是指 20 世纪 40 年代前后随着控制技术的需要，从而飞速发展的控制理论。特别是在第二次世界大战中，雷达天线的随动控制问题。切削机床的数字控制问题等的研究，使控制理论有了很大发展。

经典控制理论的内容主要是研究单输入单输出的线性定常系统。它的主要概念是借助拉普拉斯变换得到传递函数，在此基础上采用频率法和根轨迹法。对于离散系统是借助 Z 变换得到脉冲传递函数，再采用与连续系统类似的方法来处理。对于非线性系统则提出了描述函数法和相平面法。

（二）现代控制理论

现代控制理论是在经典控制理论的基础上，于 20 世纪 60 年代以后发展起来的。随着科

学技术的发展，需要分析与设计高质量和大型复杂的控制系统，这些控制系统广泛存在于航天、航空、航海等军事技术领域，冶金、电力、化工、轻工、石油、原子能的利用等工业生产过程，甚至在经济学、生物学、医学等领域中，也有很多复杂的控制系统。这些迫切的需要，推动了现代控制理论的发展。另外，电子数字计算机的飞速发展为现代控制理论的发展提供了重要的技术条件。

随着控制系统越来越复杂，要求越来越高。人们不仅要求研究、设计多输入、多输出控制系统，而且还要研究设计变参数、非线性、高精度、高效能等控制系统，另外，还要解决控制系统最优控制等问题。所有这些问题，用经典控制理论是无法解决的，必须应用现代控制理论。

（三）智能控制理论

由于电子计算机技术和现代应用数学研究的迅速发展，进入20世纪70年代后，控制理论在模仿人类智能活动的人工智能控制和大系统理论等方面有了重大发展。所谓“智能控制”是具有某些仿人智能的工程控制。目前，比较典型的应用是智能机器人、自适应控制、自学习控制、自组织控制、模糊控制等。所谓“大系统”是指规模庞大、结构复杂、变量众多的控制系统。关于智能控制和大系统，由于它们的应用范围很广，发展迅速，现在还不可能存在统一的数学方法和理论，究竟哪些是它的理论基础，是目前许多理论家瞩目的问题。

现代化工厂向规模集约化方向发展时，生产工艺对控制系统的可靠性、运算能力、扩展能力、开放性、操作及监控水平等方面提出了越来越高的要求。传统的分布式控制（distributed control system，DCS）系统已经不能满足现代工业自动化控制的设计标准和要求。随着工业自动化控制理论、计算机技术和现代通信技术的迅速发展，自动控制系统的未来发展方向将向智能化、网络化、全集成自动化等方向发展，具体表现在以下几个方面。

1. 智能化

在自动化的初期阶段，系统比较简单，控制规律也不复杂，采用前面介绍的常规控制方法就能完成任务。然而，随着社会和科学技术的不断进步，各种生产过程的自动化、现代军事装备的控制以及航海、航空、航天事业的迅速发展，都对控制系统的快速性和准确性提出了越来越高的要求。对于各种规模庞大、结构复杂的大系统，仅仅采用常规的控制措施是无法完成综合自动化的。不过人们发现，如果把人的智能和自动化技术结合起来，却能收到令人满意的效果。

关于智能控制，目前尚无统一的定义。有一种观点认为智能控制是自动控制、运筹学和人工智能三个主要学科相互结合和渗透的产物，这种观点包含了两层含义，一方面它指出了智能控制产生的背景和条件，即人工智能理论和技术的发展及其向控制领域的渗透，以及运筹学中的定量优化方法逐渐和系统控制理论相结合，这样就在理论和实践两方面开辟了新的发展途径，提供了新的思想和方法，为智能控制的发展奠定了坚实的基础。

这种观点的另一层含义是说明了智能控制的内涵，即智能控制就是应用人工智能理论和技术以及运筹学方法，与控制理论相结合，在变化的环境下，仿效人类智能，实现对系统的有效控制。这里所说的环境指的是广义的受控对象或生产过程及其外界条件。

智能控制是当前正在迅速发展的一个领域，各种形式的智能控制系统、智能控制器相继开发问世。

2. 网络化

随着互联网技术以及现代通信技术的发展，未来的企业为了适应经济全球化的发展需要，多将通过以太网接口，建立基于 Windows NT 或 Windows 2000 构成的企业级局域网，控制系统与管理层和现场仪表级的数据交换日益增加，控制系统的计算机与财务、销售和管理层的计算机实现联网，实现数据的共享，极大地提高企业的管理水平。联网系统结构如企业局域网系统示意图。企业管理级各网络间可以采用标准以太网相互连接。管理级的各通信网络可以采用多种网络拓扑结构（总线型、星型、环型），其中星型拓扑结构以高可靠性、结构简单、建网容易、节点故障容易排除等优点被大量采用。车间级计算机网络采用工业以太网相互连接。工业以太网在物理层上采用高防护等级的通讯线缆或光纤传输，适用于可能遭受严重电磁干扰，液体侵蚀，高度污染和机械冲击的工业环境。现场级总线采用国际标准总线 PROFIBUS 总线。

3. 全集成自动化

自动化技术的不断发展和计算机技术的飞速进步，自动化控制的概念也发生着巨大的变化。在传统的自动化解决方案中，自动化控制实际上是由各种独立的、分离的技术和不同厂家的产品搭配起来的。比如一个大型工厂经常是由过程控制系统、可编程控制器、监控计算机、各种现场控制仪表和人机界面产品共同进行控制的。为了把这些产品组合在一起，需要采用各种类型和不同厂商的接口软件和硬件来连接、配置和调试。全集成自动化思想就是用一种系统或者一个自动化平台完成原来由多种系统搭配起来才能完成的所有功能。应用这种解决方案，可以大大简化系统的结构，减少大量接口部件。应用全集成自动化可以克服上位机和工业控制器之间、连续控制和逻辑控制之间、集中与分散之间的界限。同时，全集成自动化解决方案还可以为所有的自动化提供统一的技术环境，这主要包括统一的数据管理、统一的通信和统一的组态和编程软件。基于这种环境，各种各样不同的技术可以在一个用户接口下，集成在一个有全局数据库的总体系统中。工程技术人员可以在一个平台下对所有应用进行组态和编程。由于应用一个组态平台，工程变得简单，培训费用也大大降低。

四、控制系统的基本要求

为了使被控量按预定的规律变化，工程上对自动控制系统性能提出了一些要求，主要有以下三个方面。

1. 稳定性

所谓系统稳定指受扰动作用前系统处于平衡状态，受扰动作用后系统偏离了原来的平衡状态，如果扰动消失以后系统能够回到受扰以前的平衡状态，则称系统是稳定的。如果扰动消失后，不能够回到受扰以前的平衡状态，甚至随时间的推移对原来平衡状态的偏离越来越大，这样的系统就是不稳定的系统。稳定是控制系统正常工作的前提。

系统的稳定性包含两个方面的含义：一是系统稳定，叫做绝对稳定性；通常所说的稳定性就是这个含义；另一方面的含义是输出量振荡的强烈程度，称为相对稳定性。

2. 精确性

精确性是对稳定系统稳态性能的要求。稳态性能用稳态误差来表示，所谓稳态误差是指系统达到稳态时被控量的输出值和希望值之间的误差，误差越小，表示系统控制精度越高越准确。

3. 快速性

在实际的控制系统中，不仅要求系统稳定，而且要求被控量能迅速地按照输入信号所规定的形式变化，即要求系统具有一定的相应速度，这是快速性对稳定系统暂态性能的要求。因为工程上的控制系统总是存在惯性，如电动机的电磁惯性、机械惯性等，致使系统在扰动量给定量发生变化时，被控量需要有一个过渡过程，即暂态过程。一个暂态性能好的系统既要过渡过程时间短（快速性，简称“快”），又要过渡过程平稳、振荡幅度小（平稳性质称“稳”）。

在工程上暂态性能是非常重要的。一般来说，为了提高生产效率，系统应有足够的快速性，但是如果过渡时间太短，系统机械冲击会很大，容易影响机械寿命，甚至损坏设备；反之过渡时间太长，会影响生产效率等。所以，对暂态过程应有一定的要求，通常是用超调量、调整时间、振荡次数等指标来表示。

五、计算机控制元件

（一）单片微型计算机

单片微型计算机简称为单片机，它是将中央处理器（central processing unit，CPU）、随机存取存储器（random-access memory，RAM）、只读存储器（read only memory，ROM）和输入/输出端口（input/output，I/O）接口集成在一块芯片上，同时还具有定时/计数、通信和中断等功能的微型计算机。自 1976 年 Intel 公司首片单片机问世以来，随着集成电路制造技术的发展，单片机的 CPU 依次出现了 8 位和 16 位机型，并使运行速度、存储器容量和集成度不断提高。现在比较常用的单片机一般具有数 10kB 的闪存、16 位的模/数转换器（analog/digital，缩写 A/D）及看门狗等功能，而各种满足专门需要的单片机也可由生产厂家定做。

单片机以其体积小、功能齐全、价格低等优点，越来越被广泛地应用于机电一体化产品中。特别是在数字通信产品、智能化家用电器和智能仪器领域，单片机以其几元到几十元人民币的价格优势独霸天下。由于单片机的数据处理能力和接口限制，在大型工业控制系统中，它一般只能辅助中央计算机系统测试一些信号的数据信息和完成单一量控制。

单片机的生产厂家和种类很多，如美国 Intel 公司的 MCS 系列、Zilog 公司的 SUPER 系列、Motorola 公司的 6801 利 6805 系列、日本 National 公司的 MN6800 系列、HITACHI 公司的 HD6301 系列等。其中，Intel 公司的 MCS 单片机产品公国际市场上占有最大的份额，在我国也获得最广泛的应用。下面以 MCS 系列单片机为例，来介绍单片机的结构、性能及使用上的特点。

1. MCS-48 单片机系列

MCS-48 系列是 8 位的单片机，根据存储器的配置不同，该系列包括有 8048、8049、8021、8035 等多种机型，由于价格低廉，目前仍有简单的控制场合在使用。其主要特点是：

（1）8 位 CPU，工作频率为 1～6MHz。

（2）64B RAM 数据存储器，1kB 程序存储器。

（3）5V 电源，40 引脚双列盲插式封装。

（4）6MHz 工作频率时机器周期为 2.5μs，所有指令的执行为 1。

（5）有 96 条指令，其中大部分为单字节指令。

（6）8 字节堆栈，单级中断，两个中断源。

（7）两个工作寄存器区。

（8）一个 8 位定时/计数器。

2. MCS-51 单片机系列

MCS-51 系列比 48 系列要先进得多，也是市场上应用最普遍的机型。它具有更大的存储器扩展能力、更丰富的指令系统和更多的实用功能。MCS-51 单片机也是 8 位的单片机，该系列包括有 8031、8051、8751、2051、89C51 等多种机型。其主要特点是：

（1）8 位 CPU，工作频率为 1～12MHz。

（2）128B RAM 数据存储器，4kB ROM 程序存储器。

（3）5V 电源，40 引脚双列直插式封装。

（4）12MHz 工作频率时机器周期为 1μs，所有指令的执行为 1。

（5）外部可分别扩展 64kB 数据存储器和程序存储器。

（6）2 级中断，5 个中断源。

（7）21 个专用寄存器，有位寻址功能。

（8）两个 16 位定时/计数器，1 个全双工串行通信口。

（9）4 组 8 为 I/O 口。

3. MCS-96 单片机系列

MCS-96 系列是 16 位单片机，适用于高速的控制和复杂数据批处理系统中，其在硬件和指令系统的设计上较 8 位机有很多不同之处。MCS-96 单片机系列主要有 8096、8094、8396、8394、8796 等多种机型。其主要特点是：

（1）16 位 CPU，工作频率为 6～12MHz。

（2）232B RAM 数据存储器，8kB ROM 程序存储器。

（3）有 48 和 68 两种引脚，多种封装形式。

（4）高速 I/O 接口，能测量和产生高分辨率的脉冲（12MHz 时是 2μs），6 条专用 I/O，两条可编程 I/O。

（5）外部可分别扩展 64kB 数据存储器和程序存储器。

（6）可编程 8 级优先中断，21 个中断源。

（7）脉宽调制输出，提供一组能改变脉宽的可编程脉宽信号。

（8）两个 16 位定时/计数器，4 个 16 位软件定时器。

（9）5 组 8 位 I/O 接口。

（10）10 位 A/D 转换器，可接收 4 路或 8 路的模拟量输入。

（11）6.25μs 的 16 位乘 16 位和 32 位除 16 位指令。

（12）运行时可对 EPROM 编程，ROM/EPROM 的内容可加密。

（13）全双工串行通信口及专门的波特率发生器。

另外一种 16 位的单片机是 8098 单片机，其内部结构和性能与 8096 完全一样，但其外部数据总线却只有 8 位，因此是准 16 位单片机。由于 8098 减少了 I/O 线，其外形结构简化，芯片的制造成本降低，因此应用非常广泛。MCS-98 单片机系列主要有 8398、8798 等几种机型。

（二）可编程控制器（PLC）

1. PLC 工作原理

（1）PLC 产生的背景。可编程控制器（PLC）是在继电器控制和计算机技术的基础上开发出来的，并逐渐发展成以微处理器为核心，集计算机技术、自动控制技术及通信技术于一体的一种新型工业控制装置。

传统的继电接触器控制系统（硬件布线）优点：结构简单，因而长期广泛应用。缺点：采用固定的接线方式。一旦生产要求及生产过程发生变化，必须重新设计线路，重新接线安装，不利于产品的更新换代，还有灵活性、通用性差，体积大，速度慢等缺点。

20 世纪 60 年代末期，美国汽车制造工业相当发达，要求不断更换汽车的型号。传统的继电接触器控制系统被淘汰。1968 年，美国最大的汽车制造商 GM 公司公开招标，研制新的控制系统。提出以下要求：

1）设计周期短，更改容易，接线简单，成本低。

2）将继电器控制和计算机技术结合起来。但编程要比计算机简单易学，操作方便。

3）系统通用性强。1969 年，美国数字设备公司研制出世界上第一台 PLC，并在 GM 公司的汽车生产线上首次应用成功。其后，日本、德国相继引入。我国 1974 年开始研制，1977 年研制成功。

（2）功能发展史。

早期：顺序控制，包括逻辑运算功能，称 PLC（programmable logic controller）。

20 世纪 70 年代：微处理器用于 PLC，功能增强、数值运算、数据处理、闭环调节等，称 PC。

现在：模拟量控制、位置控制等。

（3）主要特点：①运行稳定可靠，采用了一些抗干扰措施；②编程简单，使用方便，控制程序可变；③功能完善，扩充方便，组合灵活，实用性强；④体积小、重量轻、功耗低。

（4）发展趋势。21 世纪，PLC 会有更大的发展。从技术上看，计算机技术的新成果会更多地应用于可编程控制器的设计和制造上，会有运算速度更快、存储容量更大、智能更强的品种出现；从产品规模上看，会进一步向超小型及超大型方向发展；从产品的配套性上看，产品的品种会更丰富，规格更齐全，完美的人机界面、完备的通信设备会更好地适应各种工业控制场合的需求；从市场上看，各国各自生产多品种产品的情况会随着国际竞争的加剧而打破，会出现少数几个品牌垄断国际市场的局面，会出现国际通用的编程语言；从网络的发展情况来看，可编程控制器和其他工业控制计算机组网构成大型的控制系统是可编程控制器技术的发展方向。目前的计算机 DCS 中已有大量的可编程控制器应用。伴随着计算机网络的发展，可编程控制器作为自动化控制网络和国际通用网络的重要组成部分，将在工业及工业以外的众多领域发挥越来越大的作用。

2. PLC 的基本结构及应用领域

（1）PLC 的基本结构。PLC 主要由 CPU 模块、输入模块、输出模块和编程器组成，如图 2 - 74 所示。PLC 的特殊功能模块用来完成某些特殊的任务。

1）CPU 模块。CPU 模块主要由微处理器和存储器组成。在 PLC 控制系统中，CPU 模块相当于人的大脑和心脏，它不断地采集输入信号，执行用户程序，刷新系统的输出，存储器用来储存程序和数据。

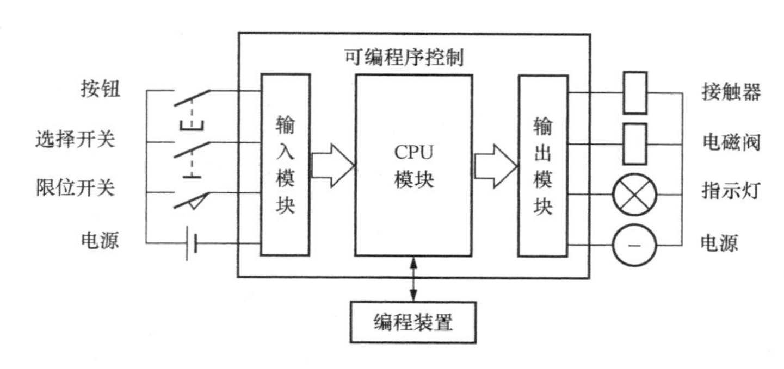

图 2-74　PLC 基本结构示意图

2）I/O 模块。输入（input）模块和输出（output）模块简称为 I/O 模块，它们相当于人的眼、耳、手、脚，是联系外部现场设备和 CPU 模块的桥梁。

输入模块用来接收和采集输入信号，开关量输入模块用来接收从按钮、选择开关、数字拨码开关、限位开关、接近开关、光电开关、压力继电器等来的开关量输入信号；模拟量输入模块用来接收电位器、测速发电机和各种变送器提供的连续变化的模拟量电流电压信号。开关量输出模块用来控制接触器、电磁阀、电磁铁、指示灯、数字显示装置和报警装置等输出设备；模拟量输出模块用来控制调节阀、变频器等执行装置。

CPU 模块的工作电压一般是 5V，而 PLC 外部的输入/输出电路的电源电压较高，例如 DC 24V 和 AC 220V。从外部引入的尖峰电压和干扰噪声可能损坏 CPU 模块中的元器件或使 PLC 不能正常工作。在 I/O 模块中，用光耦合器、光敏晶闸管、小型继电器等器件来隔离 PLC 的内部电路和外部的 I/O 电路。I/O 模块除了传递信号外，还有电平转换与隔离的作用。

3）编程器。编程器用来生成用户程序，并用它来编辑、检查、修改用户程序，监视用户程序的执行情况。手持式编程器不能直接输入和编辑梯形图，只能输入和编辑指令表程序，因此又叫做指令编程器。它的体积小，价格便宜，一般用来给小型 PLC 编程，或者用于现场调试和维护。

使用编程软件可以在计算机屏幕上直接生成和编辑梯形图或指令表程序，并且可以实现不同编程语言之间的相互转换。程序被编译后下载到 PLC，也可以将 PLC 中的程序上传到计算机。程序可以存盘或打印，通过网络或电话线，还可以实现远程编程和传送。

现在的发展趋势是用编程软件取代手持式编程器，西门子 PLC 只用编程软件编程。给 S7-200 编程时，应配备一台安装有 STEP 7-Micro/WIN 编程软件的计算机和一根连接计算机和 PLC 的 RS232/PPI 通信电缆或 USB/PN 多主站电缆。现在的笔记本电脑一般都没有 RS-232C 通信接口，可以选用 USB/PPI 电缆，用 USB 接口与 PLC 通信。

4）电源。PLC 使用 AC 220V 电源或 DC 24V 电源。内部的开关电源为各模块提供不同电压等级的直流电源。小型 PLC 可以为输入电路和外部的电子传感器（例如接近开关）提供 DC 24V 电源，驱动 PLC 负载的直流电源一般由用户提供。

（2）PLC 的应用领域。PLC 已经广泛应用在很多的工业部门，随着其性能价格比的不断提高，PLC 的应用范围不断扩大，主要有以下几个方面：

1）数字量逻辑控制。PLC 用“与”“或”“非”等逻辑控制指令来实现触点和电路的串、并联，代替继电器进行逻辑控制、定时控制与顺序控制。数字量逻辑控制可以用于单台设备，也可用于自动生产线，其应用领域已遍及各行各业，甚至深入到家庭。

2）运动控制。PLC使用专用的运动控制模块，对直线运动或圆周运动的位置、速度和加速度进行控制，可以实现单独、双轴、三物和多轴位置控制，使运动控制与顺序控制有机地结合在一起。PLC的运动控制功能广泛地用于各种机械，例如金属切削机床、金属成形机械、装配机械、机器人、电梯等场合。

3）闭环过程控制。过程控制是指对温度、压力、流量等连续变化的模拟量的闭环控制。PLC通过模拟量I/O模块，实现模拟量和数字量之间的A/D转换，并对模拟量实行闭环比例—积分—微分（PID）控制。小型PLC用PID指令实现PID闭环控制。PID闭环控制功能已经广泛应用于塑料挤压成形机、加热炉、热处理炉、锅炉等设备，以及轻工、化工、机械、冶金、电力、建材等行业。

4）数据处理。现代PLC具有数学运算（包括整数运算、浮点数运算、函数运算、字逻辑运算，以及求反、求补、循环和移位等）、数据传送、转换、排序和查表、位操作等功能，可以完成数据的采集、分析和处理。这些数据可以与储存在存储器中的参考值进行比较，也可以用通信功能传送到别的智能装置，或者将它们打印制表。

5）通信联网。PLC的通信包括PLC与远程I/O之间的通信、多台PLC之间的通信、PLC与其他智能控制设备（例如计算机、变频器、数控装置）之间的通信。PLC与其他智能控制设备一起，可以组成“集中管理、分散控制”的分布式控制系统。

（三）数字信号处理器（DSP）

数字信号处理器是将原始模拟信号转换成数字信号后，再进行各种运算处理，这些处理包括差分方程计算、相关系数运算、复频率变换、傅立叶变换、功率谱密度或幅值平方计算、矩阵运算处理、对数取幂、A/D和D/A转换等。

DSP实际上也是一种单片机，但和一般单片机相比有许多特点，而且每10年DSP的性能将提高一个数量级，价格也下降一个数量级。因此其应用领域正日益扩大。

1. DSP的特点

DSP的特点主要表现在以下一些方面。

（1）DSP具有适应数字信号处理算法基本运算的指令，有适应信号处理数据结构的寻址机构，并能充分利用算法中的并行性。DSP还在不断扩展其实时控制功能，如增强输入/输出能力相对外部事件的管理操作，增加片内A/D转换器等。这样，DSP就能将数字实时控制功能和高速数字信号处理能力很好地结合起来。

（2）DSP对环境条件的变化不敏感，能在比较苛刻的条件下正常工作。

（3）DSP对元部件的离散性不敏感，对同样的数字输入，永远产生同样的输出。在表2-7中列出一些典型DSP和通用单片机的性能比较，从表中可以看出，最新的DSP的性能在许多方面都是很优越的。

表2-7　　典型DSP和单片机的性能比较

产品名称	320C240	80C196	80C166	78365	DSP56811
生产厂	T1	Intel	Siemenes	NEC	Motorola
DSP级指令周期时间/MAC	√				√

续表

产品名称	320C240	80C196	80C166	78365	DSP56811
片内闪存	√				
片内 A/D	√√	√	√	√	
串行口	√	√	√	√	√
PWM 功能	√√	√	√	√	√
编码器接口	√	√			
计时器	√√	√	√√	√√	√

2. DSP 的应用领域

（1）语音处理。包括人类语言信号分析，应用于自动语音系统。语音综合系统有已用于盲人用的自动阅读机、语言残疾人用的语言综合器、会说话的玩具等。

（2）音乐处理。可以利用 DSP 将多个音乐信号编辑或混合成一个节目，应用于作曲、音乐的综合与记录等。

（3）雷达数据处理。

（4）声纳频谱分析与传感器阵列处理。

（5）图像处理。图像数据压缩，图像复原清晰化与增强，从 X 射线投影、超声、红外信号建立可视图像，多媒体应用，电视会议和视频游戏等。

（6）通信领域。包括调制解调器，传真，蜂窝电话和个人数字助理等。

（7）生物医学信号处理。如心电图仪，脑电图仪以及超声图像处理等。

（8）测量仪器。如高档示波器用 DSP 进行快速傅立叶变换，信号平均，波形计算，显示压缩和实时控制等。

（9）电动机控制。用于交流和无刷直流电动机的速度和力矩控制。它具有 PWM 输出能力，特别适合于电动机驱动，并能支持需要复杂数学运算的矢量控制技术和无速度传感器的电动机调速系统。在计算机的重要外部设备硬盘驱动器的伺服控制中，DSP 已占很大份额。

3. 典型数字信号处理器

按功能和应用特性分，DSP 有两种类型：可编程 DSP，专用 DSP，作为专用集成电路积木块的 DSP 的内核，做成单片机中完成特定功能的部分。这里只简要介绍可编程 DSP，并以德州仪器公司最新推出的 TMS320C 240 为例。其主要结构如图 2 - 75 所示。

TMS320C240 是 TMS320 系列中专用于运动控制的新成员。有 TMS320C240 和 TMS320F240 两种规格。TMS320C240 有程序存储器 ROM，容量为 16k，TMS320F240 有程序 EEPROM，容量也是 16k。采用静态 CMOS 工艺，132 脚封装，主钟频率 20MHz，指令周期时间为 50ns。绝大部分指令均能在一个指令周期时间内完成。

TMS320X240 由基本内核、片内存储器和外围电路三大功能块组成。CPU 拥有多条内部总线，数据和程序存储器分开，并拥有各自的存储器总线。这样，数据和指令可以同时并行读取，以加快运行速度。

TMS320X240 是 16 位定点数字信号处理器，由于拥有 16×16 位的硬件乘法器和 32 位乘积寄存器，可以在一个指令周期内完成其积为带符号或不带符号的 32 位乘法。

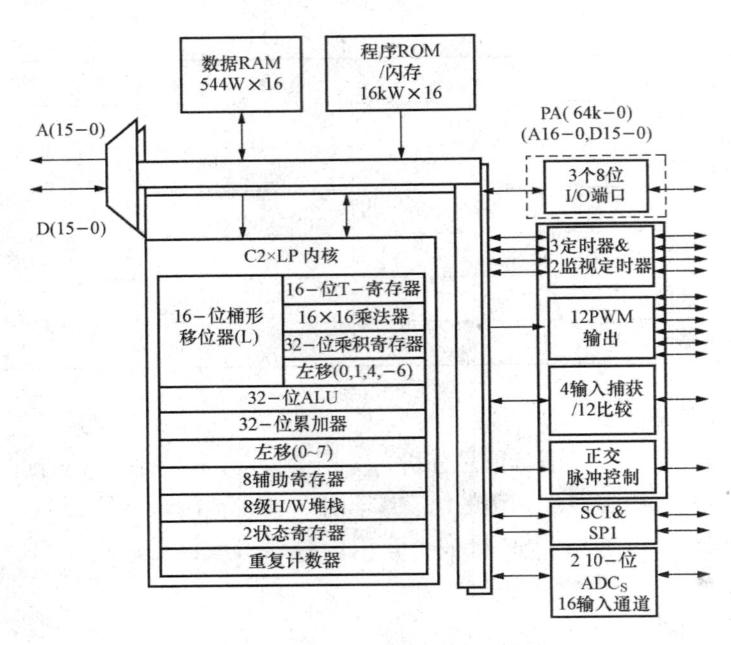

图 2-75 TMS320C240DSP 的结构图

模数转换器是在片上的，共有两个，位数 10 位，各有自己的采样保持器，每个 A/D 转换器各有一个 8 路多路开关，供模拟信号转换用，最大转换时间为 $10\mu s$。两个 A/D 转换器可同时工作，可由软件指令，外设管脚上外部信号变化等多种方式来启动。具有脉冲模式发生电路，可编程产生几种 PWM 波形。

TMS320X240 具有功能很强的、可软件编程的中断结构，它支持片上的和外部的中断，以满足实时中断驱动应用的需要。

（四）模糊控制器

由于模糊控制在家用电器领域的迅速发展，在智能化仪器仪表、汽车、制糖、石油化工、水泥、陶瓷制造和塑料工业中也正在推广，模糊控制技术发展极快。实现模糊控制的方法有二：一是利用单片机、通用微机或微处理器，利用软件实现模糊控制；另一种是将模糊控制机纳入单片机中做成模糊控制单片机。当前，模糊单片机品种还不多，主要有美国 NEURALOGIX 公司的 NLX230 和日本富士通公司的 MB94140 系列等。

（五）PID 控制器

PID 控制在经典控制理论中技术非常成熟，20 世纪 30 年代末出现的模拟式 PID 调节器至今仍在广泛地运用着。今天，随着计算机技术的迅速发展，人们开始用算法代替模拟式 PID 调节器，实现数字 PID 控制，使其控制作用更灵活、更易于改进和完善。

DDC 按照一定的采样周期 T_s 采集被控制量，经 PID 运算后输出控制量。它属于采样控制或数字控制领域，因此，连续的时间函数必须变换成离散的时间函数，即将模拟 PID 控制器的微分方程变换成计算机可识别的 PID 数字控制器的差分方程式。DDC 系统组成原理如图 2-76 所示。

DDC 系统具有计算机运算速度快、可分时处理多个控制回路、计算机运算能力强等特点。而组成 DDC 控制系统的除被控制对象外，还必须有测量、变送、控制等执行等环节，

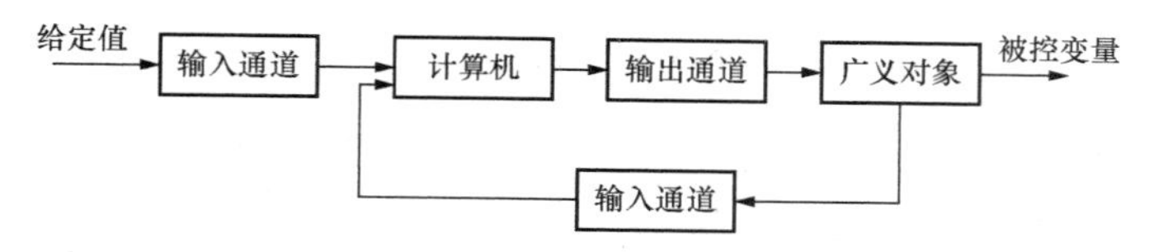

图 2-76　DDC 系统组成原理

它们共同构成控制系统，PID 控制器（或 PID 调节器）是其中一个重要环节。PID 控制器的作用是对偏差进行比例、积分、微分运算。

1. DDC 系统的 PID 控制算式

$$P = K_p\left(e + \frac{1}{T_i}\int e\mathrm{d}t + T_d\frac{\mathrm{d}e}{\mathrm{d}t}\right) \tag{2-29}$$

式中　P——PID 调节器的输出信号；

K_p——比例增益；

T_i——积分时间；

T_d——微分时间；

e——给定值与测量值之差；

t——时间变量。

离散化方法的算式为

$$\left.\begin{aligned}\int e\mathrm{d}t &= T_s\sum_{i=0}^{n}e_i\\ \frac{\mathrm{d}e}{\mathrm{d}t} &= \frac{e_n - e_{n-1}}{T_s}\end{aligned}\right\} \tag{2-30}$$

式中　T_s——采样周期；

i——微分离散点。

（1）位置型 PID 控制的算式为

$$P_n = K_c\left[e_n + \frac{T_s}{T_i}\sum_{i=0}^{n}e_i + \frac{T_d}{T_s}(e_n - e_{n-1})\right] \tag{2-31}$$

式中　P_n——第 n 次采样时计算机输出值；

e_n——第 n 次采样时的偏差值。

（2）增量型 PID 控制算式。

第（n—1）采样有

$$P_{n-1} = K_c\left[e_{n-1} + \frac{T_s}{T_i}\sum_{i-1=0}^{n-1}e_i + \frac{T_d}{T_s}(e_{n-1} - e_{n-2})\right] \tag{2-32}$$

两次采用计算机输出的增量为

$$\begin{aligned}\Delta P_n = P_n - P_{n-1} &= K_c\left[(e_n - e_{n-1}) + \frac{T_s}{T_i}e_n + \frac{T_d}{T_s}(e_n - 2e_{n-1} - e_{n-2})\right]\\ &= K_c(e_n - e_{n-1}) + Ke_n + K_D(e_n - 2e_{n-1} - e_{n-2})\end{aligned} \tag{2-33}$$

其中，积分系数 K 为

$$K = K_c\frac{T_s}{T_i} \tag{2-34}$$

微分系数 K_D 为

$$K_D = K_c \frac{T_d}{T_s} \tag{2-35}$$

（3）实用递推算式（偏差系数控制算式）。将增量型 PID 控制算式改写为

$$\Delta P_n = K_c\left(1+\frac{T_s}{T_i}+\frac{T_d}{T_s}\right)e_n - K_c\left(1+\frac{2T_d}{T_s}\right)e_{n-1} + \frac{T_c T_d}{T_s}e_{n-2} \tag{2-36}$$

令三个动态参数为中间变量，即 $A = K_c\left(1+\frac{T_s}{T_i}+\frac{T_d}{T_s}\right), B = K_c\left(1+\frac{2T_d}{T_s}\right), C = \frac{T_c T_d}{T_s}$，则

$$\Delta P_n = Ae_n - Be_{n-1} + Ce_{n-2} \tag{2-37}$$

2. PID 控制器的参数选择

本节讨论的数字 PID 控制测采样周期，相对于系统的时间常数来说是很短的，所以其调节参数的整定，可按模拟 PID 调节器的方法来选择。

在选择调节器参数前，应首先确定调节器结构，以保证被控系统的稳定，并尽可能消除静差。因此，对于有自平衡性的对象来说，应选择包含有积分环节的调节器（I、PI 或 PID 调节器）；而对于无自平衡性的对象，则应选择不包含积分环节的调节器（P、PD 调节器）。对某些有自平衡性的对象，也可选择比例或比例微分调节器，但这时会产生静差，如果选择合适的比例系数，可使系统静差保持在允许范围内。对于有纯滞后现象的对象，则往往应加入微分环节。

选择调节器的参数，必须根据工程问题的具体要求来考虑。在工业过程控制中，要求被控过程是稳定的，对给定量的变化能迅速和光滑地跟踪，超调量小，在不同干扰下系统输出应能保持在给定值，控制变量不宜过大，在系统和环境参数发生变化时控制应保持稳定。显然，要同时满足上述要求是很困难的。人们必须根据具体过程的要求，满足主要方面，兼顾其他方面。

PID 调节器的设计，可用理论方法，也可通过实验。用理论方法设计调节器的前提是要有被控对象的准确模型，这在工业过程中一般较难做到。即使花了很大代价进行系统辨识，所得的模型也只是近似的，加上系统的结构和参数都在随时间变化，在近似模型基础上设计的最优控制器在实际过程中就很难说是最优的。

因此，在工程上，PID 调节器的参数常常通过实验来确定，或者通过试凑法，或者通过实验结合经验公式来确定。

（1）试凑法确定 PID 调解参数。试凑法是通过模拟或闭环运行观察系统的响应曲线，然后根据各调节参数对系统响应的大致影响反复试凑参数，以达到满意的控制效果，从而确定 PID 调节器的参数。对参数的主调试实行先比例，后积分，再微分的整定步骤。

增大比例系数 K_p，一般讲加快系统的响应，在有静差的情况下有利于减小静差。但过大的比例系数会使系统有较大的超调，并产生振荡，使稳定性变坏。

增大积分时间 T_i 有利于减小超调，减小振荡，使系统更加稳定，但系统静差的消除将随之减慢。

增大微分时间 T_d 亦有利于加快系统响应，使超调量减小，稳定性增加，但系统对扰动的抑制能力减弱，对扰动有较敏感的响应。

1）首先只整定比例部分。即将比例系数由小变大，并观察相应的系统响应，直至得到反应快、超调小的响应曲线。如果系统没有静差或静差小到允许范围内，并且响应曲线已属

满意，那么只需用比例调节即可，比例系数可由此确定。

2）如果在比例调节的基础上系统的静差不能满足设计要求，则需加入积分环节。整定时首先置积分时间 T_i 为一较大值，并将经第一步整定得到的比例系数缩小（如缩小为原值的 0.8 倍），然后减小积分时间，使在系统保持良好动态特性的情况下，静差得到消除。在此过程中，可根据响应曲线的好坏反复改变比例系数与积分时间，以得到满意的控制过程与整定参数。

3）若使用比例调节器消除了静差，但动态过程经反复调节仍不能满意，则可加入微分环节。整定时首先置微分时间 T_d 为零。在第二步整定的基础上，整定 T_d，同时相应地改变比例系数和积分时间，逐步凑试，以获得满意的调节效果和控制参数。

应该指出，所谓满意的调节效果，是随不同的对象和控制要求而异的。此外，PID 调节器的参数对控制质量的影响不十分敏感，因而在整定中参数的选定并不是唯一的。事实上，在比例、积分、微分三部分产生的控制作用中，某部分的减小往往可由其他部分的增大来补偿。因此，用不同的整定参数完全有可能得到同样的控制效果。从应用的角度看，只有被控过程主要指标达到设计要求，那么即可选定相应的调节参数为有效的控制参数。表 2-8 给出了一些常见被调量的 PID 调节器参数选择范围。

表 2-8　常见被调量的 PID 调节器参数选择范围

被调量	特　　点	K_p	T_i/min	T_d/min
流量	对象时间常数小，并有噪声，故 K_p 和 T_i 均较小，不用微分	1～2.5	0.1～1	
温度	对象为多容系统，较大滞后，常用微分	1.6～5	3～10	0.5～3
压力	对象为容量系统，滞后一般不大，不用微分	1.4～3.5	0.4～3	
液位	在允许有静差时，不必用积分，不用微分	1.25～5		

（2）实践经验法确定 PID 调解参数。用试凑法确定 PID 调节参数，需要进行较多的模拟和现场实验。为了减少试凑次数，也可利用人们在选择 PID 调节参数时已取得的经验，并根据一定的要求事先做一些实验，以得到若干基准参数，然后按照经验公式，由这些基准参数导出 PID 调节参数，这就是实践经验法。下面介绍常用的几种方法。

1）扩充临界比例法。这一方法适用于有自平衡性的被控对象。首先，将调节器选为纯比例调节器，形成闭环，改变比例系数，使系统对阶跃输入的响应达到临界振荡状态（稳定边缘）。将这时的比例系数记为 T_r，临界振荡的周期记为 K_r。根据齐格勒-尼克尔斯（Ziegler-Nichols）提供的经验公式，就可由这两个基准参数得到不同类型调节器的参数调节（见表 2-9）。

表 2-9　临界比例法确定的模拟调节器的参数

调节器类型	K_p	T_i	T_d
P 调节器	$0.5K_r$		
PI 调节器	$0.45K_r$	$0.85T_r$	
PID 调节器	$0.6K_r$	$0.5T_r$	$0.12T_r$

这种临界比例法给出了模拟调节器的参数整定。它用于数字 PID 调节时，所提供的参数原则上也是适用的，但根据控制过程连续性的程度，可将这一方法进一步扩充。扩充时，首先要选定控制度。所谓控制度，就是以模拟调节为基准，将数字控制效果与其相比。控制效果的评价函数通常采用误差平方积分，即

$$控制度=\frac{\int_0^{\infty} e^2\,\mathrm{d}t(数字控制)}{\int_0^{\infty} e^2\,\mathrm{d}t(模拟控制)}$$

对于模拟系统，其误差平方面积可由记录仪上的图形直接计算。对于数字系统则可用计算机计算。通常，当控制度为 1.05 时，就可以认为数字控制与模拟控制效果相同。根据所算的控制度，调节器的参数与采样周期可由表 2-10 提供的经验公式给出。

表 2-10　临界比例法确定数字调节器参数与采样周期的经验公式

控制度	调节器类型	T	K_p	T_i	T_d
1.05	PI	$0.03T_r$	$0.53K_r$	$0.88T_r$	
	PID	$0.014T_r$	$0.63K_r$	$0.49T_r$	$0.14T_r$
1.2	PI	$0.05T_r$	$0.49K_r$	$0.91T_r$	
	PID	$0.043T_r$	$0.47K_r$	$0.47T_r$	$0.16T_r$
1.5	PI	$0.14T_r$	$0.42K_r$	$0.99T_r$	
	PID	$0.09T_r$	$0.34K_r$	$0.43T_r$	$0.2T_r$
2.0	PI	$0.22T_r$	$0.36K_r$	$1.05T_r$	
	PID	$0.16T_r$	$0.27K_r$	$0.4T_r$	$0.22T_r$

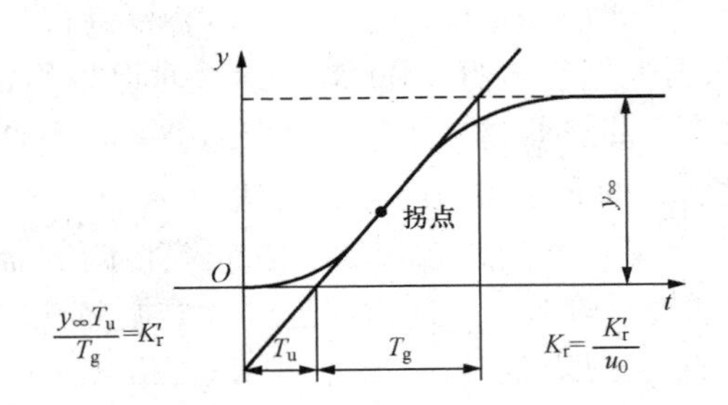

图 2-77　阶跃曲线法确定基准参数

2）阶跃曲线法。这一方法适用于多容量自平衡系统。首先它要通过实验测定系统幅值为 u_0 的阶跃输入的响应曲线，以此确定基准参量 T_r、T_u（如图 2-77 所示）。根据这两个基准参量及表 2-11 提供的经验公式，便可确定不同类型调节器的参数。

表 2-11　阶跃曲线法确定数字调节器参数的经验公式

调节器类型	K	T_i	T_d
P 调节器	$1/K_r$		
PI 调节器	$0.8/K_r$	$3T_u$	
PID 调节器	$1.2/K_r$	$2T_u$	$0.42T_u$

阶跃曲线法相对于临界比例法的优点在于：系统不需在闭环下运行，只需在开环状态下测得它的阶跃响应曲线。

以上用不同经验公式得到的调节参数，实际上只是提供了调节过程衰减度为 1/4 时整定参数的大致取值范围。通常认为 1/4 的衰减度能兼顾到稳定性和快速性，但如果要求更大的衰减，则必须对参数另作调整。对 PID 调节参数的选择有各种不同经验公式，如有针对不同特定系统的，有针对现成公式修正的，这里就不逐一介绍了，有兴趣的读者可参考相关文献。

（3）采样周期的选择。以上讨论的数字 PID 控制算法与一般的采样控制不同，它是一种连续控制，是建立在用计算机对连续 PID 控制进行数字模拟的基础上控制。这种控制方式要求采样周期与系统时间常数相比充分小。采样周期越小，数字模拟越精确，控制效果就越接近连续控制。但采样周期的选择是受到多方面因素影响的。下面简要讨论一下应怎样选择合适的采样周期。

从对调节品质的要求来看，似乎应将采样周期取得小一些，这样在按连续 PID 调节选择整定参数时，可得到较好的控制效果。但实际上调节质量对采样周期的要求有充分的裕度。根据香浓采样定理，采样周期 T 只需满足

$$T \leqslant \frac{\pi}{\omega_{\max}} \tag{2-38}$$

式中　$\omega_{\max}$——采样信号的上限角频率。

采样信号通过保持环节仍可复原或近似复原为模拟信号，而不丢失任何信息。因此香浓采样定理给出了选择采样周期的上限，在此范围内，采样周期越小，就越接近连续控制，采样周期大些也不会失去信号的主要特征。

从执行元件的要求来看，有时需要输出信号保持一定的宽度。例如，当通过 D/A 转换带动步进电动机时，输出信号通过保持器达到所需要的控制幅度需要一定时间。否则，上一输出值还未实现，马上又转换为新的输出值，执行元件就不能按预期的调节规律动作。

从控制系统随动进而抗干扰的性质要求来看，则要求采样周期短些，这样给定值的改变可迅速地通过采样得到反映，而不至在随动控制中产生大的时延。此外，对低频扰动，采用短的采样周期可使之迅速得到校正并产生较小的最大偏差。对于中频干扰信号，如果采样周期选大了，干扰就有可能得不到控制和抑制。因此，如果干扰信号的最大频率是已知的，也可以根据香浓采样定理选择采样周期，以使干扰尽可能得到调节。

从计算机的工作量和每个调节回路的计算成本来看，一般要求采样周期大些。特别是计算机用于多回路控制时，必须使每个回路的调节算法都有足够的时间完成。因此，在用计算机对动态特性不同的多个回路进行控制时，人们可充分利用计算机软件灵活的优点，对各回路分别选用相适应的采样周期，而不必强求统一的最小采样周期。

从计算机的精度来看，过短的采样周期是不合适的。这是因为工业控制用的微型机字长一般较短，且为定点机，如果采样周期过短，前后两次采样的数值之差可能因计算机精度不高而反映不出来，使调节作用因此而减弱。此外，在用积分部分消除静差的调节回路中，如果采样周期 T 太小，将会使积分部分的增益 T/T_{i} 过低，当偏差 e_{i} 小到一定限度时，由增量算法得到的 $Te_{\mathrm{i}} \geqslant T_{\mathrm{i}}$ 就有可能受到计算精度限制而始终为零，积分部分不能继续起消除残差的作用，这部分残差将被保留下来。因此，T 的选择必须大到使计算机精度造成的“积分残

差”减小到可以接受的程度。

从以上的分析可以看到，各方面因素对采样周期的要求是不同的，甚至是互相矛盾的，必须根据具体情况和主要的要求做出折中选择。

在工业工程控制中，大量被控对象都具有低通的性质。表2-12为常用被调量的经验采样周期。

表2-12 常用被调量的经验采样周期

被调量	采样周期 T/s	被调量	采样周期 T/s
流量	1	液位	10
压力	5	温度	20

（六）总线工业控制计算机

总线工业控制计算机是目前工业领域应用相当广泛的工业控制计算机，它具有丰富的过程输入/输出接口功能、迅速响应的实时功能和环境适应能力。总线工业控制计算机的可靠性较高，如测试和信号定义（signal and test definition，STD）总线工控机的使用寿命达到数十年，平均故障间隔时间（mean time between failures，MTBF）超过上万小时，且故障修复时间（failure time to repair，MTTR）较短。总线工业控制计算机的标准化、模板式设计大大简化了设计和维修难度，且系统配置的丰富的应用软件多以结构化和组态软件形式提供给用户，使用户能够在较短的时间内掌握并熟练应用。

下面介绍一类在工业现场得到广泛使用的工业控制机。

1. STD总线工业控制机

STD总线最早是由美国的Pro-log公司在1978年推出的，是目前国际上工业控制领域最流行的标准总线之一，也是我国优先重点发展的工业标准微机总线之一，它的正式标准为J IEEE—961标准。按STD总线标准设计制造的模块式计算机系统，称为STD总线工业控制计算机。

开发STD总线的最初目的是为了推广一个向工业控制的8位机总线系统。STD标准可以支持几乎所有的8位处理机，如Intel的8080、Motorola的6800、Zilog的Z80、National公司的NSC800等。在16位机大量生产之后，改进型的STD总线可支持16位处理机，如8086，68000、80286等。为了进一步提高STD总线系统的性能，新近已推出了STD 32位总线。

STD总线工业控制计算机采用了开放式的系统结构，模块化是STD总线工业控制计算机设计思想中最突出的特点，其系统组成没有固定的模式和标准机型，而是提供了大量的功能模板，用户根据需要，通过对模板的品种和数量的选择与组合，即可配置成适用于不同工业对象、不同生产规模的生产过程的工业控制计算机。现在，STD工业控制计算机已广泛应用于工业生产过程控制、工业机器人、数控机床、钢铁冶金、石油化工等各个领域，成为我国中小型企业和传统工业改造方面主要的机型之一。

典型的STD总线工业控制计算机系统的构成如图2-78所示，其突出特点是：模块化设计，系统组成、修改和扩展方便；各模块间相对独立，使检测、调试、故障查找简便迅速；有多种功能模板可供选用。大大减少了硬件设计工作量；系统中可运行多种操作系统及系统开发的支持软件，使控制软件开发的难度大幅降低。因此，在用 STD 总线进行控制系统设计的主要硬件设计工作是选择合适的标准化功能模板，并将这些模板通过 STD 总线连接成所需的控制装置。

2. STD 总线工业控制计算机的特点

STD 总线工业控制计算机最初是和各种 8 位微处理器总线兼容的面向工业控制的产品，后来又扩展到 16 位和 32 位微处理器。基于 STD 总线的控制的主要特点如下：

（1）小板结构。模板尺寸为 11.4cm（4.5in）和 16.5cm（6.5in），机械强度好，抗干扰能力强。按功能划分模板，有 CPU 板、存储器板、A/D 板、D/A 板、开关量输入/输出板等，可便于用户根据需要选用，组成符合本身要求的应用系统。采用这种结构平均维修时间可小于 5min。

（2）严格的标准化。所有信号都有严格规定，从而对不同厂家的产品具有很广泛的兼容性，用户可以任意选择。

（3）STD 总线有强大的 I/O 扩展能力。一块底板上甚至可以有 20 块 I/O 模板扩展能力，并有多达几十种 I/O 模板可供用户选择。而且 I/O 接口设计简单，使用容易。

（4）可靠性高。据称美国 PRO-LOG 公司 STD 总线系列产品的平均无故障时间可达 60 年。

（5）广泛的兼容性。

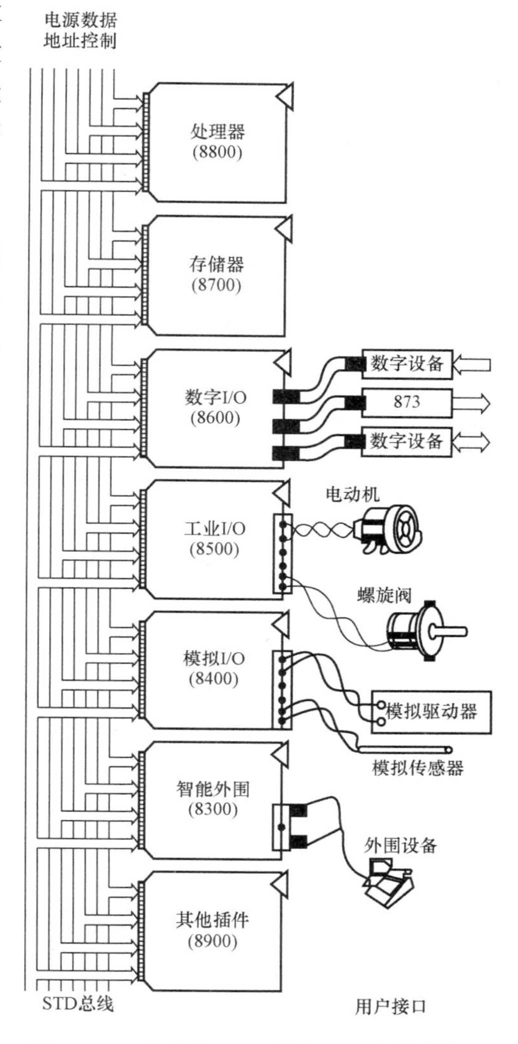

图 2-78　典型的 STD 总线工业控制计算机系统的构成

以 CPU 板而言，国内已经开发成功的基于 8 位 CPU 的有 Z-80 系列，这是国内开发最早、用户较多的产品。有基于 MCS-51 系列单片机的，也有基于 MCS-96 系列 16 位单片机的 CPU 板，基于 16 位及以上通用微处理器的 8085、8088、80286、80386 以及 80486 系列等的 CPU 板。这类系统可与 IBM-PC 兼容，其中一种是多 CPU 系统，可由多块 CPU 板在同一系统中并行工作，可以大大提高系统的处理能力，很适合于数控机床和工业机器人用作控制系统。

习题与思考题

2-1　机电一体化系统主要包括哪些要素？

2-2　机电一体化机械系统包括哪些要素？

2-3　简述执行元件的分类和特点。

2-4　简述传感器的性能及选用原则。

2-5　请举出几种位移传感器的例子。

2-6　简述计算机控制系统的组成和特点。

2-7　简述计算机控制系统的常用类型。

2-8　简述计算机控制系统的基本要求和一般设计方法。

2-9　简述常用的工业控制计算机类型及其特点。

2-10　简述试凑法调节 PID 参数的过程。

第三章 机电一体化控制系统设计

第一节 单片机控制

一、单片机的发展与应用

单片机是单片微型计算机（single chip microcomputer，SCM）的简称，是将中央处理器（central processing unit，CPU），随机存储器（random access memory，RAM），定时/计数器和多种I/O接口电路集成到一块芯片电路上构成的微型计算机，也称微处理器μP（microprocessor）或微控制器μC（microcontroller），一般统称为微控制单元（micro controller unit，MCU）。设备嵌入了单片机后升格成"智能设备"，如普通洗衣机嵌入了单片机后升格成全自动洗衣机。单片机在家用电器、智能玩具、机器人、仪器仪表、汽车电子、工业控制单元、金融电子系统、个人信息终端及通信产品等领域得到了广泛的应用。

单片机主要具有以下特点。

（1）受集成度的限制，片内存储容量小。只读存储器（random only memory，ROM）一般小于8KB，RAM小于256B；但可在外部扩展，通常ROM和RAM可分别扩展至64KB。

（2）可靠性高。芯片是按照工业测控环境要求设计的，其抗工业噪声干扰能力优于一般通用的CPU；程序指令、常数、表格固化在芯片内ROM中不易被破坏；许多信号通道均在一个芯片内，故可靠性高。

（3）易扩展。片内具有计算机正常运行所必需的部件；芯片外部有总线及并行、串行输入/输出管脚，可方便地构成各种规模的单片机应用系统。

（4）控制功能强。为了满足工业控制的要求，一般单片机的指令系统有极其丰富的条件分支转移指令、I/O接口的逻辑操作及位处理指令。一般说来，单片机的逻辑控制功能及运行速度均高于同一档次的微处理器。

（5）体积小、功耗低、价格便宜、易于产品化。

MCS-51单片机是美国英特尔（Intel）公司于1980年推出的产品，与MCS-48单片机相比，其结构更先进，功能更强，在原来的基础上增加了更多的电路单元和指令，指令数达111条，MCS-51单片机可以算是相当成功的产品，一直到现在，MCS-51系列或其兼容的单片机仍是应用的主流产品。

MCS-51系列单片机及其兼容产品通常分成以下几类。

（1）基本型。典型产品为8031/8051/8751。

（2）增强型。典型产品为8032/8052/8752，内部RAM增到256字节，8052、8752的内部程序存储器扩展到8KB，16位定时器/计数器增至3个。

（3）低功耗型。典型产品为80C31/87C51/80C51，采用CMOS工艺适用于电池供电或其他要求低功耗的场合。

（4）专用型。典型产品为8044/8744，用于总线分布式多机测控系统。美国Cypress公司的 EZU SR-2100 单片机。

(5) 超 8 位型。典型产品为 Phillps 公司 80C552/87C552/83C552 系列单片机。将 MCS-96 系列（16 位单片机）I/O 部件如高速输入/输出（HIS/HSO）、A/D 转换器、脉冲宽度调制（pulse width modulation，PWM）、看门狗定时器（watch dog timer，WDT）等移植进来构成新一代 MCS-51 产品。功能介于 MCS-51 和 MCS-96 之间，目前已得到了较广泛的使用。

(6) 片内闪烁存储器型。美国 Atmel 公司的 AT89 系列单片机，受到应用设计者的欢迎。尽管 MCS-51 系列以及 80C51 系列单片机有多种类型，但是掌握好 MCS-51 的基本型（8031、8051、8751 或 80C31、80C51、87C51）是十分重要的。因为它们是具有 MCS-51 内核的各种型号单片机的基础，也是各种增强型、扩展型等衍生品种的核心。

如表 3-1 所示，即为 MCS-51 系列单计机的产品分类列表。

表 3-1 MCS-51 系列单计机的产品分类列表

<table>
<tr><th colspan="2" rowspan="2">分类</th><th rowspan="2">芯片型号</th><th colspan="2">存储器类型及字节数</th><th colspan="4">片内其他功能单元数量</th></tr>
<tr><th>ROM</th><th>RAM</th><th>并行口</th><th>串行口</th><th>定时/计算器</th><th>中断源</th></tr>
<tr><td rowspan="8">总线型</td><td rowspan="4">基本型</td><td>80C31</td><td>无</td><td>128</td><td>4 个</td><td>1 个</td><td>2 个</td><td>5 个</td></tr>
<tr><td>80C51</td><td>4K 掩膜</td><td>128</td><td>4 个</td><td>1 个</td><td>2 个</td><td>5 个</td></tr>
<tr><td>87C51</td><td>4K EPROM</td><td>128</td><td>4 个</td><td>1 个</td><td>2 个</td><td>5 个</td></tr>
<tr><td>89C51</td><td>4K Flash</td><td>128</td><td>4 个</td><td>1 个</td><td>2 个</td><td>5 个</td></tr>
<tr><td rowspan="4">增强型</td><td>80C32</td><td>无</td><td>256</td><td>4 个</td><td>1 个</td><td>3 个</td><td>6 个</td></tr>
<tr><td>80C52</td><td>8K 掩膜</td><td>256</td><td>4 个</td><td>1 个</td><td>3 个</td><td>6 个</td></tr>
<tr><td>87C52</td><td>8K EPROM</td><td>256</td><td>4 个</td><td>1 个</td><td>3 个</td><td>6 个</td></tr>
<tr><td>89C52</td><td>8K Flash</td><td>256</td><td>4 个</td><td>1 个</td><td>3 个</td><td>6 个</td></tr>
<tr><td colspan="2" rowspan="2">非总线型</td><td>89C2051</td><td>2K Flash</td><td>128</td><td>2 个</td><td>1 个</td><td>2 个</td><td>5 个</td></tr>
<tr><td>89C4051</td><td>4K Flash</td><td>128</td><td>2 个</td><td>1 个</td><td>2 个</td><td>5 个</td></tr>
</table>

AT89 系列单片机用的是 8051 单片机的内核，即 AT89 系列单片机的内部 CPU 技术与 8051 单片机相同，所以都具有一样的指令系统。AT89 系列单片机与 8051 单片机的不同在于，AT89 系列单片机比 8051 单片机在片内存储器空间和功能单元方面有所扩充。本书实例所用的单片机都是性能比较好的 AT89 系列单片机，AT89 系列单片机有标准型、高档型和低档型三种类型。

标准型 AT89 系列单片机包括 AT89C51、AT89C52、AT89S51（常用）和 AT89S52（常用）等，是 AT89 系列单片机家族中的主流机型。所谓高档型单片机是指在标准型单片机结构的基础上，增加一部分功能部件，使之具备比标准型单片机更高、更优良的性能。AT89S51、AT89S52，其电路连接、性能等与 AT89C51、AT89C52 完全一样，区别只有两点：AT89S51、AT89S52 有在线编程功能，而 AT89C51、AT89C52 没有；AT89S51、AT89S52 有看门狗功能，而 AT89C51、AT89C52 没有。高档型 AT89 系列单片机包括了 AT89C51RC、AT89S8252、AT89S53 和 AT89C55WD 等。所谓低档，即在标准型的结构基础上，为了适应一些简单的控制系统的需要而适当减少一些功能部件，形成一种体积更加小巧、功能简化、价格更低的单片机。低档型 AT89 系列单片机有 AT89C1051、AT89C2051、AT89C1051U、AT89C32051 和 AT89C4051 等。本节以标准型 AT89C51/52 单片机为例来介绍 MCS-51 系列单片机，并兼顾其他机型。

二、单片机引脚及功能

AT89C51、AT89C52 单片机的引脚如图 3-1 和图 3-2 所示。AT89C51 单片机基本特性如下：8 位的 CPU 片内有振荡器和时钟电路；片内有 128BRAM；片内有 4KB 程序存储器；可寻址片外 64KB 数据存储器；可寻址片外 64KB 程序存储器；片内 21 个特殊功能寄存器（SFR）；四个 8 位的并行 I/O 口（PIO）；一个全双工串行口（UART）；两个 16 位定时/计数器（TIMER/COUNTER）；可处理 5 个中断源，两级中断优先级；内置一个布尔处理器和一个布尔累加器（C）；MCS-51 指令集含 111 条指令。其引脚功能如下。

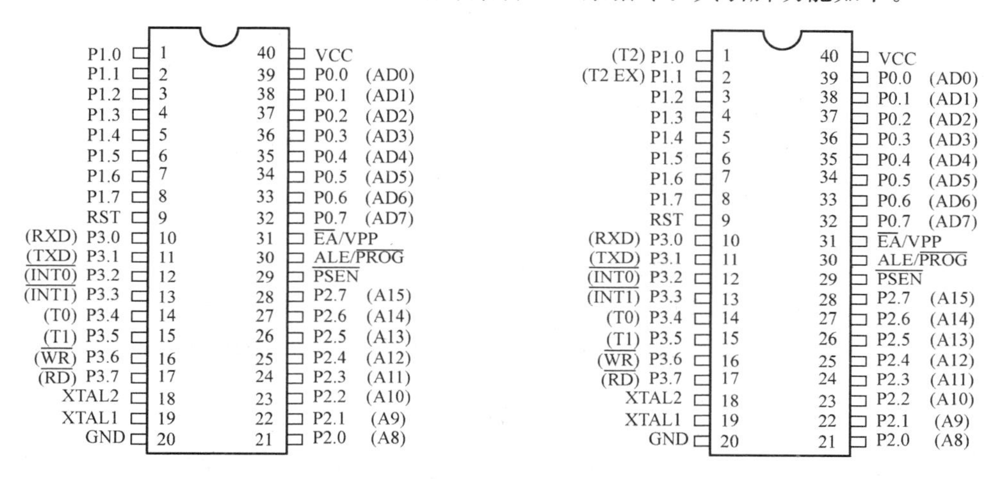

图 3-1　PDIP 封装形式的 AT89C51 单片机引脚排列

图 3-2　PDIP 封装形式的 AT89C52 单片机引脚排列

（1）电源引脚 V_{CC}（VCC）和 V_{SS}（GND）。V_{CC}（VCC，40 脚）：电源端，为＋5V。V_{SS}（GND，20 脚）：接地端。

（2）时钟电路引脚 XTAL1 和 XTAL2。XTAL1（19 脚）：接外部晶体振荡器和微调电容的一端；若采用外部时钟电路时，该引脚输入外部时钟脉冲。XTAL2（18 脚）：接外部晶体振荡器和微调电容的另一端；在采用外部时钟时，该引脚必须悬空。

（3）控制信号引脚 RST、ALE、$\overline{\text{PSEN}}$和$\overline{\text{EA}}$。RST/V_{PD}（9 脚）：复位信号与备用电源的输入端。RST 是复位信号输入端，高电平有效。保持两个机器周期的高电平时，就可以完成复位操作。RST 引脚的第二功能是 V_{PD}，即备用电源的输入端。

ALE/$\overline{\text{PROG}}$（30 脚）：地址锁存允许信号端。当 AT89C51 上电正常工作后，ALE 引脚不断向外输出正脉冲信号，此频率为振荡器频率 f_{ocs}的 1/6。CPU 访问片外存储器时，ALE 输出信号作为锁存低 8 位地址的控制信号。不访问片外存储器时，ALE 端也以振荡频率的 1/6 固定输出正脉冲，因而 ALE 信号可以用作对外输出时钟或定时信号。ALE 负载驱动能力为 8 个 TTL 负载。第二功能$\overline{\text{PROG}}$在对片内带有 4kB EPROM 的 8751 编程写入（固化程序）时，作为编程脉冲输入端。

$\overline{\text{PSEN}}$（29 脚）：程序存储器允许输出信号端。在访问片外程序存储器时，此端定时输出负脉冲作为读片外存储器的选通信号。此引脚接 EPROM 的 OE 端，$\overline{\text{PSEN}}$端有效，即允许读出 EPROM/ROM 中的指令码。$\overline{\text{PSEN}}$负载驱动能力为 8 个 LS 型负载。

$\overline{\text{EA}}/V_{PP}$（31 脚）：外部程序存储器地址允许输入端/固化编程电压输入端。

当$\overline{\text{EA}}$引脚接高电平时，CPU 只访问片内 EPROM/ROM 并执行内部程序存储器中的指令，但当 PC（程序计数器）的值超过 0FFFH（8751/AT89C51 单片机程序存储器为 4KB）时，自动转去执行片外程序存储器的程序。

当输入信号$\overline{\text{EA}}$接低电平（接地）时，CPU 只访问外部 EPROM/ROM 并执行外部程序存储器中的指令，而不管是否有片内程序存储器。

目前，绝大部分单片机内部都有 ROM，且多是 FLASH 存储器。FLASH 存储器又称闪存，它结合了 ROM 和 RAM 的长处，不仅具备电子可擦除可编程（EEPROM）的性能，还不会因断电而丢失数据，同时可以快速读取数据（NVRAM 的优势），U 盘和 MP3 里用的就是这种存储器。

（4）输入/输出端口 P0、P1、P2 和 P3。P0 口（P0.0～P0.7，39～32 脚）：P0 口是一个漏极开路的 8 位双向 I/O 端口。作为漏极开路的输出端口，能驱动 8 个 LS 型 TTL 负载。在 CPU 访问片外存储器（8031 片外 EPROM 或 RAM）时，P0 口作为分时提供低 8 位地址和 8 位数据的复用总线。

P1 口（P1.0～P1.7，1～8 脚）：P1 口是一个带内部上拉电阻的 8 位准双向 I/O 端口。P1 口的每 1 位能驱动（灌入或输出电流）4 个 LS 型 TTL 负载。在 P1 口作为输入口使用时，应先向 Pl 口锁存器（地址为 90H）写入全 1，此时 P1 口引脚由内部上拉电阻拉成高电平。

P2 口（P2.0～P2.7，21～28 脚）：P2 口是一个带内部上拉电组的 8 位准双向 I/0 端口。P2 口的每 1 位能驱动（灌入或输出电流）4 个 LS 型 TTL 负载。在访问片外 EPROM/ROM 时，它输出高 8 位地址。

P3 口（P3.0～P3.7，10～17 脚）：P3 口是一个带内部上拉电阻的 8 位准双向 I/O 端口。P3 口的每 1 位能驱动（灌入或输出电流）4 个 LS 型 TTL 负载。P3 口与其他 I/O 端口有很大区别，它除作为一般准双向 I/O 口外，每个引脚还具有第二功能，见表 3-2。

表 3-2　P3 口的第二功能

引脚	第二功能
P3.0	RXD：串行口输入端
P3.1	TXD：串行口输出端
P3.2	$\overline{\text{INT0}}$：外部中断 0 请求输入端
P3.3	$\overline{\text{INT1}}$：外部中断 1 请求输入端
P3.4	T0：定时/计数器 0 外部信号输入端
P3.5	T1：定时/计数器 1 外部信号输入端
P3.6	$\overline{\text{WR}}$：外部存储器写选通信号输出端
P3.7	$\overline{\text{RD}}$：外部存储器读选通信号输出端

AT89C52 单片机的引脚排列除 P1.0 口和 P1.1 口与 AT89C51 有所不同外，其他均相同。只是在引脚 1（P1.0）和引脚 2（P1.1）增加了定时器 2 的外部计数输入和触发器输入；片内有 256BRAM，片内有 8KB 程序存储器，3 个位定时/计数器（TIMER/COUNTER），可处理 6 个中断源。

三、内部结构

AT89C51 单片机的内部结构如图 3-3 所示，可分为四大部分：内核 CPU 部分、存储器部分、I/O 接口部分和特殊功能部分（如定时/计数器、中断控制模块等）。

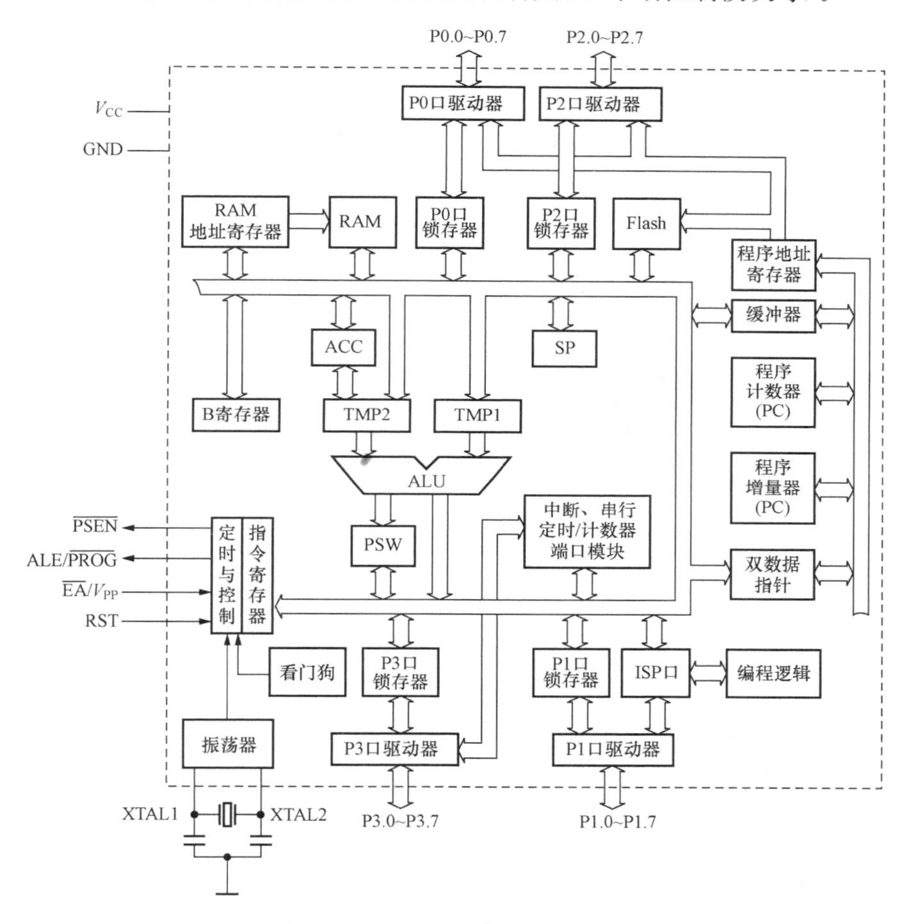

图 3-3　AT89C51 单片机原理结构

（一）中央处理单元 CPU

中央处理单元简称 CPU，是单片机的核心，完成运算和控制功能。中央处理单元包括运算器和控制器。

1. 运算器

（1）算术/逻辑运算单元。运算器由算术逻辑运算部件 ALU、累加器 ACC、暂存器、程序状态字寄存器 PSW、BCD 码运算调整电路等组成，为了提高数据处理和位操作功能，片内还增加了一个通用寄存器 B 和一些专用寄存器以及位处理逻辑电路。

ALU 的功能十分强大，它不仅可对 8 位变量进行逻辑“与”“或”“异或”、循环、求补和清“0”等基本操作，还可以进行加、减、乘、除等基本运算。ALU 还具有一般的微机 ALU 所不具备的功能，即位处理操作功能，它可对位（bit）变量布尔处理，如置位、清“0”、求补、测试转移及逻辑“与”“或”等操作。由此可见，ALU 在算术逻辑运算及控制处理方面的能力是很强的。

（2）累加器 ACC。累加器 ACC 是一个 8 位累加器（简称“A”），它通过暂存器与 ALU 相连，是 CPU 工作中使用最频繁的寄存器，用来存一个操作数或结果。

（3）B 寄存器。寄存器 B 是为执行乘法和除法操作而设置的，与 ACC 构成寄存器对 AB。而一般情况下可把它当做一个暂存器使用。

（4）程序状态字寄存器 PSW。是一个逐位定义的 8 位寄存器，用于保存程序运行的状态信息。它是一个程序可访问的寄存器，可以按位访问，并作为控制程序转移的条件，供程序判别和查询。

PSW 中各位的状态通常在指令执行过程中自动生成，同时单片机的 PSW 是可编程的，通过程序可以改变 PSW 中各位的状态标志。程序状态字 PSW 各位的状态标志定义如下所示。

位地址	D7H	D6H	D5H	D4H	D3H	D2H	D1H	D0H	
FSW	Cy	AC	F0	RS1	RS0	OV	—	P	字节地址 D0H

“CY”为高位进位标志；“AC”为辅助进位标志位，又称为半字节进位标志位；“F0”为用户标志位，由用户根据需要进行置位、清 0 或检测；“RS1”、“RS0”为工作寄存器组选择位；“OV”为溢出标志位；“—”为保留位，无定义；“P”为奇偶校验标志位，用来指示累加器中内容的奇偶性。

2. 控制器

控制器的主要功能是对从存储器中取出来的指令进行解释（译码），通过相应的控制电路，在规定的时间与空间发出相应操作所需的控制信号，使各部分协调工作，完成指令所规定的操作功能。控制器各部分功能部件简述如下。

（1）程序计数器（program counter，PC）。程序计数器 PC 是一个 16 位的计数器，不属于特殊功能寄存器 SFR。其内容为将要执行的指令地址。也就是说，CPU 总是把 PC 的内容作为地址，从内存中取出指令码或含在指令中的操作数。因此，每当取完一个字节后，PC 的内容自动加 1，为取下一个字节做好准备。只有在执行转移、子程序调用指令和中断响应时例外，此时 PC 的内容不再加 1，而是由指令或中断响应过程自动给 PC 置入新的地址。单片机开机或复位时，PC 自动清 0，即装入地址 0000H，这就保证了单片机开机或复位后，程序从 0000H 地址开始执行。

（2）指令寄存器（instruction register，IR）。指令寄存器（IR）的作用是暂存从存储器中取出来等待解释和执行的指令，其中的指令会送到指令译码器。

（3）指令译码器（instruction decoder，ID）。指令译码器（ID）的作用是对存储于指令寄存器中的指令实现翻译（译码）工作，并将指令转变为执行此指令所需要的电信号，为逻辑控制电路提供指令应该实现功能的各种时序逻辑信号。

（4）振荡器及定时控制电路。MCS-51 单片机内部集成有振荡电路，使用时只需外接石英晶体和频率微调电容。其频率范围取决于不同的单片机芯片，该时钟频率脉冲作为 MCS-

51 单片机工作的基本节拍，即时间的最小单位。

MCS-51 单片机同其他计算机一样，控制逻辑电路在时钟统一控制下，在基本节拍的控制下协调内部和外部各个部件的工作，实现对片内、片外各部分的统一控制。

（5）堆栈指示器（stack pointer，SP）。SP 也称为堆栈指针，是所有 CPU 不可缺少的部件。堆栈是计算机存储系统中的一个特殊存储区域。对该区域存入或取出数据按“后进先出”的存取规则进行操作。因此，需要一个能指示最后存入数据位置的指针，这就是堆栈指示器 SP。

（6）数据指针（data pointer，DPTR）。DPTR 是一个 16 位的专用地址指针寄存器，它主要用来存放 16 位地址，作间接寻址寄存器使用。单片机可以外接 64KB 的数据存储器和 I/O 端口，对它们的寻址就可使用 DPTR 来间接寻址。它也可以拆成 2 个独立的 8 位寄存器，即 DPH（高 8 位）和 DPL（低 8 位）。

（二）存储器

MCS-51 芯片内部有地址空间相互独立的只读存储器 ROM 和随机读/写数据存储器 RAM。

（1）程序存储器（ROM/EPROM）。8051 与 8751 片内的程序存储器的容量为 4KB，地址范围为 0000H～0FFFH，用于存放程序和数据表格常数。

（2）数据存储器（RAM）。8051/8751/8031 片内数据存储器均为 256 字节单元即 256B，分为地址为 00H～7FH 的低 RAM 区（用于数据暂存和数据缓冲等）和地址为 80H～FFH 的高 RAM 区（其中有用的单元只是散落分布着特殊功能寄存器 SP、DPTR、PCON、…、IE、IP、P0、P1、P2、P3）。

（三）I/O 接口

I/O 接口是单片机数据信息和控制信号进、出的通道。MCS-51 有四个 8 位并行接口，即 P0～P3，每个端口各有 8 条 I/O 线，它们都是双向端口。P0～P3 四个端口在芯片内部对应四个锁存器（即特殊功能寄存器，位于内 RAM 区 80H～FFH 中）。

四、存储器的组织

存储器用于存放程序与数据。半导体存储器由一个个单元组成，每个单元有一个编号（称为地址），一个单元存放一个 8 位的二进制数（一个字节）。

计算机 CPU 的存储器地址空间有两种结构形式，即冯·诺伊曼结构（也称普林斯顿结构）和哈佛结构，图 3-4 所示是具有 64K 字节地址的两种结构图。

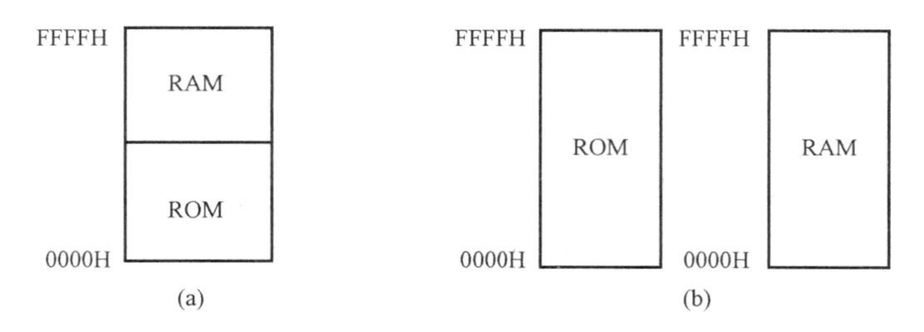

图 3-4　计算机存储器地址的两种结构形式

（a）冯·诺伊曼结构；（b）哈佛结构

冯·诺伊曼结构的特点是计算机只有一个地址空间，ROM 和 RAM 被安排在这一地址空间的不同区域，一个地址对应唯一的一个存储器单元，CPU 访问 ROM 和访问 RAM 使用的是相同的访问指令。8086、奔腾等计算机采用这种结构。

哈佛结构的特点是计算机的 ROM 和 RAM 被安排在两个不同的地址空间，ROM 和 RAM 可以有相同的地址，CPU 访问 ROM 和 RAM 使用的是不同的访问指令。MCS-51 系列单片机采用的是哈佛结构。

1. MCS-51 存储器的结构

MCS-51 系列单片机系统存储器的配置如图 3-5 所示。从物理地址空间看，MCS-51 系列单片机有 4 个存储器地址空间，即内部程序存储器（简称内部 ROM）、外部程序存储器（简称外部 ROM）、内部数据存储器（简称内部 RAM）、外部数据存储器（简称外部 RAM）。由于内部、外部程序存储器统一编址，因此从逻辑地址空间看，MCS-51 系列单片机有 3 个存储器地址空间：程序存储器、内部数据存储器、外部数据存储器。

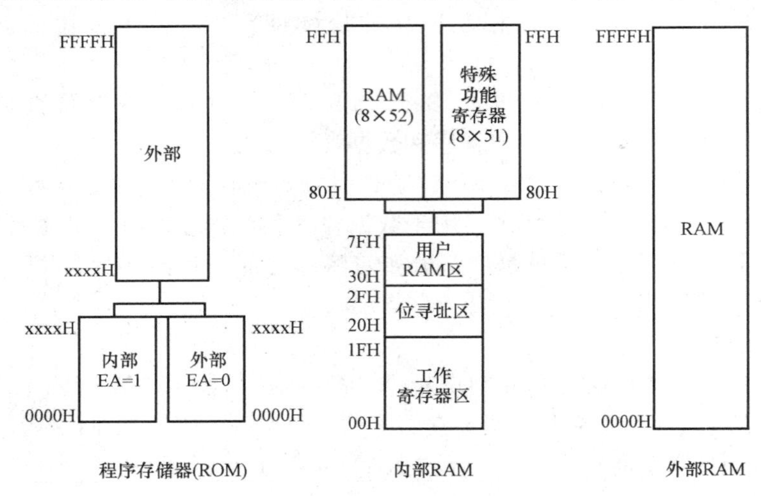

图 3-5 计算机存储器地址的两种结构形式

AT89C52 单片机芯片内配置有 8KB（0000H～1FFFH）的 Flash 程序存储器和 256B（00H～FFH）的数据存储器 RAM，根据需要可外扩到最大 64KB 的程序存储器和 64KB 的数据存储器。如果以最小系统使用单片机，即不扩展，则 AT89C52 的存储器结构就较简单：只有单片机自身提供的 8KB Flash 程序存储器和 256B 数据存储器 RAM。

2. 程序存储器地址空间

一个单片机系统之所以能够按照一定的次序进行工作，主要在于内部存在着程序，程序由用户编写，以二进制码的形式存放在程序存储器之中。这里所说的用户自己编写的程序，与通常在 PC 机中的编写的程序不同，它以二进制的形式存放后一般是不能进行现场修改的，必须借助于仿真调试系统才能编写、修改、固化。程序存储器除存放程序外，还存放固定的表格、常数等。MCS-51 系列单片机最多可以扩展 64KB 程序存储器。程序存储器以程序计数器 PC 作为地址指针，通过 16 位地址总线寻址 64KB 的地址空间。

在 MCS-51 系列单片机应用的初级阶段，大多采用 8031 等芯片，它们没有片内 ROM，必须扩展片外 ROM。现在这类没有片内 ROM 的芯片已停产了。随着芯片集成技术的发展，目前的 MCS-51 系列单片机片内 ROM 的容量从 1KB 到 64KB，设计者可以根据需要选用。

MCS-51 系列单片机中 64KB 程序存储器的空间是统一编址的。对于有内部 ROM 的单片机，在正常运行时，应把$\overline{EA}$引脚接高电平（$\overline{EA}$=1），程序首先从内部 ROM 开始执行。当 PC 值超过内部 ROM 的容量时，会自动转向外部程序存储器地址空间执行。如 89C5I 有 4KB 的内部 ROM，地址范围为 0000H～0FFFH，则片外地址范围为 1000H～FFFFH。当 PC 值超过 0FFFH 时，会自动转向外部 1000H 的地址空间。对这类单片机，若把$\overline{EA}$接低电平（$\overline{EA}$=0），则片外程序存储器的地址范围为 0000H～FFFFH 的全部 64KB 地址空间，而不管片内是否实际存在着程序存储器，它都不会使用。MCS-51 系列单片机复位后 PC 指针的内容为 0000H，因此，系统从 0000H 单元开始取指令码并执行程序。

3. 内部数据存储器空间

内部数据存储器是使用频率最高的地址空间，单片机的所有操作指令几乎都与此区域有关。内部数据存储器空间在物理上分为两部分，如图 3-6 所示。对基本型 51 子系列单片机如 AT89C51 等，0～127（00H～7FH）地址为片内数据存储器空间；128～255（80H～FFH）地址为特殊功能寄存器（SFR）空间。对增强型 52 子系列单片机如 AT89C52 等，还有一个与特殊功能寄存器地址重叠的内部数据存储器空间，地址也为 80H～FFH。对这部分数据存储器的操作必须采用寄存器间接寻址方式。

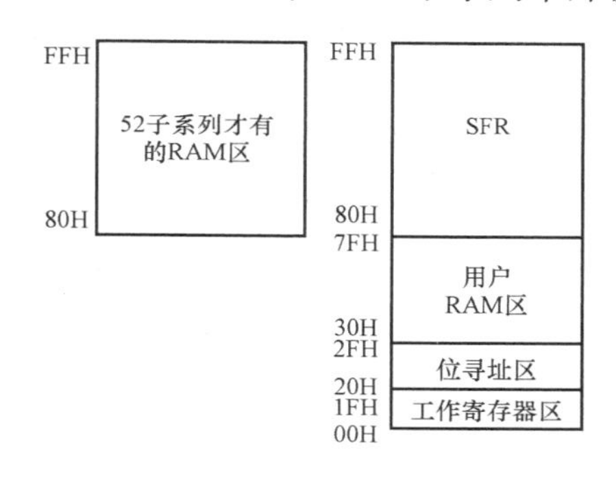

图 3-6　片内 RAM

片内数据存储器的 00H～7FH 区又划分成 3 块：00H～1F 块是工作寄存器所用；20H～2FH 块是有位寻址功能的单元区；30H～7FH 是普通 RAM 区。工作寄存器在单片机的指令中使用非常频繁。工作寄存器区共有四个组，每组 8 个存储单元，以 R0～R7 作为单元编号，用于保存操作数及中间结果等。共占用 00H～1FH 32 个单元地址。工作寄存器区使用时应注意复位后，自动选中 0 组。如要选择其他组，需通过改变程序状态字 PSW 中的 RS1、RS2 来决定。一旦选中了一个组，其余三组只能作为普通数据存储器使用，而不能作为寄存器使用。

4. 特殊功能寄存器

特殊功能寄存器（special function register，SFR）能反映 MCS-51 的工作状态，MCS-51 功能的实现也要由 SFR 来体现。因此，对于单片机应用者来说，SFR 非常重要，掌握了 SFR 也就基本掌握了 MCS-51 单片机。SFR 在单片机中实质上是一些具有特殊功能的内部 RAM 单元，离散分布在字节地址范围为 80H～FFH 的空间，在 128B 的空间中只占用了很小一部分，这也为 MCS-51 系列单片机功能的增加提供了极大的余地。基本 MCS-51 SFR 只有 21 个，离散地分布在该区域中，其中那些地址能被 8 整除的 SFR 还可以进行位寻址。表 3-3 列出了 MCS-51 基本型的 SFR 的符号、地址，它只有 21 个单元，主要的功能从其中文名称中可以反映出来。

表 3-3 特殊功能寄存器SFR

特殊功能寄存器	功能名称	物理地址	可否位寻址
B	寄存器 B	F0H	可以
A（ACC）	累加器	E0H	可以
PSW	程序状态字寄存器（标志寄存器）	D0H	可以
IP	中断优先级控制寄存器	B8H	可以
P3	P3 口锁存器	B0H	可以
IE	中断允许控制寄存器	A8H	可以
P2	P2 口锁存器	A0H	可以
SBUF	串行数据缓冲器	99H	不可以
SCON	串行口控制寄存器	98H	可以
P1	P1 口锁存器	90H	可以
TH1	T1 计数器高 8 位寄存器	8DH	不可以
TH0	T0 计数器高 8 位寄存器	8CH	不可以
TL1	T1 计数器低 8 位寄存器	8BH	不可以
TL0	T0 计数器低 8 位寄存器	8AH	不可以
TMOD	定时/计数方式控制寄存器	89H	不可以
TCON	定时器控制寄存器	88H	可以
PCON	电源控制寄存器	87H	不可以
DPH	数据指针高 8 位	83H	不可以
DPL	数据指针低 8 位	82H	不可以
SP	堆栈指针将存器	81H	不可以
P0	P0 口锁存器	80H	可以

5. 外部数据存储器空间

MCS-51 系列单片机具有扩展 64KB 外部数据存储器的能力，外部数据存储器地址可从 0000H～FFFFH 实现统一编址。但外部数据存储器并不是单片机应用系统必须配置的存储空间，设计者应该根据单片机应用系统的需要决定是否配置外部数据存储器。

五、并行输入/输出端口

MCS-51 单片机有 4 个双向的 8 位并行 I/O 端口：P0～P3，每一个口都有 8 位的锁存器，复位后它们的初态为全“1”。

P0 口是三态双向口，称为数据总线口，因为只有该口能直接用于对外部存储器的读/写数据操作。P0 口还用以输出外部存储器的低 8 位地址。由于是分时使用，先输出外部存储器的低 8 位地址，故应在外部加锁存器将此地址数据锁存，地址锁存信号用 AIE。然后，P0 口才作为数据口使用。

P1 口是专门供用户使用的 I/O，是准双向口。

P2 口也是准双向口。它在系统扩展时输出高 8 位地址。如果没有系统扩展，如使用 8051/8751 单片机不扩展外部存储器时，P2 口也可以作为用户 I/O 口线使用。

P3 口是双功能口，也是准双向口。该口的每一位均可独立地定义为第一 I/O 口功能或第二 I/O 口功能。作为第一功能使用时，该口的结构与操作与 P1 相同；第二功能时各个引脚的定义见表 3-2。

（一）P0 口

P0 口，双向 I/O 端口，引脚 32～39。既可作地址/数据总线使用，又可作通用 I/O 口用。在作输出口使用时，输出级属开路电路，在驱动 NMOS 电路时应外接上拉电阻；作输入口前，应先向锁存器写 1，这时输出级 2 个场效应管均截止，可用作高阻抗输入。当 P0 口作地址/数据总线使用时，就不能再把它当通用 I/O 使用，P0 能以吸收电流方式驱动 8 个 LS TTL 输入端。

图 3-7 所示为 P0 口的某一位的结构，它由一个输出锁存、两个三态输入缓冲器（1、2）和输出驱动电路及控制电路组成，输出驱动电路由一对 FET（场效应管 VT1，VT2）组成，其工作状态受控制电路与门 4、反相器 3 和转换开关 MUX 控制。

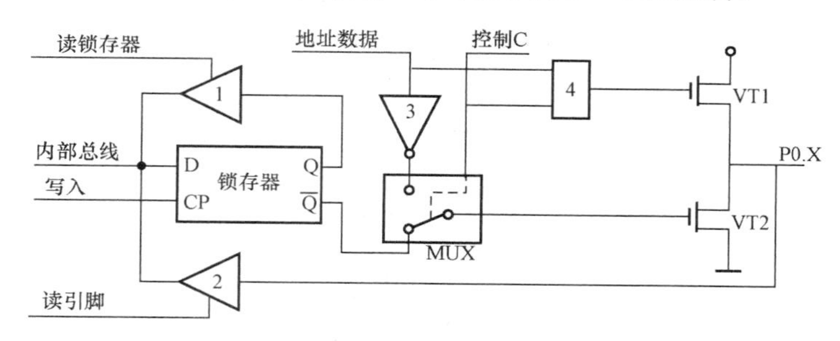

图 3-7　P0 口的某一位的结构

当 CPU 使控制线 C=0 时，开关 MUX 被控为如图 3-7 所示位置，P0 口作为通用 I/O 口使用；当 C=1 时，开关拨向反相器 3 的输出端，P0 口分时作为地址/数据总线使用。

P0 口既可以作为一般 I/O 口使用，又可作地址/数据总线使用。I/O 输出时，输出极属开路电路，必须外接上拉电阻，才有高电平输出；作为 I/O 口输入时，必须先向对应的锁存器写入“1”，使 FET（VT2）截止，不影响输入电平。当 P0 口被地址/数据总线占用时，就无法再作 I/O 口使用了。

（二）P1 口

P1 口是一个准双向口，作为通用 I/O 口使用。其电路结构如图 3-8 所示，输出驱动部分与 P0 口不同，内部有上拉负载电阻与电源相连。实质上电阻是两个场效应管 FET 并在一起，一个 FET 为负载管，其电阻固定；另一个 FET 可工作在导通或截止两种状态，使其阻值变化近似为 0 或阻值很大两种情况。当阻值近似为 0 时，可将引脚快速上拉至高电平；当阻值很大时，P1 口为高阻输入状态。

当 P1 口作为输出口使用时，不必再接上拉电阻。当 P1 口作为输入口使用时，应先向其锁存器写入“1”，使 FET 截止。由于片内负载电阻较大，20～40kΩ，所以不会对输入的数据产生影响。

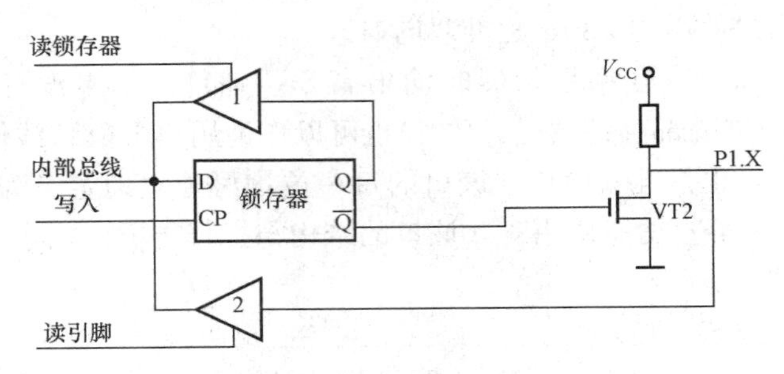

图 3-8　P1 口电路结构

（三）P2 口

P2 口也是准双向 I/O 口，引脚 21～28。在结构上 P2 口比 P1 口多了一个输出转换控制部分，其电路结构如图 3-9 所示。

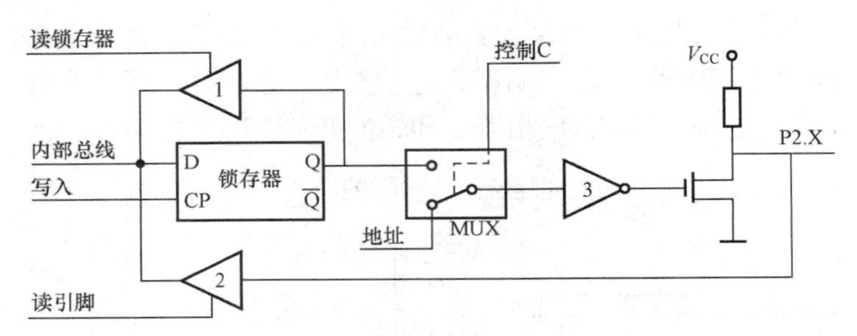

图 3-9　P2 口电路结构

当转换开关倒向锁存器 Q 端时，P2 口作通用 I/O 端口使用，是一个准双向口。当系统扩展存储器时，P2 口用于输出高 8 位地址，这时转向开关倒向地址端。此时由于访问片外存储器的操作连续不断，P2 口不断送出高 8 位地址，这时 P2 口不能再做通用 I/O 口使用。

（四）P3 口

P3 口是一个多功能口，其某一位的结构如图 3-10 所示。P3 口与 P1 口的差别在于多了与非门（3）和缓冲器（4）。正是这两个部分，使得 P3 口除了准双向 I/O 功能之外，还可以使用各引脚所具有的第二功能。与非门（3）的作用实际是一个开关，决定是输出锁存器上的数据还是输出第二功能的信号。当第二输出功能端 W=1 时，输出 Q 端的信号；当 Q=1 时，可输出 W 线信号。

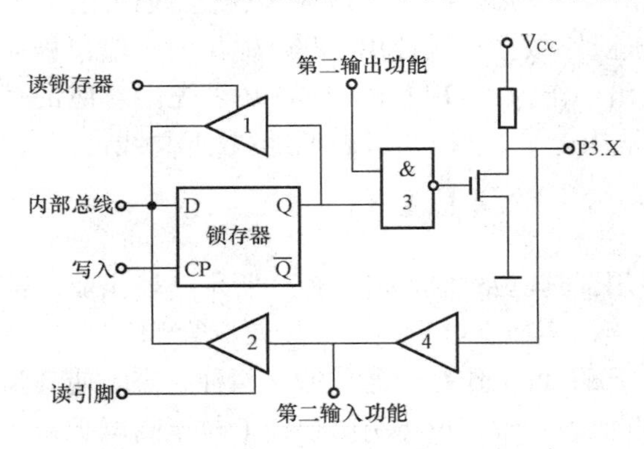

图 3-10　P3 口某一位结构

编程时，可不必实现由软件设置 P3 口为第一功能（通用 I/O 口）还是第二功能。当 CPU 对 P3 进行 SFR 寻址（位或字节）访问时，由内部硬件自动将第二功能输出线 W 置 1，这时 P3 口作为通用 I/O 口；当 CPU 不把 P3 口作为 SFR 寻址（位或字节）访问时，即用作第二功能输入/输出线时，由内部硬件使锁存器 Q=1。

1. P3 口作为通用 I/O 口使用

工作原理与 P1 类似。当把 P3 口作为通用 I/O 口进行 SFR 寻址时，“第二输出功能端”W 保持高电平，打开与非门（3），所以 D 锁存器输出端 Q 的状态可通过与非门（3）送至 FET 场效应管输出，这是作通用 I/O 输出的情况。

当 P3 口作为输入使用（即 CPU 读引脚状态）时，与 P0～P2 口一样，应由软件向 D 锁存器写“1”，即使 D 锁存器 Q 端保持为 1，与非门（3）输出为 0，FET 场效应管截止，引脚端可作为高阻输入。当 CPU 发出读命令时，使缓冲器（2）上的“读引脚”信号有效，三态缓冲器（2）开通，于是引脚的状态经缓冲器（4，常开的）、缓冲器（2）送到 CPU 内部总线。

2. P3 口用作第二功能使用

当端口用于第二功能时，8 个引脚可按位独立定义，见表 3-2。当某位被用作第二功能时，该位的 D 锁存器 Q 应被内部硬件自动置 1，使与非门 3 对“第二输出功能端”W 畅通。第二输出功能端 W 可为表 3-2 中的 TXD、$\overline{WR}$和$\overline{RD}$三个第二功能引脚。如某一位被选择为$\overline{RD}$功能，则该位的 W 线上即$\overline{RD}$控制信号状态通过与非门（3）和 FET 输出到引脚端。

由于 D 锁存器 $\overline{Q}$ 端已被置之不理，W 线不作第二功能输出时也保持为 1，FET 截止，该位引脚为高阻输入。此时，第二输入功能为 RXD，$\overline{INT0}$，$\overline{INT1}$，T0 和 T1。由于端口不作为通用 I/O 口（不执行 MOV A，P3），“读引脚”信号无效，三态缓冲器（2）不导通，某位引脚的第二功能信号（如 RXD）经缓冲器（4）送入第二输入功能端。

六、中断系统

（一）中断源及中断向量

所谓中断，是当计算机执行正常程序时，系统中出现某些急需处理的事件，CPU 暂时中止执行当前的程序，转去执行服务程序，以对发生的更紧迫的事件进行处理。待处理结束后，CPU 自动返回原来的程序继续执行。图 3-11 所示是 CPU 在中断方式下的工作流程。

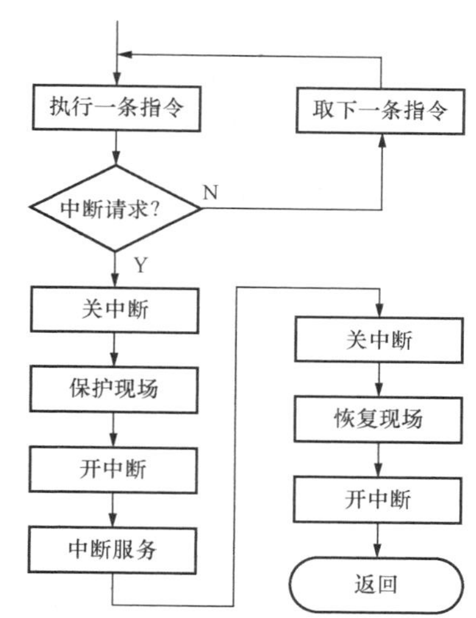

图 3-11　中断流程图

中断源就是向 CPU 发出中断请求的来源。AT89C51/S51 的中端系统如图 3-12 所示，共有 5 个中断源，即 2 个外部中断$\overline{INT0}$和$\overline{INT1}$，2 个片内定时器/计数器溢出中断 T0 和 T1，1 个片内串行中断 TI 或 RI。AT89C52/S52 共有 6 个中断源，新增加了定时器/计数器 T2 溢出中断和外部负跳变（P1.1/EX）中断。

中断源的符号、名称及产生的条件如下。

$\overline{INT0}$：外部中断 0，由 P3.2 端口线引入，低电平或下降沿引起。

$\overline{INT1}$：外部中断 1，由 P3.3 端口线引入，低电平或下降沿引起。

T0：定时/计数器 0 中断，由 T0 计满回零引起。

T1：定时/计数器 1 中断，由 T1 计满回零引起。

TI/RI：串行 I/O 中断，串行端口完成一帧字符发送/接收后引起中断。

T2（EX）：定时/计数器 2 中断，由 T2 计满回零引起。

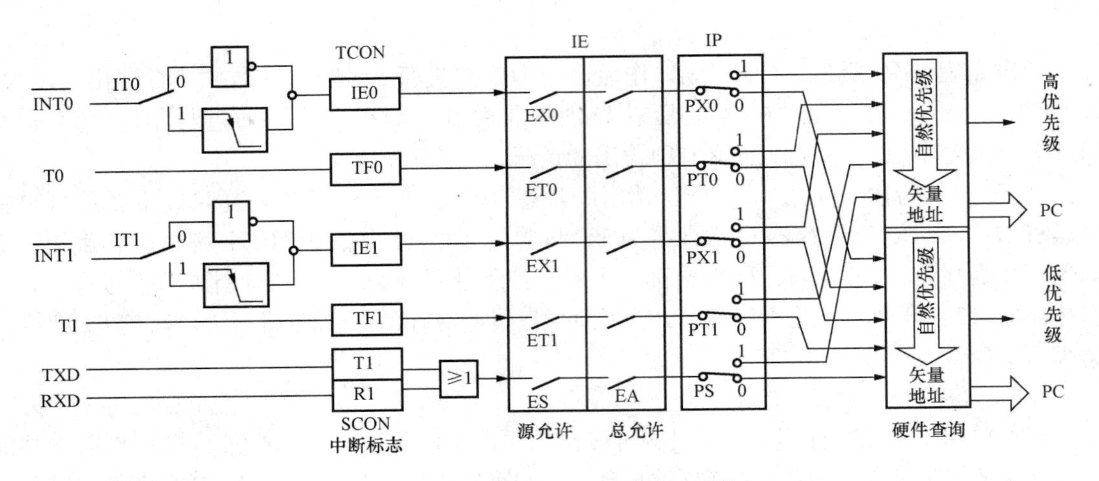

图 3-12　AT89C51 中断系统的结构

中断源发出中断请求，CPU 响应中断后便转向中断服务程序。中断源引起的中断服务程序的入口地址（中断向量地址）是固定的，用户不可更改。中断服务程序入口地址见表 3-4。

表 3-4　　中断源与中断向量地址

中断源		中断标志位	向量地址
外部中断 0（$\overline{INT0}$）		IE0	0003H
定时器 0（T0）中断		TF0	000BH
外部中断 1（$\overline{INT1}$）		IE1	0013H
定时器 1（T1）中断		TF1	001BH
串行口中断	发送中断	TI	0023H
	接收中断	RI	
定时器 2（T2）中断	T2 溢出中断	TF2	002BH
	T2EX 中断	EXF2	

定时器 2（T2）为 AT89C52/S52 所具有。由于各向量地址间隔仅为 8 字节，一般是容不下一个中断服务程序的。通常在向量地址处安置一条无条件转移指令（AJMP 或 LJMP），转到中断服务程序指定地址。由于 0003H～002BH 是中断向量地址区，单片机应在程序入口地址 0000H 处安置一条无条件转移指令，转到指定的主程序地址。

（二）中断标志与中断控制

单片机的重要特征之一是片内外围单元的功能是通过特殊功能寄存器实现的，片内标准外围单元（中断系统、定时器和串行口等）都由对应的 SFR 来控制。

中断源申请中断时，要将相应的中断请求标志置位。CPU 查询到这些有效标置位，便响应中断。单片机转入中断服务程序时，这些中断请求标志有的是由片内硬件自动清除，有的是由用户软件清除。

中断控制是单片机提供给用户控制中断的一些手段，主要包括中断请求触发方式的选择，中断是否允许以及中断优先级的确定等。

中断标志与控制，实际上是对一些 SFR 的操作，包括定时器控制寄存器、串行口控制寄存器、中断允许控制寄存器和中断优先级控制寄存器。

1. 定时器控制寄存器 TCON

TCON 主要用于寄存外部中断请求标志、定时器溢出标志和外部中断触发方式的选择。该寄存器的字节地址是 88H，可以位寻址；位地址是 8FH～88H。该寄存器的各位内容及位地址表示见表 3-5。

表 3-5　TCON 的各位内容及位地址

位序	D7	D6	D5	D4	D3	D2	D1	D0
位地址	8FH	8EH	8DH	8CH	8BH	8AH	89H	88H
位符号	TF1	TR1	TF0	TR0	IE1	IT1	IE0	IT0

TR1 为定时/计数器 1 启动/停止位，由软件置位/复位控制定时/计数器 1 的启动或停止计数。TR0 为定时/计数器 1 启动/停止位，由软件置位/复位控制定时/计数器 0 的启动或停止计数。其他 6 位为中断标志功能，定义见表 3-4。标志位也可用于查询方式（非中断方式），即用户程序查询该位状态，判断是否应转向对应的处理程序段。待转入处理程序后，必须由软件清 0。

表 3-4 中的定时器 T2 的启/停控制位 TR2、溢出中断标志 TF2 及外部中断请求标志位 EXF2 在定时器 T2 控制寄存器 T2CON 中。

2. 串行口控制寄存器 SCON

SCON 的字节地址为 98H，可以位寻址；位地址是 9FH～98H。该寄存器各位的内容及位地址表示见表 3-6。

表 3-6　SCON 的各位内容及位地址

位序	D7	D6	D5	D4	D3	D2	D1	D0
位地址	9FH	9EH	9DH	9CH	9BH	9AH	99H	98H
位符号	SM0	SM1	SM2	REN	TB8	RB8	TI	RI

TI、RI 串行口发送、接收中断请求标志。当串行口发送或接收完一帧信息后，由片内硬件自动将 TI 或 RI 置 1，在转向中断服务程序后，必须由软件清 0。

3. 中断允许控制寄存器 IE

IE 寄存器的字节地址是 A8H，可以位寻址；位地址是 AFH～A8H。该寄存器的各位内容及位地址表示见表 3-7。

表 3-7　IE 的各位内容及位地址

位序	D7	D6	D5	D4	D3	D2	D1	D0
位地址	AFH	AEH	ADH	ACH	ABH	AAH	A9H	A8H
位符号	EA	—	ET2	ES	ET1	EX1	ET0	EX0

其中，与中断有关的共 7 位。EA 为中断允许总控制位。EA=1，CPU 开中断，它是 CPU 响应中断的前提，在此前提下，如某中断源的中断允许位置 1，才能响应该中断源的中断请求。EA=0，无论哪个中断源有请求（被允许）CPU 都不予响应。

ET0、ET1、ET2、EX0、EX1、ES 分别为定时/计数器 T0、定时/计数器 T1、定时/计数器 T2、外部中断 0、外部中断 1、串行口中断允许控制位。对应的置 1，则允许中断；置 0，则禁止中断。

4. 中断优先级控制寄存器 IP

MCS-51 单片机具有高、低两个中断优先级。各中断源的优先级由 IP 寄存器有关位设定。IP 寄存器字节地址为 B8H，可以位寻址；位地址为 BFH～B8H。该寄存器的各位内容及位地址表示见表 3-8。

表 3-8　IP 的各位内容及位地址

位序	D7	D6	D5	D4	D3	D2	D1	D0
位地址	BFH	BEH	BDH	BCH	BBH	BAH	B9H	B8H
位符号	—	—	PT2	PS	PT1	PX1	PT0	PX0

PT2、PS、PT1、PX1、PT0、PX0 分别为定时器 T2 中断、串行口中断、定时器 T1 中断、外部中断 1、定时器 T0 中断、外部中断 0 的优先级控制位。对应的位置 1 时，则为高优先级中断；置 0 时，为低优先级。

中断优先级是为中断嵌套服务的。MCS-51 单片机中断优先级的控制原则如下。

（1）低优先级中断请求不能打断高优先级的中断服务，但高优先级的中断请求可以打断低优先级的中断服务，从而实现中断嵌套，如图 3-13 所示。

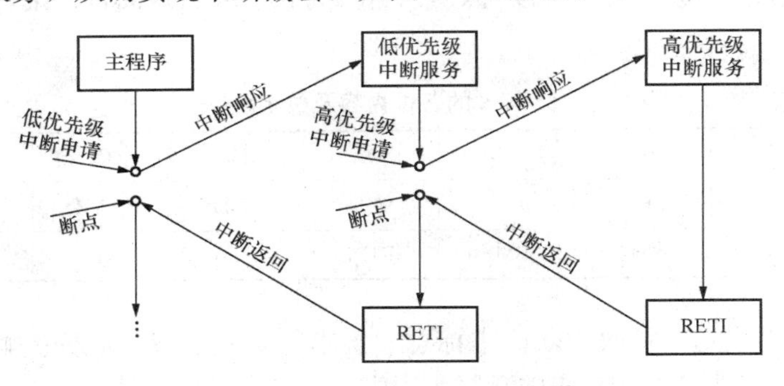

图 3-13　中断嵌套示意图

（2）如果一个中断请求已被响应，则同级的中断响应将被禁止。为使中断系统记忆当前进行的中断服务程序的优先级，以便中断嵌套的判断处理，中断系统内部设置了两个不可寻址的中断“优先级生效触发器”：一个是高优先级生效触发器，置 1 表示当前服务的中断是高优先级的，以阻止其他中断的请求；另一个是低优先级的，允许被高优先级的中断响应所中断。当中断服务程序结束时，执行 RETI 返回指令。除了返回到断点之外，该指令还使优先级生效触发器复位。

（3）如果同级的多个中断请求同时出现，则由单片机内部硬件查询，按自然响应顺序确定执行哪一个中断。各个中断源自然响应的先后顺序为：外部中断 0、定时器 0、外部中断

1、定时器1、串行口中断（TI+RI）、定时器2（TF2+EXF2）。

单片机复位后，(IP)=XX00 0000B，各中断源均为低优先级；优先级生效触发器处于复位状态（即清0）。

七、定时器/计数器

（一）定时与计数

1. 定时

在实际应用中，往往需要控制一些事件在设定的时间到达时发生或使一些变量周期性地变化。如洗衣机的定时控制，工业中的周期性定时采集数据，报警灯的周期性亮灭等。这种控制需要使用定时信号，产生定时信号的常用方法有3种。

（1）电气或机械定时器。如采用555定时器芯片，外接必要的电阻和电容，可以构成硬件定时电路。改变电路中的电阻和电容可以在一定范围内改变定时时间，但改变定时的时间不那么灵活方便。

（2）软件定时。利用CPU执行循环程序来实现定时，通过选择指令和循环次数可以很灵活地设定定时时间。软件定时不需另外的硬件电路，但占用了CPU的时间，降低了CPU的工作效率。

（3）可编程定时器。这种可编程定时器集成在微处理器芯片内，可以通过编程来选择定时器的工作模式，确定定时时间的长短。一旦对定时器初始化编程完成，启动定时器后，定时器就可以与CPU并行上作，不占用CPU的时间，定时时间设置灵活，应用起来十分方便。

2. 计数

计数是对外部事件发生的次数进行计量。例如，汽车上的单程表、家用电度表、工厂中的产品个数计数器等。计数功能的实现一是采用商品化的电气或机械计数器，二是利用计算机来实现。用计算机来实现计数功能时，外部事件发生的次数是以输入脉冲来表示的，所以计数就是记录外部输入到计算机的脉冲的个数。实际上，利用计算机的计数功能也可以实现定时功能，这时计算机内部的计数通常是记录系统机器周期脉冲的个数。

目前一些微处理器将定时器和计数器合一集成在其内部，既可以通过编程设定为定时器使用，也可以设定为计数器使用，实现定时或计数功能非常经济和方便。

（二）定时器/计数器的结构

AT89C51单片机的定时/计数器结构如图3-14所示，单片机内部有两个16位可编程的定器/计数器，即定时/计数器0（T0）和定时/计数器1（T1）。它们既可用作定时器定时，又可作为计数器记录外部脉冲个数。定时/计数器T0由TH0（地址8CH）和TL0（地址8AH）两个8位的专用寄存器组成，定时/计数器T1中TH1（地址8DH）和TL1（地址8BH）两个8位专用寄存器组成。T0和T1的工作方式以及其他可控功能可由特殊功能寄存器TMOD和TCON控制。

1. 计数功能

计数功能是对外来脉冲进行计数。AT89C51单片机芯片内有T0（P3.4）和T1（P3.5）两个输入引脚，分别是这两个计数器的计数输入端。每当计数器的计数输入引脚的脉冲发生负跳变时，计数器加1。

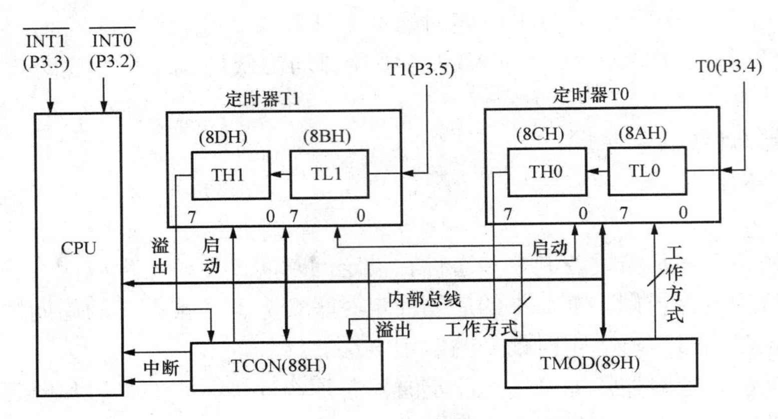

图 3-14 定时/计数器结构

2. 定时功能

定时功能也是通过计数器的计数来实现的，不过此时的计数脉冲来自单片机的内部，即每个机器周期使计数器数值加 1 直到计数溢出。由于一个机器周期等于 12 个振荡脉冲周期，因此计数频率为振荡频率的 1/12。如果单片机振荡频率采用 12MHz，则计数频率为 1MHz，即每微妙计数器加 1。

（三）定时器/计数器的控制

51 单片机对内部定时/计数器的控制主要是通过 TMOD 和 TCON 两个特殊功能寄存器实现。

1. 定时器控制寄存器 TCON

字节地址为 88H，可以进行单独位寻址操作，位地址为 8FH～88H，TCON 的格式见表 3-9。

表 3-9 TCON 的格式

位地址	8FH	8EH	8DH	8CH	8BH	8AH	89H	88H
位符号	TF1	TR1	TF0	TR0				

其中，低 4 位字段与外部中断有关，已在中断部分作过介绍。有关定时的控制为高 4 位。TR0 为定时器 T0 的运行控制位，该位可由软件置位和复位；TF0 为定时器 T0 的溢出标志位；TR1 为定时器 T1 的运行控制位；TF1 为定时器 T1 的溢出标志位。

2. 定时器方式控制寄存器 TMOD

TMOD 用于控制定时/计数器的工作方式，它的字节地址为 89H，不能进行位寻址，其格式见表 3-10。

表 3-10 TMOD 的格式

位序	D7	D6	D5	D4	D3	D2	D1	D0
位符号	GATE1	C/$\overline{T1}$	M1	M0	GATE0	C/$\overline{T0}$	M1	M0
	T1 方式字段				T0 方式字段			

从寄存器的格式中可以看出，低 4 位为定时器 T0 的方式控制字段，高 4 位为定时器 T1 的方式控制字段。

（1）GATE：门控位。当 GATE=0 时，以 TCON 寄存器的运行控制位 TR0 或 TR1 来启动定时/计数器运行；当 GATE=1 时，以外中断引脚（$\overline{\text{INT0}}$或$\overline{\text{INT1}}$）上的高电平以及 TR0 或 TR1 来启动定时/计数器运行。

（2）C/$\overline{\text{T}}$：定时、计数方式选择位。当 C/$\overline{\text{T}}$=0 时，为定时工作方式；当 C/$\overline{\text{T}}$=1 时，为计数工作方式。

（3）M1M0：工作方式选择位。定时器的工作方式由 M1M0 确定，对应关系见表 3-11。

表 3-11　定时器/计数器工作方式选择

M1	M0	工作方式	功能说明
0	0	0	13 位定时/计数器
0	1	1	16 位定时/计数器
1	0	2	自动重新装载初值的 8 位定时/计数器
1	1	3	仅适用于定时器 T0，分成两个 8 位定时/计数器

（四）工作方式

AT89C51 单片机内部的定时/计数器一共有表 3-11 所列的 4 种工作方式，由 TMOD 的相关位设置。T0 共有 4 种工作方式，分别是方式 0、方式 1、方式 2 和方式 3。T1 共有 3 种工作方式，分别是方式 0、方式 1 和方式 2。

1. 方式 0

定时器 T0 和定时器 T1 都可以设置成方式 0。在方式 0 下定时器 T0 和 T1 的结构与操作都是相同的，下面仅以 T0 为例进行介绍。在方式 0 下，T0 的方式 0 的逻辑与结构如图 3-15所示。

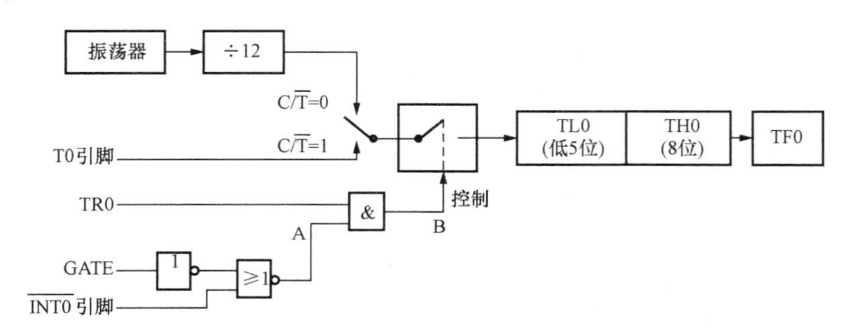

图 3-15　定时器/计数器工作方式 0 的逻辑与结构

在此工作方式下，定时器中的计数器是一个 13 位的计数器，由 TH0 的 8 位和 TL0 的低 5 位组成，TL0 的高 3 位未用，最大计数值为 2^{13}。T0 启动后，计数器进行加 1 计数，当 TL0 的低 5 位计数溢出时向 TH0 进位，TH0 计数溢出时，相应的溢出标志位 TF0 置位，以此作为定时器溢出中断标志。如果允许中断，则当单片机进入中断服务程序时，由内部硬件自动清除该标志；如果不允许中断，则可以通过查询 TF0 的状态来判断 T0 是否溢出，这种情况下需要通过软件清除 TF0 标志位。

2. 方式 1

定时器 T0 和定时器 T1 都可以设置成方式 1。在方式 1 下定时器 T0 和 T1 的结构与操作都是相同的，下面仅以 T0 为例进行介绍。在此工作方式下，T0 构成 16 位定时/计数器，其中 TH0 作为高 8 位，TL0 作为低 8 位，最大计数值为 2^{16}，其余同方式 0 类似。方式 1 下，T0 的方式 1 逻辑结构如图 3-16 所示。

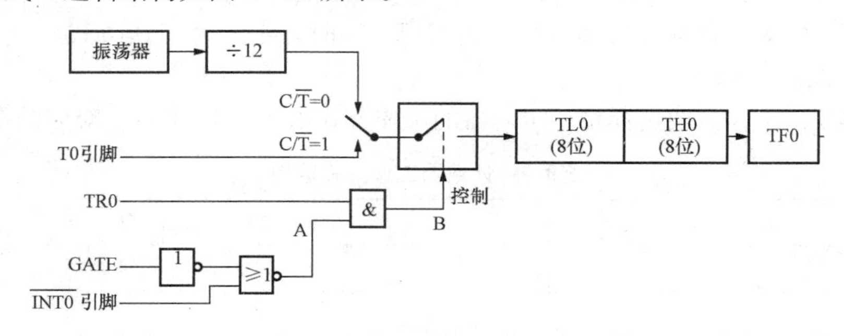

图 3-16 定时器/计数器工作方式 1 结构原理

3. 方式 2

定时器 T0 和定时器 T1 都可以设置成方式 2。在方式 2 下 TH0 和 TL0 被当作两个 8 位计数器，计数过程中，TH0 寄存 8 位初值并保持不变，由 TL0 进行加 1 计数。当 TL0 计数溢出时，除了可产生中断申请外，还将 TH0 中保存的内容向 TL0 重新装入，以便于从预定计算初值开始重新计数，而 TH0 中的初值仍然保留，以便下轮计数时再对 TL0 进行重装初值。T0 的方式 2 逻辑结构如图 3-17 所示。

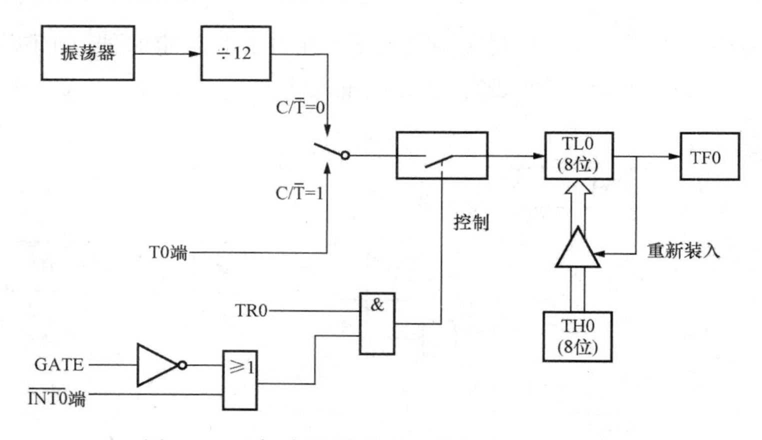

图 3-17 定时器/计数器工作方式 2 结构原理

4. 方式 3

只有定时器 T0 有此工作方式。在方式 3 下，T0 被拆成两个独立工作的 8 位计数器 TL0 和 TH0。其中 TL0 用原 T0 的控制位、引脚和中断源，即 C/$\overline{T}$0、GATE0、TR0 和 P3.4 引脚、P3.2 引脚，均用于 T0 的控制。它既可以按计数方式工作，又可以按定时方式工作。当 C/$\overline{T}$=1 时，TL0 作计数器使用，计数脉冲来自引脚 P3.4；当 C/$\overline{T}$=0 时，TL0 作定时器使用，计数脉冲来自内部振荡器的 12 分频时钟。T0 的方式 3 的逻辑结构如图 3-18所示。

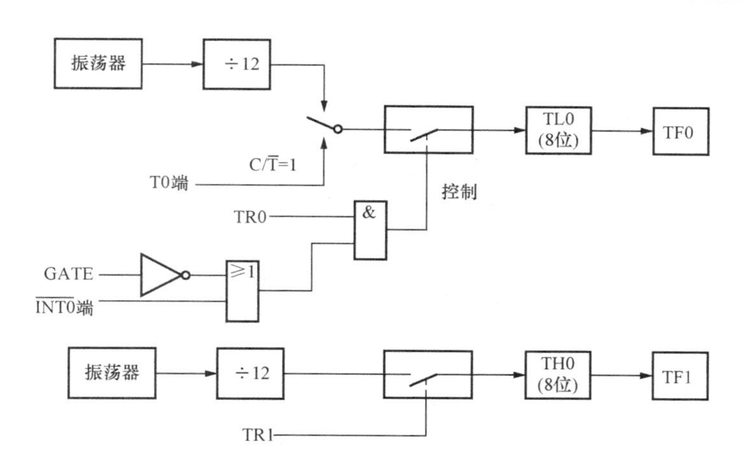

图 3-18 定时器/计数器工作方式 3 结构原理

在方式 3 下，TH0 只可以用作定时功能，它占用原 T1 的控制位 TR1 和 T1 的中断标志位了 TF1，其启动和关闭仅受 TR1 的控制。当 TR1=1 时，控制开关接通，TH0 对 12 分频的时钟信号计数；当 TR1=0 时，控制开关断开，TH0 停止计数。可见，方式 3 为 T0 增加了一个 8 位定时器。

当 T0 工作于方式 3 时，T1 仍可设置为方式 0、方式 1 和方式 2。由于 TR1 与 TF1 已被定时器 0 占用，此时仅有控制位 $C/\overline{T}1$ 切换 T1 的定时或计数工作方式，计数溢出时，不能使中断标志位 TF1 置 1。在这种情况下，T1 一般作为串行口的波特率发生器使用，或不需要中断的场合。当给 TMOD 赋值后，即确定了 T1 的工作方式后，定时器 T1 自动开始启动；若要停止 T1 的工作，只需要送入一个设置 T1 为方式 3 的控制字即可。通常把定时器 1 设置为方式 2 作为串行口的波特率发生器比较方便。

八、串行口及串行通信

（一）串行通信

1. 并行通信和串行通信

计算机与其外部设备、计算机与计算机之间的信息交换称为通信。通信的基本方式分为并行通信和串行通信两种。

并行通信是指数据的各位同时进行传送的通信方式。其优点是数据传送速度快，缺点是需要多条传输线。

串行通信是指数据的各位是一位一位地按顺序传送的通信方式。其突出优点是数据的传送只需要一对传输线，或利用电话线作为传输线，可极大地降低成本，特别适用于远距离通信。其缺点是数据传送速率较低。

2. 串行通信的传输方式

串行通信中，数据是在两个站之间传送的。根据传送方向的不同，分为单工、半双工和全双工 3 种。

单工方式中只允许在一个方向传输数据。如 A 端与 B 端通信中，A 端只作为数据发送器，B 端只作为数据接收器，信息数据只能单方向传送，即只能由 A 端传送到 B 端而不能反传。

半双工方式中，通信线路两端的设备都有一个发送器和一个接收器。如A端与B端通信中，有一条传输线。可以进行双向传输，但任何时候只能是一个端发送，另一个端接收。既可以是A端发送到B端，也可以是B端发送到A端，但A、B端不能同时发送，A、B两端的发送/接收只能通过半双工通信协议切换交替工作。

在全双工方式下，通信线路A、B两端都有发送器和接收器。A、B之间有两个独立通信的回路，全双工方式中有两条传输线，因此，两端数据不是交替发送和接收，而是同时发送和接收。在这种方式下，两个传输方向的资源完全独立，因此通信效率比前两种要高。该方式下所需的传输线至少要有三条，一条用于发送，一条用于接收，一条用于公用信号地。

3. 同步串行通信与异步串行通信

（1）同步串行通信。同步串行通信是一种连续串行传送数据的通信方式。每次通信只传送一帧数据，每帧数据由同步字符和若干数据及校验字符组成，其格式如下：

	同步字符1	同步字符2	N个连续字节数据	校验字节1	校验字节2	

在同步串行通信中，发送和接收双方由同一个同步脉冲控制，数据位的串行移出移入是同步的，因此称为同步串行通信。同步串行通信速度较快，适应于大量数据传送的场合，需要同步脉冲信号。

（2）异步串行通信。异步串行通信的字符由起始位开始，以停止位结束，构成字符帧。收发双方以字符帧为单位进行数据的接收和发送。在进行数据的传输前，需要事先约定数据的格式、数据的传输速率。接收方和发送方可以有各自的时钟来控制数据的传输，也就是说，收发双方的时钟频率可以存在偏差。因此，字符帧和波特率是异步通信中的两个重要指标。

字符帧由起始位、数据位、校验位和停止位等构成，如图3-19所示。一般情况下，起始位占1位，始终为逻辑0低电平，表示一帧的开始；停止位则将逻辑1高电平作为一帧的结束，可以占1位或2位；校验位只占1位，由用户决定校验方式。帧与帧之间可以有空闲位。

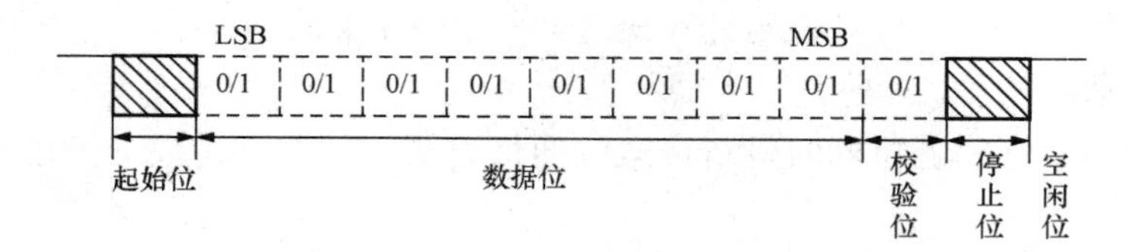

图3-19 异步串行通信的字符帧格式

波特率是表征串行口数据传送速率的量，定义为每秒传输的二进制数码的位数，单位是bit/s。单片机常用的波特率数值一般有1200、2400、4800bit/s和9600bit/s等。

（二）MCS-51单片机串行口的结构

MCS-51单片机的串行口是一个可编程的全双工通信接口，可以同时进行数据的发送和接收。可以作为UART（通用异步接收和发送器）使用，也可以作为同步移位寄存器使用。MCS-51单片机串行口的结构如图3-20所示。

1. 数据缓冲寄存器 SBUF

在串行口中，存在两个物理上独立的数据缓冲寄存器：发送寄存器 SDUF 和接收寄存器 SBUF。它们占用了相同的存储器地址 99H。当 CPU 读 SBUF 时，就是读接收寄存器的数据；CPU 写 SBUF 时，就是将数据存储到发送寄存器中。

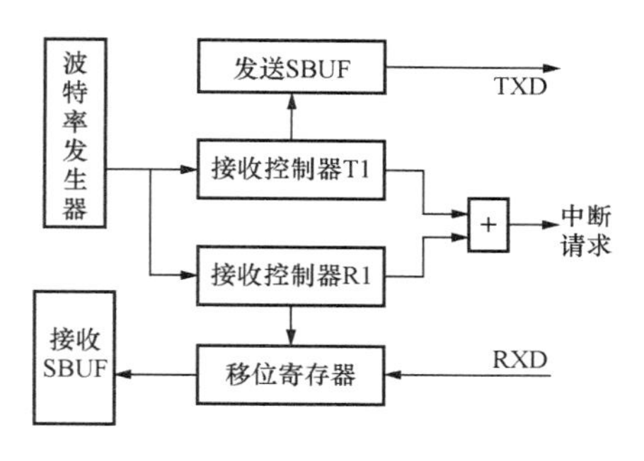

图 3-20　串行口的结构

接收器部分是双缓冲结构，可以避免在接收下一帧数据之前、CPU 未能及时响应接收器的中断请求，没能把上一帧数据读走而产生两帧数据重叠的问题。对于发送器，CPU 占主动，不会产生写重叠的问题。因此，为了保持最大的传输速率，一般不需要双缓冲。

2. 波特率发生器

在异步通信中，数据的发送和接收都是在发送时钟和接收时钟的控制下进行的，时钟必须与字符帧的波特率保持一致。通常，串行口的发送和接收时钟可以由内部定时器 T1 的溢出频率经过 16 分频后提供，这就是串行口的波特率。

3. 串行口控制寄存器

串行口具有四种工作方式，可以由特殊功能寄存器 SCON 进行设置。SCON 还提供了接收、发送中断状态标志位 RI、TI 的功能，以判断是否发送或接收完毕。

电源控制寄存器 PCON 的 SMOD（PCON. 7）位可以决定是否将波特率提高一倍。

总之，串行口可以通过外部引脚 RXD（P3. 0）接收数据，通过外部引脚 TXD（P3. 1）发送数据。数据的帧格式可以为 8 位、10 位或 11 位。在进行数据的接收和发送之前，需要选择串行口的工作方式、传输的波特率，并将 CPU 的中断允许打开。如果需要发送数据，则应将数据写入发送寄存器 SBUF 中，串行口将依据波特率将 SBUF 中的数据逐位发送出去，发送完毕则自动将接收中断标志 TI 置位，向 CPU 申请中断，决定接下来的处理内容；如果接收到数据，接收完毕时，中断标志 RI 会自动置位，通知 CPU 需要从接收寄存器 SDUF 中将数据读出。

（三）串行口的控制寄存器

1. 串行口控制寄存器 SCON

串行口控制寄存器 SCON 用于设置串行口的工作方式、监视串行口工作状态、控制发送与接收的状态等。它是一个既可字节寻址又可位寻址的特殊功能寄存器，地址为 98H。SCON 的格式见表 3-12。

表 3-12　　SCON 的格式

位地址	9FH	9EH	9DH	9CH	9BH	9AH	99H	98H
位符号	SM0	SM1	SM2	REN	TB8	RB8	TI	RI

SCON 中各位的定义如下。

SM0、SM1：工作方式选择位，具体定义见表 3-13。

表 3-13 串行口的工作方式

SM0	SM1	工作方式	功能
0	0	0	8位移位寄存器
0	1	1	10位UART，波特率可变
1	0	2	11位UART，波特率不变
1	1	3	11位UART，波特率可变

SM2：方式2、方式3多机通信控制位。在方式2、3处于接收时，若（SM2）=1，且接收到第9位数（RB8）为0，则不能置位接收中断标志RI，接收数据失效。在方式1接收时，若（SM2）=1，则只有接收到有效的停止位，才能置位RI。在方式0时，SM2应为0。

REN：中行口接收控制位，由软件置位或清零。（REN）=1，允许接收；（REN）=0，禁止接收。

TB8：发送数据的第9位。在方式2和方式3中，发送的第9位数据存放在TB8位，可用软件置位或清零，它可作为通信数据的奇偶校验位。在单片机的多机通信中，TB8常用来表示是地址帧还是数据帧。

RB8：在方式2和方式3中，接收到的第9依数据就存放在RB8。它可以是约定的奇偶校验位，在单片机的多机通信中用它作为地址或数据标识位。

TI：发送中断请求标志。在一帧数据发送完后被置位。在方式0时，发送第8位结束时由硬件置位；在方式1、方式2、方式3中，在停止位开始发送时由硬件置位。置位TI意味着向CPU提供“发送缓冲器已空”的信息，CPU响应后发送下一帧数据。在任何方式中，TI都必须由软件清零。

RI：接收中断请求标志。在接收到一帧数据后由硬件置位。在方式0时，当接收第8位结束时由硬件置位；在方式1、方式2、方式3中，在接收到停止位的中间点时由硬件置位。（RI）=1，表示请求中断，CPU响应中断后，从SBUF取出数据。

串行口的中断，无论是接收中断还是发送中断，当CPU响应中断后都进入0023H程序地址，执行串行口的中断服务子程序，这时由软件来判别是接收中断还是发送中断。而中断标志必须在中断服务子程序中加以清除，以防出现一次中断多次响应的现象。

2. 波特率控制寄存器PCON

PCON为电源控制寄存器，是特殊功能寄存器，地址为87H，PCON中的第7位SMOD与串行口有关。SMOD为波特率选择位，当（SMOD）=1时，通信波特率可以提高一倍。PCON中的其他位主要用于掉电控制。

（四）串行口工作方式

串行口的4种工作方式中，串行通信只使用方式1～3。方式0主要用于扩展并行输入输出口。

1. 方式0

在方式0状态下，串行口为同步移位寄存器方式，其波特率是固定的，为晶体振荡器频率f_{OSC}的十二分之一，即$f_{OSC}/12$。数据由RXD（P3.0）端出入，同步移位脉冲内TXD（P3.1）端输出/输入，发送、接收的是8位数据，低位在先。

2. 方式1

在方式1状态下，串行口为8位异步通信接口。一帧信息为10位，1位起始位（0），8位数据（低位在先）和1位停止位（1）。TXD为发送端，RXD为接收端。波特率不变。

3. 方式2和3

串行口工作在方式2、方式3时，为9位异步通信口，发送、接收一帧信息由11位组成，即起始位1位（0）、数据8位（低位在先）、1位可编程位（第9数据位）和1位停止位（1）。发送时，可编程位（TB8）可设置0或1，接收时，可编程位送人SCON中的RB8。方式2、方式3的区别在于：方式2的波特率为$f_{OSC}/32$或$f_{OSC}/64$，而方式3的波特率可变。

（五）串行通信的波特率

串行口在方式0和方式2工作时，其波特率为固定值。方式0发送接收时，其波特率为振荡频率的1/12（$f_{OSC}/12$）；方式2发送接收时，其波特率为$f_{OSC}/(64/2^{SMOD})$。串行口在方式1和方式3的波特率可变，与溢出率有关。常用定时器1作为波特率发生器，其波特率由下式确定

$$波特率=\frac{2^{SMOD}}{32}\times(定时/计数器1溢出率)$$

定时/计数器的溢出率取决于计数速率和定时时间常数。T1工作于自动装载方式的工作方式2时，TL1作计数用，自动重装的值放在TH1中时，溢出速率可由下式确定

$$溢出率=计数速率/[256-(TH1)]$$

$C/\overline{T}=10$时，计数速率$=f_{OSC}/12$，表3-14是定时/计数器产生的常用波特率。

表3-14　定时/计数器产生的常用波特率

串口工作方式	波特率（bs^{-1}）	f_{OSC}（MHZ）	SMOD	T1工作方式	T1重装初值
方式0	1 000 000	12	×	×	×
方式2	375 000	12	1	×	×
方式2	187 500	6	1	×	×
方式1和方式3	62 500	12	1	2	FFH
	19 200	11.0592	0	2	FDH
	9600	11.0592	0	2	FDH
	4800	11.0592	0	2	FAH
	2400	11.0592	0	2	F4H
	1200	11.0592	0	2	E8H
	137.5	11.986	0	2	1DH
	110	6	0	2	72H

九、存储器的扩展

存储器分为只读存储器ROM和随机存储器RAM。单片机的程序存储器属于ROM，数据存储器属于RAM。AT89C51/52单片机的程序存储器和片外数据存储器的寻址能力都为64KB。AT89C51/52单片机片内已集成的程序存储器和数据存储器对于一般小系统已够用，

对于较大的系统，常需要进行扩展。值得指出的是，随着单片机集成存储器的不断增加，存储器扩展应用的越来越少。

1. 随机存储器与只读存储器

随机存储器RAM是一种在程序运行过程中，既能读又能写的存储器，常用来存放数据、中间结果和最终结果。RAM中存入信息，芯片失电后，存储的内容丢失。单片机常用的RAM可以分为静态RAM和动态RAM两大类。单片机系统主要使用的是静态RAM。Intel公司的62系列静态RAM芯片主要有6116（2kB×8位）、6264（8kB×8位）、62128（16kB×8位）、62256（32kB×8位）。

根据编程方式的不同，ROM可以分为如下4类：掩膜只读存储器ROM、可编程只读存储器PROM（Programmable ROM）、可擦除编程只读存储EPROM（Erasable PROM）、闪速存储器FEPROM（Flash EPROM）。常用的UVEPROM（紫外线擦除PROM：Ultra-violet EPROM）芯片有Intel的2764（8kB×8位）、27128（16kB×8位）、27256（32kB×8位）、27512（64kB×8位）。常用的并行E^2PROM（电擦除PROM：Electrically EPROM）芯片有Intel 2816（2kB×8位）、2817（2kB×8位）、2864（8kB×8位），常用的串行E^2PROM芯片有24C04A（512B×8位）、24C08B（1kB×8位）。

2. 扩展方法

在访问外部存储器时，单片机和存储器之间需要传递三类信息：①要访问的是哪个单元，即单元的定位信息，即地址；②读取或写入的数据；③对存储器的访问是读还是写等控制信息。这就涉及单片机的三总线：地址总线（address bus）、数据总线（data bus）和控制总线（control bus）。

AT89C51/52单片机最多16条地址线，存储器扩展可达64kB。外部数据存储器的寻址空间为64kB，其中包括外部可编程的部/器件在内。这16条地址线由P0口和P2口组成，P2口输出高8位的地址，P0口输出低8位的地址。8位的数据也是通过P0口传送，P0口是低8位地址线和数据线的复用引脚，即引脚上某些时刻出现的信号为数据，而另外一些时刻为地址。为了在P0口传输数据时分离出为片外存储器提供低8位的地址，需要一个8位的锁存器将地址锁存起来并持续地为存储器提供地址信号。这就需要使用锁存器，74LS373是常用的8D型锁存器。AT89C51/52单片机的控制总线包括ALE，$\overline{PSEN}$、$\overline{EA}$、$\overline{RD}$和$\overline{WR}$。

AT89C52用两片6264和两片2764扩展16kB数据存储器和16kB程序存储器电路原理如图3-21所示。片选控制采用的是线选法，由地址线P2.5进行4片存储器芯片的片选控制。因为4片芯片都是8kB，都有13条地址线，P0口经锁存器74LS373输出低8位的地址，P2.0～P2.4输出高5位的地址。P2.5直接与RAM1和ROM1的低电平有效的片选引脚$\overline{CE}$连接，P2.5的非（经非门74LS04反相）与RAM2和ROM2的低电平有效的片选引脚$\overline{CE}$连接。图3-21所示为AT89C52线选法扩展16kB数据存储器和16kB程序存储器的电路原理。

P2.6和P2.7没有使用，做00B处理。当P2.5＝0，选中RAM1和ROM1，二者的地址空间为：000 0 0000 0000 0000B～000 1 1111 1111 1111B即0000H～1FFFH；当P2.5＝1，选中RAM2和ROM2，二者的地址空间为：001 0 0000 0000 0000B～001 1 1111 1111 1111B即2000H～3FFFH。

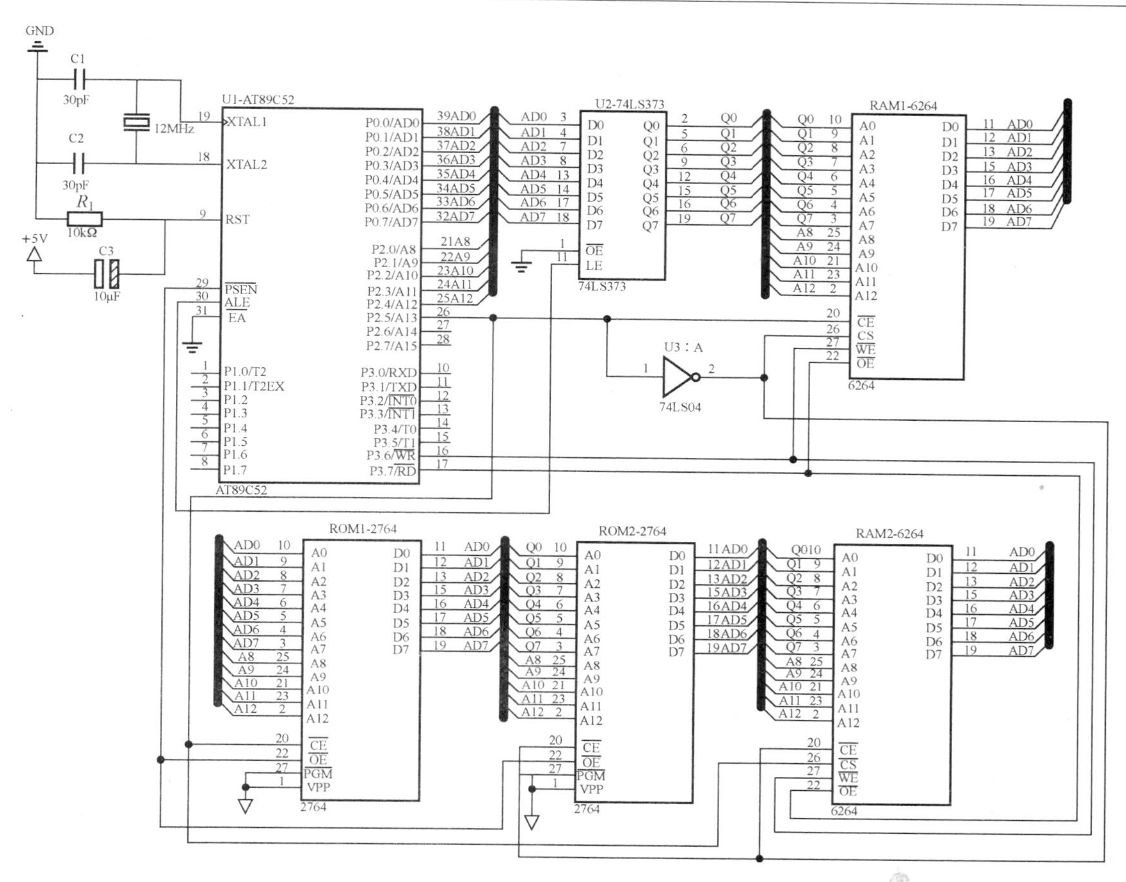

图 3-21 AT89C52 线选法扩展 16kB 数据存储器和 16kB 程序存储器的电路原理

RAM1 和 ROM1 的地址空间重叠，RAM2 和 ROM2 的地址空间重叠，但是在操作的时候不会造成混乱。这主要是由于 CPU 取指令或者存、取数据时所用的指令不同，分别是 MOVC 和 MOVX 指令，二者产生的控制信号不同。如执行指令

```
CLR     A
MOV     DPTR,#1234H
MOVC     A,@A+DPTR
MOVX     A,@DPTR
```

执行第 3 条指令时，操作的对象是程序存储器，$\overline{\text{PSEN}}$有效，程序存储器 ROM 的 1234H 单元里的内容送上数据总线；尽管数据存储器 RAM1 也可获得地址总线上的地址 1234H，但是$\overline{\text{RD}}$无效，数据存储器 RAM1 的 1234H 单元里的内容不会出现在数据总线上。在执行第 4 条指令时，$\overline{\text{RD}}$有效，$\overline{\text{PSEN}}$无效，数据存储器 1234H 单元里的内容将出现在数据总线上。

在扩展外围器件较多、系统复杂的场合多采用译码法。常用的译码器有 74LS138、74LS139 等。74LS138 是 3～8 译码器，有三个数据输入端，经译码产生 8 种状态。其引脚图如图 3-22 所示，功能见表 3-15。

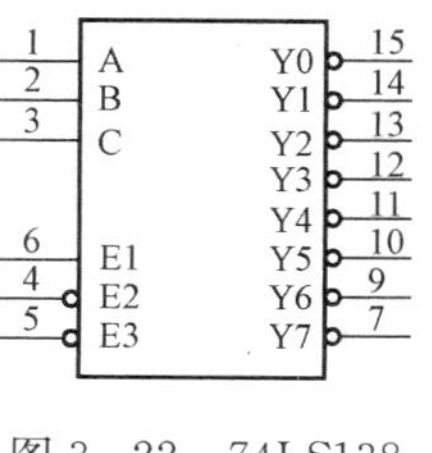

图 3-22 74LS138 模型的引脚

表 3 - 15 74LS138 功能

输入					输出							
使能		选择										
E1	E23	C	B	A	Y0	Y1	Y2	Y3	Y4	Y5	Y6	Y7
×	H	×	×	×	H	H	H	H	H	H	H	H
L	×	×	×	×	H	H	H	H	H	H	H	H
H	L	L	L	L	L	H	H	H	H	H	H	H
H	L	L	L	H	H	L	H	H	H	H	H	H
H	L	L	H	L	H	H	L	H	H	H	H	H
H	L	L	H	H	H	H	H	L	H	H	H	H
H	L	H	L	L	H	H	H	H	L	H	H	H
H	L	H	L	H	H	H	H	H	H	L	H	H
H	L	H	H	L	H	H	H	H	H	H	L	H
H	L	H	H	H	H	H	H	H	H	H	H	L

注 H 表示高电平，L 表示低电平，×表示无关，E23＝E2＋E3。

采用译码法 AT89C52 扩展 16KB 数据存储器和 16KB 程序存储器的电路原理如图 3 - 23 所示。地址线 P2.5、P2.6、P2.7 与译码器 74LS138 的输入端 A、B、C 相连。译码器的 E1 接高电平，E2、E3 接低电平，当 P2.5、P2.6、P2.7 为 000 时，译码器输出端 Y0 为低电平，Y1～Y7 为高电平，选中 RAM1-6264 和 ROM1-2764；当 P2.5、P2.6、P2.7 为 001 时，译码器输出端 Y1 为低电平，Y0、Y2～Y7 为高电平，选中 RAM2-6264 和 ROM2-2764。因此，RAM1-6264 和 ROM1-2764 的地址空间为：000 0 0000 0000 0000B～000 1 1111 1111 1111B 即 0000H～1FFFH；RAM2-6264 和 ROM2-2764 的地址空间为：001 0 0000 0000 0000B～001 1 1111 1111 1111B 即 2000H～3FFFH。

RAM 和 ROM 的地址空间是连续的，都是 0000H～3FFFH。对于复杂的系统，地址译码法是一种更加常用的方法，具有可扩展芯片多、地址空间连续等优点。

十、控制系统设计方法

由于单片机在机电一体化系统控制中的应用领域很宽广，并且技术要求也各不相同，因此控制系统的硬件设计是不同的，但总体设计方法和研制步骤却基本相同。这里将针对大多数应用场合，简要介主单片机控制系统的一般设计、开发方法。

像一般的计算机系统一样，单片机系统也是由硬件和软件组成的。硬件指由单片机、扩展的存储器、输入/输出设备等组成的系统，软件是各种工作程序的总称。硬件和软件只有紧密配合，协调一致，才能组成高性能机电一体化系统。在系统的开发过程中，软、硬件的功能总是在不断地调整，以便相互适应、相互配合，达到最佳性能价格比。

单片机控制系统的开发过程包括总体设计、硬件设计、软件设计、在线调试等几个阶段，但它们不是绝对分开的，有时是交叉进行的。图 3 - 24 所示为单片机控制系统开发过程。

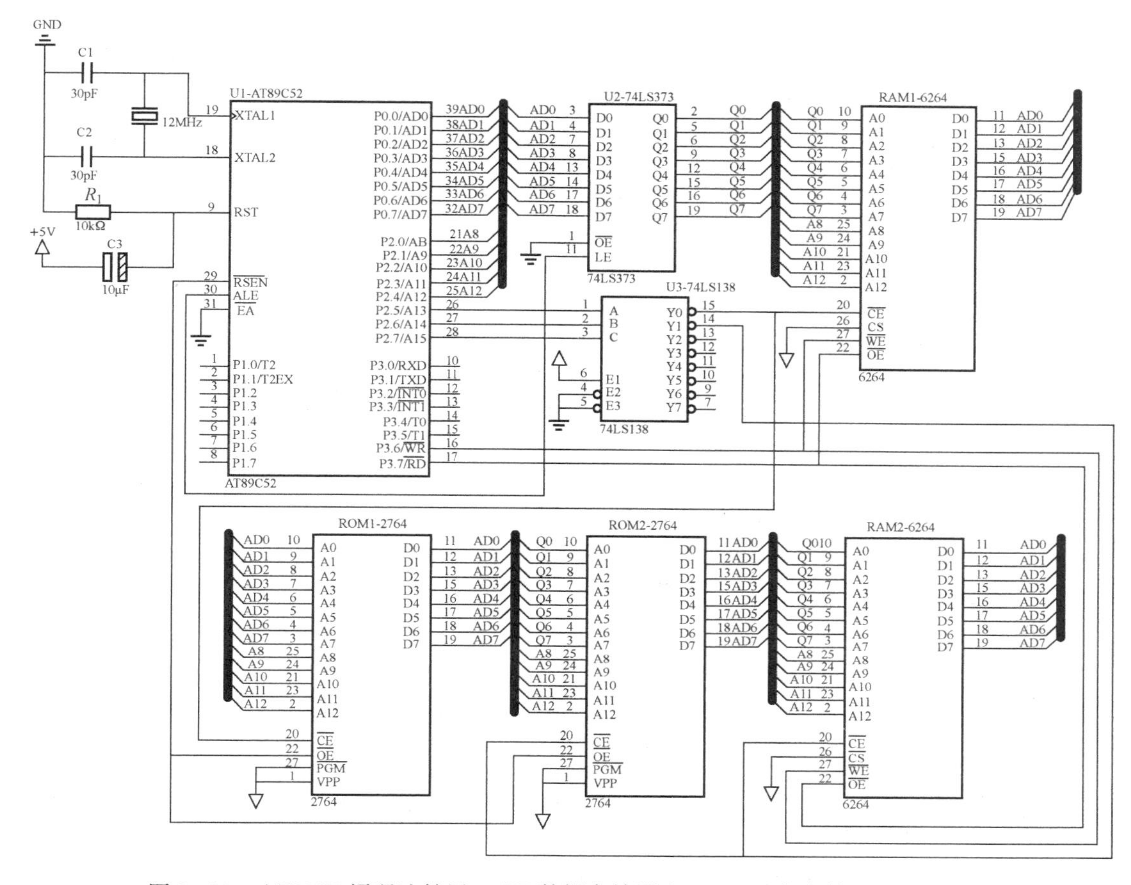

图 3-23　AT89C5 译码法扩展 16KB 数据存储器和 16KB 程序存储器的电路原理

1. 总体设计

确定单片机控制系统总体方案，是进行系统设计最重要、最关键的一步。总体方案的好坏，直接影响整个控制系统的性能及实施细则。总体方案的设计主要是根据被控对象的任务及工艺要求而确定的。

（1）确定技术指标。在开始设计前，必须明确控制系统的功能和技术要求，综合考虑系统的先进性、可靠性、可维护性和成本、经济效益，再参考国内外同类产品的资料，提出合理可行的技术指标，以达到应高的性能价格比。

（2）机型选择。根据系统的要求，选择最容易实现技术指标的机种，当然，还要考虑有较高的性能价格比。在开发任务重、时间紧的情况下，要选择最熟悉的机型和元器件。与开发周期有关的另一

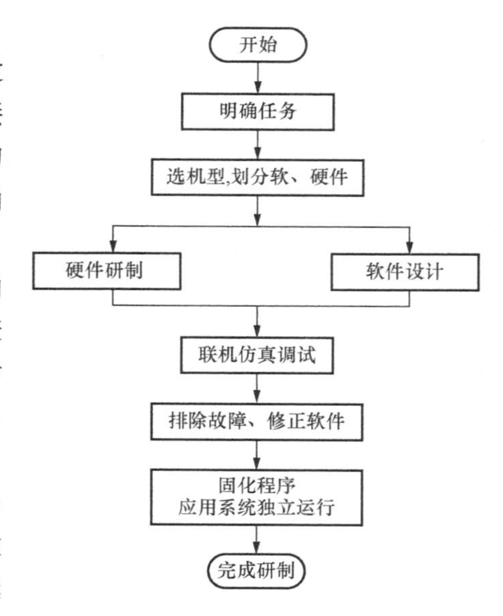

图 3-24　单片机控制系统开发过程

个因素是单片机的开发工具，性能优良的开发工具能加快系统的开发过程。

（3）器件选择。除了单片机以外，系统中还有传感器、模拟电路、I/O 电路等器件和设备。这些部件的选择应符合系统精度、速度和可靠性等方面的要求。

（4）硬件和软件的功能划分。系统硬件的配置和软件的设计是紧密联系在一起的，而且在某些场合，硬件和软件具有一定的互换性。如日历时钟的产生可以用时钟电路芯片，也可以由单片机内部的定时器中断服务程序来控制时钟计数。若用硬件完成一些功能，可以提高工作速度，减少软件开发的工作量，提高可靠性，但增加了硬件成本。若用软件代替某些硬件的功能，可以节省硬件开支，但增加了软件的复杂性。由于软件是一次性投资，因此在开发产品批量比较大的情况下，能够用软件实现的功能都尽量由软件来完成，以便简化硬件结构，降低生产成本。

2. 硬件设计

硬件设计的任务是根据总体设计要求，在所选择机型的基础上，确定系统扩展所要用的存储器、I/O 电路、A/D 电路以及有关外围电路等，然后设计出系统的电路原理图。

（1）程序存储器。当使用片内无 ROM 的单片机（如价廉的 80C31）或单片机内部程序存储器容量不够时，需外扩程序存储器。可作为程序存储器的芯片有多种非易失性存储器（如 EPROM 和 E^2PROM）等，从其价格和性能特点上考虑，对于大批量生产的、已成熟的应用系统宜选用 OTP 型，其他情况可选用 EPROM 等。由于容量不同的 OTP、EPROM 芯片价格相差不多，一般应选用速度高、容量较大的芯片，这样可使译码电路简单，且给软件扩展留有一定的余地。

（2）数据存储器。对于数据存储器的容量要求，各个系统之间差别比较大。有的测量仪器和仪表只需少量的 RAM 即可，此时应尽量选用片内 RAM 容量能符合要求的单片机，对于要求较大容量 RAM 的系统，选择 RAM 芯片的原则是尽可能减少 RAM 芯片的数量。如一片 6264（8KB）比 4 片 6116（2KB）价格要低得多。

（3）I/O 接口。较大的应用系统一般都要扩展 I/O 接口，在选择 I/O 电路时应从体积、价格、功能、负载等几方面考虑。标准的可编程接口电路 8255 和 8155 接口简单，使用方便，对总线负载小，因而应用很广泛。但对有些口线要求很少的系统，则可用 TTL 电路，这可提高口线的利用率，且其驱动能力较大，可直接驱动发光二极管等器件。因此，应根据系统总的输入/输出要求来选择 I/O 接口电路。对于 A/D 和 D/A 电路芯片的选择原则应根据系统对它的速度、精度和价格的要求而确定。除此还要考虑与系统中的传感器、放大器相匹配。

（4）地址译码电路。MCS-51 系统有充分的存储器空间，包括 64KB 程序存储器和 64KB 数据存储器，在应用系统中一般不需要这么大容量。为能简化硬件逻辑，同时还要使所用到的存储器空间地址连续，通常采用译码器法和线选法相结合的办法进行。

（5）其他外围电路。在工业测量和控制系统中，经常需要对一些现场物理量进行测量或者将其采集下来进行信号处理之后，再反过来去控制被测对象或相关设备。在这种情况下，控制系统的硬件设计就应包括与此有关的外围电路。

如图 3-25 所示为一个典型的比较全面的单片机测控系统组成框图。图中间是单片机主主机板。左边为计算机的外部设备，包括键盘、显示器等，它们各自都通过相应的接口与单片机的内部总线相连。右边为被测控对象，总称为用户。用户主要有以下三种形式。

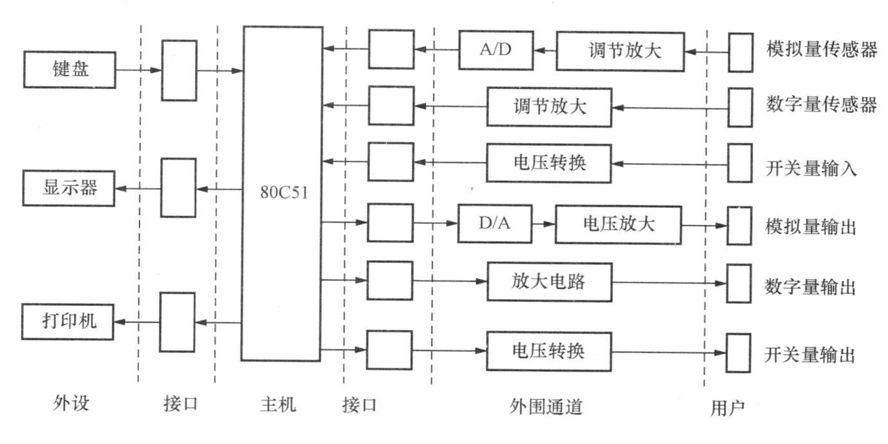

图 3-25　典型单片机测控系统的组成

1）模拟量。模拟量是连续变化的物理量。这些物理量可能是电信号，如电压、电流等；也可能是非电信号，如压力、张力、位移、速度、温度等。对于非电信号首先要转换为电信号，此时就要用到传感器。传感器是把其他非电量信号转换成相应比例关系的电信号的仪表或器件。

2）数字量。数字量所传输的信息为有序组合的“0”和“1”两种 TTL 电平状态，如串行信号及某些数字式传感器或脉冲发生器所产生的电脉冲计数的数字量等。

3）开关量。如按键开关、按钮、行程开关、继电器、接触器等接点通、断时产生的突变电压信号。

如图 3-25 中右上方的 3 条外围通道是作为输入到计算机中的通道。第 1 条因为要送到计算机去的是模拟量，所以外围通道中的主要器件是模数转换器，此信号一般要经信号调节放大处理理使之符合 A/D 输入的要求，才能送入 A/D 转换器。第 2 条从用户来的信息己是数字量，则可不用 A/D 转换器，此时只需将数字量信号调节为与接口电路（通常为计数器）的要求相适配即可。如果用户来的信息是开关量（第 3 条），则必须将其转换成稳定的、接口能接受的直流电平。图 3-25 中右下方的 3 条外围通道是由计算机输出去控制用户（控制对象）的，根据被控制装置的类型可以有模拟量输出、数字量输出以及开关量输出。这些信号在送到用户装置以前，一般也都要经过信号调节，才能驱动外部设备。由此可见，当组成一个单片机的测控系统时，还需设计相关的外围电路，如信号调节放大电路、驱动电路等。

（6）可靠性性设计。单片机控制系统的可靠性是一项最重要最基本的技术指标，这是硬件设计时必须考虑的。可靠性通常是指在规定的条件下，在规定的时间内完成规定功能的能力。规定的条件包括环境条件（如温度、湿度、振动等）、供电条件等，规定的时间一般指平均故障时间、平均无故障时间、连续正常运转时间等，所规定的功能随单片机应用系统的不同而已。单片机控制系统在实际工作中，可能会受到各种内部和外部的干扰，使系统工作产生错误或故障。为减少这种错误和故障，就要采取各种提高可靠性的措施。常用措施如下。

1）提高元器件的可靠性。在系统硬件设计和加工时应注意选用质量好的电子元器件、接插件，并进行严格的测试、筛选和老化实验；设计时技术参数（如负载）应留有余量。

2）提高印刷电路板和组装的质量，设计电路板时布线及接地方法要符合要求。

3）对供电电源采取抗干扰措施。用带屏蔽层的电源变压器；加电源低通滤波器；电源变压器的容量应留有余地。

4）I/O通道抗干扰措施。采用光电隔离电路，光电隔离器作为数字量、开关量的输入、输出，这种隔离电路效果很好；采用正确的接地技术；采用双绞线，双绞线抗共模干扰的能力较强，可以作为接口连接线。

3. 软件设计

在单片机控制系统的开发中，软件设计一般是工作量最大、最重要的任务。软件设计的一般方法与步骤包括：①系统定义；②软件结构设计；③程序设计。

（1）系统定义。系统定义是指在软件设计前，首先要进一步明确软件所要完成的任务，然后结合硬件结构，进一步弄清软件所承担的任务细节。

1）定义和说明各I/O口的功能、模拟信号还是数字信号、电平范围、与系统接口方式、占有口地址、读取和输入方式等。

2）在程序存储器区域中，合理分配存储空间，包括系统主程序、常数表格、功能子程序块的划分、入口地址表等。

3）在数据存储器区域中，考虑是否有断电保护措施，定义数据暂存区标志单元等。

4）面板开关、按键等控制输入量的定义与软件编制密切相关，系统运行过程的显示、运算结果的显示、正常运行和出错显示等也是由软件编制，所以事先也必须给以定义，作为编程的依据。

（2）软件结构设计。合理的软件结构是设计出一个性能优良的单片机控制系统软件的基础，必须予以充分重视。

1）对于简单的控制系统，通常采用顺序设计方法。这种系统软件由主程序和若干个中断服务程序所构成。根据系统各个操作的性质，指定哪些操作由主程序完成，哪些操作由中断服务程序完成，并指定各中断的优先级。

2）对于复杂的实时控制系统，应采用实时多任务操作系统。这种系统往往要求对多个对象同时进行实时控制，要求对各个对象的实时信息以足够快的速度进行处理并做出快速响应。这就要提高系统的实时性与并行性。为达到此目的，实时多任务操作系统应具备任务调度、实时控制、实时时钟、输入/输出、中断控制、系统调用、多个任务并行运行等功能。在程序设计方法上，模块程序设计是单片机应用中最常用的程序设计技术。这种方法是把一个完整的程序分解为若干个功能相对独立的较小的程序模块，对各个程序模块分别进行设计、编制和调试，最后将各个调试好的程序模块连成一个完整的程序。这种方法的优点是单个程序模块的设计和调试比较方便、容易完成，一个模块可以为多个程序所共享，缺点是各个模块的连接有时有一定难度。

还有一种方法是自上向下设计程序。此方法是先从主程序开始设计，主程序编好后。再编制各从属的程序和子程序。这种方法比较符合人们的日常思维。其缺点是上一级的程序错误将对下一级甚至整个程序产生影响。

（3）程序设计。在软件结构确定之后就可以进行程序设计了，一般程序设计过程如下。

1）根据问题的定义，描述出各个输入变量和各个输出变量之间的数学关系，即建立数学模型。根据系统功能及操作过程，列出程序的简单功能流程框图（粗框图），再对粗框图进行扩充和具体化，即对存储器、寄存器、标志位等工作单元作具体的分配和细化说明。把功能流程图中每一个粗框转变为具体的存储单元、寄存器和 I/O 口的操作，从而绘制出详细的程序流程图（细框图）。

2）在完成流程图设计以后，便可编写程序。单片机应用程序可以采用汇编语言，也可以采用某些高级语言。编写完后均需汇编成 MCS-51 的机器码，经调试正常运行后，再固化到非易失性存储器中去，完成系统的设计。

4. 单片机控制系统的调试

在完成了控制系统硬件的组装和软件设计以后，便进入系统的调试阶段。用户系统的调试步骤和方法基本是相同的，但具体细节则和所采用的开发机以及用户系统选用的单片机型号有关。MCS-51 单片机控制系统调试的一般方法如下。

（1）硬件调试。单片机控制系统的硬件调试和软件调试是分不开的，许多硬件故障是在调试软件时才发现的。但通常是先排除系统中明显的硬件故障后才和软件结合起来调试。

1）常见的硬件故障包括：逻辑错误、元器件失效、可靠性差、电源故障等。

2）硬件调试方法包括：①脱机调试，在加电之前，先用万用表等工具，根据硬件电气原理图和装配图仔细检查硬件线路的正确性，并核对元器件的型号、规格和安装是否符合要求；②联机调试，通过脱机调试可排除一些明显的硬件故障，但有些硬件故障还是要通过联机调试才能发现和排除。

（2）软件调试。软件调试与所选用的软件结构和程序设计技术有关。如果采用模块程序设计技术，则逐个模块调好以后，再进行系统程序总调试。如果采用实时多任务操作系统，一般是逐个任务进行调试。

在全部调试和修改完成后，将用户软件固化于程序存储器中，插入控制样机后，控制系统即能脱离开发机独立工作。

第二节　总　线　技　术

一、通用串行总线

（一）USB 概述

通用串行总线（universal serial bus，USB）是一个外部总线标准，用于规范电脑与外部设备的连接和通信，USB 是 1994 年底由英特尔、康柏、IBM、Microsoft 等多家公司联合提出的，现在已经发展为 3.1 版本，传输速度越来越快，USB1.0 理论传输速率为 1.5Mbit/s，USB1.1 为 12Mbps（1.5MB/s），USB2.0 为 480Mbps（60MB/s），USB3.0 为 5Gbps。几乎所有的计算机外设都可通过 USB 连接，机电一体化设备中也越来越多地采用了 USB 连接控制、测试等设备模块。

USB 具有大量的优点：①方便终端用户的使用，电缆和连接接口标准化，对终端用户隐藏了电气细节，外设可以自我识别，并可以自动完成配置和到驱动程序的功能映射，支持动态接入，并可以重新进行配置外设；②工作负荷和应用范围广，可以同时支持速度为几 Kbit/s 至几 Gbit/s 的设备，在同一套总线上可以同时支持同步和异步传输类型，支持多连接，支持对多个设备的同时操作，支持多达 127 个物理外设，在主机和设备上支持对多个数据和消息流的传输，允许使用复合设备，即具有多个功能的外设，具有较小的协议开销，因而总线利用率较高；③实现费用低廉，提供了十分经济的高速子通道，外设和主机硬件中的集成进行了优化，可以用于开发许多价格便宜的外设，所需的电缆和连接器价格低廉；④同步带宽，可以为音频信号提供确定的带宽和很小的时延，同步载荷可以使用总线上的全部带宽；⑤同PC工业协同作用，实现和集成时协议简单，符合PC即插即用体系结构，对现存的操作系统接口性能产生了巨大影响；⑥灵活性，设备连接的方式既可以使用串行连接，也可以使用集线器把多个设备连接在一起，再同主机USB口相接，已有很多不同大小的分组，并允许在一定范围内选择设备的缓冲区，通过支持不同的分组缓冲区和时延要求，USB可以支持许多具有不同数据速率的设备，在协议中提供了用于控制缓冲区的流控功能；⑦稳定性，协议中包括了差错控制/缺陷发现机制，可以动态地插入和拔出USB设备，支持对缺省设备的识别；⑧USB体系结构可以升级，从而在一个系统中支持多个通用串行总线控制器。

（二）USB的硬件部分

USB系统包括USB主机、USB设备和连接电缆。USB设备和USB主机通过USB总线相连，拓扑结构如图3-26所示。USB的物理连接是一个星型结构，集线器位于每个星形结构的中心，每一段都是主机和某个集成器，或某一功能设备之间的一个点到点的连接，也可以是一个集线器与另一个集线器或功能模块之间的点到点的连接。

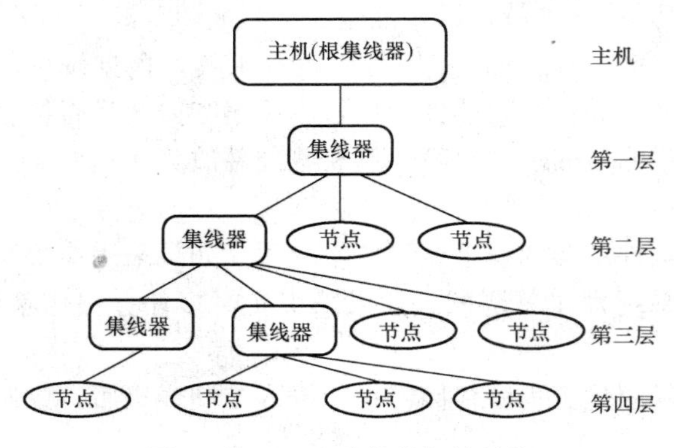

图3-26　USB总线的拓扑结构

USB主机是一个带有USB主控制器的主计算机系统，在USB系统中，只有1个主机，它是USB系统的主控者。USB主控制器可以是硬件、固件或软件的联合体。每个USB系统只能有一个根集线器，它连接在主控制器上。

USB设备包括两种类型：集线器和功能设备。只有集线器具有提供额外USB接点的能力，而功能设备用于向主机提供附加功能。集线器是USB即插即用体系结构中的关键元件，扩展USB总线的接入点数，用于简化USB的连接，并以较低的费用和复杂性来提供其稳定性。功能设备是指可以从USB总线上接收或发送数据或控制信息的USB设备。一个功能设备由一个独立的外围设备而实现，它通过一根电缆接入集线器上的某一端口。但是，一个物理组件也可以仅用一根USB电缆来连接多个功能设备和一个嵌入的集线器。这称为多功能设备。一个多功能设备对主机而言是一个永远都接着一个或多个USB设备的集线器。

连接电缆是4芯电缆，如图3-27所示。其中两条用来向设备提供电源的电源线，即VBus和GND，VBus电源端的标称值为+5V，通过选择合适的导线规格来匹配，可以允许USB使用不同长度的电缆。另外两条（D+、D-）用于传输数据，信号利用差模方式送入信号线，时钟信号编码后同差模数据信号一起在信号线上传输。常用USB接口如图3-28所示。

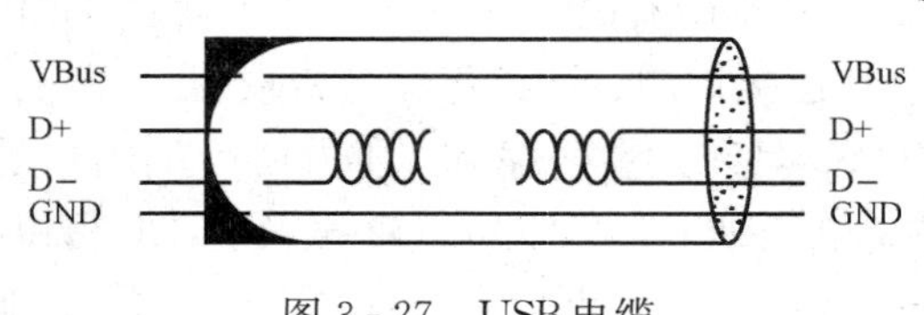

图3-27　USB电缆

从左往右依次为：miniUSB公口(A型插头)、miniUSB公口(B型插头)、USB公口(B型插头)、USB母口(A型插座)、USB公口(A型插头)

图 3-28 USB 常用的接口

（三）USB 的软件部分

USB 的层间通信模型如图 3-29 所示，主机上的实际通信用垂直箭头指出，在设备上的对应接口与某个实现有关。在主机和设备之间进行的通信，最终都必须出现在物理的 USB 电缆上。但是，在水平方向上的各层之间都有主机和设备的逻辑接口。主机中客户程序软件与设备功能间的通信代表了设备需求与设备能力之间的约定。

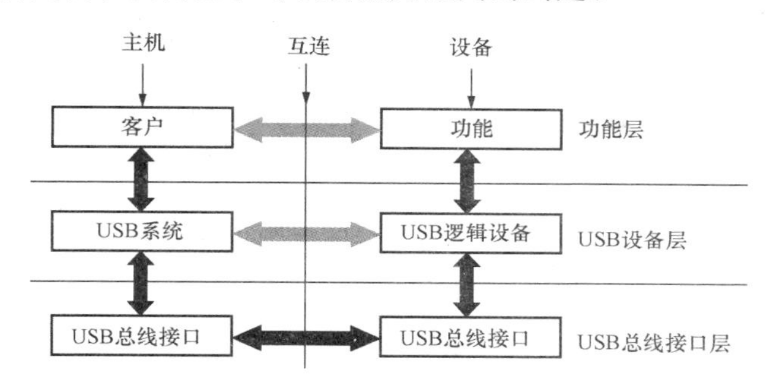

图 3-29 USB 的层间通信模型

每一个 USB 中只有一个主机。它的主要分层是：USB 总线接口、USB 系统、USB 客户软件。

（1）USB 总线接口层。USB 总线接口控制了电气和协议层的交互。从互连的角度看，一个类似的 USB 总线接口由主机和设备一起提供。但是在主机上，由于在 USB 内主机所拥有的唯一性，USB 总线接口具有额外的责任并且以主控制器的形式而实现。主控制器也由一个集成的或根集线器来向主机提供连接点。

（2）USB 系统层。USB 系统用主控制器管理主机与 USB 设备间的数据传输。它与主控制器间的接口依赖于主控制器的硬件定义。同时，USB 系统也负责管理 USB 资源，如带宽和总线能量，这使客户访问 USB 成为可能。USB 系统有三个基本组件：主控制器驱动程序、USB 驱动程序、主机软件。

主控制器驱动程序（host controller driver，HCD）。HCD 能够更容易地将不同主控制器设备映射到 USB 系统中。因此，客户可以在不知其设备连接哪个主控制器的情况下与设备相互作用。HCD 与 USB 间的接口称为 HCDI，特定的 HCDI 由支持不同主控制器的操作系统定义。通用主控制器驱动器（universal host controller driver，UHCD）处于最底层，由它来管理和控制主控制器。USB 主控制器定义了一个标准硬件接口，以提供一个统一的主控制器可编程接口。UHCD用于实现与USB主控制器通信和控制USB主控制器的一些细节，并且它对系统软件的其他部分是隐蔽的。系统软件中的更高层通过UHCD的软件接口与主控制器通信。

USB驱动程序（USB driver，USBD）。USBD位于UHCD之上。它提供驱动器级的接口，满足现有设备驱动器设计的要求。USBD所实现的准确细节随操作系统环境的不同而有所不同，但USBD在不同操作系统环境下完成的是一样的工作。USBD以I/O请求包（I/O request packets，IRPs）的形式提供数据传输架构，它由通过特定管道传输数据的需求组成。此外，USBD使客户端出现设备的一个抽象，以便抽象和管理。作为抽象的一部分，USBD拥有缺省的管道，通过它可以访问所有的USB设备以进行标准的USB控制。该缺省管道描述了一条USBD和USB设备间通信的逻辑通道。

主机软件。某些操作系统没有提供USB系统软件，这些软件本来是用于向设备驱动程序提供配置信息和装载结构的。在这些操作系统中，设备驱动程序将利用提供的接口而不是直接访问USBDI（USB驱动程序接口）。

（3）USB客户软件层。它位于软件结构的最高层，负责处理特定USB设备的设备驱动器。客户软件层描述所有直接作用于设备的软件入口。当设备被系统检测到后，客户程序将直接作用于外部硬件。这个共享的特性将USB系统软件置于客户和USB设备之间，即一个客户程序不能直接访问硬件设备，而要根据USBD在客户端形成的设备映像由客户程序对它进行处理。

主机各层的功能为：①检测连接的和移去的USB设备；②管理主机和USB设备间的数据流；③连接USB状态和活动统计；④控制主控制器和USB设备间的电气接口，包括限量能量供应。

USB设备与主机相对应，也同样分为三个层次。

（1）设备接口。设备接口是最底层的物理实体，以USB接口控制器作为核心，是USB发送和接收数据的接口。它通过电缆直接与USB主机交换串行数据，并能够实现串行数据到并行数据的转换。

（2）USB逻辑设备。处于中间层次的USB逻辑设备，是USB协议栈的主体，处理总线接口和不同端点之间的数据，实现USB的各种基本行为。

（3）功能单元。USB设备各自的特点是通过第三层次功能单元表现的，它实现特定USB设备的类协议。

设备接口和USB逻辑设备是所有USB设备都有的，但是有些USB设备无功能单元。

（四）开发流程及实例

USB的开发，涉及USB主机端和USB设备端的程序编制，开发流程如图3-30所示。USB主机开发流程为：①USB系统开发类型是USB主机，必须明确控制USB设备的类型，HID、UDIO、CDC、HUB、IMAGE等，编写驱动；②查找相关设备手册，控制USB设备枚举；③编写应用程序，在枚举成功后，主要进行数据处理，控制USB设备。开发流程中，最主要的是驱动编写，它确定了能否与USB设备进行正常通信，如果驱动不了USB设备，一切空谈。

USB设备开发流程为：①USB系统的开发类是USB设备，必须明确该设备的类型，HID、UDIO、CDC、HUB、IMAGE等；②查找相关设备手册，确定其描述符；③完成描

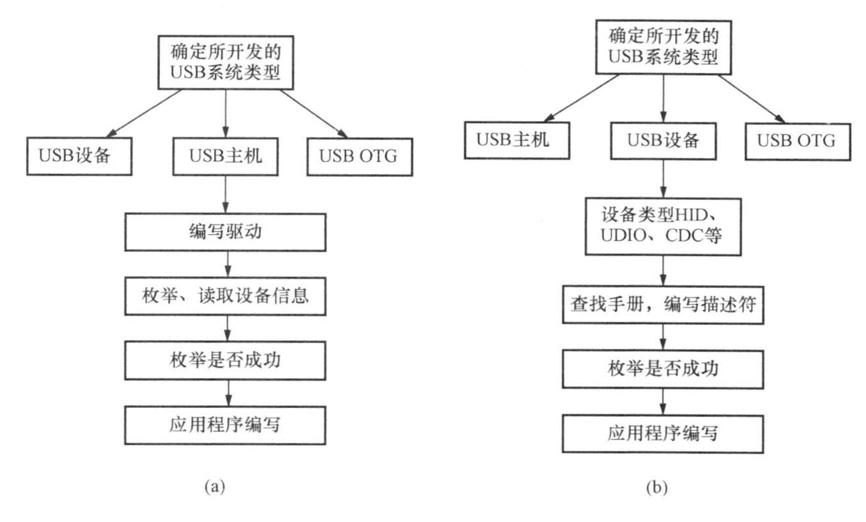

图 3-30　USB 的开发流程
(a) USB 主机；(b) USB 设备

述符后，编写 USB 枚举程序，观察是否枚举成功，如果枚举成功，此设备开发已经完成大部分；④编写应用程序，在枚举成功后，主要进行数据处理，编写应用程序。开发流程中，最主要的是枚举过程，枚举不成功，该设备就不能称为 USB 设备，更不能完成 USB 设备所赋予的任务。

如果直接从 USB 的标准、固件编程及驱动程序编程等基础直接开发，难度较大。目前，很多半导体厂商推出的 USB 芯片已经内置了协议固件并提供了成熟的开发包，用户可以在不了解或仅仅初步了解 USB 协议的基础上开发出 USB 接口设备。如 FTDI（Future Technology Devices Intel. Ltd）公司推出的第二代 USB 芯片 FT245BM，可以实现主机 USB 数据与外设并行数据传输的转换，FTDI 公司为其提供了虚拟串行口（virtual com port，VCP）与 D2XX（动态链接库）两种驱动程序。VCP 驱动程序被安装后，在 PC 机端将 USB 口虚拟成一个串行口，用户可用高级语言（如 VB、VC）的串口通信控件进行程序开发。如果采用 D2XX 驱动程序，则可以通过调用驱动程序的动态链接库直接访问 USB。FT245BM 芯片与单片机 AT89C52 连接的典型硬件电路如图 3-31 所示。

二、CAN 总线

（一）CAN 总线概述

控制器局域网（controller area network，CAN）是 ISO 国际标准化的串行通信协议。为了解决汽车上数量众多的电子设备之间的通信问题，减少电子设备之间繁多的信号，以汽车电子产品著称的德国 BOSCH 公司开发了 CAN 总线，并最终成为国际标准（ISO 11898）。在发动机管理系统、变速箱控制器、仪表装备、电子主干系统中，均嵌入 CAN 控制装置。由于其高性能、高可靠性、实时性等优点，也广泛应用于工业自动化、交通工具、医疗仪器以及建筑、环境控制等众多领域。CAN 是国际上应用最广泛、最有前途的现场总线之一。

CAN 是一种多主方式的串行通信总线，基本设计规范要求有高的位速率、高抗电磁干扰性能，而且能够检测总线上的任何错误，因此其具有高速性、高可靠性等特点。主要技术特点如下。

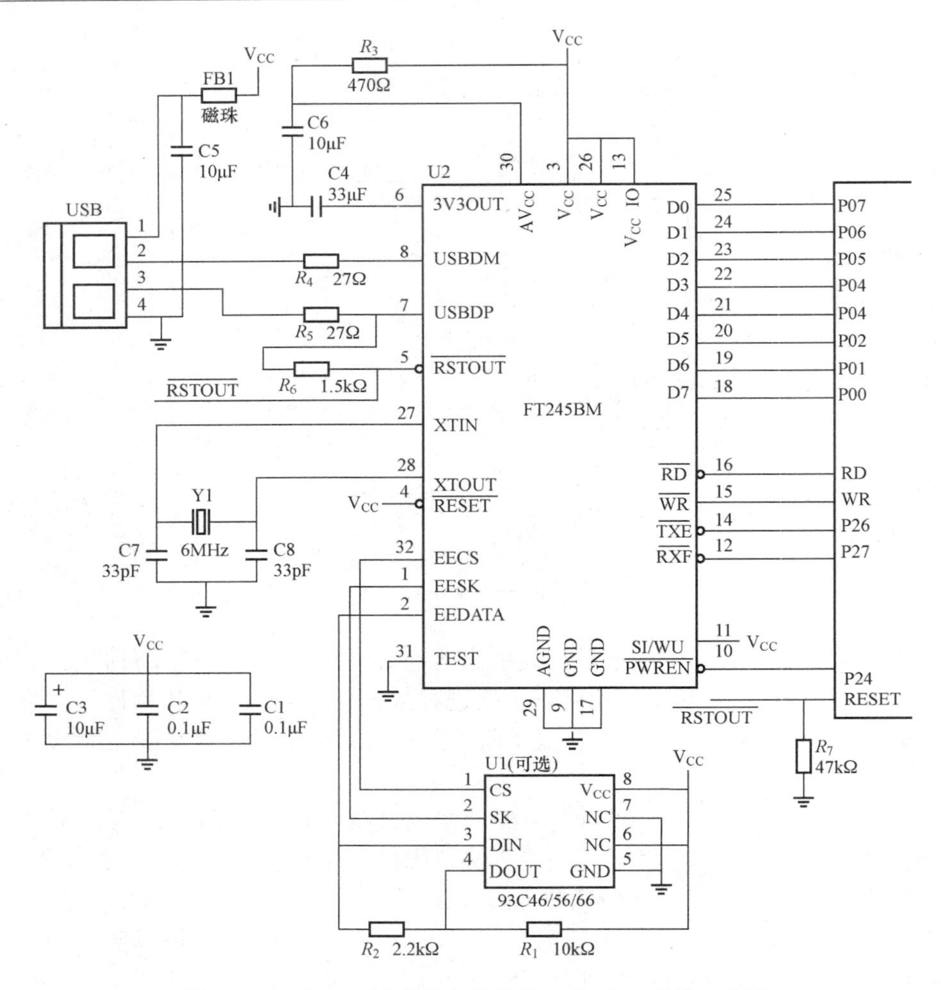

图 3 - 31 FT245BM 芯片与单片机 AT89C52 的接口电路

(1) 多主工作方式。网络上的任一节点均可主动发送报文；在总线空闲时，所有的节点都可开始发送报文；最先访问总线的节点可获得发送权，多个节点同时发送时，依据报文的优先权而不是节点的优先权进行总线访问控制。

(2) 非破坏性总线仲裁技术。当总线发生冲突时，高优先级报文可以不受影响地进行传输，保证了高优先级报文的实时性要求；而低优先级的报文退出传输。

(3) 具有点对点、一点对多点及全局广播等多种传输方式。

(4) 远程数据请求。CAN 总线可以通过发送“远程帧”，请求其他节点的数据。

(5) 高效的短帧结构。每个数据帧数据域最长为 8 字节，传送短报文时效率高。

(6) 高可靠性。短帧传输时间短，受干扰概率低，每帧都有位填充、校验（cyclic redundancy check，CRC）等措施，保证了极低的出错率；发送期间丢失仲裁或者由于出错而遭破坏的帧可自动重发。

(7) 自动关闭。CAN 总线可以判断出总线上错误的类型是暂时的数据错误（如外部噪声等）还是持续的数据错误（如单元内部故障、驱动器故障、断线等）。当节点发生持续数据错误时，可自动关闭，脱离总线。

（8）CAN总线上的节点数取决于总线驱动电路，目前可达110个。标准帧报文标识符有11位，而扩展帧的报文标识符（29位）的个数几乎不受限制。

（9）总线配置灵活。

基于CAN总线的优越特性，许多著名的芯片生产商，诸如Intel、NXP、Siemens、Freescale都推出了独立的CAN控制器芯片，或者带有CAN控制器的MCU芯片。

（二）CAN总线的基本工作原理

CAN通信协议主要描述设备之间的信息传递方式。CAN协议规范中关于层的定义与开放系统互联（open system interconnection，OSI）模型一致，设备中每一层均与另一设备上相同的那一层通信，实际的通信发生在每一设备上相邻的两层，而设备只通过模型物理层的物理介质互连。OSI模型把网络通信的工作分为7层，如图3-32所示，分别是物理层、数据链路层、网络层、传输层、会话层、表示层和应用层。CAN的规范定义了模型的最下面两层：数据链路层和物理层。应用层协议可以由CAN用户定义成适合特别工业领域的任何方案。已在工业控制和制造业领域得到广泛应用的标准是DeviceNet，是一种基于CAN技术的开放型、符合全球工业标准的低成本、高性能的通信网络，是为PLC和智能传感器设计的。在汽车工业，许多制造商都使用自己的标准。

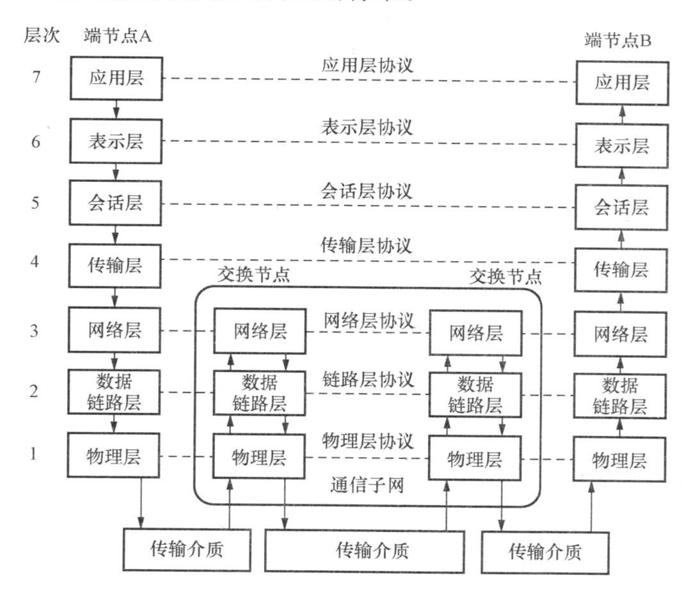

图3-32　OSI参考模型分层结构图

一些组织制定了CAN的高层协议，CAN的高层协议是一种在现有底层协议（物理层和数据链路层）之上实现的协议，高层协议是应用层协议。一些可使用的CAN高层协议有CiA的CAL、CiA的CANOpen、ODVA的DeviceNet、Honeywell的SDS、Kvaser的CANKingdom等。

CAN能够使用多种物理介质，如双绞线、光纤等。最常用的就是双绞线，信号使用差分电压传送。如图3-33所示，两条信号线被称为CAN_H和CAN_L，静态时均为2.5V左右，此时状态表示为逻辑1，也可以称作隐性；用CAN_H比CAN_L高表示逻辑0，称为显形，此时通常电平值为CAN_H=3.5V机CAN_L=1.5V。

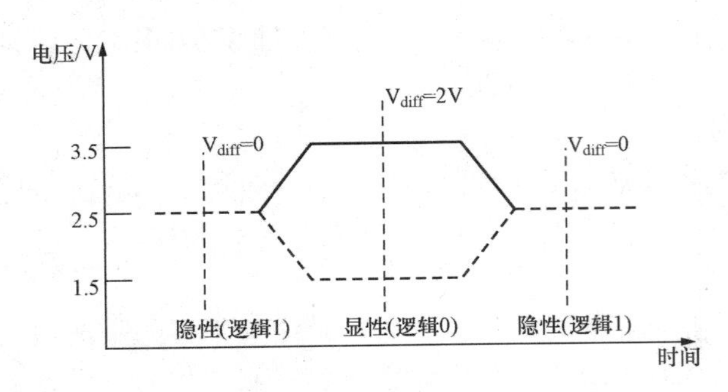

图 3 - 33 双绞线 CAN 总线电平标称值

（三）报文传输

在 CAN 网络中，一个发出报文的节点称为该报文的发送器，并且保持该身份直到总线空闲或丢失仲裁。如果一个节点不是这条报文的发送器，而且总线不为空闲，则该节点称为接收器。

CAN 总线在报文传输中由以下 4 种不同的帧类型表示和控制。

（1）数据帧。数据帧单独将数据从发送器传送到各个接收器。

（2）远程帧。远程帧请求具有相同标识符的数据帧的发送。

（3）错误帧。任何节点在检测到总线错误时就发送错误帧。

（4）过载帧。过载帧用于在先行的和后续的数据帧（或远程帧）之间提供附加的延时。

在 CAN2.0B 规范中，有两种帧格式，其区别主要在于标识符的长度：具有 11 位标识符的帧称为标准帧，而具有 29 位标识符的帧则称为扩展帧。数据帧和远程帧都可以使用标准帧格式或者扩展帧格式，它们通过帧间间隔与先前帧区分开。

（1）数据帧格式。数据帧由 7 个不同的部分组成：帧起始、仲裁域、控制域、数据域、CRC 域、应答域和帧结束。数据域的长度可以为 0。

（2）远程帧格式。作为数据接收器的节点，可以通过发送远程帧启动其资源节点发送数据。远程帧也有标准格式和扩展格式。远程帧包括：帧起始、仲裁域、控制域、CRC 域、应答域和帧结束。

（3）错误帧的格式。错误帧由两个不同的域组成。第一个域是来自不同节点的出错标志叠加，第二个域是错误界定符。有两种形式的错误标志，主动错误标志和被动错误标志。主动错误标志由 6 个连续的显性位组成。被动错误标志由 6 个连续的隐性位组成，除非被其他节点的显性位重写。错误界定符包括 8 个隐性的位，错误标志传送以后，每一节点就发送隐性位并一直监视总线直到检测出一个隐性位为止。然后就开始发送 7 位以上的隐性位。

（4）过载帧格式。过载帧包括两个位域：过载标志和过载界定符。过载标志由 6 个显性位组成。过载标志的所有形式和主动错误标志的一样。过载标志的形式破坏了间歇域的固定形式，因此，所有其他的节点都检测到一过载条件并与此同时发出过载标志。如果在帧间间隔间歇域的第 3 位期间检测到一个显性位，则该位将解释为帧起始。过载界定符由 8 个隐性位组成。过载界定符的形式和错误界定符的形式一样。在过载标志被发送后，节点就一直监测总线，直到检测到一个从显性位到隐性位的跳变。此时，总线上的每一个节点都完成了过载标志的发送，并开始同时发送剩余的 7 个隐性位。

（5）帧间空间。帧间空间包括间歇场、总线空闲的位场。间歇场包括 3 个隐性位。间歇期间，所有的站均不允许传送数据帧或远程帧。总线空闲的时间长度是任意的，只要总线为空闲，任何等待发送信息的节点就会访问总线。

（四）CAN 总线节点的设计

CAN 总线节点的硬件构成如图 3 - 34 所示。CAN 控制器用于将欲收发的信息（报文）转换为符合 CAN 规范的 CAN 帧，通过 CAN 收发器在 CAN 总线上交换信息。CAN 收发器是 CAN 控制器和物理总线之间的接口，将 CAN 控制器的逻辑电平转换为 CAN 总线的差分电平，在两条有差分电压的总线电缆上传输数据。

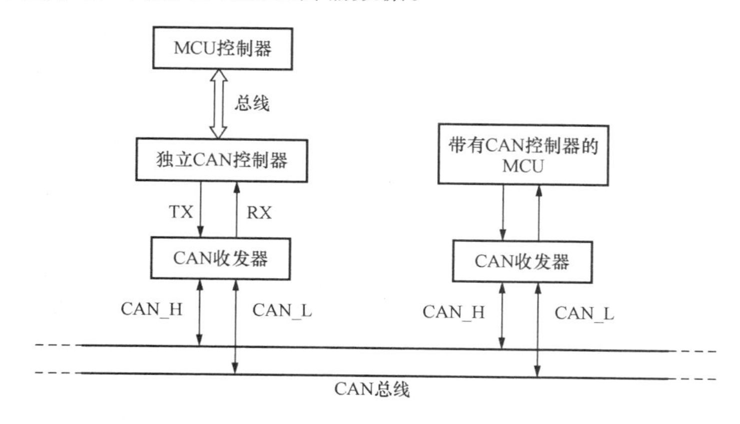

图 3-34 CAN 总线节点的硬件构成

CAN 节点的硬件构成方案有两种：①MCU 控制器+独立 CAN 控制器+CAN 收发器，独立 CAN 控制器如 MCP2515、SJA1000，其中 MCP2515 通过 SPI 总线和 MCU 连接，SJA1000 通过数据总线和 MCU 连接；②带有 CAN 控制器的 MCU+CAN 收发器。目前，市场上带有 CAN 控制器的 MCU 有许多种，如 P87C591、LPC2294、C8051F340 等。

两种方案的节点构成都需要通过 CAN 收发器同 CAN 总线相连，常用的 CAN 收发器有 PCA82C250、PCA82C251、TJA1050、TJA1040 等。

两种方案的节点构成各有利弊：①方案编写的 CAN 程序是针对独立 CAN 控制器的，程序可移植性好，编写好的程序可以方便地移植到任意的 MCU，但是，由于采用了独立的 CAN 控制器，占用了 MCU 的 I/O 资源，并且电路变得复杂。②方案编写的 CAN 程序是针对特定选用的 MCU，如 LPC2294。程序编写好后，不可以移植。但是，MCU 控制器中集成了 CAN 控制器单元，硬件电路变得简单些。

基于方案①，以 AT89C52 单片机为微控制器、SJA1000 为 CAN 控制器、82C250 为 CAN 收发器，CAN 总线系统智能节点硬件电路如图 3-35 所示。SJA1000 独立 CAN 控制器是 PHILIPS 公司的产品，它在完全兼容 PCA82C200 的基础上，增加了一种新的工作模式 PeliCAN，SJA1000 完全支持具有很多新特性的 CAN2.0B 协议。SJA1000 工作模式的选择是通过其内部时钟分频寄存器中的 CAN 模式位来确定的，硬件复位默认为 Basic CAN 工作模式。PCA82C250 是 CAN 协议控制器和物理总线的接口，此器件对总线提供差动发送能力，对 CAN 控制器提供差动接收能力。

三、I^2C 总线

（一）I^2C 总线

I^2C（inter-integrated circuit）总线是 Philips 公司开发的两线式串行总线，是一种集成电路芯片间的总线。有三种模式：标准模式 S-mode（standard-mode，最高传输速率 100Kbit/s）、快速模式 F-mode（fast-mode，最高传输速率可达 400Kbit/s）和高速模式 Hs-mode（high-speed mode，最高传输速率可达 3.4Mbit/s）。I^2C 总线只有两条总线线路：串行数据线（serial data，SDA）和串行时钟线（serial clock，SCL）。挂接在总线上的器件都

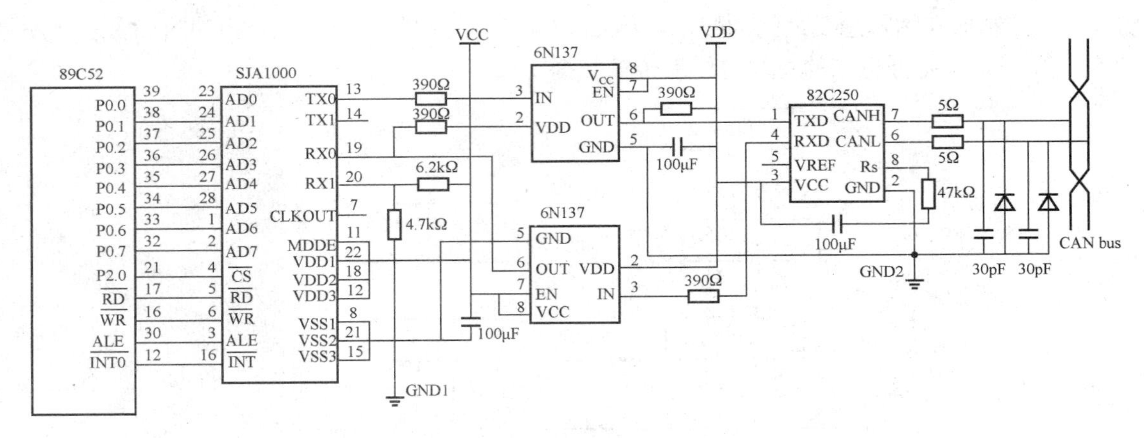

图 3 - 35 CAN 总线节点电路图

通过 SDA 和 SCL 传输信息，减少了印刷电路板上的走线，提高了系统的可靠性。挂接在总线上的器件都有唯一的地址，根据器件功能的不同，有的可充当接收器（receiver），有的可充当发送器（transmitter）。发送器是往总线上发送数据的器件，接收器是从总线上接收数据的器件。在数据传输过程中，有的器件充当的是主控器（master），即主器件；有的充当的是被控器（slave），即从器件。主控器负责启动数据传输，并产生时钟信号，负责传输的终止。此时，任何被寻址的器件都是被控器。总线上主/从、接受/发送的关系不是一成不变的，此时的主控器可能在彼时就变成了被控器。I^2C 总线是一个多主控总线，这意味着连接在总线上的能够控制总线的器件可能不止一个，可能会有多个器件同时去启动数据传输。为了避免这种混乱，就需要总线仲裁。这依靠于 SDA 和 SCL 的线“与”功能。因为连接在总线上的器件的输出端均为漏极开路或集电极开路状态，需要上拉电阻和正电源连接，具有线“与”功能。两线在空闲时都处于高电平状态。标准模式和快速模式下总线的连接如图 3 - 36 所示。连接到同一总线上的器件数量只受到最大电容 400pF 的限制。

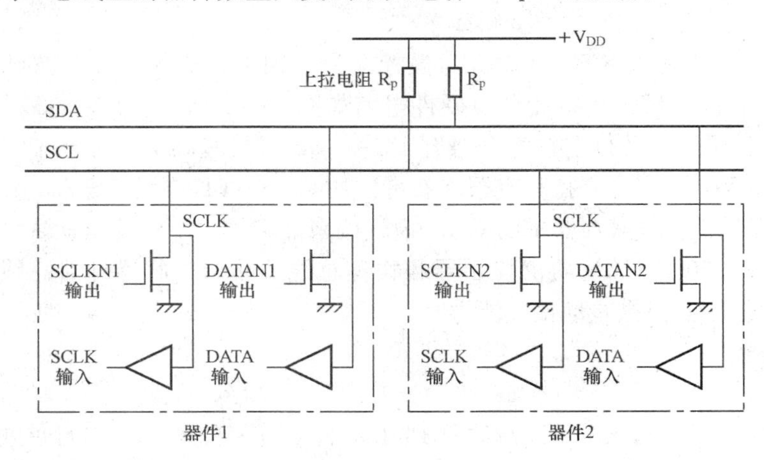

图 3 - 36 标准模式与快速模式的 I^2C 总线器件连接图

I^2C 总线上数据传输的时序如图 3 - 37 和图 3 - 38 所示。每次数据的传输均以起始信号（S：START）开始，以终止信号（P：STOP）结束。SDA 线上的每位有效数据均对应着

SCL线上一个脉冲。只有当SCL为高电平（SCL=1）时，SDA上的数据才有效，电平必须保持稳定；当SCL为低电平（SCL=0）时，SDA线上的数据无效，电平状态才允许改变。当SCL为高电平时，SDA从高电平到低电平的变化为起始信号；当SCL为高电平时，SDA从低电平到高电平的变化为终止信号。一个通信过程中，应有一个起始信号和一个终止信号。当起始信号后，总线处于忙的状态，只有当终止信号之后的一段时间，总线才回到空闲状态。如果在总线忙时，又产生了重复起始信号（Sr：Repeated START），此时，起始信号（S）和重复起始信号（Sr）在功能上是一样的。起始信号和终止信号均由主控器产生。起始信号建立时间、时钟低电平和高电平宽度等参数见表3-16。

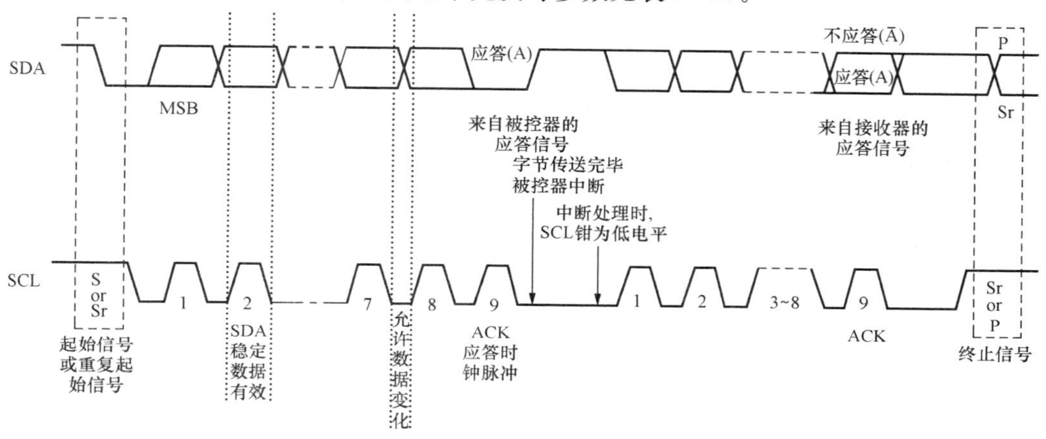

图3-37　I²C总线上数据的传输

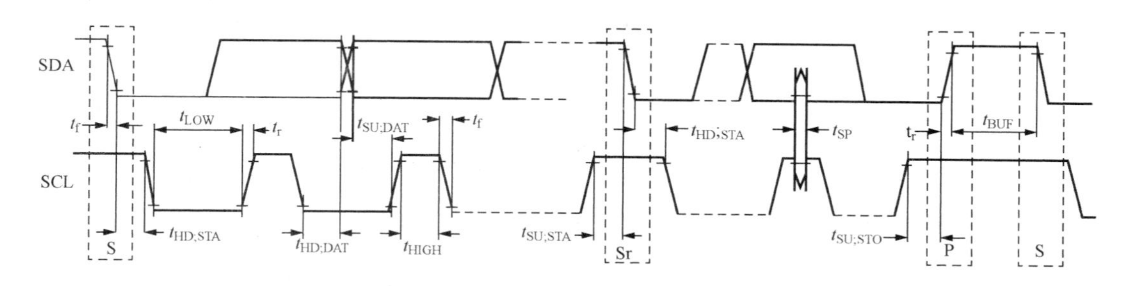

图3-38　标准模式和快速模式下I²C总线上器件时序的定义

表3-16　标准和快速模式下I²C总线SDA和SCL的时序参数

参数	符号	标准模式		快速模式		单位
		最小	最大	最小	最大	
时钟频率	f_{SCL}	0	100	0	400	KHz
起始信号保持时间	$t_{HD;STA}$	4.0	—	0.6	—	μs
SCL时钟低电平宽度	t_{LOW}	4.7	—	1.3	—	μs
SCL时钟高电平宽度	t_{HIGH}	4.0	—	0.6	—	μs
重复起始信号建立时间	$t_{SU;STA}$	4.7	—	0.6	—	μs
数据建立时间	$t_{SU;DAT}$	250	—	100	—	μs
终止信号建立时间	$t_{SU;STO}$	4.0	—	0.6	—	μs
新发送开始前总线空闲时间	t_{BUF}	4.7	—	1.3	—	μs

被发送到 SDA 线上的字节必须是 8 位，但是每次传输可以发送的字节数不受限制。每个字节后必须跟随一个应答位。传输的时候高位（most significant bit，MSB）在前，低位（least significant bit，LSB）在后。如果被控器有其他的任务而无法继续接受或传输下一字节数据时，如处理内部中断，那么 SCL 就被被控器钳为低电平，迫使主控器进入等待状态。当被控器准备好并释放 SCL 线后，传输得以继续。

数据的传输必须有应答位，应答信号对应的时钟仍由主控器产生。发送器必须在应答信号前预先释放对 SDA 的控制。如图 3 - 37 所示，第 9 个时钟位上，接收方在 SDA 线输出低电平为应答信号（A），高电平为非应答信号（$\overline{A}$）。当被控接收器发出的是应答信号，则主控发送器可以发送下一字节数据；当被控接收器发出的是非应答信号（或没有发出应答信号），则主控器发送终止信号（P）放弃这次传输或产生重复起始信号（Sr）开始新的传输。主控接收器接收到被控发送器发送来的最后一个数据字节时，它不给被控器发送应答信号，被控器必须释放 SDA 线，以便主控器可以发送终止信号（P）来结束传输或产生重复起始信号（Sr）开始新的传输。

I^2C 总线的数据传输格式如图 3 - 39 所示。在起始信号（S）之后，发送 7 位的被控器地址，高位在前，低位在后。第 8 位是数据方向（R/$\overline{W}$）位，0 表示发送（写），1 表示接收（读）。总线上数据传输有多种组合方式。

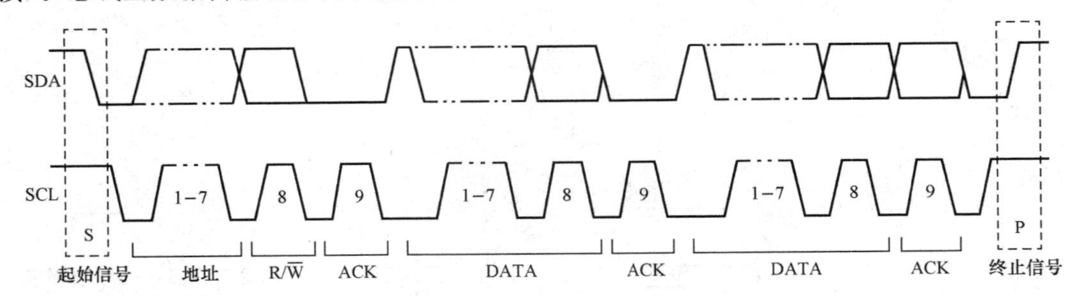

图 3 - 39 一个完整的数据传输

（1）主控器发送被控器接收，主控器发送 n 个字节数据。

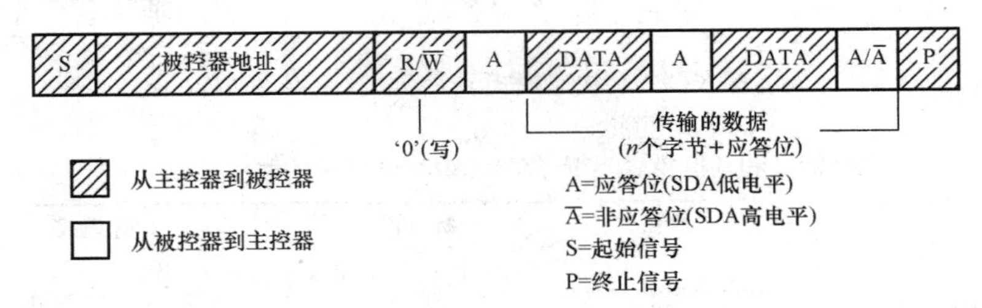

（2）主控器读被控器，主控器读取 n 个字节数据。发送第一字节时，主控器是发送器，被控器是接收器；第一个应答信号后，主控器是接收器，被控器是发送器。第一个应答信号由被控器产生。

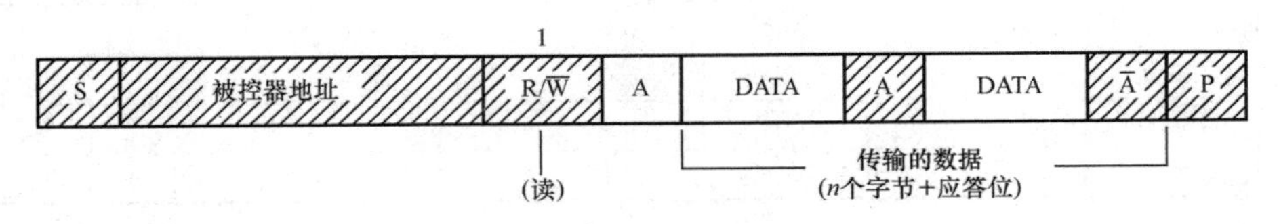

（3）组合格式。

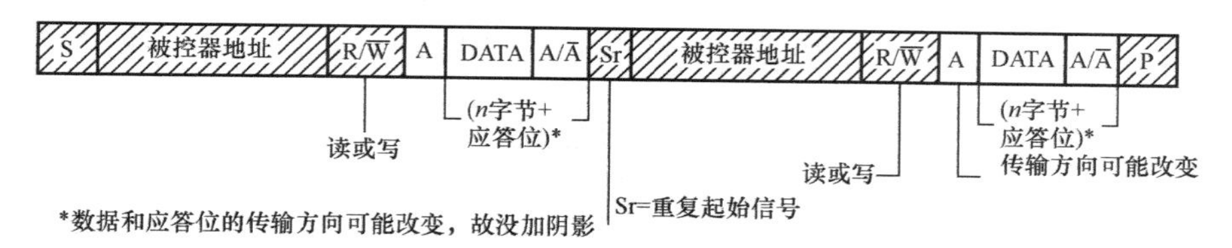

在数据传输的过程中，起始信号后首先要发送地址字节，地址字节由7位器件地址和1位方向位组成。连接到总线上的每个器件都会接收到主控器发送的地址，然后把它和自己的地址比较，如果比较一致，这个器件就认为自己是主控器寻址的被控器件。到底是被控接收器还是发送器，取决于R/$\overline{W}$位，1为发送器（主控器读），0为接收器（主控器写）。总线上器件的地址由固定部分（高位）和可变部分（低位）组成。一个系统中可能有多种不同类型的器件，固定部分是器件类型的编号，可变地址部分决定了可接入同一总线的同类型器件的个数。一个器件可变地址的位数取决于器件的可用地址引脚数。如ATMEL的E^2PROM的串行存储器芯片AT24C01A和24C02C，地址的固定部分1010B，三条地址引脚A2A1A0。挂接在同一I^2C总线上的AT24C01A或24C02C最多8个，如果A2A1A0都接地，则该器件的本机地址为1010000B。R/$\overline{W}$=0，则起始信号后的第一字节为10100000B，即A0H；R/$\overline{W}$=1，则起始信号后的第一字节为10100001B，即A1H。

I^2C总线地址由I^2C总线委员会统一分配，固定地址为0000B和1111B的两组地址专门为特殊用途保留，见表3-17。

表3-17　I^2C总线中特殊用途的地址

被控器地址	R/$\overline{W}$位	用途描述
0000　000	0	广播地址
0000　000	1	起始字节
0000　001	×	CBUS地址
0000　010	×	不同格式总线的保留地址
0000　011	×	待定
0000　1××	×	高速模式主控器代码
1111　1××	×	待定
1111　0××	×	10被控器寻址

（二）应用实例

24C02C是Microchip公司生产的256B×8位的串行E^2PROM存储器芯片，存储的信息可以保存200年，可写1百万次。如图3-40所示，共有8个引脚：A0、A1、A2为器件地址线；SDA为串行数据线；SCL为串行时钟线；WP为写保护信号线；VSS为地；VCC为电源。当WP接VCC时，所有的内容都被写保护（只能读）；当WP连接VSS时允许对器件进行正常的读/写操作。器件地址的固定部分为

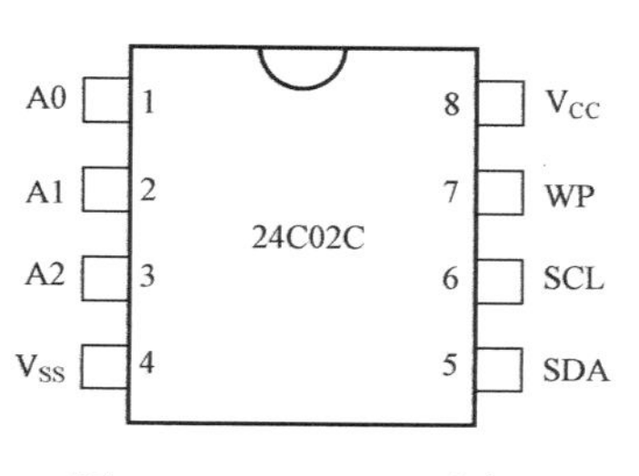

图3-40　24C02C引脚图

1010B，可变部分由 A2、A1、A0 决定。24C02C 有 16 页，每页 8 个字节。对 24C02C 的读写有字节写、页写、当前地址读、选择性读、连续读多种方式，时序可查阅 24C02C 说明书。

AT89C52 并没有 I^2C 总线硬件接口，但是可以采用软件模拟。I^2C 总线是二线制，需要两个引脚来模拟 SDA 线和 SCL 线，此处用 P1.0 和 P1.1 口。软件模拟时，要根据图 3-41 所示的时序定义，保证高低电平稳定的时间满足 I^2C 的定义。如标准模式下重复起始信号（Sr）的建立时间 $t_{SU;STA}$、新的发送开始前总线空闲时间 t_{BUF}、时钟低电平宽度 t_{LOW} 不得小于 4.7μs。

AT89C52 模拟 I^2C 总线并挂接两片 24C02C 的电路原理图如 3-41 所示，U3 的 7 位地址为 1010 000B，读和写时的地址字节分别为 1010 0001B（A1H）、1010 0000B（A0H）；U2 的 7 位地址为 1010 001B，读和写时的地址字节分别为 1010 0011B（A3H）、1010 0010B（A2H）。

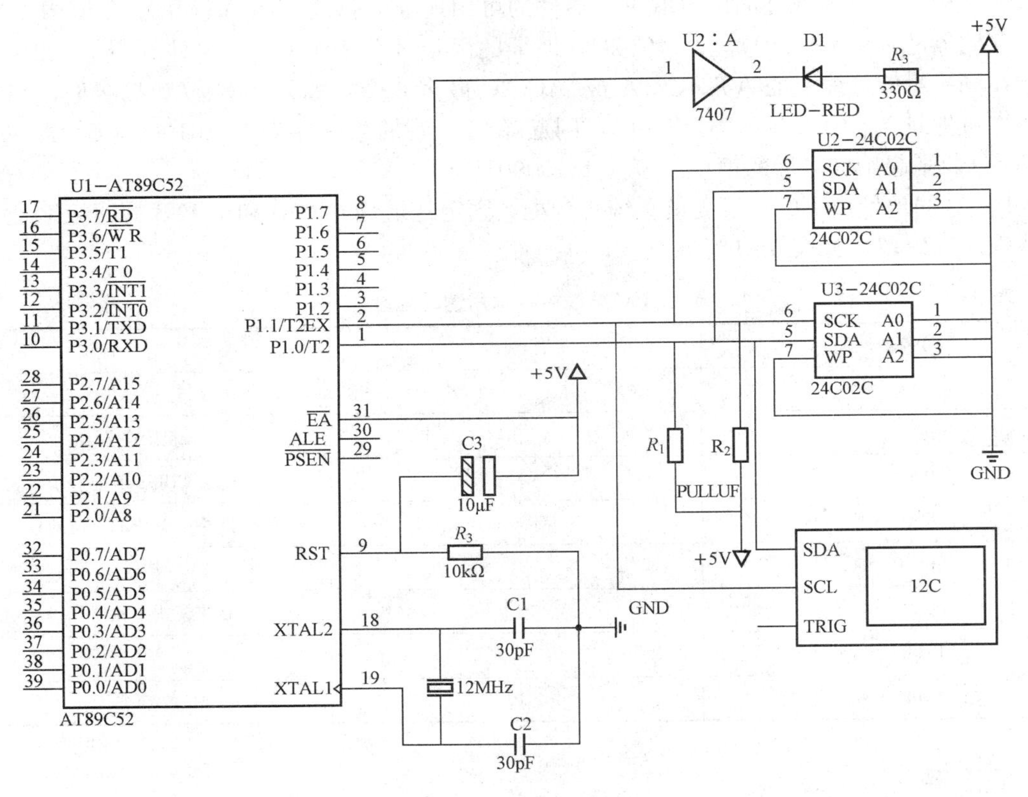

图 3-41 AT89C52 模拟 I^2C 总线接口扩展两片 24C02C 的电路原理图

四、SPI 总线

串行外围设备接口（serial peripheral interface，SPI）。是 Motorola 首先在其 MC68HCXX 系列处理器上定义的。SPI 接口主要应用在 EEPROM，FLASH，实时时钟，AD 转换器，还有数字信号处理器和数字信号解码器之间。SPI，是一种高速的，全双工，同步的通信总线，并且在芯片的管脚上只占用四根线，节约了芯片的管脚，同时为印制电路板（printed circuit board，PCB）的布局上节省空间，提供方便。现在越来越多的单片机芯片集成了这种通信协议，比如 AT91RM9200。

SPI 总线系统是一种同步串行外设接口，它可以使 MCU 与各种外围设备以串行方式进行通信以交换信息。外围设置 FLASHRAM、网络控制器、LCD 显示驱动器、A/D 转换器和 MCU 等。

SPI 总线系统可直接与各个厂家生产的多种标准外围器件直接接口，该接口一般使用 4 条线：串行时钟线（serial clock，SCK）、主机输入/从机输出数据线（master in slave out，MISO）、主机输出/从机输入数据线（master out slave in，MOSI）和低电平有效的从机选择线 SS（有的 SPI 接口芯片带有中断信号线 INT 或 INT、有的 SPI 接口芯片没有主机输出/从机输入数据线 MOSI）。

SPI 的通信原理很简单，它以主从方式工作，这种模式通常有一个主设备和一个或多个从设备，需要至少 4 根线，事实上 3 根也可以（单向传输时）。也是所有基于 SPI 的设备共有的，它们是数据输入（serial dcotain，SDI），数据输出（serial data ont，SDO），时钟（serial clack，SCK），片选（chip selection，CS）。

（1）SDI：主设备数据输入，从设备数据输出；

（2）SDO：主设备数据输出，从设备数据输入；

（3）SCLK：时钟信号，由主设备产生；

（4）CS：从设备使能信号，由主设备控制。

其中 CS 是控制芯片是否被选中的，也就是说只有片选信号为预先规定的使能信号时（高电位或低电位），对此芯片的操作才有效。这就允许在同一总线上连接多个 SPI 设备成为可能。接下来就负责通信的 3 根线了。通信是通过数据交换完成的，这里先要知道 SPI 是串行通信协议，也就是说数据是一位一位的传输的。这就是 SCK 时钟线存在的原因，由 SCK 提供时钟脉冲，SDI，SDO 则基于此脉冲完成数据传输。数据输出通过 SDO 线，数据在时钟上升沿或下降沿时改变，在紧接着的下降沿或上升沿被读取。完成一位数据传输，输入也使用同样原理。这样，在至少 8 次时钟信号的改变（上沿和下沿为一次），就可以完成 8 位数据的传输。

要注意的是，SCK 信号线只由主设备控制，从设备不能控制该信号线。同样，在一个基于 SPI 的设备中，至少有一个主控设备。这样传输的特点：这样的传输方式有一个优点，与普通的串行通信不同，普通的串行通信一次连续传送至少 8 位数据，而 SPI 允许数据一位一位地传送，甚至允许暂停，因为 SCK 时钟线由主控设备控制，当没有时钟跳变时，从设备不采集或传送数据。也就是说，主设备通过对 SCK 时钟线的控制可以完成对通信的控制。SPI 还是一个数据交换协议：因为 SPI 的数据输入和输出线独立，所以允许同时完成数据的输入和输出。

最后，在点对点的通信中，SPI 接口不需要进行寻址操作，且为全双工通信，显得简单高效。在多个从设备的系统中，每个从设备需要独立的使能信号，硬件上比 I^2C 系统要稍微复杂一些。SPI 接口的一个缺点是没有指定的流控制，没有应答机制确认是否接收到数据。

AT89C52 并没有 SPI 硬件接口，可以用软件进行模拟，包括串行时钟、数据输入和数据输出。串行外部时钟由 P1.0 提供，对应于 SCK 的串行时钟输入；片选信号由 P1.1 提供；转换数据由 P1.1 读取，对应于 SO 的串行输出。AT89C52 模拟 SPI 通过 MAX7221 驱动 8

位数码管电路原理如图 3 - 42 所示。

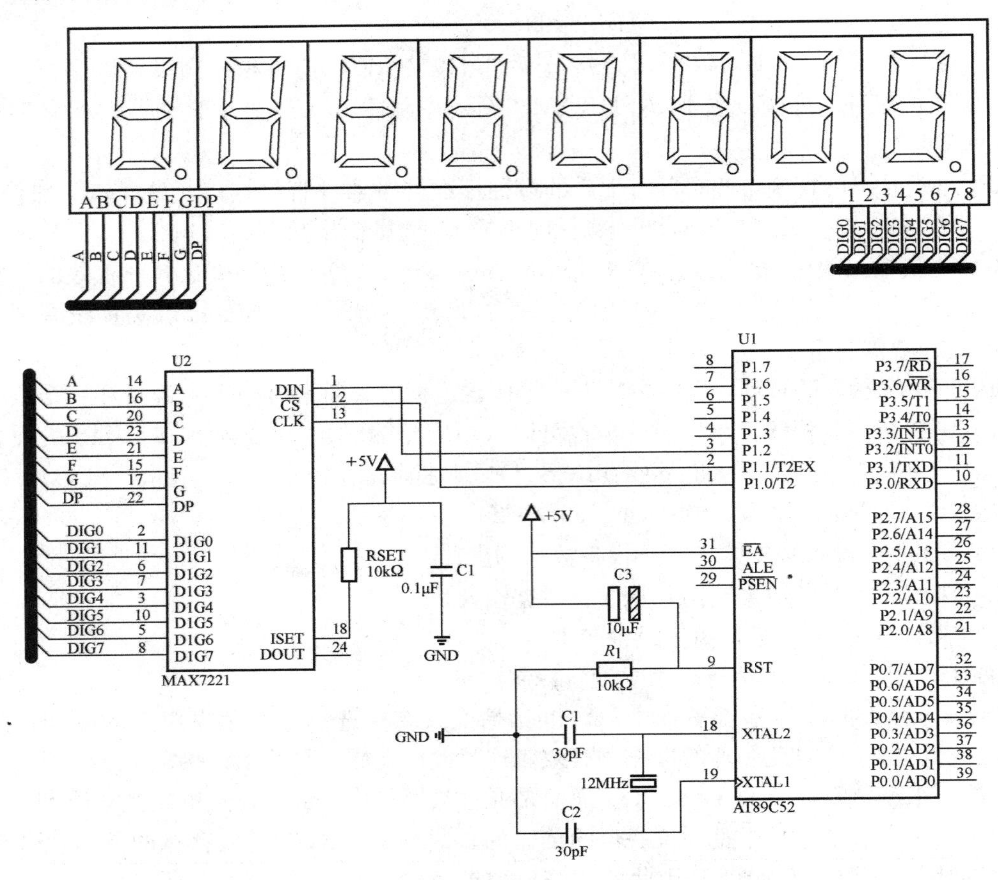

图 3 - 42　AT89C52 模拟 SPI 通过 MAX7221 驱动 8 位数码管的电路原理

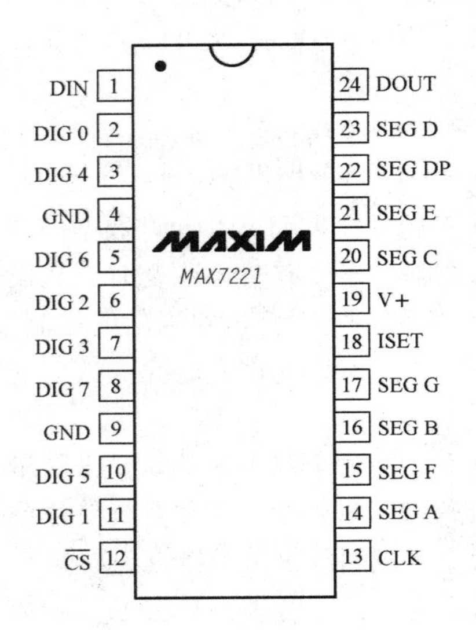

图 3 - 43　MAX7221 引脚图

MAX7221 是 Maxim 公司生产的具有 SPI 的共阴极显示驱动器，能够同时驱动 8 位 LED 数码管或 64 个独立的 LED，通过级联可以驱动更多。具有 SPI 等串行接口，与单片机相连仅需三根线：时钟线 CLK、串行数据输入线 DIN 和片选线 $\overline{\text{CS}}$。MAX7221 可以工作于 BCD 译码方式和非译码方式，片内 8 个数位寄存器（8B×8 位的静态 RAM）存储 8 个数码，可以直接寻址，可以对单个数位进行更新，具有模拟和数字双重亮度控制；关闭模式（省电模式）下，MAX7221 的耗电仅 150μA。芯片的引脚如图 3 - 43 所示，功能如下。

DIN：串行数据输入线。在时钟 CLK 的上升沿，数据被移入 16 位的移位寄存器。

DIG0～DIG7：8 位共阴极数码管的控制端。显示关闭时为高阻抗。

GND：接地线。4 和 9 引脚都要接地。

$\overline{CS}$：片选输入线，低电平有效。$\overline{CS}$为低电平时，串行数据移入移位寄存器；在$\overline{CS}$的上升沿，最后的 16 位串行数据被锁存。

CLK：串行时钟线。最高频率 10MHz。在 CLK 的上升沿，数据被移入内部的移位寄存器；CLK 的下降沿时，数据从 DOUT 输出。只有当$\overline{CS}$为低电平时 CLK 的输入有效。

SEG A～SEG G，DP：7 段和小数点的驱动线。显示关闭时为高阻抗。

ISET：通过电阻和＋5V 电源相连，用来设定各段驱动电流。

V＋：＋5V 电源。

DOUT：串行数据输出线。由 DIN 输入的数据经过 16.5 个时钟周期后由 DOUT 输出。这个引脚用于 MAX7221 的级联，从不处于高阻状态。

在$\overline{CS}$为低电平时，CLK 才有效。16 位的数据包在每个时钟的上升沿由 DIN 引脚移入内部的移位寄存器，经过 16.5 个时钟周期后，数据在每个时钟的下降沿由 DOUT 移出。在$\overline{CS}$的上升沿，数据被锁存到数位寄存器或控制寄存器。16 位数据包的格式、寄存器的地址及作用可查阅 MAX7221 说明书。

第三节　接　口　技　术

一、并行接口扩展

AT89C52 单片机有 4 个并行 I/O 口：P0、P1、P2 和 P3。在外部设备较多的情况下，通常需要用可编程接口芯片进行扩展，如 Intel 公司的芯片 8155、8255A。下面以可编程并行接口芯片 8255A 为对象介绍接口的扩展方法。

8255A 是 Intel 公司的通用并行输入/输出接口芯片，包含三个 8 位端口，三种工作方式。通过软件编程进行功能配置，通常不需要再附加外部电路就能直接与外部设备相连接，使用方便。

（一）引脚和内部结构

8255A 为 DIP40 封装，引脚如图 3-44 所示，引脚的代号略有差异。各引脚如下：D7～D0 为三态双向数据总线；RESET 为复位信号线，高电平有效；$\overline{CS}$为片选信号线，低电平有效；$\overline{RD}$为读信号线，低电平有效；$\overline{WR}$为写信号线，低电平有效；A0、A1 为端口地址线；PA7～PA0 为端口 A 输入/输出线；PB7～PB0 为端口 B 输入/输出线；PC7～PC0 为端口 C 输入/输出线；V_{CC}为＋5V 电源；GND 为地线。

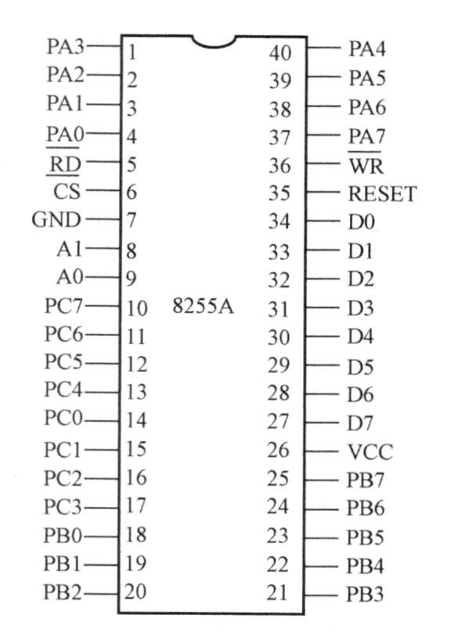

图 3-44　8255A 的引脚图

8255A 的内部结构如图 3-45 所示。包括如下几部分。

（1）端口 A、B、C。8255A 包含了三个 8 位端口 A、B、C（引脚分别为 PA7～PA0、PB7～PB0、PC7～PC0）。端口 A 包含了一个 8 位的数据输出锁存/缓冲器和一个 8 位的数据输入锁存器；端口 B 包含了一个 8 位的数据输入/输出锁存/缓冲器和一个 8 位的输入缓冲器；端口 C 包含了一个 8 位的数据输出锁存/缓冲器和一个 8 位的数据输入缓冲器（输入无锁存）。端口 C 可以被分为两

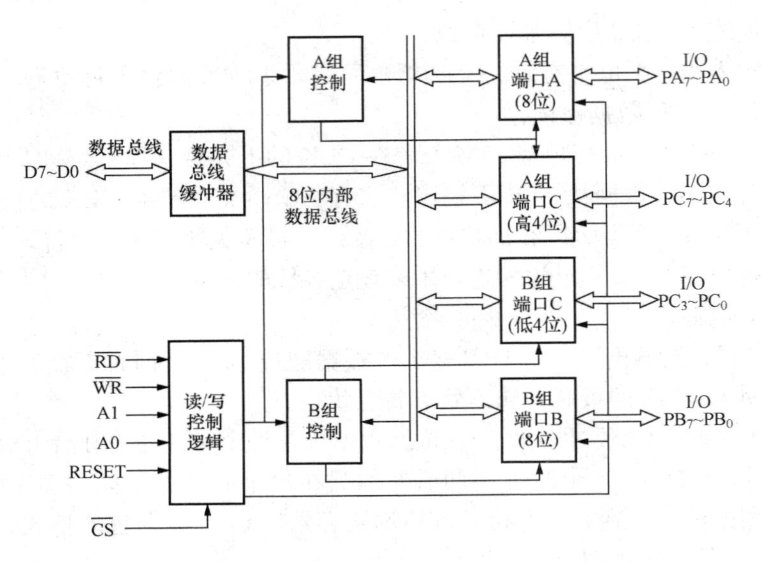

图 3-45 8255A 的内部结构

个 4 位的端口，每个 4 位的端口包含了一个 4 位的锁存器，可以配合端口 A、B 作状态或控制信息的传送端口。

(2) 数据总线缓冲器。3 态双向 8 位缓冲器是 8255A 和系统数据总线的接口。根据 CPU 的输入输出指令，通过缓冲器进行数据接收和发送。控制字和状态字也是通过缓冲器进行传送的。

(3) 读/写控制逻辑。接收从 CPU 总线上发送过来的地址信号和控制信号，控制 I/O 口的读/写操作，输入的信号包括$\overline{CS}$、$\overline{RD}$、$\overline{WR}$、RESET、A0 和 A1。8255A 的控制信号和端口工作状态的对应关系见表 3-18。

表 3-18 8255A 的控制信号和端口工作状态的对应关系

A1	A0	$\overline{RD}$	$\overline{WR}$	$\overline{CS}$	工作状态
0	0	0	1	0	A 口→数据总线（读）
0	1	0	1	0	B 口→数据总线（读）
1	0	0	1	0	C 口→数据总线（读）
0	0	1	0	0	数据总线→A 口（写）
0	1	1	0	0	数据总线→B 口（写）
1	0	1	0	0	数据总线→C 口（写）
1	1	1	0	0	数据总线→控制寄存器（写）
×	×	×	×	1	数据总线为三态
1	1	0	1	0	非法条件
×	×	1	1	0	数据总线为三态

(4) A 组和 B 组控制。根据 CPU 写入的“控制字”来控制 8255A 的工作方式。A 组控制电路控制 A 口和 C 口的上半口（PC4～PC7），B 组控制电路控制 B 口和 C 口的下半口

(PC0～PC3)。根据读/写控制逻辑，从内部数据总线上接收“控制字”，控制字寄存器只能写而不允许读。

（二）8255A 端口地址

8255A 有两条地址线 A1 和 A0，A1 和 A0 不同的组合对应不同的端口。当对端口 A、B、C 和控制字寄存器进行读写操作时，必须指定相应的端口地址，这由 A1 和 A0 来区别，对应如下：

A1	A0	
0	0	端口 A
0	1	端口 B
1	0	端口 C
1	1	控制字寄存器

AT89 单片机外部数据存储器的寻址空间为 64KB，其中包括外部可编程的部、器件在内。对 8255A 端口的操作使用的是对片外数据存储器操作的指令，即用 MOVX 指令读写端口和寄存器。

（三）8255A 的控制字

8255A 有三种工作方式：方式 0、方式 1 和方式 2，可通过程序向控制字寄存器写入不同的控制字来设定工作方式。工作方式的定义和总线接口的连接如图 3-46 所示。

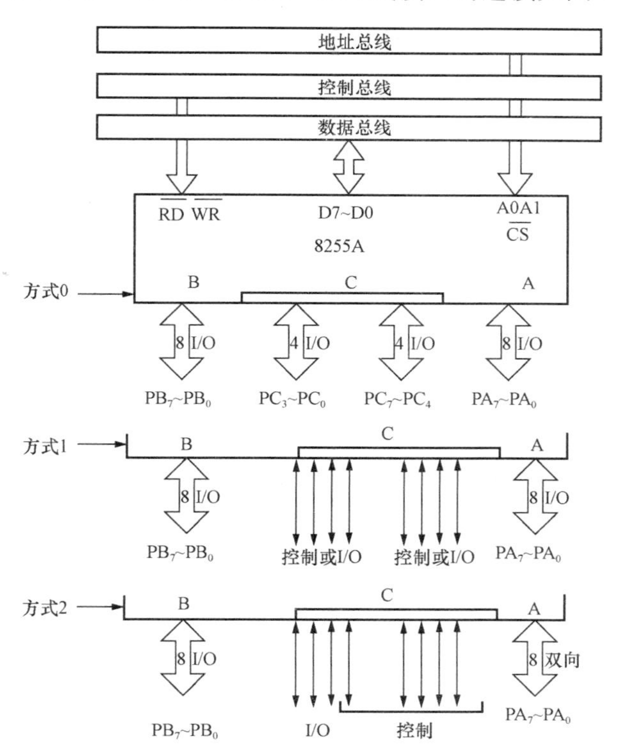

图 3-46　工作方式的定义和总线接口的连接图

8255A 有两个控制字：工作方式控制字和端口 C 按位置位/复位控制字。它们的端口地址都是 A1A0=11，利用控制字的最高位 D7 来区分：D7=1 为工作方式控制字；D7=0 为

C 口按位置位/复位控制字。寄存器的格式如图 3-47 所示。8255A 复位后全部内部寄存器，包括控制字寄存器等均清零，端口 A、B、C 都被设为数据输入方式。

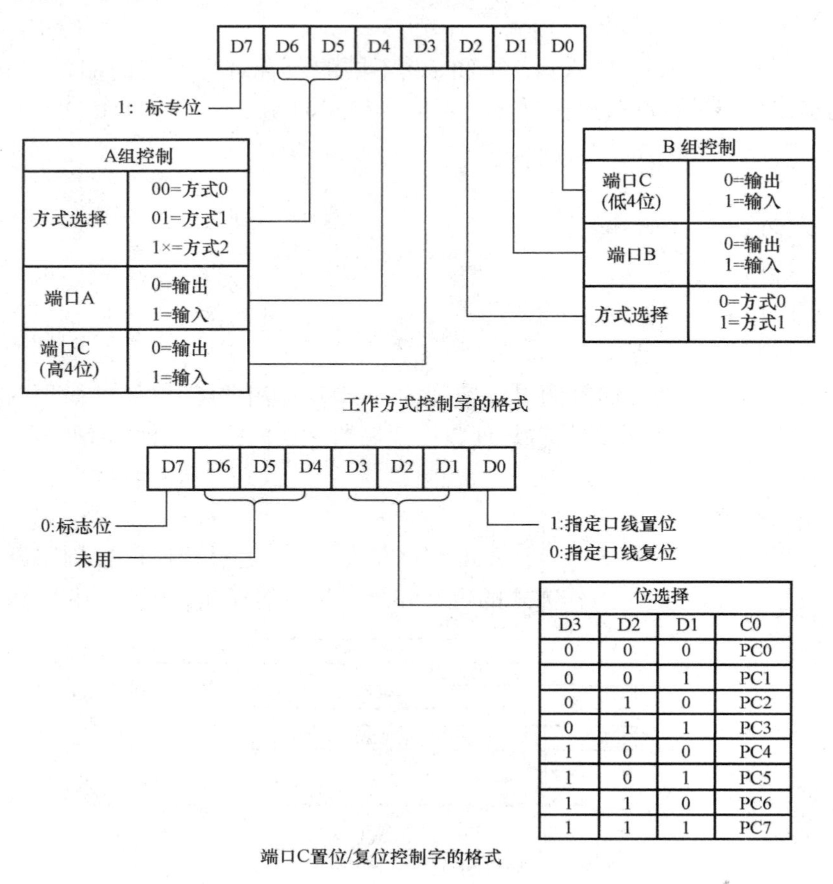

图 3-47 8255A 控制字的格式

（四）8255A 的工作方式

（1）工作方式 0：基本输入输出方式（Basic Input/Output）。

（2）工作方式 1：选通输入输出方式（Strobed Input/Output）。

（3）工作方式 2：选通双向输入输出方式（Bi-Directional Bus）。

8255A 的三个端口 A、B、C 分为两组：C 口的上半部分和 A 口称为 A 组，C 口的下半部分和 B 口称为 B 组。A 口和 B 口的功能可以分别定义，C 口的功能取决于 A 口和 B 口的功能定义。从图 3-47 可以看到，A 口可工作于方式 0、1 和 2，对应于工作方式控制字的 D6D5＝00、01、1×；B 口可工作于方式 0、1，对应于工作方式控制字的 D2＝0、1。

方式 0 是没有固定的用于应答的联络信号；方式 1 和方式 2 都用了端口 C 的某些引脚作为固定的应答联络线，C 口没有使用的引脚可以用作基本的输入/输出。方式 0 常用于与外设无条件数据传送或查询方式数据传送。

工作方式 0 的基本功能为：①两个 8 位的端口（A，B）和两个 4 位的端口（C）口的上半部分和下半部分；②任何一个口都可以设定为输入或者输出；③输出有锁存，输入无锁存。

如果要将 8255A 设定为 A 组和 B 组都工作于方式 0、A 口和 C 口上半部分为输入、B 口和 C 口下半部分为输出，则工作方式控制字为 10011000B，即 98H。只需要向控制字寄存器写入 98H 即可设定 8255A 的功能。如果端口 A、B、C 和控制字寄存器的地址分别为 7FFCH、7FFDH、7FFEH 和 7FFFH，初始化的程序为

```
MOV  DPTR,＃7FFFH
MOV  A,     ＃98H
MOVX@DPTR,A
或 C51 代码
XBYTE[0X7FFF] = 0X98。
```

PC0～PC7 置 1 的控制字分别为 0000 0001B（01H）、0000 0011B（03H）、0000 0101B（05H）、0000 0111B（07H）、0000 1001B（09H）、0000 1011B（0BH）、0000 1101B（0DH）、0000 1111B（0FH）；PC0～PC7 清零（复位）的控制字分别为 0000 0000B（00H）、0000 0010B（02H）、0000 0100B（04H）、0000 0110B（06H）、0000 1000B（08H）、0000 1010B（0AH）、0000 1100B（0CH）、0000 1110B（0EH）。

AT89C52 通过 8255A 并行扩展的接口电路图如图 3-48 所示。8255A 的两条地址线 A1、A0 与锁存器 74LS373 的输出 Q1Q0 相连，片选 $\overline{CS}$ 与 P2.7 相连，单片机的其他 13 条地址线与 8255A 无关，如取 1，则 8255A 端口的地址如下

端口 A:0111 1111 1111 1100B = 7FFCH
端口 B:0111 1111 1111 1101B = 7FFDH
端口 C:0111 1111 1111 1110B = 7FFEH
控制字寄存器:0111 1111 1111 1111B = 7FFFH

二、显示器接口

显示器是常用的输出设备之一，常见的显示器有 LED（发光二极管）、LCD（液晶显示器）和 CRT（阴极射线管）显示器。由于 LED 和 LCD 显示器可显示数字、字符和系统的状态，且具有体积小、功耗低、与单片机连接方便等特点，所以在单片机控制系统中广泛使用。

（一）LED 数码管的结构

发光二极管（light emitting-diode，LED）常用于电子设备的电源指示和工作状态指示。这里所讲的 LED 显示器是由 8 个发光二极管组成的，常用来显示数字和字符，也称数码管。

数码管的引脚和笔段排列如图 3-49（a）所示，数码管中的 8 个发光二极管，每个发光二极管对应一个笔段，其中 a～g 段用于显示数字、字符的笔画，dp 显示小数点。控制发光二极管的亮灭，就可以使数码管显示不同的内容。

数码管中的 8 个发光二极管连接方法有两种。一种是共阳极连接法，它把各个发光二极管的阳极连接在一起，作为公共端，如图 3-49（b）所示。工作时，公共端接高电平（一般接电源），当某个发光二极管的阴极接低电平时，它对应笔段点亮发光。另一种是共阴极连接法，它把各个发光二极管的阴极连接在一起，作为公共端，如图 3-49（c）所示。工作时，公共端接低电平（一般接地），当某个发光二极管的阳极接高电平时，它对应笔段点亮发光。数码管在出厂时，连接方法已经确定，在使用时要先了解它是何种接法的数码管。

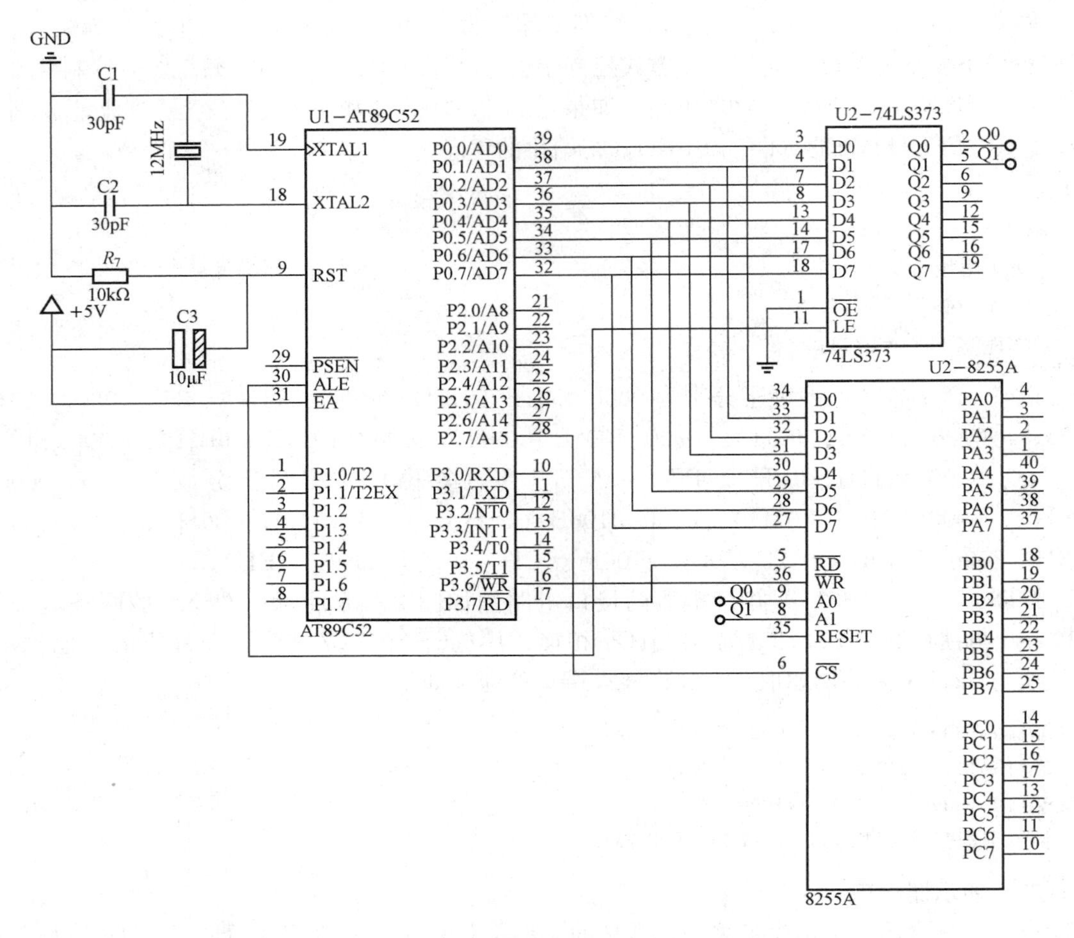

图 3-48 AT89C52 与 8255A 接口电路图

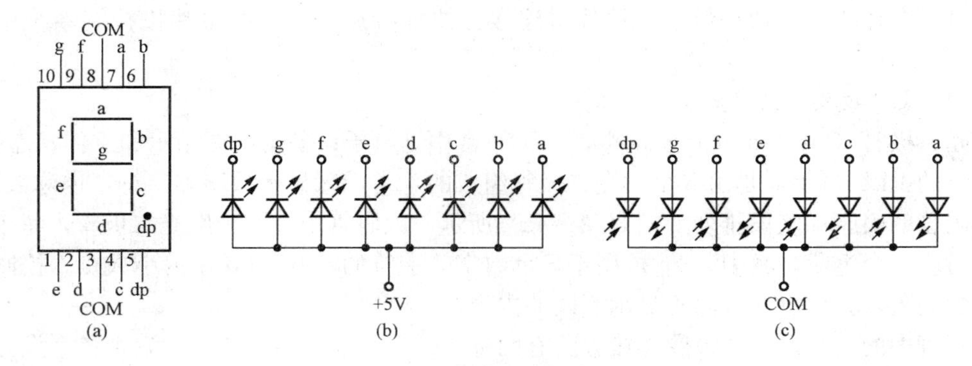

图 3-49 数码管的结构与解法

(a) 笔段与引脚；(b) 共阳极接法；(c) 共阴极接法

（二）数码管的驱动电路

发光二极管的工作电流一般在 5～20mA，而单片机输出端所能提供的驱动电流不能满足发光二极管的工作电流时，就需要在单片机与数码管之间增加驱动电路。驱动电路可以采用分立元件或驱动芯片，如图 3-50 所示。

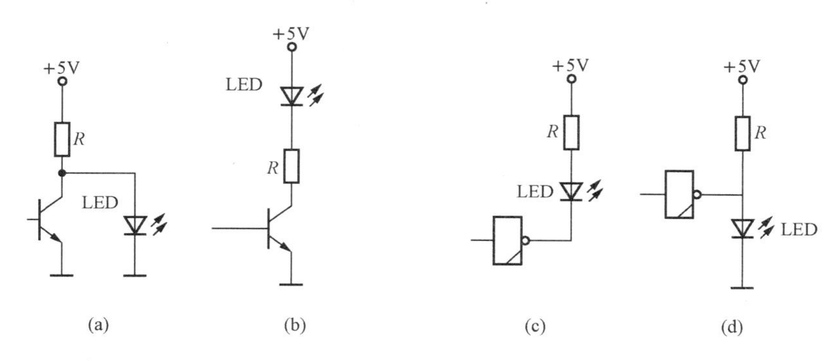

图 3-50　LED 驱动电路

(a) 分立元件驱动电路 1；(b) 分立元件驱动电路 2；(c) 驱动芯片驱动电路 1；(d) 驱动芯片驱动电路 2

如图 3-50（a）所示，从基极输入低电平，驱动管截至而使集电极处于高电平，LED 被正向导通而发光。如图 3-50（b）所示，从基极输入高电平，驱动管饱和导通而使集电极处于低电平，LED 导通而发光。图 3-50（c）和图 3-50（d）的驱动电路采用集电极（或漏极）开路的反相门电路作为驱动电路。各驱动电路中的电阻 R 为限流电阻，通常为数百欧姆，改变限流电阻的阻值，可以调节数码管的发光亮度。

（三）数码管的字形编码

数码管的不同笔段的组合构成了不同字符的字形。为了获得不同的字形，各笔段所加的电平也不同，因此各个字形所形成的编码是不一样的。如对于共阳极数码管，如果要显示字符 2，则笔段 a、b、g、e、d 发光，对应引脚为低电平；其余各笔段不发光，对应引脚为高电平。所以字符 2 的字形编码为 dp gfedcba＝10100100B＝A4H。对于共阴极数码管的字形编码与共阳极数码管的字形编码是逻辑“非”的关系。根据此编码方法可以得出数码管显示的字符与对应的字形编码的关系，见表 3-19。

表 3-19　数码管字形编码表

显示字符	共阴极编码	共阳极编码
0	3FH	C0H
1	06H	F9H
2	5BH	A4H
3	4FH	B0H
4	66H	99H
5	6DH	92H
6	7DH	82H
7	07H	F8H
8	7FH	80H
9	6FH	90H
A	77H	88H

续表

显示字符	共阴极编码	共阳极编码
B	7CH	83H
C	39H	C6H
D	5EH	A1H
E	79H	86H
F	71H	8EH
H	76H	89H
L	38H	C7H
P	73H	8CH
R	31H	CEH
U	3EH	C1H
Y	6EH	91H
—	40H	BFH
.	80H	7FH
灭	00H	FFH

通常，将要显示字符的字形编码存放在程序存储器中的某个区域中，构成显示字形编码表。当要显示某个字符时，在程序中通过查表的方法来获取该字符对应的字形编码。

（四）静态显示接口与动态显示接口

1. 静态显示接口

LED数码管的显示方式有静态显示和动态显示两种方式。所谓静态显示就是当数码管显示某一个字符时，相应的发光二极管一直处于发光或熄灭状态。图3-51是三位静态LED显示方式，由于每一个数码管都与一个8位并行口相连，故在同一时间内每个数码管显示的字符可以各不相同。

静态显示具有显示程序简单、亮度高、CPU工作效率高等优点。由于静态显示在不改变显示内容时不用CPU去干预，所以节约了CPU的时间。其缺点是显示位数较多时占用I/O口线较多，硬件较复杂，成本高。静态显示一般应用于显示位数较少的系统中。

3位LED显示器需要三个并行I/O口，如图3-51所示，用8031单片机和8255A芯片扩展三个8位I/O口连接三个数码管即可满足要求。LED数码管采用共阳极结构，每一段都接有限流电阻。设计电路如图3-51所示。

程序设计的要点有两个方面，具体如下。

（1）8255A初始化。8255A的三个口皆设置为方式0输出方式。按图3-51地址线的连接可知，8255A的A口、B口、C口和控制口的地址依次为7FFCH～7FFFH（设未用的地址线为高电平）。

（2）代码转换。将8031片内RAM的共三个单元留出来作为存放用于要显示的数据，称显示缓冲区。在程序中利用查表的方法将显示缓冲区中待显示的数据自动转换成对应的字形编码，从8255A的某个口输出送数码管显示。

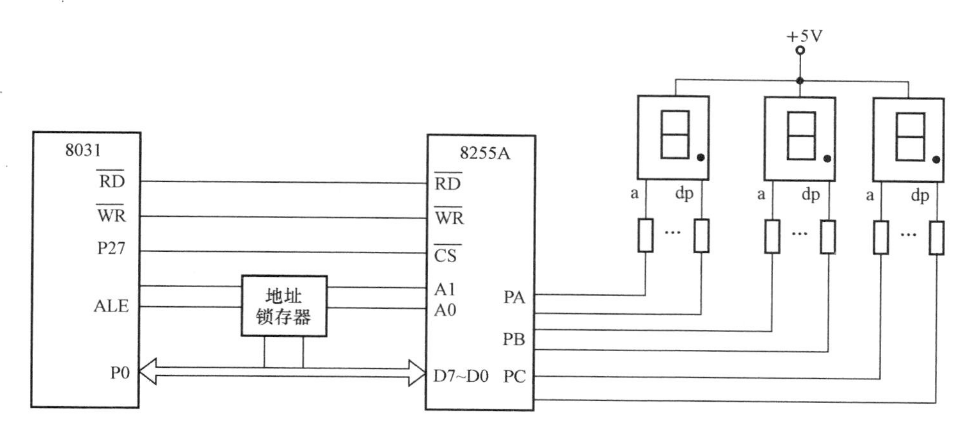

图 3-51　三位 LED 静态显示电路

2. 动态显示接口

动态显示采用扫描方式轮流点亮 LED 数码管的各个位。通常，将多个数码管的段选线并联在一起，用一个 8 位 I/O 口控制；各个数码管的位选线（数码管的公共端）由另外的 I/O 口控制。这样可以通过控制公共端是否有效，逐个循环点亮各位显示器。由于人眼具有视觉暂留效应，虽然在任一时刻只有一位数码管被点亮，但因为每个数码管点亮的时间间隔（1～5ms）很短，看起来数码管都在“同时”显示。

与静态显示相比，动态显示方式具有节省 I/O 口，硬件电路简单等特点，故在单片机控制系统中经常使用。但也存在程序复杂，动态扫描占用 CPU 时间较多等缺点。

如图 3-52 所示，8 位 LED 显示器需要两个 8 位并行输出口，一个输出 8 位段选码，另一个输出 8 位位选码。用单片机扩展一片 8155 I/O 接口可满足要求，用 B 口输出段选码，A 口动态扫描方式输出位选码，用 74LS07 作为输出驱动器。

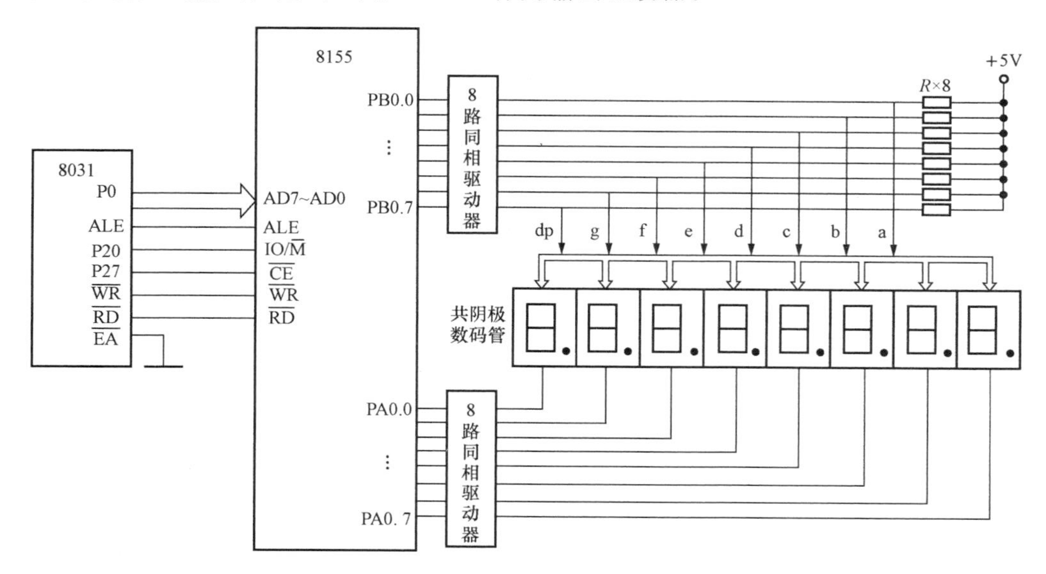

图 3-52　8 位 LED 动态显示电路

程序设计的要点有三个方面，具体如下。

(1) 8155 初始化。设定 A 口、B 口工作在输出方式，C 口工作在输入方式，禁止中断，则 8155 的命令字为 03H。从图中地址线的连接可知，8155 命令/制寄存器的地址为 7F00H，A 口、B 口和 C 口的地址分别为 7F01H、7F02H、7F03H。

(2) 代码转换。利用查表的方法将待显示的字符数据自动转换成对应的字形编码，从 8155 的 B 口输出。

(3) 位选码的形成。显示从最左边第一个数码管开始，位选码为 7FH，由 A 口输出，然后右移一位选择左边第二个数码管显示，依次轮流。在两次输出之间延时 1ms，形成动态显示。

另外，要在单片机内部 RAM 中开辟一个显示缓冲区，存放 8 个待显示的字符数据。

三、键盘接口

（一）键盘接口的工作原理

键盘在单片机应用系统中能实现向单片机输入数据、传送命令等功能，是人工干预单片机的主要手段。键盘实质上是一组按键开关的集合。键盘中按键的开关状态，通过一定的电路转换为高、低电平状态。键盘可以分为两种：编码键盘和非编码键盘。编码键盘是通过一个编码电路来识别闭合键的键码，非编码键盘是通过软件来识别键码。由于非编码键盘的硬件电路简单，用户可以方便地增减键的数量，因此在单片机系统中应用广泛。非编码键盘可以分为两种结构形式：独立式按键和行列式键盘。

1. 独立式按键接口

独立式按键就是各按键相互独立，每个按键各接一根输入线，一根输入线上的按键工作状态不会影响其他输入线上的工作状态。因此，通过检测输入线的电平状态可以很容易判断哪个按键被按下了。

独立式按键电路配置灵活，软件简单。但每个按键需占用一根输入口线，在按键数量较多时，需要较多的输入口线且电路结构繁杂，故此种键盘适用于按键较少或操作速度较高的场合。下面介绍两种独立式按键的接口。

图 3-53 中 (a) 为中断方式的独立式按键工作电路，图 3-53 (b) 为查询方式的独立式按键工作电路，按键直接与单片机的 I/O 口线相接，通过读 I/O 口，判定各 I/O 口线的电平状态，即可识别出按下的键。

两种独立式按键电路中，各按键开关均采用了上拉电阻，这是为了保证在按键断开时，各 I/O 口线有确定的高电平，当然如果输入口线内部已有上拉电阻，则外电路的上拉电阻可省去。

2. 矩阵式键盘接口

矩阵式键盘（也称行列式键盘）适用于按键数量较多的场合，它由行线和列线组成，按键位于行、列的交叉点上。如图 3-54 所示，一个 3×3 的行、列结构可以构成一个有 9 个按键的键盘。同理一个 4×4 的行、列结构可以构成一个 16 个按键的键盘。很明显，在按键数量较多的场合，矩阵键盘与独立式按键键盘相比，要节省很多的 I/O 口线。

按键设置在行、列线交点上，行、列线分别连接到按键开关的两端。行线通过上拉电阻接到＋5V 上。平时无按键按下时，行线处于高电平状态，而当有按键按下时，行线电平状态将由与此行线相连的列线电平决定。列线电平如果为低，则行线电平为低；列线电平如果

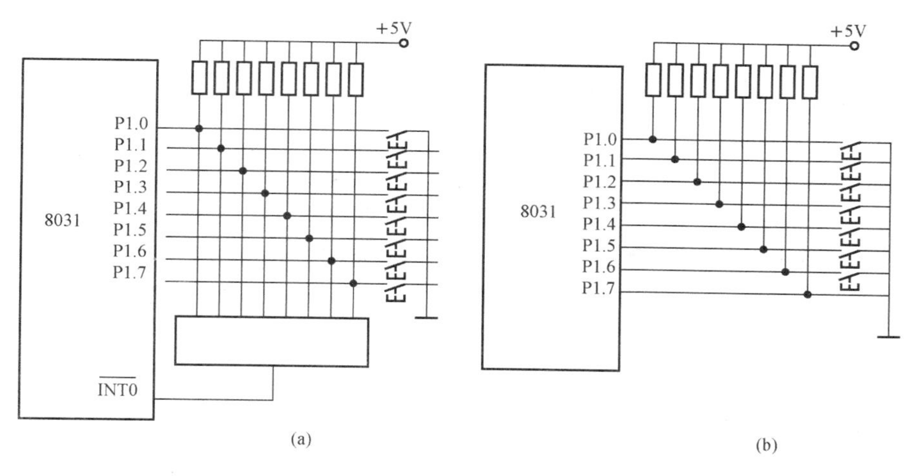

图 3-53　独立式按键接口电路

（a）中断方式；（b）查询方式

为高，则行线电平也为高。这是识别矩阵键盘按键是否被按下的关键所在。由于矩阵键盘中行、列线为多键共用，各按键均影响该键所在行和列的电平。因此各按键彼此将相互发生影响，所以必须将行、列线信号配合起来并作适当的处理，才能确定闭合键的位置。

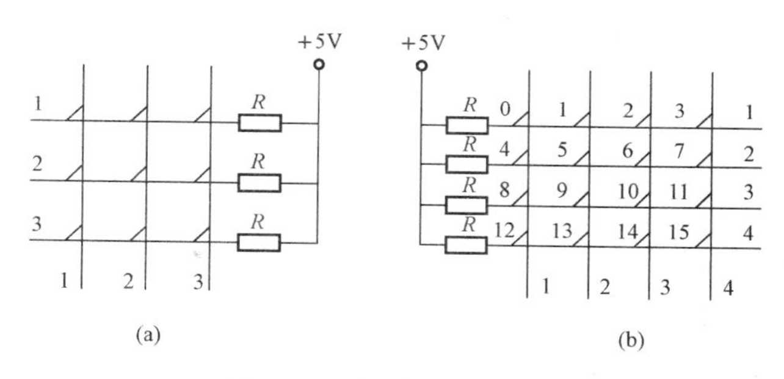

图 3-54　矩阵式键盘结构

（a）3×3 键盘；（b）4×4 键盘

下面以图 3-54（b）中 3 号键被按下为例，来说明如何用扫描法识别出此键。当 3 号键被按下时，与此键相连的行线电平将由与此键相连的列线电平决定，而行线电平在无键按下时处于高电平状态。如果让所有列线处于高电平，那么键按下与否，不会引起行线电平的状态变化，行线始终是高电平。所以，让所有列线处于高电平是没法识别出按键的。现在反过来，让所有列线处于低电平，很明显，按键所在行电平将被接成低电平，根据此行电平的变化，便能判定此行一定有键被按下。但还不能确定是键 3 被按下，因为，如果键 3 不被按下，而键 2、1 或 0 之一被按下，均会产生同样的效果。所以，让所有列线处于低电平只能得出某行有键被按下的结论。为进一步判定到底是哪一列的键被按下，可在某一时刻只让一条列线处于低电平，而其余所有列线处于高电平。当第 1 列为低电平，其余各列为高电平时，因为是键 3 被按下，所以第 1 行仍处于高电平状态；当第 2 列为低电平，而其余各列为高电平时，同样会发现第 1 行仍处于高电平状态。直到让第 4 列为低电平，其余各列为高电平时，因为是 3 号键被按下，所以第 1 行的电平将由高电平转换到第 4 列所处的低电平，据此，我们确信第 1 行第 4 列交叉点处的按键即 3 号键被按下。

根据上面的分析，很容易得出矩阵键盘按键的识别方法，此方法分两步进行：第一步，识别键盘有无键被按下；第二步，如果有键被按下，识别出具体的按键。

识别键盘有无键被按下的方法是：让所有列线均置为低电平，检查各行线电平是否有变化，如果有变化，则说明有键被按下，如果没有变化，则说明无键被按下。

识别具体按键的方法（也称为扫描法）是：逐列置低电平，其余各列置为高电平，检查各行线电平的变化，如果某行线电平为低电平，则可确定此行此列交叉点处的按键被按下。

（二）键盘工作方式

单片机控制系统中，键盘扫描只是 CPU 的工作内容之一。CPU 在忙于各项工作任务时，如何兼顾键盘的输入，取决于键盘的工作方式。键盘工作方式的选取应根据实际系统中 CPU 工作的忙、闲情况而定。其原则是既要保证能及时响应按键操作，又要不过多占用 CPU 的工作时间。通常，键盘工作方式有三种，即编程扫描、定时扫描和中断扫描。

1. 编程扫描方式

这种方式就是只有当单片机空闲时，才调用键盘扫描子程序、反复地扫描键盘，等待用户从键盘上输入命令或数据，来响应键盘的输入请求。

2. 定时扫描方式

单片机对键盘的扫描也可采用定时扫描方式，即每隔一定的时间对键盘扫描一次。在这种扫描方式中，通常利用单片机内的定时器，产生定时中断，CPU 响应定时器溢出中断请求，对键盘进行扫描，在有键按下时识别出该键，并执行相应键处理功能程序。

3. 中断扫描方式

键盘工作于编程扫描状态时，CPU 要不间断地对键盘进行扫描工作，以监视键盘的输入情况，直到有键按下为止。其间 CPU 不能干任何其他工作，如果 CPU 工作量较大，这种方式将不能适应。定时扫描进了一大步，除了定时监视一下键盘输入情况外，其余时间可进行其他任务的处理，因此 CPU 效率提高了。为了进一步提高 CPU 的工作效率，可采用中断扫描方式，即只有在键盘有键按下时，才执行键盘扫描并执行该按键功能程序，如果无键按下，则将不理睬键盘。

四、D/A、A/D 转换器接口

（一）D/A 转换器接口

1. D/A 转换器 DAC0832 简介

数模（D/A）转换器（DAC）用来将数字量转变为模拟量。DAC0832 是 CMOS 工艺制造的 8 位单片 D/A 转换器，内部结构和引脚图分别如图 3-55 和图 3-56 所示。

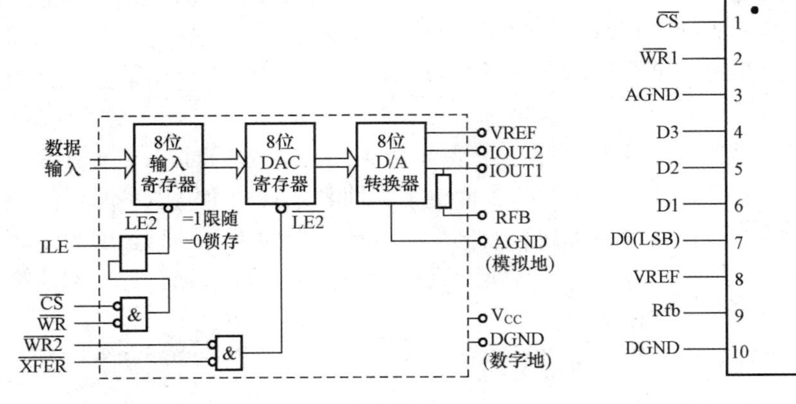

图 3-55　DAC0832 内部结构

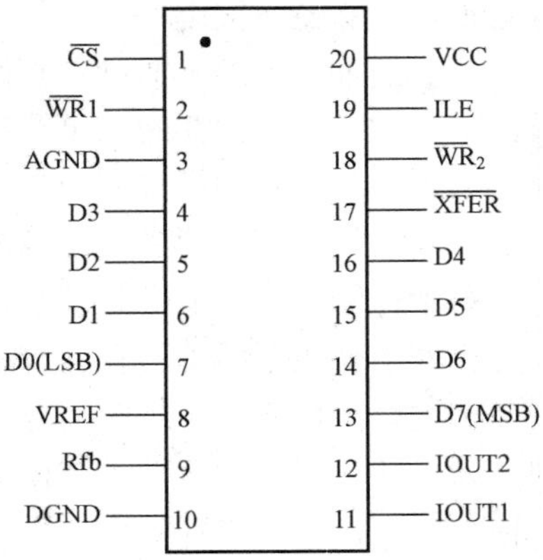

图 3-56　DAC0832 引脚

DAC0832 的各引脚定义如下。

D0～D7：转换数字量输入线。

ILE：数据锁存允许信号，高电平有效。

$\overline{CS}$：输入寄存器选择信号，低电平有效。

$\overline{WR1}$：写信号 1，它作为第一级锁存信号将输入数据锁存到输入寄存器中，$\overline{WR1}$必须和$\overline{CS}$、ILE 同时有效。

$\overline{WR2}$：写信号 2，它将锁存在输入寄存器中的数据送到 8 位 DAC 寄存器中进行锁存，此时，传送控制信号$\overline{XFER}$必须有效。

$\overline{XFER}$：数据转移控制信号，低电平有效。与信号$\overline{WR2}$配合完成数据从第一级寄存器转移到第二级寄存器。

VREF：基准电压输入。

RFB：反馈信号输入，在芯片内部已有反馈电阻。

IOUT1 和 IOUT2：电流输出线。IOUT1 与 IOUT2 的和为常数，OUT1 随寄存器的内容线性变化。

V_{CC}：电源，接+5V。

DGND：数字电源地。

AGND：模拟信号地。

D/A 转换器芯片输入的是数字量，输出为模拟量，模拟信号容易受到干扰（特别是数字部分的干扰），因此，芯片采用高精度的基准电源和独立的地，以获得最好的效果。DGND 和 AGND 最终在系统电源端以一点接地的方式连接在一起。

DAC0832 是电流型输出 D/A 转换器，一般需要外接运放使之成为电压型输出。

2. D/A 转换器 DAC0832 与单片机的接口

DAC0832 有单缓冲方式和双缓冲方式接口电路。

（1）单缓冲方式。图 3-57 所示为 DAC0832 与 AT89C52 的单缓冲方式接口电路。在这种方式中，二级寄存器的控制信号连接在一起，输入数据在控制信号的作用下，直接进入 DAC0832 的 DAC 寄存器。ILE 接+5V，片选信号线$\overline{CS}$和数据转移控制信号线$\overline{XFER}$连接到地址译码信号线 Y1。这样，输入寄存器和 DAC 寄存器将同时被选中，写输入信号线$\overline{WR1}$和$\overline{WR2}$都与单片机的写信号线$\overline{WR}$相连。单片机对 DAC0832 执行一次写操作，则把数据直接写入 DAC 寄存器，DAC0832 的输出模拟信号随之发生变化。这种方式适用于系统中只有一片 DA0832 和不需要与其他信号同步的场合。

（2）双缓冲方式。这种方式适用于系统中有多片 DAC0832，并且需要它们的输出信号同步变化，或者是只有一片 DAC0832，但需要 DAC0832 与其他信号同步的场合。这种方式中，只需把需要同步的 DAC0832 的$\overline{XFER}$连接在一起并与单片机的地址译码信号相连。单片机先把数据分别写入各片 DAC0832 中，然后选通$\overline{XFER}$（执行一条 MOVX 指令，但地址为$\overline{XFER}$所连接的地址），则这些 DAC0832 同步输出模拟信号。

（二）A/D 转换器接口

1. A/D 转换器 ADC0809 简介

ADC0809 是最常用的 8 位模数（A/D）转换器，属于逐次逼近型。ADC0809 采用单一+5V 供电，片内有带锁存功能的 8 路模拟开关，可对 0～5V 的 8 路模拟信号分时进行转

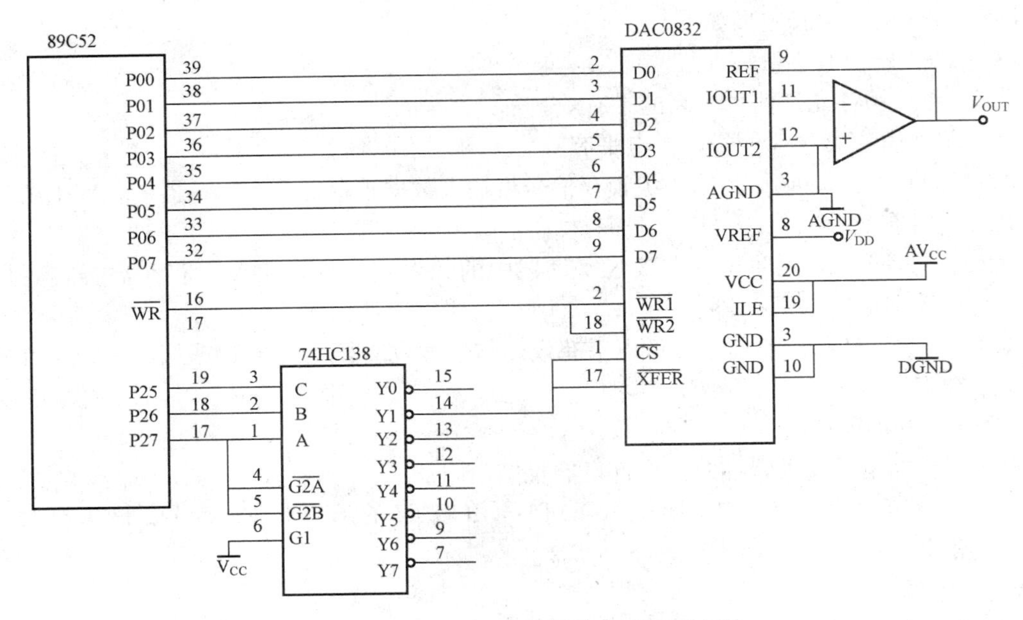

图 3-57　DAC0832 单缓冲方式接口应用

换，完成一次转换的时间约需 100μs，数字输出信号具有 TTL 三态锁存器，可以直接与 AT89C52 的总线相连。

图 3-58 和图 3-59 所示分别为 ADC0809 的内部结构和引脚图。由图 3-58 可以看出，ADC0809 芯片内由 4 部分组成，即 8 路模拟多路开关、地址锁存与译码逻辑、8 位模数转换器和 8 位三态输出锁存器。ADC0809 的各引脚定义如下。

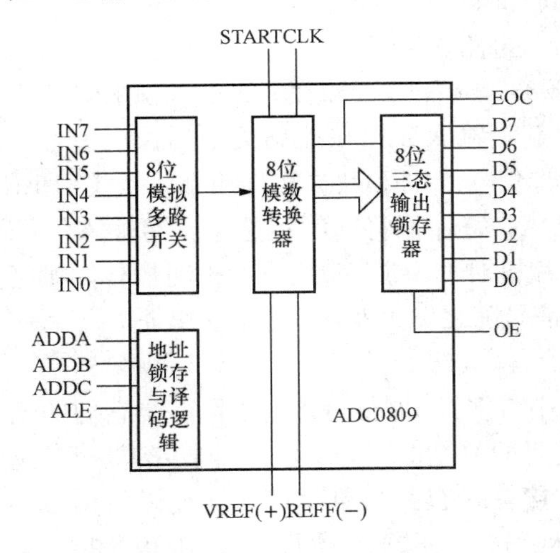

图 3-58　ADC0809 内部结构

引脚	名称	名称	引脚
1	IN3	IN2	28
2	IN4	IN1	27
3	IN5	IN0	26
4	IN6	ADDA	25
5	IN7	ADDB	24
6	START	ADDC	23
7	EOC	ALE	22
8	D2	D7	21
9	OE	D6	20
10	CLK	D5	19
11	V_{CC}	D4	18
12	VREF(+)	D0	17
13	GND	VREF(−)	16
14	D1	D3	15

图 3-59　ADC0809 引脚图

D0～D7：8 位二进制数字量输出端口。

IN0～IN7：8 路模拟量输入端口。

V_{CC}：电源，接＋5V。

GND：电源地。

VREF（+）和 VREF（−）：基准电压输入端。决定了模拟输入量的量程范围。

CLK：时钟信号输入端。时钟频率决定了转换速度，完成一次转换需要 64 个时钟周期。

START：模数转换启动信号输入端，高电平有效。

ALE：地址锁存允许信号，在 ALE 的下降沿将模拟输入的通道地址打入锁存器。

EOC：模数转换结束信号输出端口，模数转换器在开始转换时该信号为低电平，转换结束后立即变为高电平。该信号用于单片机查询或中断信号。

ADDA、ADDB、ADDC：模拟输入通道地址的输入端口。通过三位二进制编码选择 8 个模拟输入通道之一。ADDC、ADDB、ADDA 三位地址可为（000）、（001）、（010）、（011）、（100）、（101）、（110）、（111），分别对应于模拟输入通道 IN0～IN7。

2. A/D 转换器 ADC0809 与单片机的接口

图 3-60 所示为 ADC0809 与单片机的接口电路。ADC0809 的数据输出 D0～D7 直接与单片机的数据总线相连，地址译码器的 Y0 与写信号 $\overline{WR}$ 通过“或非”门控制 ADC0809 的地址锁存信号 ALE 和转换启动信号 START，而 Y0 与读信号 $\overline{RD}$ 通过“或非”门控制 ADC0809 的数据输出使能信号 OE，ADDA、ADDB、ADDC 分别与地址线 A0、A1、A2 相连，ADC0809 的 CLK 信号由单片机的 T2 产生。注意：ADC0809 的时钟一般不要超过 640kHz，最高不能超过 1MHz。如果 ADC0809 实际得到的时钟频率为 640kHz，则 ADC0809 完成一次转换的时间需要 10μs。

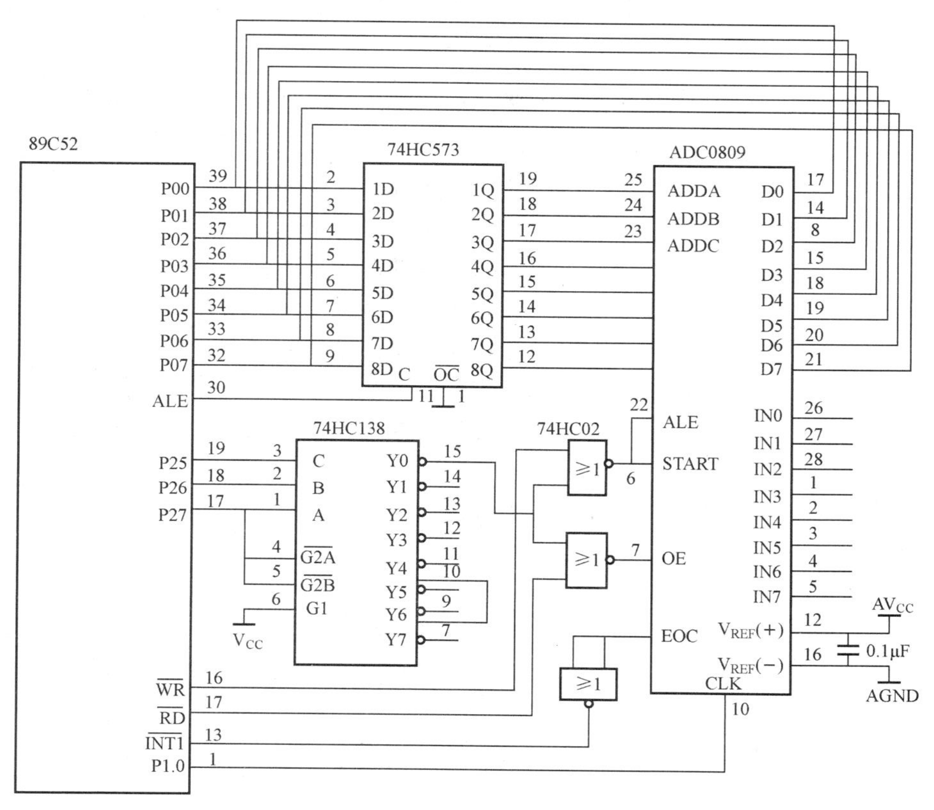

图 3-60　ADC0809 与单片机的接口电路

从图 3 - 60 可以得到从 ADC0809 的地址为 000x xxxx xxxx xxxxB，各模拟通道的地址为 000x xxxx xxxx x000B～000x xxxx xxxx x111B。

第四节 抗干扰设计

一、干扰概述

机电一体化系统中，总是存在有用信号以外的噪声，可能造成系统不能正常工作，这就是干扰。干扰的产生往往是由多种因素决定的，可以划分为：①由于静电、大功率开关触点断开、电机电刷跳动等引起的放电噪声；②由感应电炉、中高频电源、开关电源、逆变电源、可控硅变流器等产生的中高频振荡以及大功率输电线产生的电气干扰噪声；③由于电机启动电流、大功率用电器合闸电流、开关电路的导通电流等产生的浪涌噪声。

由于机电一体化控制系统所处的环境往往比较恶劣，干扰严重，影响系统的可靠性和稳定性；但整个系统的结构又要求简单轻便，这就要求控制系统既有较强的抗干扰能力，且使用的硬件资源要尽量少。一般说来，抗干扰设计主要包括以下四个方面内容。

（1）精心选择元器件。元器件是构成部件或系统的基础。要选择集成化程度高，抗干扰能力强，功耗又小的电子器件。

（2）元器件要精密调整。元器件的精度是保证系统完成既定功能的重要保证。因此在使用前或经过一段运行时间之后，都应对元器件及部件进行精密校正，如 A/D 芯片的调零及满程调整等。

（3）采用硬件抗干扰技术。硬件抗干扰技术是设计系统时首选的抗干扰措施，它能有效抑制干扰源，阻断干扰传输通道。只要合理地布置与选择有关参数，硬件抗干扰措施就能抑制系统的绝大部分干扰。常用的硬件抗干扰技术措施有：滤波技术、去耦技术、屏蔽技术、隔离技术及接地技术等。

（4）采用软件抗干扰技术。尽管我们采取了硬件抗干扰措施，但由于干扰信号产生的原因很复杂，且具有很大的随机性，难免保证系统完全不受干扰。因此，往往在硬件抗干扰措施的基础上，采取软件抗干扰技术加以补充，作为硬件措施的辅助手段。软件抗干扰方法具有简单、灵活方便、耗费硬件资源少的特点，在微机测控系统中获得了广泛应用。常用的软件抗干扰技术有：数字滤波、信息传送过程的自动检验、系统运行状态监视与发生故障时的自动恢复等。

下面仅对硬件抗干扰技术中的电源抗干扰设计、隔离技术及软件抗干扰设计进行介绍。

二、硬件抗干扰的设计

1. 电源的抗干扰设计

供电系统给机电一体化控制系统带来种种电源干扰，危害十分严重。这类干扰通常有过压、欠压、浪涌、下陷、尖峰电压、射频干扰等。如果干扰太大，会使系统不能正常工作，甚至烧毁硬件。

为了有效地抑制电源干扰，单片机控制系统的供电系统通常采用如图 3 - 61 所示的典型结构。

交流稳压器主要用于抑制电网电源的过压和欠压，防止它们窜入单片机控制系统。隔离变压器是一种初级和次级绕组之间采用屏蔽层隔离的变压器，其初级和次级绕组之间的分布

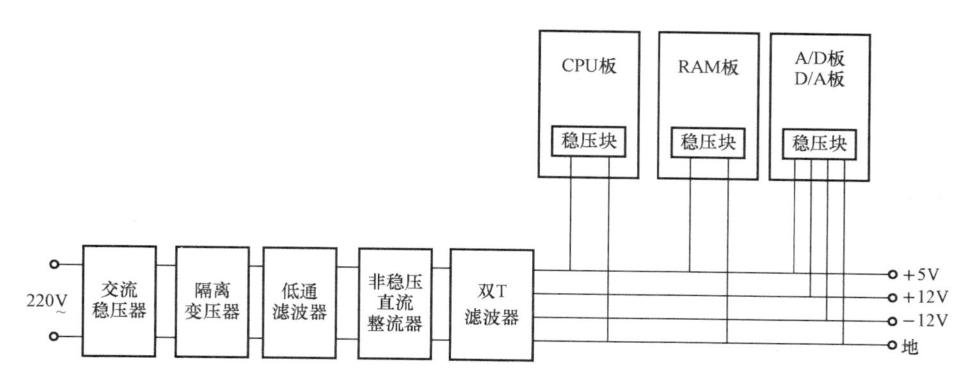

图 3-61　典型抗干扰供电系统

电容甚小，可以有效地抑制高频干扰的耦合。低通滤波可以滤去高次谐波，只让 50Hz 的市电基波通过，以改善电源电压的输入波形。双 T 滤波器位于电源的整流电路之后，可以消除 50Hz 的工频干扰。

每个功能模块都有一个“稳压块”。每个“稳压块”都由一个三端稳压集成块（如 7805、7905、7812 和 7912）、二极管和电容等组成（如图 3-62 所示），并具有独立的电压过载保护功能。这种采用“稳压块”分散供电的方法也是单片机控制系统抗电源干扰设计中常常采用的一种方法。这不仅不会因某个电源故障而使整个系统停止工作，而且有利于电源散热和减少公共电源间的相互耦合，从而可以大大提高系统的可靠性。

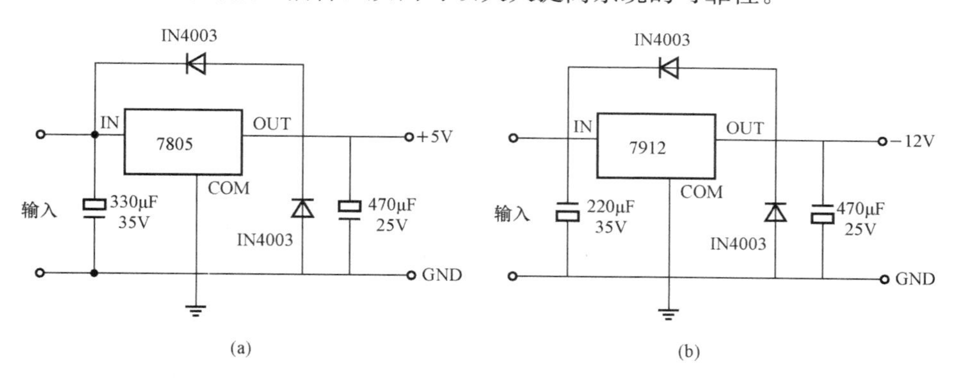

图 3-62　三端稳压集成块组成的“稳压块”

（a）+5V 稳压电源；（b）−12V 稳压电源

2. 隔离技术

在控制系统中，信息是作为脉冲信号在线路上传输的，由于传输线上分布电容、分布电感和漏电阻的影响，信息在传输过程中必然会出现延时、畸变和衰减，甚至会受到来自通道的各种干扰。为了确保信息在长线传输过程中的可靠性，长线传输的抗干扰设计至关重要。长导线传输的抗干扰设计，主要包括隔离、阻抗匹配、传输线的选择等，下面仅对隔离技术进行简要介绍。

（1）光电隔离。采用光电隔离器是一种常用的抗干扰设计方法。光电隔离器有两个作用：一是作为干扰信号隔离器，用于隔离被控对象通过前向和后向通道对单片机造成的危害；二是作为驱动隔离器，用于驱动长线传输中的信号并抑制各种过程通道干扰。

光电耦合器可根据要求不同，由不同种类的发光元件和受光元件组合成许多系列的光电耦合器。目前应用最广的是发光二极管与光敏三极管组合的光电耦合器，其内部结构如图 3-63所示。输入端配置发光源，输出端配置受光器，以光为媒介传输信号的器件，因而输入和输出在电气上是完全隔离的。开关量输入电路接入光电耦合器之后，由于光电耦合器的隔离作用，使夹杂在输入开关量中的各种干扰脉冲都被挡在输入回路的一侧。除此之外，还能起到很好的安全保障作用，因为在光电耦合器的输入回路和输出回路之间有很高的耐压值。由于光电耦合器不是将输入侧和输出侧的电信号进行直接耦合，而是以光为媒介进行间接耦合，具有较高的电气隔离和抗干扰能力。

市场上有很多光耦芯片，如高速光耦 6N135/6N136 是日本东芝公司生产的特性优良的光电耦合器件，具有体积小、寿命长、抗干扰性强、隔离电压高、速度高、与 TTL 逻辑电平兼容等优点，可用于隔离线路、开关电路、数模转换、逻辑电路、长线传输、过流保护、高压控制、电平匹配、线性放大等方面。图 3-64 所示为 6N135/6N136 的管脚和内部结构示意图。机电系统中光耦的典型应用如图 3-65 所示。

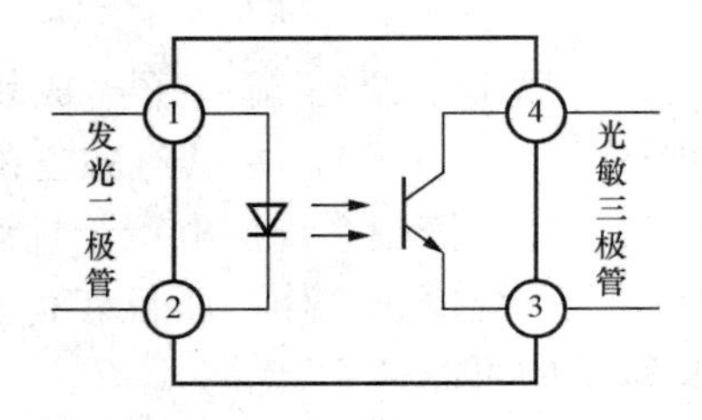

图 3-63 耦合器结构

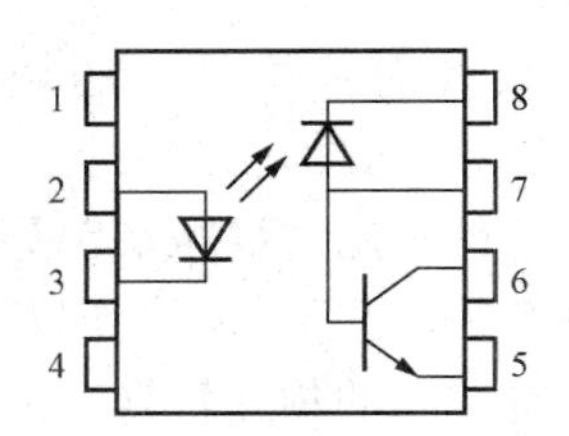

图 3-64 6N135/6N136 的管脚和内部结构

1—N. C.；2—ANODE；3—CATHODE；4—N. C.；

5—EMITTER；6—COLLECTOR；

7—BASE，ANODE；8—CATHODE

（2）继电器隔离。继电器的线圈和触点之间没有电气上的联系，因此，可利用继电器的线圈接受电气信号，利用触点发送和输出信号，从而避免强电和弱电信号之间的直接接触，实现了抗干扰隔离，如图 3-66 所示。当输入高电平时，晶体三极管 T 饱和导通，继电器 J 吸合；当 A 点为低电平时，T 截止，继电器 J 则释放，完成了信号的传送过程。D 是保护二极管。当 T 由导通变为截止时，继电器线圈两端产生很高的反电势，以继续维持电流 I_L。由于该反电势一般很高，容易造成 T 的击穿。加入二极管 D 后，为反电势提供了放电回路，从而保护了三极管 T。

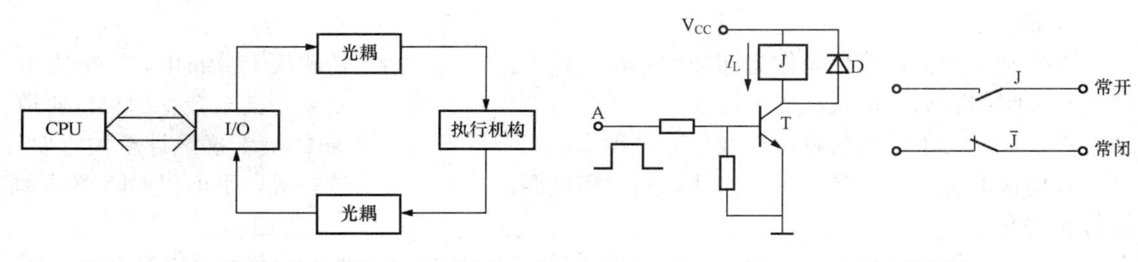

图 3-65 机电系统中光耦的典型应用

图 3-66 继电器隔离

(3) 变压器隔离。脉冲变压器可实现数字信号的隔离。脉冲变压器的匝数较少，而且一次和二次绕组分别缠绕在铁氧体磁芯的两侧，分布电容仅几皮法，所以可作为脉冲信号的隔离器件。图 3-67 所示电路外部的输入信号经 RC 滤波电路和双向稳压管抑制常模噪声[1]干扰，然后输入脉冲变压器的一次侧。为了防止过高的对称信号击穿电路元件，脉冲变压器的二次侧输出电压被稳压管限幅后进入测控系统内部。脉冲变压器隔离法传递脉冲输入/输出信号时，不能传递直流分量。微机使用的数字量信号输入/输出的控制设备不要求传递直流分量，所以脉冲变压器隔离法在机电一体化系统中得到广泛应用。

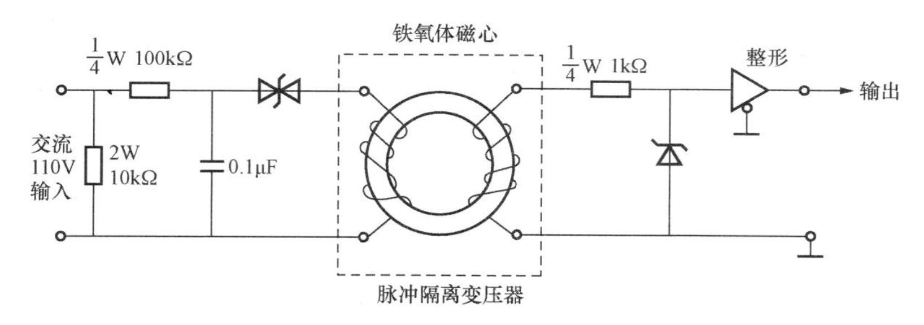

图 3-67　脉冲变压器隔离法

三、软件抗干扰设计

在机电一体化系统中，软件与硬件同样重要。为了满足测控系统的要求，编制的软件必须符合以下基本要求：①易理解性、易维护性；②实时性；③可测试性；④准确性；⑤可靠性。可靠性是软件最重要的指标之一，工业环境极其恶劣，干扰严重，软件必须保证在严重干扰条件下也能可靠运行，这对控制系统尤为重要。通常，硬件抗干扰完善的系统，在干扰侵害下出现的故障有以下几种。

(1) 控制系统在数据采集中，如果前向通道受到干扰就会使数据采集的误差加大。

(2) 有些干扰会使 RAM 中的数据受到破坏，从而导致后向通道中执行机构的误动作，引起控制失灵。

(3) 当强干扰改变了控制器程序计数器的值（如 MCS-51 单片机中的 PC 值）时，程序运行就会失常。

针对上述故障现象，在软件编程时，采用数字滤波、RAM 数据冗余、软件陷阱等方法，就可取得较为满意的抗干扰效果。由于软件抗干扰方法较多，下面仅从四方面对软件抗干扰设计进行简要介绍。

1. 数字滤波

数字滤波器是将一组输入数字序列进行一定的运算而转换成另一组输出数字序列的装置。设数字滤波器的输入为 $x(n)$，输出为 $y(n)$，则输入序列和输出序列之间的关系可用差分方程式表示为

$$y(n)=\sum_{K=0}^{N}a_{K}x(n-K)-\sum_{K=1}^{N}b_{K}y(n-K)$$

---

[1] 常模干扰噪声是指信号线上的干扰信号对参考电位（地或 0V）而言，大小相等，方向相反；共模干扰噪声是指信号线上的干扰信号对参考电位（地或大地）而言，大小相等、方向相同。常模噪声又称为横向噪声或对称噪声；共模噪声又称为纵向噪声或不对称噪声。

式中，输入信号 $x(n)$ 可以是模拟信号经采样和 A/D 变换后得到的数字序列，也可以是计算机的输出信号，N 为滤波时项数控制参数。具有上述关系的数字滤波器的当前输出，与现在的和过去的输入、过去的输出有关。参数 a_K、b_K 的选择不同，可以实现低通、高通、带通、带阻等不同的数字滤波方法，常用的有算术平均值法、超值滤波法、中值滤波法、比较取舍法、取极值法、滑动算术平均法、一阶低通滤波法等。

(1) 算术平均值滤波法。算术平均值滤波是一种取 N 个采样数据 x_i（$i=1,2,\cdots,N$）平均值 y 作为输入信号实际值的一种滤波方法。即

$$y=\frac{1}{N}\sum_{k=1}^{N}x(k)$$

这种滤波法 N 值较大时，信号的平滑度高，但是灵敏度低；当 N 值较小时，平滑度低，但灵敏度高。应视具体情况选取 N，以既节约时间，又使滤波效果好。

(2) 超值滤波法。程序判断滤波需要根据经验来确定一个最大偏差（限额）值 Δx，若 MCU 对输入信号相邻两次采样的差值小于等于 Δx，则本次采样值视为有效，并加以保存；若两次采样的差值大于 Δx，则本次采样值视为由干扰引起的无效值，并选用上次采样值作为本次采样的替代值。这种滤波程序的关键是如何根据经验选取限额值（允许误差）Δx。若 Δx 太大，则各种干扰会“乘机而入”，系统误差增大；若 Δx 太小，则又会使一些有用信号“拒之门外”，使采样精度降低。

(3) 中值滤波法。中值滤波法就是对某一被测参数连续采样 N 次（一般 N 取奇数），然后把 N 次采样值按大小排列，取中间值为本次采样值。中值滤波能有效地克服因偶然因素引起的波动干扰，对温度、液位等变化缓慢的被测参数采用此法能收到良好的滤波效果。但对于流量、速度等快速变化的参数一般不宜采用中值滤波法。

(4) 防脉冲干扰平均值滤波法。在脉冲干扰比较严重的场合，如果采用一般的平均值法，则干扰将会“平均”到结果中去，故平均值法不易消除出于脉冲干扰而引起的误差。为此，可先去掉 N 个数据中的最大值和最小值，然后计算 $N-2$ 个数据的算术平均值。

(5) 一阶滞后滤波法。在模拟量输入通道中，常用一阶滞后 RC 模拟滤波器来抑制干扰。当用这种方法来实现对低频干扰滤波时，首先遇到的问题是要求滤波器有大的时间常数和高精度的 RC 网络。时间常数越大，要求 R、C 值越大，其漏电流也必然加大，从而使 RC 网络的精度降低了。采用一阶滞后的数字滤波程序，能很好克服上述这种模拟量滤波器的缺点，在滤波常数要求大的场合，此法更合适。一阶滞后滤波算法为

$$\bar{y}(n)=(1-a)y(n)+a\bar{y}(n-1)$$

式中 $y(n)$ ——未经滤波的第 n 个采样值；

$\bar{y}(n)$——滤波后的值，$a=0\sim1$。

一阶滞后滤波法对周期性干扰具有良好的抑制作用，适用于波动频率较高的场合；但相位滞后，灵敏度低，滞后程度取决于 a 值大小，不能消除滤波频率高于采样频率的 1/2 的干扰信号。

2. 看门狗技术

在单片机应用系统中，各种干扰源常常使指令的地址码和操作码发生改变，单片机中程序计数器就会把操作数当作指令执行，或者程序计数器指向了非程序区，导致程序运行失常。控制系统的应用程序往往采用循环运行方式，每一次循环的时间基本固定。“看门狗”

技术就是不断监视程序循环运行时间，若发现时间超过已知的循环设定时间，则认为系统陷入了“死循环”，“看门狗”技术使程序脱离“死循环”。如MCS-51单片机中，可强迫程序返回到0000H入口，在0000H处安排一段出错处理程序，使系统运行纳入正规。“看门狗”技术可由硬件实现，可由软件实现，也可由两者结合来实现。

AT89C52不含硬件看门狗，AT89S52含有硬件看门狗。硬件看门狗，又叫WDT（watch dog timer），实质上是一个独立的定时器电路。在系统启动了看门狗后，看门狗就开始自动计数，如果到了一定时间还不去清理看门狗中的计数寄存器，那么看门狗计数器就会溢出，从而引起看门狗中断，造成系统复位。所以，在使用看门狗时要注意及时清看门狗，即常说的“喂狗”。在AT89S52中，WDT由13位计数器和特殊功能寄存器中的看门狗复位存储器（WDTRST）构成。WDT在默认情况下无法工作；为了激活WDT，用户必须往WDTRST寄存器（地址：0xA6）中依次写入0x1EH和0xE1H。WDT计时周期依赖于外部时钟频率，除了复位（硬件复位或WDT溢出复位），没有办法停止WDT工作。晶振工作，WDT计数寄存器在每个机器周期都会增加1，当计数达到8191（0x1FFFH）时，13位计数器将会溢出。当WDT被激活后，用户必须往WDTRST依次写入0x1EH和0xE1H，即通过喂狗来避免WDT溢出。当WDT溢出时，它将驱动RST引脚输出一个高电平，使单片机产生WDT溢出复位。WDT引起的单片机复位和上电复位不同，上电复位时所有的RAM信息、特殊功能寄存器都被设置为初始化值，然后程序从头开始运行；而WDT引起的复位不改变RAM和特殊功能寄存器的值，只是程序又从头开始运行。

3. 指令冗余技术

MCS-51单片机所有指令均不超过3个字节，且多为单字节指令。指令由操作码和操作数两部分组成，操作码指明CPU完成什么样的操作（如传送、算术运算、转移等），操作数是操作码的操作对象（如立即数、寄存器、存储器等）。单字节指令仅有操作码，隐含操作数；双字节指令第一个字节是操作码，第二个字节是操作数；3字节指令第一个字节为操作码，后两个字节为操作数。CPU取指令过程是先取操作码，后取操作数。一旦PC因干扰而出现错误，程序便脱离正常运行轨道，出现“乱飞”，出现操作数数值改变以及将操作数当作操作码的错误。当程序“乱飞”到某个单字节指令上时，使自己自动纳入正轨；当“乱飞”到某双字节指令上时，若恰恰在取指令时刻落到其操作数上，从而将操作数当作操作码，程序仍将出错；当程序“乱飞”到某个3字节指令上时，因为它们有两个操作数，误将其操作数当作操作码的出错概率更大。

为了使“乱飞”程序在程序区迅速纳入正轨，应该多用单字节指令，并在关键地方人为地插入一些单字节指令NOP，或将有效单字节指令重写，称之为指令冗余。

如可在双字节指令和3字节指令之后插入两个单字节NOP指令，这可保证其后的指令不被拆散。因为“乱飞”的程序即使落到操作数上，由于两个空操作指令NOP的存在，不会将其后的指令当操作数执行，从而使程序纳入正规。

对程序流向起决定作用的指令（如RET、RETI、ACALL、LACALL、LJMP、JZ、JNZ、JC、JNC等）和某些对系统工作状态起重要作用的指令（如SETB、EA等），在之前插入两条NOP指令，可保证乱飞程序迅速纳入正规；在这些指令后面重复写上这些指令，以确保这些指令的正确执行。

4. 软件陷阱技术

当乱飞程序进入非程序区（如 EPROM 未使用的空间）或表格区时，采用冗余指令使程序入轨条件便不满足，此时可以设定软件陷阱，拦截乱飞程序，将其迅速引向一个指定位置，在那有一段专门对程序运行出错进行处理的程序。软件陷阱，就是用引导指令强行将捕获到的乱飞程序引向复位入口地址 0000H，在此处将程序转向专门对程序出错进行处理的程序，使程序纳入正轨。软件陷阱可采用两种形式，见表 3-20。

表 3-20　　软件陷阱形式

程序 形式	软件陷阱形式	对应入口形式
一	NOP NOP LJMP 0000H	0000H：LJMP MAIN；运行程序 ⋮
二	LJMP 0202H LJMP 0000H	0000H：LJMP MAIN；运行主程序 ⋮ 0202：LJMP 0000H

形式之一的机器码为：000002000，形式之二的机器码为：020202020000。根据乱飞程序落入陷阱区的位置不同，可选择执行空操作，转到 0000H 和直转 0202H 单元的形式之一，使程序纳入正轨，指定运行到预定位置。

第五节　PLC　技　术

一、可编程控制器概述

（一）可编程控制器的产生

可编程控制器是 60 年代末在美国首先出现的，当时叫可编程逻辑控制器（programmable logic controller，PLC），目的是用来取代继电器，以执行逻辑判断、计时、计数等顺序控制功能。当时大规模生产线的控制电路多是由继电控制盘构成的，这种控制装置体积大、耗电多、可靠性低，尤其是改变生产程序很困难。提出 PLC 概念的是美国通用汽车公司。当时，根据汽车制造生产线的需要，希望用电子化的新型控制器替代继电器控制柜，以减少汽车改型时，重新设计制造继电器控制盘的成本和时间。通用汽车公司对新型控制器提出十点具体要求：①编程简单，可在现场修改程序；②维护方便，采用插件式结构；③可靠性高于继电器控制柜；④体积小于继电器控制柜；⑤成本可与继电器控制柜竞争；⑥可将数据直接送入计算机；⑦可直接用 115V 交流输入；⑧输出采用交流 118V，能直接驱动电磁阀、交流接触器等；⑨通用性强，扩展时很方便；⑩程序要能存储，存储器容量可扩展到 4K 字节。

这十点要求几乎成为当时各自动化仪表厂商生产 PLC 的基本规范，它包含了当今可编程控制器的最基本的功能。概括起来，PLC 的基本设计思想是把计算机所具备的功能完善、灵活、通用等优点和继电器控制系统的简单易懂、操作方便、价格便宜等优点结合起来，控制器的硬件是标准的、通用的。根据实际应用对象，将控制内容编成软件写入控制器的用户程序存储器内。控制器和被控对象连接方便。

当然，当今可编程控制器已大大地扩展而远远超越了以上指标，但当时电子计算机才面世不久，能实现以上指标的控制装置已是相当先进了。

随着半导体技术，尤其是微处理器和微型计算机技术的发展，到70年代中期以后，PLC已广泛地使用微处理器作为中央处理器，输入输出模块和外围电路也都采用了中、大规模甚至超大规模的集成电路，这时的PLC不再是仅有逻辑判断功能，还同时具有数据处理、PID调节和数据通信功能等。

国际电工委员会（IEC）颁布的可编程控制器标准草案中对可编程控制器作了如下的定义：可编程控制器是一种数字运算操作的电子系统、专为在工业环境下应用而设计。它采用了可编程序的存储器，用来在其内部存储执行逻辑运算、顺序控制、定时、计数和算术运算等操作的指令，并通过数字式和模拟式的输入和输出，控制各种类型的机械或生产过程。可编程控制器及其有关外围设备，易于与工业控制系统联成一个整体，易于扩充其功能的设计。

可编程控制器对用户来说，是一种无触点设备。改变程序即可改变生产工艺，因此可在初步设计阶段选用可编程控制器，在实施阶段再确定工艺过程。另一方面，从制造生产可编程控制器的厂商角度看，在制造阶段不需要根据用户的订货要求专门设计控制器，适合批量生产。由于这些特点，可编程控制器问世以后很快受到工业控制界的欢迎，并得到迅速的发展。目前，可编程控制器已成为工厂自动化的强有力工具，得到了广泛的普及推广应用。

（二）可编程控制器的特点

可编程控制器是面向用户的专用工业控制计算机，具有许多明显的特点。

（1）可靠性高，抗干扰能力强。可编程控制器是专为工业控制而设计的，除了对器件的严格筛选外，在硬件和软件两个方面还采用了屏蔽、滤波、隔离、故障诊断和自动恢复等措施，使可编程控制器具有很强的抗干扰能力，使其平均无故障时间达到$(3\sim5)\times10^{4}$h以上。随着器件水平的提高，可编程控制器可靠性还在继续提高。如三菱F1、F2系列平均无故障时间可达30万h，而A系列的可靠性又高出几个数量级，尤其是近来开发出的多机冗余系统和表决系统则更进一步增加了可靠性。另外，可以说在可编程控制器使用中发生的故障，大部分是由可编程控制器外部的开关、传感器、执行器引起的而不是可编程控制器本身发生的。

（2）编程直观、简单。可编程控制器是面向用户、面向现场，考虑到大多数电气技术人员熟悉电气控制线路的特点，它没有采用微机控制中常用的汇编语言，而是采用了一种面向控制过程的梯形图语言。梯形图语言与继电器原理图相类似，形象直观，易学易懂。电气工程师和具有一定知识的电工、工艺人员都可以在短时间内学会，使用起来得心应手。计算机技术和传统的继电器控制技术之间的隔阂在可编程控制器上完全不存在。世界上许多公司生产的可编程控制器都把梯形图语言作为第一用户语言，利用PLC配套的综合软件工具包，可在任何兼容的个人计算机上实现离线编程。

（3）适应性好。可编程控制器是通过程序实现控制的。当控制要求发生改变时，只要修改程序即可。由于可编程控制器产品已标准化、系列化、模块化，因此能灵活方便地进行系统配置，组成规模不同、功能不同的控制系统，适应能力非常强，故既可控制一台单机，一条生产线，又可控制一个复杂的群控系统，既可以现场控制，又可以远距离控制。

（4）功能完善，接口功能强。目前的可编程控制器具有数字量和模拟量的输入输出、逻辑和算术运算、定时、计数、顺序控制、通信、人机对话、自检、记录和显示等功能，使设备控制水平大大提高。接口功率驱动极大地方便了用户，常用的数字量输入输出接口，就电源而言有 110、220V 交流和 5、24、48V 直流等多种；负载能力可在（0.5～5A）的范围内变化；模拟量的输入输出有±50mV、±10V 和（0～10）mA、（4～20）mA 等多种规格。可以很方便地将可编程控制器与各种不同的现场控制设备顺利连接，组成应用系统。例如，输入接口可直接与各种开关量和传感器进行连接，输出接口在多数情况下也可直接与各种传统的继电器、接触器及电磁阀等相连接。

（5）维修工作量少。PLC 的故障率很低，且有完善的自诊断功能。PLC 或者外部的输入装置和执行机构发生故障时，可以根据 PLC 上的发光二极管或者编程器提供的地址迅速查明故障原因，用更换模块的方法可以迅速排除故障。

（6）体积小，能耗低。对于复杂的控制系统，使用了 PLC 后，可以减少大量的中间继电器和时间继电器，小型 PLC 的体积相当于几个继电器的大小，因此可以将开关柜的体积缩小到原来的 1/10～1/2。PLC 的配线比继电器控制系统的配线要少得多，故可以省下大量的配线和附件，减少大量的安装接线工时。

近年来，PLC 的功能单元大量涌现，使 PLC 渗透到了位置控制、温度控制、CNC 等各种工业控制中。由于 PLC 通信功能的增强及人机界面技术的发展，使用 PLC 组成各种自动控制系统变得非常容易。PLC 还具有强大的网络功能。它所具有的通信联网功能，使相同或不同厂家和类型的 PLC 可进行联网，并与上位机通信构成分布式控制系统。使其不仅能做到远程控制，而且还能进行 PLC 内部或与上位机进行通信，还具备专线上网、无线上网等功能，这样 PLC 就可以组成远程控制网络。

正因为上述的这些特点，可编程控制器作为继电控制盘的替代物，它的好处是很显然的。首先，可编程控制器除了外部接点外，内部提供了无穷多的各类触点、辅助继电器（尤其是许多特殊辅助继电器），其功能大大地扩展了。由于是计算机产品，其程序的易修改性、可靠性、通用性、易扩展性、易维护性都大大提高。加上其体积小巧，安装、调试方便，使得设计加工周期大大缩短。从我国国情来看，进行技术改造的一次性投资虽大一些，但使用可编程控制器后控制盘自身的耗电仅为原来的几十分之一，一年所节省的电费就可以将投资收回。由于开发、调试周期大大缩短，因此容易做到高产量、短交货期，对加速资金周转大有帮助。又由于是采用标准件，对于售后服务和日常维护备品、备件也大为方便，并且可编程控制器可重复利用。

对于系统设计，采用可编程控制器后，只要初步确定 I/O 总数，即可定下机型及模块，这就使制定采购计划大为方便。至于最终细节的设计，由软件即可完成。由于当今可编程控制器具有大量模拟量控制模块、位置量控制模块和数据读/写模块，这些模块与基本 I/O 模块配合很容易就能构成一个综合控制系统。

（三）可编程控制器的分类及性能指标

1. PLC 的分类

PLC 的种类很多，其功能、内存容量、控制规模、外形等方面差异较大，因此 PLC 的分类标准不统一。但仍可按其 I/O 点数、结构形式、实现功能等进行大致的分类。

（1）按 I/O 点数分类。PLC 按 I/O 的总点数可分为：小于 256 点的为小型机，257～

2048 点的为中型机，超过 2048 点的为大型机。

（2）按结构形式分类。PLC 按硬件的结构形式可分为整体式 PLC 和组合式 PLC。整体式 PLC 的 CPU、存储器、I/O 接口安装在同一机体内，其结构紧凑、体积小、价格低，但灵活性较差。组合式 PLC 在硬件上具有较高的灵活性，其模块可以像拼积木一样进行组合，构成不同控制规模和功能的 PLC，因此又被称为积木式 PLC。

（3）按实现的功能分类。按照 PLC 所能实现的功能的不同，可将 PLC 分为低档、中档和高档三类。低档机具有逻辑运算、定时、计数、移位、自诊断、监控等基本功能和一定的算术运算、数据传送、比较、通信和模拟量处理功能。中档机除具有低档机的功能外，还具有较强的算术运算、数据传送、比较、通信、子程序、中断处理和回路控制功能。高档机则在中档机的基础上加强了带符号数的运算、矩阵运算以及函数、CRT 显示、打印等功能。

一般来说，低档机多为小型 PLC，采用整体结构；中档机可为大、中、小型 PLC，且中、小型 PLC 多为整体结构，大、中型 PLC 为组合式结构。高档机多为大型 PLC，采用组合式结构。目前，得到广泛应用的多是中、低档机。

2. PLC 的主要性能指标

（1）输入/输出点数。I/O 点数是指 PLC 的外部输入、输出端子数。PLC 的输入、输出信号有开关量和模拟量两种。开关量用 I/O 点数表示，模拟量用 I/O 通道数表示。

（2）PLC 内部继电器的种类和点数。包括辅助继电器、特殊功能继电器、计数器、定时器和移位寄存器等。

（3）用户程序存储器容量。PLC 的用户程序存储器用来存储通过编程器编入的用户程序。常用 k 字（kW）、k 字节（kB）表示。

（4）扫描时间。扫描时间是指 PLC 执行一次用户程序所需的时间。一般用每执行 1000 步指令所需的时间来计算，可用毫秒每千步为单位来表示，通常为 20ms 左右。

（5）编程语言及指令功能。目前 PLC 常用的编程语言是梯形图语言和助记符语言，不同的 PLC 使用的编程语言不同。PLC 的指令可分为基本指令和扩展指令，基本指令各种 PLC 都有，而不同的 PLC，扩展指令深度不同。

（6）工作环境。一般的 PLC 工作温度为 0～55℃，最高温度为 60℃，存储温度为 －20～85℃，相对湿度为 5%～95%。空气条件是周围不能混有可燃性、易爆性和腐蚀性气体。

（7）可扩展性。各种 PLC 在基本单元的基础上，发展了智能扩展模块，而智能扩展模块的多少可作为反映 PLC 功能的指标。

（四）可编程控制器的应用和发展趋势

可编程控制器在国内外已广泛应用于钢铁、石化、机械制造、汽车装配、电力、轻纺等各行各业。目前典型的 PLC 功能有以下几点。

（1）顺序控制。这是可编程控制器最广泛应用的领域，取代了传统的继电器顺序控制，例如注塑机、印刷机械、订书机械，煤矿机电设备、切纸机、组合机床、磨床、装配生产线、包装生产线、电镀流水线及电梯控制等。

（2）过程控制。在工业生产过程中，有许多连续变化的量，如温度、压力、流量、液位、速度、电流和电压等，称为模拟量。可编程控制器有 A/D 和 D/A 转换模块，这样，可编程控制器可以配用 A/D、D/A 转换模块及智能 PID 模块实现对生产过程中的这些连续变化的模拟量进行单回路或多回路闭环调节控制，使这些物理参数保持在设定值上。在各种加热炉、锅炉等的控制以及化工、轻工、食品、制药、建材等许多领域的生产过程中有着广泛的应用。

(3) 数据处理。很多可编程控制器都设有数学运算指令（包括逻辑运算、函数运算、矩阵运算等）、数据的传输、转换、排序、检索和移位以及数制转换、位操作、编码、译码等功能，可以完成数据的采集、分析和处理任务。用 PLC 可以构成监控系统，进行数据采集和处理、监控生产过程。较高档次的可编程控制器都有位置控制模块，用于控制步进电动机或伺服电动机，实现对各种机械的位置控制。数据处理一般用于大、中型控制系统，如数控机床、柔性制造系统、机器人控制系统等。

(4) 通信联网和显示打印。某些控制系统需要多台 PLC 连接起来使用或者由一台计算机与多台 PLC 组成分布式控制系统。可编程控制器的通信模块可以满足这些通信联网要求。可编程控制器还可以连接显示终端和打印机等外围设备，从而实现显示和打印功能。

(5) 可编程控制器的更新很快。可编程控制器的技术发展特点为高速度、大容量、系列化、模块化、多品种。可编程控制器的编程语言、编程工具多样化，通信联网能力越来越强。可编程控制器的联网和通信可分为两类：一类是可编程控制器之间的联网通信，各制造厂商都有自己的专有联网手段；另一类是可编程控制器与计算机之间的联网通信，一般可编程控制器都有通信模块用于与计算机通信。在网络中要有通用的通信标准，否则在一个网络中不能连接许多厂商的产品。美国通用汽车公司在 1983 年提出的制造自动化协议（manufacture automation protocol，MAP）是众多通信标准中发展最快的一个。MAP 的主要特点是提供以开放性为基础的局部网络，使来自许多厂商的设备可以通过相同的通信协议而相互连接。由于 MAP 的出现，推动了通信标准化的进程。

二、可编程控制器的组成与工作原理

（一）可编程控制器的硬件组成

PLC 是微机技术和继电器常规控制概念相结合的产物，从广义上讲，PLC 也是一种计算机系统，只不过它比一般计算机具有更强的与工业过程相连接的输入/输出接口，具有更适用于控制要求的编程语言，具有更适应工业环境的抗干扰性能。因此。PLC 是一种专用于工业控制的计算机，其实际组成与一般微型计算机系统基本相同，也是由硬件系统和软件系统两大部分组成。其硬件系统结构与微型计算机基本相同，可分为 6 个部分，即 CPU 模块、存储器、电源模块、输入/输出模块、接口模块、外部设备，如图 3-68 所示。

在目前较流行的模块式结构中，常在母板上按系统要求配置 CPU 单元（包括电源）、存储单元、I/O 单元等。

(1) 中央处理器（CPU）。CPU 是整个 PLC 的核心部件，控制着所有部件的操作。它通过地址总线、数据总线、控制总线与储存单元、I/O 单元连接，主要任务如下。

1) 诊断 PLC 电源和内部电路的工作状态及编制程序中的语法错误。用扫描方式采集由现场输入装置送来的状态或数据，并存入输入映像寄存器或数据寄存器中。

2) 在运行状态时，按用户程序寄存器中存放的先后顺序逐条读取指令，经译码后，按指令规定的任务完成各种运算和操作，根据运算结果存储相应数据，并更新有关标志的状态和输出映像寄存器的内容。

3) 将存于数据寄存器中的数据处理结果和输出映像寄存器的内容送至输出电路。

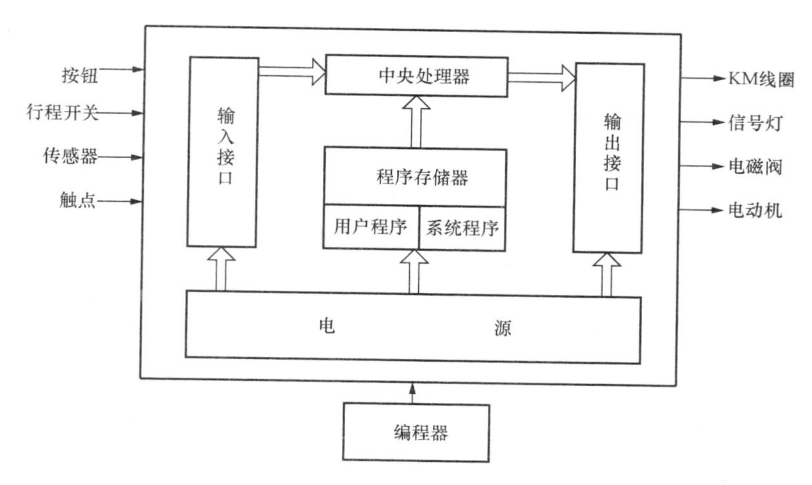

图 3-68　PLC 组成方框图

4）按照 PLC 中系统程序所赋予的功能接收并存储从编程器输入的用户程序和数据，响应各种外部设备（如编程器、打印机、上位计算机、图形监控系统、条码判读器等）的工作请求。

（2）存储器。存储器用来存放系统程序、用户程序、逻辑变量和其他一些信息等。PLC 内部的存储器有两类。

一类是系统程序存储器，用以存放系统程序（包括系统管理程序、监控程序、模块化应用功能子程序以及对用户程序做编译处理的编译解释程序等）。系统程序根据 PLC 功能的不同而不同，生产厂家在 PLC 出厂前已将其固化在只读存储器 ROM 或 FROM 中，用户不能更改。

另一类是用户存储器，主要用于存储用户程序及工作数据等。用户程序指使用者根据工程现场的生产过程及工艺要求编写的程序。用户程序由使用者输入 PLC 的 RAM 中，允许修改。

（3）输入/输出接口。输入/输出（I/O）接口是将 PLC 与现场各种输入、输出设备连接起来的部件（有时也被称为 I/O 单元或 I/O 模块）。

1）输入接口通过 PLC 的输入端子接受现场输入设备（如限位开关、操作按钮、光电开关、温度开关等）的控制信号，并将这些信号转换成 CPU 所能接受和处理的数字信号。输入接口一般由光电耦合电路和微电脑输入接口电路组成。

2）输出接口用于把用户程序的逻辑运算结果输出到 PLC 外部，具有隔离 PLC 内部电路与外部执行元件的作用，同时兼有功率放大作用。

PLC 输出形式一般有三种：继电器输出型、晶闸管输出型、晶体管输出型。其中继电器输出型为有触点输出方式，可用于接通或断开开关频率较低的直流负载或交流负载回路，这种方式存在着继电器触点的电气寿命和机械寿命的问题；晶闸管输出型则用于带直流电源负载、高速大功率负载的场合；晶体管输出型用于高速小功率负载的场合。可以看出，继电器、晶闸管和晶体管作为输出端的开关元件受 PLC 的输出指令控制，完成接通或断开与相应输出端相连的负载回路的任务，它们并不向负载提供工作电源。负载工作电源的类型、电压等级和极性应该根据负载要求以及 PLC 输出接口电路的技术性能指标确定。

(4) 电源。是 PLC 的 CPU、存储器、输入/输出接口等内部电子电路工作需要的直流电源电路或电源模块。输入、输出接口电路的电源彼此相互独立，以避免或减少电源间的干扰。现在许多 PLC 的直流电源采用直流开关稳压电源。这种电源稳压性能好，抗干扰能力强，不仅可提供多路独立的电压供内部电路使用，而且还可为输入设备或输入端的传感器提供标准电源。

(5) 其他接口和外设。编程器是人与 PLC 联系和对话的工具，是 PLC 程序员重要的外围设备。用户可以利用编程器来输入、读出、检查、修改和调试用户程序，也可用它监视 PLC 的工作状态、显示错误代码或修改系统寄存器的设置参数等。除采用手持编程器和监控外，还可通过 PLC 的 RS232C 外设通信口（或 RS422 口配以适配器）与计算机联机，并利用 PLC 生产厂家提供的专用工具软件来对比 PLC 进行编程和监控。相比起来，利用计算机进行编程和监控比手持编程工具更加直观和方便，但一台手持编程器可以用于同系列的其他 PLC，达到一机多用。

（二）可编程控制器的编程语言

PLC 是一种工业控制计算机，不光有硬件，软件也必不可少。一提到软件就必然和编程语言相联系。不同厂家，甚至不同型号的 PLC 的编程语言只能适应自己的产品。目前 PLC 常用的编程语言有四种，梯形图编程语言、指令语句表编程语言、功能图编程语言、高级编程功能语言。

梯形图编程语言形象直观，类似电气控制系统中继电器控制电路图，逻辑关系明显；指令语句表编程语言虽然不如梯形图编程语言直观，但有键入方便的优点；功能图编程语言和高级编程语言需要比较多的硬件设备。

1. 梯形图编程语言

该语言习惯上叫梯形图。梯形图沿袭了继电器控制电路的形式，也可以说，梯形图编程语言是在电气控制系统中常用的继电器、接触器逻辑控制基础上简化了符号演变而来的，形象、直观、实用，电气技术人员容易接受，是目前用得最多的一种 PLC 编程语言。

继电器接触器电气控制电路图和 PLC 梯形图如图 3-69 所示，由图可见两种控制电路图逻辑含义是一样的，但具体表达方法却有本质区别。PLC 梯形图中的继电器、定时器、计数器不是物理继电器、物理定时器、物理计数器，这些器件实际上是存储器中的存储位，因此称为软器件。相应位为“1”状态，表示继电器线圈通电或常开接点闭合或常闭接点断开。

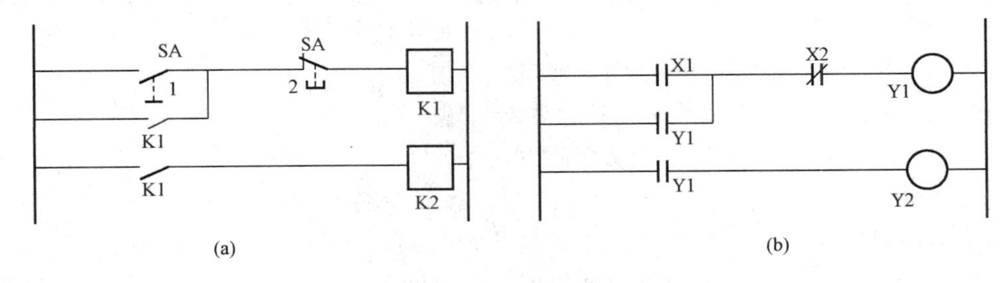

图 3-69　两种控制图

(a) 电气控制电路图；(b) 梯形图

PLC 的梯形图是形象化的编程语言，梯形图左右两端的母线是不接任何电源的。梯形图中并没有真实的物理电流流动，而仅仅是概念电流（虚电流），或称为假想电流。把 PLC

梯形中左边母线假想为电源相线，而把右边母线假想为电源地线。假想电流只能从左向右流动，层次改变只能先上后下：假想电流是执行用户程序时满足输出执行条件的形象理解。

PLC 梯形图中每个网络由多个梯级组成，每个梯级由一个或多个支路组成，并由一个输出元件构成，但右边的元件必须是输出元件。如图 3-69（b）中梯形图由两个梯级组成，第二梯级中有 4 个编程元件（X1、X2、Y1 和 Y1），最右边的 Y1 是输出元件。

梯形图中每个编程元件应按一定的规则加标字母数字串，不同编程元件常用不同的字母符号和一定的数字串来表示，不同厂家的 PLC 使用的符号和数字串往往是不一样的。

2. 指令语句表编程语言

这种编程语言是一种与计算机汇编语言相类似的助记符编程方式，用一系列操作指令组成的语句表将控制流程描述出来，并通过编程器送到 PLC 中去。需要指出的是，不同厂家的 PLC 指令语句表使用的助记符并不相同，因此，一个相同功能的梯形图，书写的语句表并不相同。

指令语句表是由若干条语句组成的程序。语句是程序的最小独立单元。每个操作功能由一条或几条语句来执行。PLC 的语句表达形式与微机的语句表达式相类似，也是由操作码和操作数两部分组成。操作码用助记符表示（如 LD 表示取、OR 表示或等），用来执行要执行的功能，告诉 CPU 该进行什么操作，如逻辑运算的与、或、非；算术运算的加、减、乘、除；时间或条件控制中的计时、计数、移位等功能。

操作数一般由标识符和参数组成。标识符表示操作数的类别，如表明是输入继电器、输出继电器、定时器、计数器、数据寄存器等。参数表明操作数的地址或一个预先设定值。

3. 功能图编程语言

这是一种较新的编程方法。它是用像控制系统流程图一样的功能图表达一个控制过程，目前国际电工协会（IEC）正在实施发展这种新式的编程标准。不同厂家的 PLC 对这种编程语言所用的符号和名称也不一样，三菱 PLC 叫功能图编程语言，而西门子 PLC 叫控制系统流程图编程语言。

4. 顺序功能流程图语言（sequential function chart，SFC）

顺序功能流程图语言是为了满足顺序逻辑控制而设计的编程语言。编程时将顺序流程动作的过程分成步和转换条件，根据转移条件对控制系统的功能流程顺序进行分配，一步一步地按照顺序动作。每一步代表一个控制功能任务，用方框表示。在方框内含有用于完成相应控制功能任务的梯形图逻辑。这种编程语言使程序结构清晰，易于阅读及维护，大大减轻编程的工作量，缩短编程和调试时间。用于系统规模较大，程序关系较复杂的场合。

顺序功能流程图编程语言的特点：以功能为主线，按照功能流程的顺序分配，条理清楚，便于对用户程序理解；避免梯形图或其他语言不能顺序动作的缺陷，同时也避免了用梯形图语言对顺序动作编程时，由于机械互锁造成用户程序结构复杂、难以理解的缺陷；用户程序扫描时间也大大缩短。

5. 结构化文本语言（structured text，ST）

结构化文本语言是用结构化的描述文本来描述程序的一种编程语言。它是类似于高级语言的一种编程语言。在大中型的系统中，常采用结构化文本来描述控制系统中各个变量的关系，主要用于其他编程语言较难实现的用户程序编制。

结构化文本编程语言采用计算机的描述方式来描述系统中各种变量之间的各种运算关

系，完成所需的功能或操作。大多数制造商采用的结构化文本编程语言与高级语言相类似，但为了应用方便，在语句的表达方法及语句的种类等方面都进行了简化。

结构化文本编程语言的特点：采用高级语言进行编程，可以完成较复杂的控制运算；需要有一定的计算机高级语言的知识和编程技巧，对工程设计人员要求较高，直观性和操作性较差。

编程软件对以上五种编程语言的支持种类是不同的，早期的仅仅支持梯形图编程语言和指令表编程语言。目前对梯形图、指令表、功能模块图编程语言都已支持。

三、PLC 的工作原理

PLC 的工作原理可以简单地表述为在系统程序的管理下，通过运行应用程序，对控制要求进行处理判断，并通过执行用户程序来实现控制任务。但是，在时间上，PLC 执行的任务是按串行方式进行的，其具体的运行方式与继电器—接触器控制系统及计算机控制系统都有着一定的差异。

（一）循环扫描的工作原理

PLC 的一个工作过程一般有 5 个阶段：内部处理阶段、通信处理阶段、输入采样阶段、程序执行阶段和输出刷新阶段。当 PLC 开始运行时，首先清除 I/O 映像区的内容，其次进行自诊断，然后与外部设备进行通信连接，确认正常后开始扫描。对每个用户程序，CPU 从第一条指令开始执行，按指令步序号做周期性的程序循环扫描；如果无跳转指令，则从第一条指令开始逐条执行用户程序，直至遇到结束符后又返回第一条指令。如此周而复始不断循环，因此，PLC 的工作方式是一种串行循环工作方式，如图 3 - 70 所示。

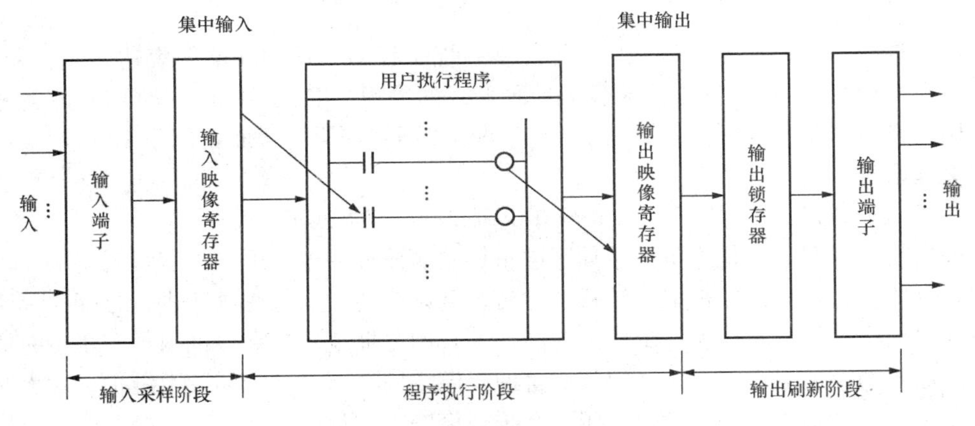

图 3 - 70 PLC 循环扫描示意图

1. 内部处理阶段

在这一阶段，CPU 监测主机硬件、用户程序存储器、I/O 模块的状态，以及清除 I/O 映像区的内容等。即 PLC 进行各种错误检测（自诊断功能），若自诊断正常，则继续向下扫描。

2. 通信处理阶段

在通信处理阶段，CPU 自动监测并处理各种通信端口接收到的任何信息，即检查是否有编程器、计算机或上位 PLC 等通信请求，若有则进行相应处理，完成数据通信任务。如 PLC 接收编程器送来的程序、命令和各种数据，并把要显示的状态、数据、出错信息发送给编程器进行显示，这称为“监视服务”，一般在程序执行之后进行。

3. 输入采样阶段

在输入采样阶段，PLC首先扫描所有的输入端子，按顺序将所有输入端的输入信号状态（0或1表示在接线端上是否在承受外加电压）读入输入映像寄存区。这个过程称为对输入信号的采样，或称输入刷新阶段。完成输入端刷新工作后，将关闭输入端口，转入下一步工作过程，即程序执行阶段。在程序执行期间，即使输入端状态发生变化，输入状态寄存器的内容也不会发生改变，而这些变化必须等到下一个工作周期的输入刷新阶段才能被读入。对于这种采集输入信号的批处理，虽然严格地说每个信号被采集的时间有先有后，但由于PLC的扫描周期很短，这个差异对一般工程应用可忽略，所以可认为这些采集到的输入信息是同时的。

4. 程序执行阶段

程序执行阶段又称程序处理阶段，是PLC对程序按顺序执行的过程。

在程序执行阶段，PLC根据用户输入的控制程序，从第一条指令开始逐条执行，并将相应的逻辑运算结果存入对应的内部辅助寄存器和输出状态寄存器；并且只有输入映像寄存器区存放的输入采样不会发生改变，其他各种数据在输出映像寄存器区或系统RAM存储区内的状态和数据都有可能随着程序的执行随时发生改变。前面执行的结果可能被后面的程序所用到，从而影响后面程序的执行结果；而后面执行的结果不可能改变前面的扫描结果，只有到了下一个扫描周期，再次扫描前面程序时才有可能起作用。但是，在扫描过程中如果遇到程序跳转指令，就会根据跳转条件是否满足来决定程序的跳转地址。当指令中涉及输入、输出状态时，PLC从输入映像寄存器中“读入”上一阶段存入的对应输入端子状态。从输出映像寄存器“读入”对应输出映像寄存器的当前状态。然后，进行相应的运算，运算结果再存入元件映像寄存器中。对于元件映像寄存器来说，每个元件（输出软继电器的状态）都会随着程序执行过程而变化。当最后一条控制程序执行完毕后，即转入输出刷新阶段。

在这个阶段，除了输入映像寄存器外，各个元件映像寄存器的内容是随着程序的执行而不断变化。

5. 输出刷新阶段

当程序中所有指令执行完毕后，PLC将输出状态寄存器中所有输出继电器的状态，依次送到输出锁存电路，并通过一定输出方式输出。驱动外部负载，这就形成PLC的实际输出。

输入采样、程序执行和输出刷新是PLC执行用户程序的3个主要阶段，这3个阶段构成PLC的一个工作周期。由此循环往复，因此称为循环扫描工作方式。由此可以总结出PLC在扫描过程中信号的处理规则如下。

（1）输入映像区中的数据，取决于本扫描周期输入采样阶段所处的状态。在程序执行和输出刷新阶段，输入映像区中的数据不会因为有新的输入信号而发生改变。

（2）输出映像区中的数据由程序中输出指令的执行结果决定。在输入采样和输出刷新阶段，输出映像区的数据不会发生改变。

（3）输出端子直接与外部负载连接，其状态由输出状态寄存器中的数据来确定。

运行上述五个阶段的时间称为一个扫描周期，扫描周期是PLC一个很重要的指标，小型PLC的扫描周期一般为十几毫秒到几十毫秒。PLC的扫描时间取决于扫描速度和用户程序长短。毫秒级的扫描时间对于一般工业设备通常是可以接受的，PLC 的响应滞后是允许的。但是对某些 I/O 快速响应的设备，则应采取相应的处理措施。如选用高速 CPU，提高扫描速度，采用快速响应模块、高速计数模块以及不同的中断处理等措施减少滞后时间。影响 I/O 滞后的主要原因有：输入滤波器的惯性；输出继电器接点的惯性；程序执行的时间；程序设计不当的附加影响等。对用户说，选择了一个 PLC，合理的编制程序是缩短响应的关键。

四、PLC 的编程器件

（一）PLC 的编程器件概述

PLC 内部有许多具有不同功能的器件，实际上这些器件是由电子电路和存储器组成的。如输入继电器 X 是由输入电路和映象输入接点的存储器组成；输出继电器 Y 是由输出电路和映象输出接点的存储器组成；定时器 T、计数器 C、辅助继电器 M、状态器 S、数据寄存器 D、变址寄存器 V/Z 等都是由存储器组成的。为了把它们与通常的硬器件区分开，通常把上面的器件称为软器件，是等效概念抽象模拟的器件，并非实际的物理器件。从工作过程看，只注重器件的功能，按器件的功能定义名称，如输入继电器 X、输出继电器 Y 等，而且每个器件都有确定的地址编号，这对编程十分重要。需要特别指出的是，不同厂家、甚至同一厂家的不同型号的 PLC 编程器件的数量和种类都不一样，下面以三菱 FX2N 作为蓝本，介绍编程器件。

（二）FX2N 系列 PLC 编程器件

1. 输入继电器

输入继电器与 PLC 的输入端相连，是 PLC 接收外部开关信号的接口。与输入端子连接的输入继电器是光电隔离的电子继电器，其线圈、常开接点、常闭接点与传统硬继电器表示方法一样。这里常开接点、常闭接点的使用次数不限，这些接点在 PLC 内可以自由使用，输入继电器必须有外部信号来驱动，不能用程序驱动，在程序中绝对不可能出现输入继电器的线圈，只能出现输入继电器的触点。

基本单元输入继电器线圈都是八进制编号的地址。输入为 X000—X007、X010—X017、X020—X027 等，最多可达 256 点。输入继电器一般排列于 PLC 的上端。基本单元输入继电器的编号是固定的，扩展单元和扩展模块是从与基本单元最靠近处开始顺序编号。输入继电器示意图如图 3 - 71 所示。

2. 输出继电器

输出继电器的外部输出接点连接到 PLC 的输出端子上，输出继电器是 PLC 用来传送信号到外部负载的元件。每一个输出继电器有一个外部输出的常开接点，而内部的软接点，不管是常开还是常闭，都可以无限次地自由使用。输出继电器的地址编号也是八进制，输出为 Y000—Y007，Y010—Y017，Y020—Y027，最多可达 256 点。它们一般位于 PLC 的下端，与输入继电器一样，基本单元的输出继电器编号也是固定的，扩展单元和扩展模块的编号也是按与基本单元最靠近开始，顺序进行编号。输出继电器示意图如图 3 - 72 所示。

3. 辅助继电器 M

PLC 内部有很多辅助继电器。它的常开常闭接点在 PLC 内部编程时可以无限次地自由使用。但是这些接点不能直接驱动外部负载，外部负载必须由输出继电器的外部接点来驱动。

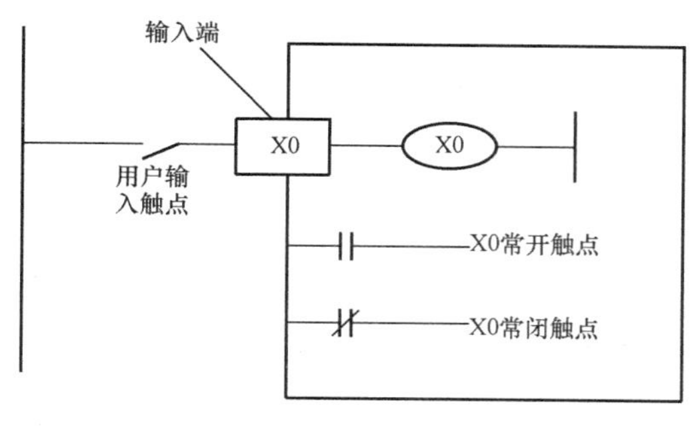

图 3-71 输入继电器示意图

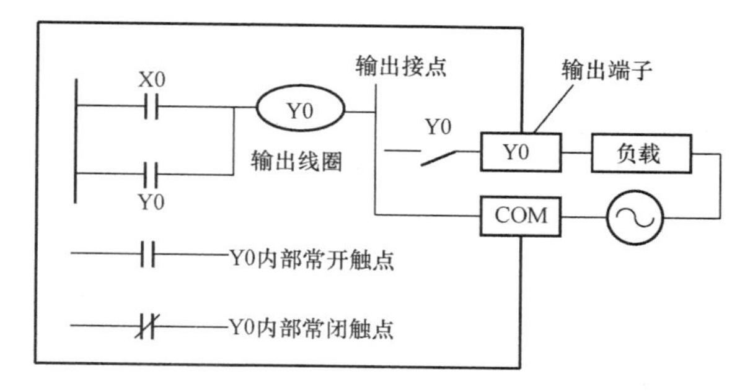

图 3-72 输出继电器示意图

在逻辑运算中经常需要一些中间继电器作为辅助运算用，这些器件往往用作状态暂存、移位等运算。另外，辅助继电器还具有一些特殊功能。下面是几种常见的辅助继电器。

（1）通用辅助继电器 M0～M499。通用辅助继电器按十进制地址编号 M0～M499 共 500 点（在 FX_{2N}型 PLC 中除了输入输出继电器外，其他所有器件都是十进制编号）。

（2）断电保持辅助继电器 M500-M1023 及 M1024-M3071 共 2572 点。PLC 在运行中若发生停电，输出继电器和通用辅助继电器全部成为断开状态。上电后，除了 PLC 运行时被外部输入信号接通外，其他仍断开。不少控制系统要求处于断电保持状态，断电保持辅助继电器就是用于此场合，断电保持是由 PLC 内装锂电池支持的。

（3）特殊辅助继电器 M8000～8255（256 点）。PLC 内有 256 个特殊辅助继电器，这些特殊辅助继电器各自具有特定的功能。通常分为下面两大类。

1）只能利用其接点的特殊辅助继电器。线圈由 PLC 自动驱动，用户只可以利用其接点。如 M8000 为运行监控用，PLC 运行时 M8000 接通；M8002 为仅在运行开始瞬间接通的初始脉冲特殊辅助继电器；M8012 为产生 100ms 时钟脉冲的特殊辅助继电器。

2）可驱动线圈型特殊辅助继电器，用户激励线圈后，PLC 作特定动作，如 M8030 为锂电池电压指示灯特殊辅助继电器，当锂电池电压跌落时，M8030 动作，指示灯亮，提醒 PLC 维修人员，需要尽快调换锂电池；M8033 为 PLC 停止时输出保持特殊辅助继电器；M8034 为禁止全部输出特殊辅助继电器；M8039 为定时扫描特殊辅助继电器。

需要说明的是未定义的特殊辅助继电器不可在用户程序中使用。辅助继电器的常开常闭接点在 PLC 内部可无限次地自由使用。

（4）状态器 S。状态器 S 是构成状态转移图的重要软器件。它与后述的步进顺控指令配合使用。通常状态器软器件有下面五种类型：①初始状态器 S0～S9 共 10 点；②回零状态器 S10～S19 共 10 点；③通用状态器 S20～S499 共 480 点；④保持状态器 S500～S899 共 400 点；⑤报警用状态器 S900～S999 共 100 点，这 100 个状态器器件可用作外部故障诊断输出。

状态器的常开和常闭接点在 PLC 内可以自由使用，且使用次数不限。不用步进顺控指令时，状态器 S 可以作为辅助继电器 M 在程序中使用。

（5）定时器 T。定时器在 PLC 中的作用相当于一个时间继电器，它有一个设定值寄存器（一个字长），一个当前值寄存器（一个字长）以及无限个接点（一个位）。对于每一个定时器，这三个量使用同一地址编号名称，但使用场合不一样，其所指也不一样。通常在一个 PLC 中有几十至数百个定时器 T。

在 PLC 内定时器是根据时钟脉冲累积计时的。时钟脉冲有 1ms、10ms、100ms 三档，当所计时间到达设定值时，输出接点动作。定时器可以使用用户程序存储器内的常数 K 作为设定值，也可以用后述的数据寄存器 D 的内容作为设定值。这里使用的数据寄存器应有断电功能。定时器的地址编号、设定值是按如下规则规定的。

1）常规定时器 T0～T245。100ms 定时器 T0～T199 共 200 点，每个设定值范围为 0.1～3276.7s；10ms 定时器 T200～T245 共 46 点，每个设定值范围 0.01～327.67s。图 3-73 所示是定时器的工作原理。当驱动输入 X0 接通时，地址编号为 T200 的当前值计数器对 10ms 时钟脉冲进行累积计数，当该值与设定值 K123 相等时，定时器的输出接点就接通，即输出接点是在驱动线圈后的 123×0.01s=1.23s 时动作。驱动输入 X0 断开或发生断电时，计数器就复位，输出接点也复位。

2）积算定时器 T246～T255。1ms 积算定时器 T246～T249 共 4 点，每点设定值范围为 0.001～32.767s；100ms 积算定时器 T250～T255 共 6 点，每点设定值范围为 0.1～3276.7s。图 3-74 所示是积算定时器工作原理。当定时器线圈 T250 驱动输入 X1 接通时，T250 的当前值计数器开始累积 100ms 的时钟脉冲个数，当该值与设定值 K345 相等时，定时器的输出接点接通。当计数中间驱动输入 X1 断开或停电时，当前值可保持。输入 X1 再接通或复电时，计数继续进行，当累积时间为（0.1×345）s=34.5s 时，输出接点动作。当复位输入 X2 接通时，计数器就复位，输出接点也复位。

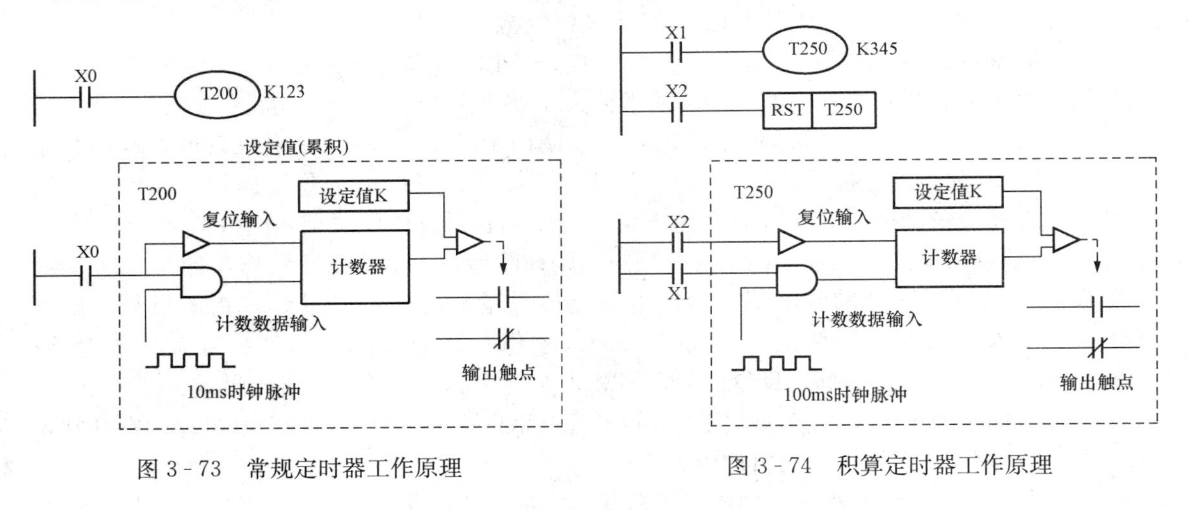

图 3-73　常规定时器工作原理

图 3-74　积算定时器工作原理

（6）计数器。内部信号计数器是在执行扫描操作时对内部器件（如 X、Y、M、S、T 和 C）的信号进行计数的计数器，其接通时间和断开时间应比 PLC 的扫描周期稍长。

因为篇幅有限，此处仅讨论基本计数器，除了 16 位递加计数器外，还有 32 位双向计数器、高速计数器等。16 位递加计数器设定值为 1～32767。其中，C0～C99 共 100 点是通用型，C100～C199 共 100 点是断电保持型。图 3-75 所示为递加计数器的动作过程。X11 是计数输入，每当 X11 接通一次，计数器当前值加 1。当计数器的当前值为 10 时（也就是说计数输入达到第十次时），计数器 C0 的输出接点接通。之后即使输入 X11 再接通，计数器的当前值也保持不变。当复位输入 X10 接通时，执行 RST 复位指令，计数器当前值复位为 0，输出接点也断开。计数器的设定值，除了可由常数 K 设定外，还可间接通过指定数据寄存器指定。

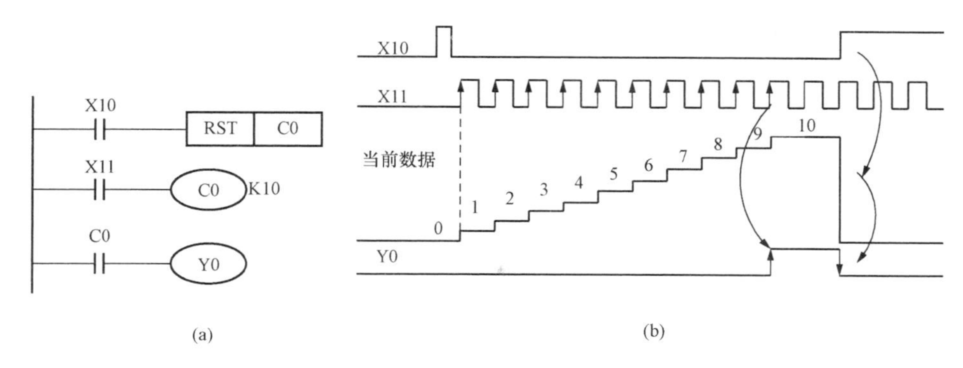

图 3-75 加计数器的动作过程
(a) 梯形图；(b) 时序表

(7) 指针 (P/I)。分支指令用指针 P0～P63，共 64 点。指针 P0～P63 作为标号，用来指定条件跳转，子程序调用等分支指令的跳转目标。

中断用指针 I0□□～I8□□共 15 点。中断指针的格式表示如下。

1) I□0□输入中断。第一个方框里是数字 0～5，代表 X0～X5 等 5 个 PLC 外部输入端子的信号，每个输入只能用一次。第二个方框里是数字 0 或者 1，其中 0 代表下降沿中断，1 代表上升沿中断。如 I301 为输入 X3 从 OFF→ON 变化时，执行由该指针作为标号后面的中断程序，并根据 IRET 指令返回。

2) I□□□定时器中断。第一个方框里是数字 6～8，每个输入只能用一次。后两个方框代表中断时间，范围从 10～99ms。如 I755，即为每隔 55ms 就执行标号为 I755 后面的中断程序，并根据 IRET 指令返回。

3) I0□0 计数器中断。第二个方框里是数字 1～6 共 6 点 (I010～I060)，它们用在 PLC 内置的高速计数器中。根据高速计数器的计数当前值与计数设定值之关系确定是否执行中断服务程序。它常用于利用高速计数器优先处理计数结果的场合。

(8) 数据寄存器。数据寄存器用于存放各种数据。FX_{2N}中每一个数据寄存器都是 16 位 (最高位为正、负符号位)，也可用两个数据寄存器合并起来存储 32 位数据 (最高位为正、负符号位)。

1) 通用数据寄存器 D0～D199，共 200 点。只要不写入其他数据，已写入的数据不会变化。但是，由 RUN→STOP 时，全部数据均清零 (若特殊辅助继电器 M8033 已被驱动，则数据不被清零)。

2) 断电保持用寄存器 D200～D511。共 312 点，或 D200～D999，共 800 点 (由机器的具体型号定)。除非改写，否则原有数据不会丢失。而且不论电源接通与否，PLC 运行与否。其内容也不变化。然而在 2 台 PLC 作点对点的通信时，D490～D509 被用作通信操作。

3) 文件寄存器 D1000～D2999，共 2000 点。文件寄存器是在用户程序存储器 (RAM、EEPROM、EFROM) 内的一个存储区，以 500 点为一个单位，最多可在参数设置时到 2000 点。用外部设备口进行写入操作。在 PLC 运行时，可用 BMOV 指令读到通用数据寄存器中，但是不能用指令将数据写入文件寄存器。用 BMOV 将数据写入 RAM 后，再从 RAM 中读出。将数据写入 EEPROM 时，需要花费一定的时间，请务必注意。

五、可编程控制器基本指令及应用

（一）FX2N 系列可编程控制器基本指令

FX2N 系列 PLC 有基本逻辑指令 27 条、步进指令 2 条、功能指令 100 多条（不同系列有所不同）。本节以 FX2N 为例，介绍其基本逻辑指令和步进指令及其应用。

1. FX 系列 PLC 的基本逻辑指令

FX2N 系列 PLC 共有 27 条基本逻辑指令，其中包含了有些子系列 PLC 的 20 条基本逻辑指令。

（1）取指令与输出指令（LD/ILDI/OUT）。包括以下两个方面。

1）助记符与功能。助记符与功能见表 3 - 21。

表 3 - 21　　LD/ILDI/OUT 的助记符与功能

符号、名称	功能	电路表示及操作元件	
LD（Load 取）	常开触点逻辑运算起始	X、Y、M、S、T、C	1
LDI（Load Inverse 取反）	常闭触点逻辑运算起始	X、Y、M、S、T、C	1
OUT（输出）	线圈驱动	X、Y、M、S、T、C	Y、M 程序 1 步；S、特殊 M 程序 2 步；T3 步；C3-5 步

2）指令说明。LD/LDI（取指令/取反指令）：LD、LDI 指令用于将触点连接到母线上，其他用法与 ANB 指令组合，在分支起点处也可使用。OUT（输出指令）：是对输出继电器（Y）、辅助继电器（M）、状态元件（S）、定时器（T）、计数器（C）的线圈驱动指令，对输入继电器不能使用，并列的 OUT 命令可多次连续使用。如图 3 - 76 所示为取指令与输出指令的使用，其中，OUT M100 接着是 OUT T0。

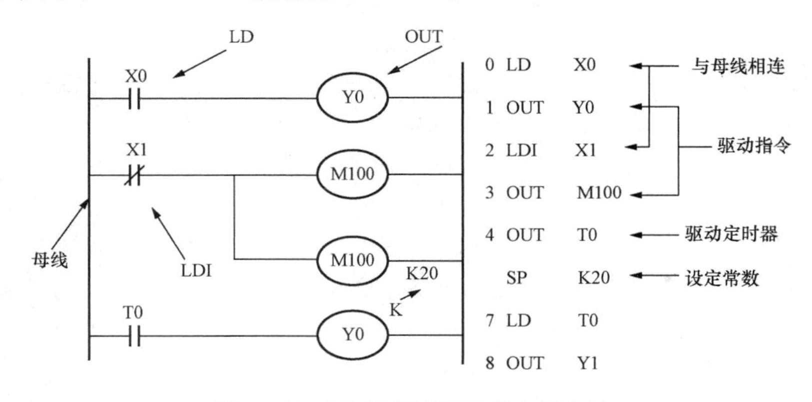

图 3 - 76　LD/ILDI/OUT 指令的应用

对于定时器的计时线圈或计数器的计数线圈，使用 OUT 指令后，必须设定常 K 也可用数据寄存器编号间接指定。图 3 - 76 所示为 LD/ILDI/OUT 指令的应用。

(2) 触点串联指令 (AND/ANI)。主要包括以下两个方面。

1) 助记符与功能。助记符与功能见表 3-22。

表 3-22　触点串联指令的助记符与功能

助记符、名称	功能	电路表示及操作元件	
AND 与	常开触点串联连接	X、Y、M、S、T、C、	1
ANI 与非	常闭触点串联连接	X、Y、M、S、T、C	1

2) 指令说明。用 AND、ANI 指令可串联连接 1 个触点，可多次使用，串联触点数量不受限制。

OUT 指令后，通过触点对其他线圈使用 OUT 指令，称为纵接输出。如图 3-77 所示为 AND 与 ANI 指令的应用，其中，M101 与 OUT Y004 纵接输出，如果顺序不错，可重复多次。但限于图形编程器和打印机幅面限制，应尽量做到一行不超过 10 个接点及一个线圈，总共不要超过 24 行。

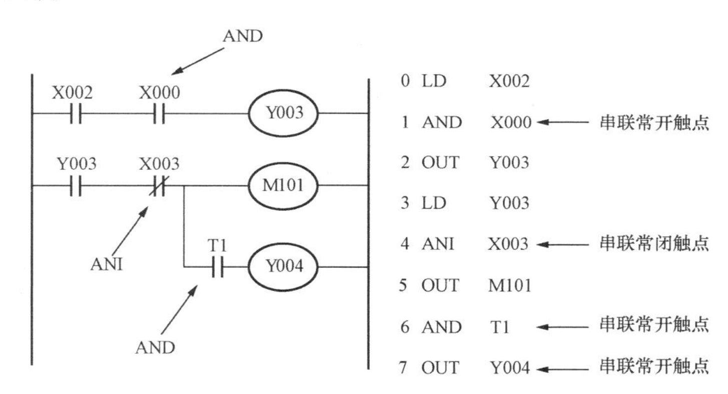

图 3-77　AND 和 ANI 指令的应用

(3) 触点并联指令 (OR/ORI)。主要包括以下两个方面。

1) 助记符与功能。助记符与功能见表 3-23。

表 3-23　OR/ORI 指令的助记符与功能

助记符、名称	功能	电路表示及操作元件	程序步
OR 或	常开触点并联连接	X、Y、M、S、T、C	1
ORI 或非	常闭触点并联连接	X、Y、M、S、T、C	1

2）指令说明。OR、ORI 被用作一个触点的并联连接指令。OR 为常开触点的并联，ORI 为常闭触点的并联。将两个以上触点的串联回路和其他回路并联时，采用后面介绍的 ORB 指令。

OR、ORI 是指从该指令的步开始，与前述 LD、LDI 指令同步进行并联连接，即对 LD、LDI 指令规定的触点再并联一个触点，并联的次数无限制，但限于编程器和打印机的幅面限制，尽量在 24 行以下。图 3－78 所示为 OR 和 ORI 指令的应用。

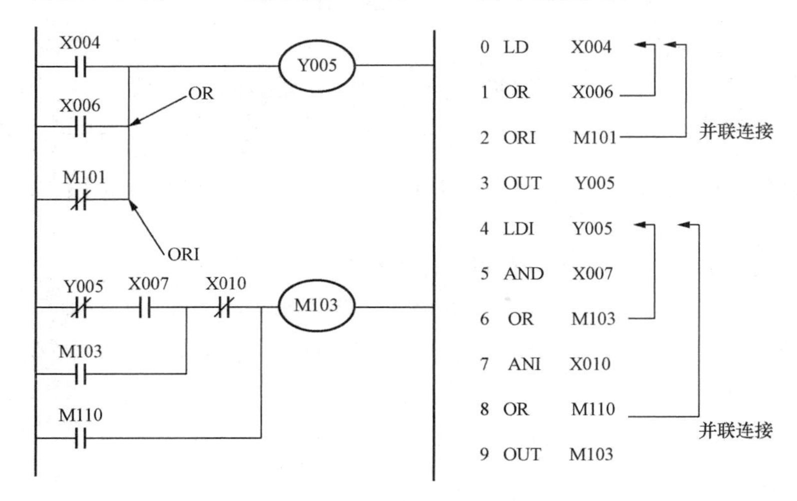

图 3－78 OR 和 ORI 指令的应用

（4）块操作指令（ORB/ANB）。ORB 指令说明：几个串联电路块并联连接时，每个串联电路块开始时应该用 LD 或 LDI 指令。当有多个电路块并联回路，如对每个电路块使用 ORB 指令，则并联的电路块数量没有限制。ORB 指令也可以连续使用，但这种程序写法不推荐使用，考虑到 LD、LDI 指令只能连续使用 8 次，ORB 指令的使用次数也应限制在 8 次。图 3－79 所示为 ORB 指令的应用。

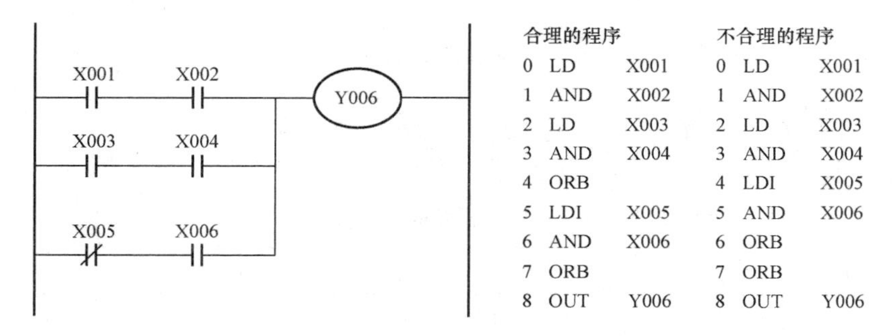

图 3－79 ORB 指令的应用

ANB 指令说明。并联电路块串联连接时、并联电路块的开始均用 LD 或 LDI 指令。多个并联电路块连接按顺序和前面的回路串联时，ANB 指令的使用次数没有限制。也可连续使用 ANB，但与 ORD 一样，使用次数在 8 次以下。图 3－80 所示为 AND 指令的应用。

（5）置位与复位指令（SET/RST）。主要包括以下两个方面。

1）助记符与功能。助记符与功能见表 3－24。

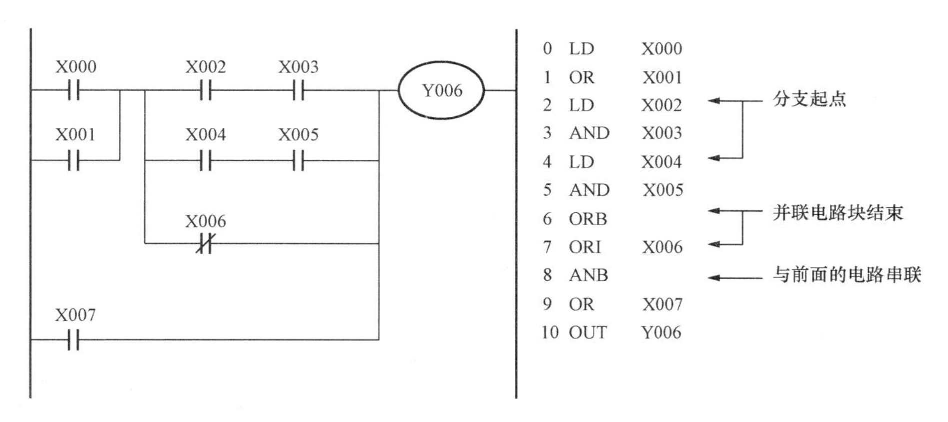

图 3-80　AND 指令的应用

表 3-24　　SET/RST 的助记符与功能

<table>
<tr><th>助记符、名称</th><th>功能</th><th>电路表示及操作元件</th><th>程序步</th></tr>
<tr><td>SET 置位</td><td>动作保持</td><td>SET　Y、M、S</td><td rowspan="2">Y，M：1
S、特 M：2
T、C：2
D、V、Z：3</td></tr>
<tr><td>RST 复位</td><td>消除动作保持，当前值及寄存器清零</td><td>Y、M、S、T、C、D、V、Z
RST　上述元件</td></tr>
</table>

2）指令说明。对于同一目标元件，SET、RST 可多次使用，顺序也可随意，但最后执行者才有效。图 3-81 所示为 SET/RST 指令的应用，其中 X000 一旦接通后，即使它再断开，Y000 仍继续动作。X001 一旦接通时，即使它断开，Y000 仍保持不被驱动。

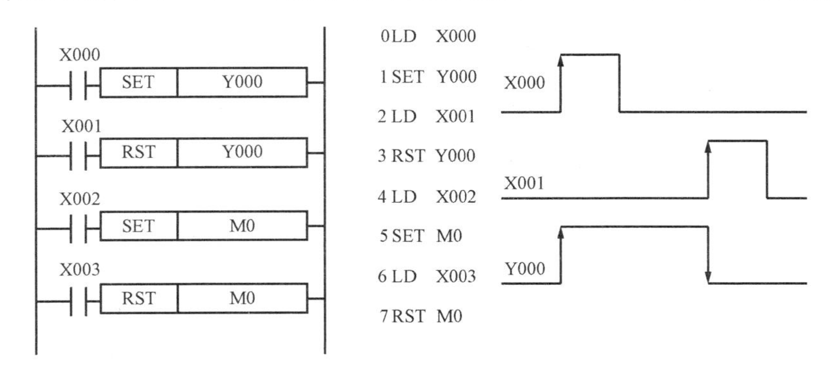

图 3-81　SET/RST 指令的应用

（6）脉冲输出指令（PLS/PLF）。主要包括以下两个方面。

1）助记符与功能。助记符与功能见表 3-25。

表 3-25　　脉冲输出指令的助记符和功能

助记符、名称	功能	电路表示及操作元件	程序步
PLS 脉冲	上降沿微分输出	PLS　Y、M	1
PLF 下降沿脉冲	下降沿微分输出	PLS　Y、M	1

2）指令说明。使用 PLS 指令时，仅在驱动输入为 ON 后的一个扫描周期内，软元件 Y、M 动作。使用 PLF 指令时，仅在驱动输入为 OFF 后的一个扫描周期内，软元件 Y、M 动作。图 3-82 所示为 PLS/PLF 指令的应用。

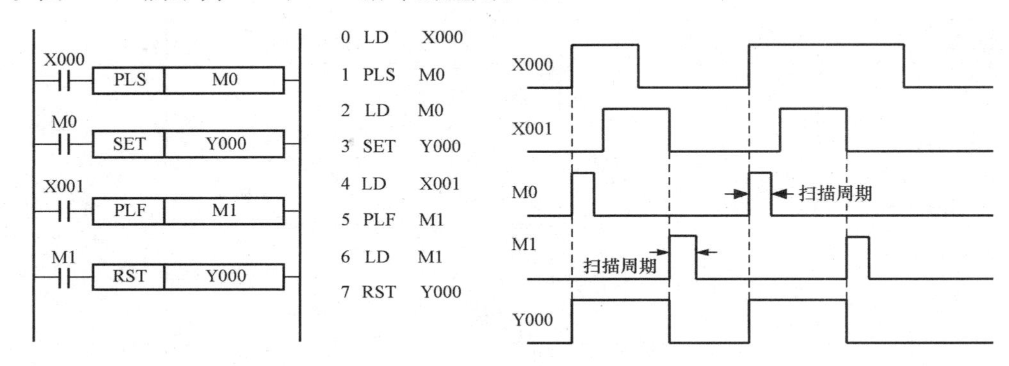

图 3-82　PLS/PLF 指令的应用

（7）主控/主控复位指令（MC/MCR）。主要包括以下两个方面。

1）助记符与功能。助记符与功能见表 3-26。

表 3-26　　主控/主控复位指令的助记符与功能

助记符、名称	功能	电路表示及操作元件	程序步
MC 主控	公共串联触点的连接	MC　N　YM	3
MCR 主控复位	公共串联触点的清除	MCR　N	2

2）指令说明。MC、MCR 指令的目标元件为 Y 和 M，但不能用特殊辅助继电器。MC 占 3 个程序步，MCR 占 2 个程序步。

主控触点在梯形图中与一般触点垂直（如图 3-83 中的 M100）。主接触点是与左母线相连的常开触点，是控制一组电路的总开关。与主控触点相连的触点必须用 LD 或 LDI 指令。

MCR 指令的输入触点断开时，在 MC 和 MCR 之内的积算定时器、计数器、用复位/置位指令驱动的元件保持其之前的状态不变。非积算定时器和计数器，用 OUT 指令驱动的元件将复位，如图 3-83 中，当 X0 断开，Y0 和 Y1 即变成 OFF。

在一个 MC 指令区内若再使用 MC 指令称为嵌套。嵌套级数最多为 8 级，编号按 N0→N1→N2→N3→N4→N5→N6→N7 顺序增大，每级的返回用对应的 MCR 指令，从编号大的嵌套级开始复位。

编程时对于主母线中串接的触点不输入指令，如图 3-83 中的 N0 M100，它仅是主控指令的标记。

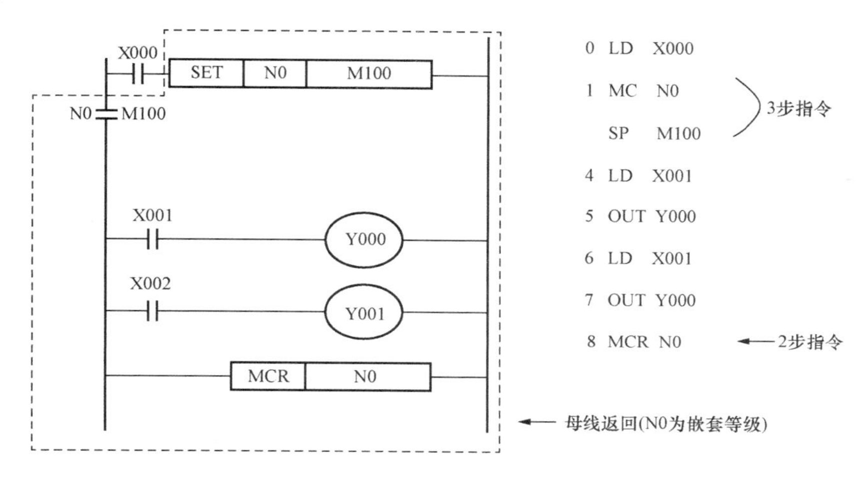

图 3-83　MC/MCR 指令的应用

（8）逻辑反、空操作与结束指令（INV/NOP/END）。主要包括以下两个方面。

1）助记符与功能。助记符与功能见表 3-27。

表 3-27　逻辑反、空操作与结束指令的助记符和功能

助记符、名称	功能	电路表示及操作元件	程序步
INV 取反	运算结果的反转	软元件：无	1
NOP 空操作	无动作	NOP 软元件：无	1
END 结束	输入输出处理以及返回到 0 步	END 软元件：无	1

2）指令说明。INV（反指令）：执行该指令后将原来的运算结果取反。使用时候应注意 INV 不能像指令表的 LD、LDI、LDP、LDF 那样与母线连接，也不能像指令表中的 OR、ORI、ORP、ORF 指令那样单独使用。

NOP（空操作指令）：表示不执行操作，但占一个程序步。执行 NOP 时并不做任何事，有时可用 NOP 指令短接某些触点或用 NOP 指令将不要的指令覆盖。当 PLC 执行了消除用户存储器操作后，用户存储器的内容全部变为空操作指令。NOP 指令的作用有两个：一是在执行程序全部清除后，用 NOP 显示；二是用于修改程序，利用在程序中插入 NOP 指令，修改程序时可以使程序步序号的变化减少。

END（结束指令）：表示程序结束。若程序的最后不写 END 指令，则 PLC 不管实际用户程序多长，都从用户程序存储器的第一步执行到最后一步；若有 END 指令，当扫描到 END 时，则结束执行程序，直接进行输出处理，这样可以缩短扫描周期。在程序调试时，可在程序中插入若干 END 指令，将程序划分若干段，在确定前面程序段无误后，依次删除 END 指令，直至调试结束。

六、PLC 系统设计

可编程控制器的结构和工作方式与通用微型计算机不完全一样。因此，用 PLC 设计自动控制系统与微机控制系统开发过程也不完全相同。需要根据可编程控制器的特点进行系统设计。PLC 与继电器控制系统也有本质区别，硬件和软件可分开进行设计是 PLC 的一大特点。下面介绍应用 PLC 的一般设计方法和步骤。图 3-84 所示是可编程控制器系统设计流程框图，具体设计步骤如下所述。

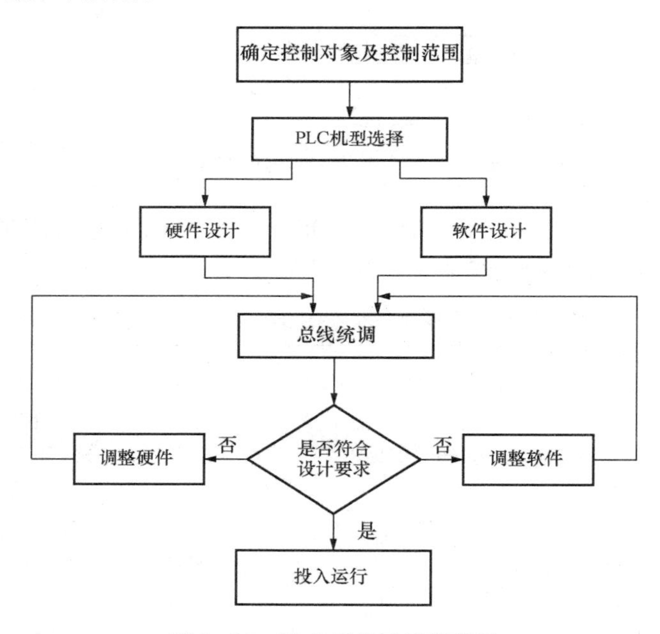

图 3-84　PLC 系统设计流程图

（一）确定控制对象和控制范围

在目前国内的大多数工业控制中，可编程控制器所执行的功能主要有顺序控制、定时、计数、逻辑判断、算术运算等，可编程控制器的出现最初是为了解决工业控制中大量开关量控制问题，取代体积大、耗能多的继电器控制系统，消除由于硬接线所造成的故障，提高控制系统的可靠件，建立柔性自动控制系统，弥补继电器控制的缺点。代替继电器实现逻辑控制乃是可编程控制器应用的主要场合之一。

要应用可编程控制器，首先要详细分析被控对象、控制过程与要求，熟悉了解工艺流程后列出控制系统的必备功能和指标要求，如果控制对象的工业环境较差，而安全性、可靠性要求特别高，系统工艺复杂，输入输出以开关量居多，工艺流程又要经常变动的对象和现场，用PLC进行控制是合适的。

（二）PLC的机型选择

选择机型是使用PLC的第一步，目前国内外生产可编程控制器的厂家和型号很多，面对众多机型、繁多的功能参数，怎样才能选择适合自己要求的机型呢？一般来说，各个厂家生产的产品在可靠性上都是过关的，机型的选择主要是指在功能上如何满足自己需要。而不浪费机器容量。

选择机型前，用户首先要对控制对象进行以下估计：有多少开关量输入；电压分别为多少；有多少开关量输出，输出功率为多少；有多少模拟量输入和多少模拟量输出；是否有特殊控制要求，如高速计数器等；现场对控制器响应速度有何要求；机房与现场是分开还是在一起等。

1. 可编程控制器控制系统I/O点数估算

根据系统所需要的不同设备，比如电磁阀、光电开关、交流电动机、直流电动机等，来确定控制系统的I/O点数。估算出被控对象的I/O点数后，就可选择点数相当的可编程控制器。I/O点数是衡量PLC规模大小的重要指标。选择相应规模的PLC并留有10%～15%的I/O裕量。

2. 内存估计

用户程序所需内存容量要受到下面几个因素的影响：内存利用率；开关量输入输出点数；模拟量输入输出点数；用户的编程水平。

（1）内存利用率。用户编的程序通过编程器输入主机内，最后是以机器语言的形式存放在内存中。同样的程序，不同厂家的产品，在把程序变成机器语言存放时所需要的内存数不同，把一个程序段中的接点数与存放该程序段所代表的机器语言所需的内存字数的比值称为内存利用率。高的利用率给用户带来好处。同样的程序可以减少内存量，从而降低内存投资。另外同样程序可缩短扫描周期时间，从而提高系统的响应。

（2）开关量输入输出点数。PLC开关量输入输出总点数是计算所需内存储器容量的重要根据。一般系统中，开关量输入和开关量输出的比为6∶4。这方面的经验公式是根据开关量输入、开关量输出的总点数给出的。公式为所需内存字数＝开关量（输入＋输出）总点数×10。

（3）模拟量输入输出点数。具有模拟量控制的系统就要用到数字传送和运算的功能指令，这些功能指令内存利用率较低，因此所占内存数要增加。

在只有模拟量输入的系统中，一般要对模拟量进行读入、数字滤波、传送和比较运算。在模拟量输入输出同时存在的情况下，就要进行较复杂的运算，一般是闭环控制，内存要比只有模拟量输入的情况需求量大。在模拟量处理中，常常把模拟量输入、滤波及模拟量输出编成子程序使用，这使所占内存大大减少、特别是在模拟量路数比较多时，每一路模拟量所需的内存量会明显减少。下面给出一般情况下的经验公式。

只有模拟量输入时，内存字数＝模拟量点数×100；模拟量输入输出同时存在时，内存字数＝模拟量点数×200。

这些经验公式的算法是在10点模拟量左右，当点数小于10时，内存字数要适当加大，点数多时，要适当减小。

(4) 程序编写质量。用户编写的程序优劣对程序长短和运行时间都有较大影响。对于同样的系统，不同用户编写的程序，其长度和执行时间可能差距很大。

综上所述，推荐下面的经验计算公式：

总存储器字数＝(开关量输入点数＋开关量输出点数)×10＋模拟量点数×150

然后按计算存储器字数的25%考虑裕量。

3. 响应时间

对过程控制，扫描周期和响应时间必须认真考虑。PLC顺序扫描的工作方式使它不能可靠地接收持续时间小于扫描周期的输入信号。如某产品有效检测宽度为5cm，产品传送速度每分钟50m，为了确保不会漏检经过的产品。要求PLC的扫描周期不能大于产品通过检测点的时间间隔60ms（T=5cm/50m/60s）。

系统响应时间是指输入信号产生时刻与由此而使输出信号状态发生变化时刻的时间间隔。系统响应时间＝输入滤波时间十输出滤波时间十扫描周期。

4. 功能、结构要合理

单机控制往往是用一台可编程控制器控制一台设备。或者一台可编程控制器控制几台小设备，如对原有系统的改造、完善其功能等。单机控制没有可编程控制器间的通信问题，但功能要求全面。选择箱体式的可编程控制器为好。若只有开关量控制，可选用小型PLC来控制。

若被控对象是开关量和模拟量共有，就要选择有相应功能的PLC。模块式结构的产品构成系统灵活，易于扩充，但造价高，适于大型复杂的工业现场。

5. 输入输出模块的选择

PLC输入模块是检测并转换来自现场设备（按钮、限位开关、接近开关等）的高电平信号，模块类型分直流5、12、24、48、60V几种；交流115V和220V两种。由现场设备与模块之间的远近程度选择电压的大小。一般5、12、24V属低电平，传输距离不宜太远，如5V的输入模块最远不能超过10m，也就是说，距离较远的设备选用较高电压的模块比较可靠。另外高密度的输入模块如32、64点，同时接通点数取决于输入电压和环境温度。一般来讲，同时接通点数不得超过60%。为了提高系统的稳定量，必须考虑门槛（接通电平与关断电平之差）电平的大小。门槛电平值越大，抗干扰能力越强，传输距离也就越远。

输出模块的任务是将机器内部信号电子转换为外部过程的控制信号。对于开关频繁、电感性、低功率因数的负载，推荐使用晶闸管输出模块，缺点是模块价格高。过载能力稍差。

继电器输出模块优点是适用电压范围宽，导通压降损失小，价格便宜，缺点是寿命短，响应速度慢。输出模块同时接通点数的电流累计值必须小于公共端所允许通过的电流值。输出模块的电流值必须大于负载电流的额定值。

（三）硬件与程序设计

在确定控制对象的控制任务和选择好PLC的机型后，就可进行控制系统流程设计，画出流程图。进一步说明各信息流之间的关系，然后具体安排输入、输出的配置。并对输入、输出进行地址编号。配置与编号这两部分工作安排的合理，会给硬件设计、程序编写和系统调试带来很多方便。对指定输入点地址编号应注意以下几点：把所有的按钮、限位开关分别集中配置，同类型的输入点可分在一组内；按照每一种类型的设备号，按顺序定义输入点地址号；如果输入点有多余，可将每一个输入模块的输入点都分配给一台设备或机器；尽可能将有高噪声的输入信号的模块插在远离 CPU 模块的插槽内，因此，这类输入点的地址号较大。输出配置和地址编号也应注意以下几点：同类型设备占用的输出点地址应集中在一起；按照不同类型的设备顺序地指定输出点地址号；如果输出点有多余可将每一个输出模块的输出点都分配给一台设备或机器；对彼此有关的输出器件。如电动机正转、反转，电磁阀的前进与后退等，其输出地址号应连写。输入输出地址编号确定后，再画出可编程控制器端子和现场信号联络图表。进行系统设计工作时便可将硬件设计、程序编写两项工作同时进行。

用户编写程序的过程就是软件设计过程。由于可编程控制器的控制功能都是以程序的形式来体现，所以大量的工作时间将用在程序设计上。程序设计通常采用逻辑设计法，它是以布尔代数为理论基础，根据生产过程中各工步之间各检测元件（如行程开关等）状态的不同组合和变化。确定所需的中间环节（如中间继电器），再按各执行元件（如电磁阀、接触器等）所应满足的动作节拍表，分别列写出各自用相应的检测元件及中间环节状态逻辑值表示的布尔表达式，最后用触点的串并联组合在电路上进行逻辑表达式的物理实现。在以往的继电接触器控制系统使用逻辑设计方法中，往往受到继电器触点数量的限制、大量触点串联使电路工作可靠性急剧下降的限制以及控制箱尺寸和成本对中间继电器实际可采用数量的限制，故而很难充分发挥逻辑设计法严谨、规范的优越性。而在可编程控制器程序设计中，逻辑法却能充分发挥其优点。可编程控制器的辅助继电器、定时器、计数器、状态器数量是相当大的。并且这些器件的触点为无限多个，这给程序设计带来很大方便，只要程序容量和扫描时间允许，程序的复杂程度并不影响系统的可靠性。在继电接触器控制系统设计中所遵循的一条基本规则是，最简单的线路是最可靠的，设计人员必须尽一切可能为减少触点数量而努力。这一原则在可编程控制器软件设计中就没有实际意义了。

可编程控制器系统设计的特点是硬件和软件可同时进行。进行程序设计的同时，可进行硬件配备工作，如强电设备的安装，控制柜的制作，可编程控制器的安装，输入、输出线的连接等。对于单机控制，可编程控制器一般和强电系统一起安装在机旁的控制柜中。对大型控制系统，配置可包括操作控制台、监控模拟屏、主机柜和专用电源等。

（四）总装统调

用户编写的程序在总装统调前需进行模拟调试。用装在可编程控制器上的模拟开关模拟输入信号的状态，用输出点的指示灯模拟被控对象，检查程序无误后便把可编程控制器接到系统里去，进行总装统调。

首先对可编程控制器外部接线做仔细检查，这一环很重要，外部接线一定要准确、无误。如果用户程序还没有送到机器里去，可用自行编写的试验程序对外部接线做扫描通电检查，查找接线故障。为了安全可靠起见，常常将主电路断开，进行预调，当确认接线无误再接主电路，将模拟调试好的程序送入用户存储器进行总调试。直到各部分的功能都正常，并能协调一致成为一个完整的整体控制为止。如果统调达不到指标要求，则可对硬件和软件作调整。通常只需修改程序即可达到调整的目的。全部调试结束后，一般将程序固化在有长久记忆功能的只读存储器 EPROM 盒中长期保存。

第六节　计 算 机 控 制

目前在机电一体化产品中，多数是以微型计算机（简称微型机）为核心构成控制装置，它在系统中占有相当重要的地位，往往代表着系统的先进性和智能特征。普通微型机往往在实验室、办公室或在家庭中使用，而机电一体化系统中的微型机则必须为工业控制机或按工业环境要求设计的微型机。其要求是可靠性高，抗干扰能力强，环境适应能力好。

根据机电一体化系统的大小和层次结构的多少，可以采用不同类型的微型机。对于小系统，一般监视控制量为开关量，数据处理量不大，大多采用可编程控制器或采用单片机就能满足功能要求。对于数据处理量大的机电一体化系统，往往采用基于各类总线结构的工业控制微型机（简称工控机）。对于多层次复杂的机电一体化系统，则要采用分级分布式控制系统，在这种控制系统中，根据计算机所执行的功能，可分别采用单片机、可编程控制器、工控机来分别完成不同的处理功能。因此，要进行机电一体化产品的设计与开发，就必须了解和掌握计算机控制技术及其控制系统的设计方法。

一、计算机控制系统的概念

计算机控制系统是用计算机（通常称为工业控制计算机）来实现工业过程自动控制的系统。在一般的模拟控制系统中，控制规律是由硬件电路产生的，要改变控制规律就要更改硬件电路。而在计算机控制系统中，控制规律是用软件实现的，计算机执行预定的控制程序，就能实现对被控参数的控制。因此，要改变控制规律，只要改变控制程序就可以了。这就使控制系统的设计更加灵活方便。特别是可以利用计算机强大的计算、逻辑判断、记忆、信息传递能力，实现更为复杂的控制规律，如非线性控制、逻辑控制、自适应控制、自学习控制及智能控制等。

计算机控制系统中，计算机的输入和输出信号都是数字量，因此在这样的系统中，需要将模拟量变成数字量的 A/D 转换器，以及将数字量转换成模拟量的 D/A 转换器。

计算机控制系统的控制过程一般可归纳为以下三个步骤。

（1）实时数据采集。对被控参数的瞬时值实时采集，并输入计算机。

（2）实时决策控制。对采集到的表征被控参数的状态量进行分析，并按已确定的控制规律，决定下一步的控制行为。

（3）实时控制输出。根据做出的控制决策，经过 D/A 转换后适时地向执行机构发出控制信号，在线、实时地实施控制。

以上过程不断重复，使整个系统能按照一定的动态性能指标工作，使被控变量稳定在设定值上。此外，计算机控制系统还应该能对被控参数和设备本身可能出现的异常状态进行及时监督和处理。虽然计算机实际上只进行算术、逻辑操作和数据传递等工作，但控制过程的三个步骤主要是由计算机完成的。

（一）计算机系统的组成

计算机控制系统由工业控制机和生产过程两大部分组成。工业控制机是指按生产过程控制的特点和要求而设计的计算机，它包括硬件和软件两部分。生产过程包括被控对象、测量变送、执行机构、电气开关等装置。图 3 - 85 给出了计算机控制系统的组成框图。而生产过程中的测量变送装置、执行机构、电气开关都有各种类型的标准产品，在设计计算机控制系统时，根据需要合理地选型即可。

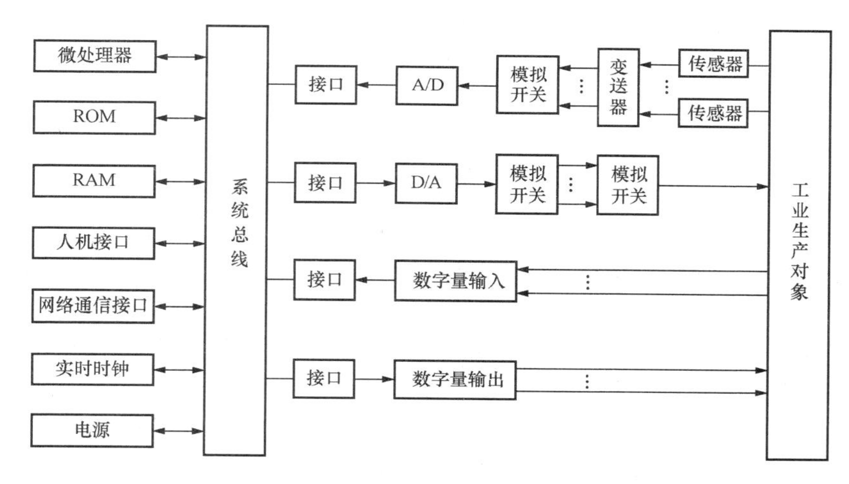

图 3-85　计算机控制系统的组成框图

1. 硬件组成

(1) 主机板。由中央处理器（CPU）、内存储器（RAM、ROM）等部件组成的主机是工业控制机的核心，在控制系统中，主机主要进行必要的数值计算、逻辑判断、数据处理等工作。

(2) 常规外部设备。常用的外部设备有四类：输入设备、输出设备、外存储器和通信设备。

1) 输入设备。常用的是键盘，用来输入（或修改）程序、数据和操作命令。

2) 输出设备。通常有打印机、LCD 液晶显示器等，它们以字符、曲线、表格、图形等形式来反映被控对象的运行工况和有关控制信息。

3) 外存储器。通常是磁盘（包括硬盘、软盘和光盘）。它们兼有输入和输出两种功能，用来存放程序和数据，作为内存储器的后备存储器。

4) 通信设备。用来与其他相关计算机控制系统或计算机管理系统进行联网通信，形成规模更大，功能更强的网络分布式计算机控制系统。

以上常规外部设备通过接口与主机连接便构成具有科学计算和信息处理功能的通用计算机，但是这样的计算机不能直接用于控制。如果用于控制，还需要配备过程输入输出设备构成控制计算机。

(3) 过程输入输出设备。过程输入输出（简称 PIO）设备是计算机与广义被控对象之间信息联系的桥梁和纽带，计算机与广义被控对象之间的信息传递都是通过 PIO 设备进行的。PIO 设备分为过程输入设备和过程输出设备。

1) 过程输入设备。包括模拟输入通道（简称 A/D 通道）和开关量输入通道（简称 DI 道），分别用来将测量仪表测得的被控对象各种参数的模拟信号反映被控对象状态的开关量或数字信号输入计算机。

2) 过程输出设备。包括模拟输出通道（简称 D/A 通道）和开关量输出通道（简称 DO 通道）。D/A 通道将计算机产生的数字控制信号转换为模拟信号后输出驱动执行装置对被控对象实施控制；DO 通道将计算机产生的开关量控制命令直接输出驱动相应的开关动作。

(4) 广义被控对象。广义被控对象包括被控对象及其测量仪表和执行装置。测量仪表将被控对象需要监视和控制的各种参数(温度、压力、流量、位移、速度等)转换为电的模拟信号(或数字信号),执行装置将计算机经 D/A 通道输出的模拟控制信号转换为相应的控制动作。

2. 软件组成

上述硬件构成的计算机控制系统只是一个硬件系统,同其他计算机系统一样,还必须配备相应的软件系统才能实现所预期的各种自动化功能。软件是计算机工作程序的统称,软件系统亦即程序系统,是实现预期信息处理功能的各种程序的集合。计算机控制系统的软件系统优劣不仅关系到硬件功能的发挥,而且也关系到控制系统的控制品质和操作管理水平。计算机控制系统的软件系统通常由系统软件和应用软件两大类软件组成。

(1) 系统软件。系统软件即为计算机通用性软件,主要包括操作系统、数据库系统和一些公共服务软件(如各种计算机语言编译、程序诊断以及网络通信等软件)。系统软件通常由计算机厂家和软件公司研制,可以从市场上购置。计算机控制系统设计人员一般没有必要研制系统软件,但是需要了解和学会使用系统软件,以便更好地开发应用软件。

(2) 应用软件。应用软件是计算机在系统软件支持下实现各种应用功能的专用程序。计算机控制系统的应用软件一般包括控制程序,过程输入和输出接口程序,人机接口程序,显示、打印、报警和故障联锁程序等。其中控制程序用来执行预先设计好的控制算法,它的优劣直接影响控制系统品质;过程输入和输出接口程序与过程输入和输出通道硬件相配合实现计算机与被控对象之间的数据信息传递,一方面为控制程序提供反映被控对象运行工况的数据,另一方面又将控制程序运行结果所产生的控制信号送出驱动执行装置。一般情况下,应用软件应由计算机控制系统设计人员根据所确定的硬件系统和软件环境来开发编写。应当指出,计算机控制系统中的控制计算机(简称控制机或工控机)跟通常用作信息处理的通用计算机(如 PC 机)不仅在结构上而且在技术性能方面都有较大差别。由于控制机要对被控对象进行实时控制和监视,需要不间断长期可靠地工作,而且其工作环境一般都较恶劣,所以控制机不仅需要配置过程输入输出设备实现与被控对象之间的信息联系,而且还必须具有实时响应能力和很强的抗干扰能力以及很高的可靠性。控制机可靠性一般要求整机系统及其功能模板的 MTBF(平均无故障时间)分别为 1 年和 10 年以上,因此,控制机通常都是由专门厂家按照其技术性能要求采用模块化、标准化、系列化设计生产制造的,或是选用专门厂家生产的控制机系列功能模板和部件,通过组装构成。控制机的实时响应能力是指计算机中信号的一次输入、运算和输出能在规定的很短时间内完成,并且能够根据被控对象的参数变化及时地做出相应处理的能力。控制机实时响应能力不仅与计算机硬件性能指标有关,而且更多地取决于系统软件和应用软件。因此,在选用系统软件和设计编写应用软件时,应该考虑到对软件的实时性要求,并设法提高应用软件的质量,减少程序的计算和执行时间。

二、计算机控制系统的类型和特点

(一) 计算机控制系统的类型

计算机控制系统利用计算机强大灵活的信息处理功能,不仅可以实现反馈控制功能,而且还可以实现其他多种自动化功能。比如,监测与操作指导、直接数字控制、顺序控制、监督控制以及控制管理集成等功能。如果计算机控制系统按照其功能或工作任务分类,可以分为以下几种类型。

1. 计算机监测与操作指导系统

计算机监测与操作指导系统的结构框图如图 3-86 所示。这种系统常用于生产过程控制，其基本功能是监测与操作指导。监测是由计算机通过输入通道（由 A/D 和接口构成的外围设备）实时地采集被控对象运行参数，经适当运算处理（如数字滤波、非线性补偿、误差修正、量程转换等）后，以数字图表或图形曲线等形式，通过 LCD 显示器实时显示，向操作人员提供全面反映被控对象运行工况的信息，使操作人员能够对被控对象运行工况进行全面监视。在被控对象运行中，当某些重要参数偏离正常值范围时，计算机会发出报警信号，提醒操作人员进行应急操作，以确保被控对象安全正常工作。操作指导是由计算机一面实时显示全面反映被控对象运行工况的信息，同时还通过 LCD 显示器给出操作指导信息，供操作人员参考。计算机给出的操作指导信息有两种，一种是计算机按照预先建立的数学模型和控制优化算法，通过计算给出的相应控制命令由 LCD 显示器显示输出，控制命令执行与否由操作人员凭经验选择；另一种是计算机按照预先存放的在特定工况下的操作方法和顺序，再根据被控对象实际工况和流程，逐条输出操作信息，用以指导操作。

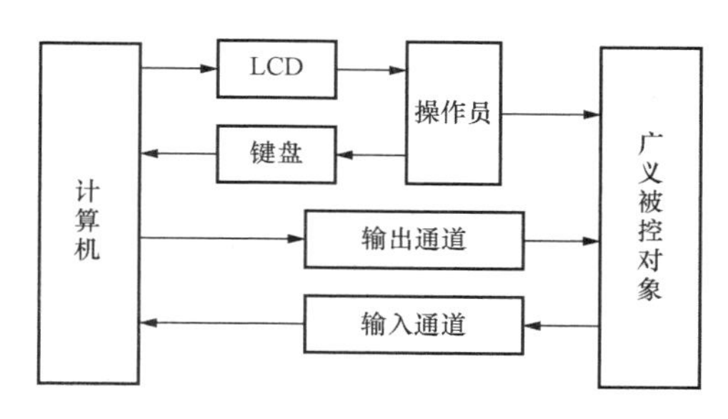

图 3-86　计算机监测与操作指导系统结构框图

2. 计算机直接数字控制系统

计算机直接数字控制（direct digital control，DDC）系统，是指用计算机代替常规模拟控制器，直接对被控对象进行控制的系统。其中 DDC 反馈系统结构如图 3-87 所示。DDC 系统利用计算机强有力的数值计算和逻辑判断推理能力，通过软件不仅可以实现常规的反馈控制、前馈控制以及串级控制等控制方案，而且可以方便灵活地实现模拟控制器难以实现的各种先进复杂的控制律，如最优化控制、自适应控制、多变量控制、模型预测控制以及智能控制等，从而可以获得更好的控制性能。

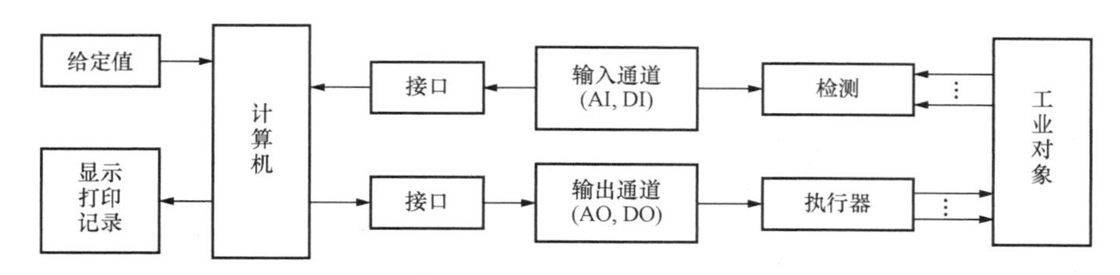

图 3-87　DDC 反馈系统结构框图

DDC 系统是最重要的一类计算机控制系统，通常它直接影响控制目标的实现。DDC 系统性能的优劣不仅跟计算机硬件和软件技术有关，而且更主要的是它涉及很多控制理论问题。需要指出，DDC 系统在系统结构上，可以说同模拟控制系统没有什么本质性的差别。只是用计算机的数值计算替代模拟电子线路来实现各种控制律而已。但是，就系统中信号的类型而言，DDC 系统和模拟控制系统却有着很大差别。模拟控制系统是连续系统，系统中只有一种类型的信号，即连续时间信号（简称连续信号）；而 DDC 系统则是混合系统，系统中既有连续信号又有离散信号（即离散时间信号），同时存在这两种类型的信号，其他类型的计算机控制系统也是如此。由此决定了处理模拟控制系统数学描述、分析和设计的理论与方法不能直接用于计算机控制系统。计算机控制系统需要另有与之相应的理论和方法来处理。关于如何处理计算机控制系统的数学描述、分析和设计问题的理论与方法，正是计算机控制所需要解决的最重要的问题。

3. 计算机顺序控制系统

这种系统中，计算机根据被控对象运行状态，严格按照预定的时间先后顺序或逻辑顺序产生相应的操作命令，并以开关量形式输出，使被控对象各个环节或部件按照预定的规则顺序协调动作来完成相应的生产加工任务。这种系统常用于机械加工过程和连续生产过程中的启动、停止以及故障联锁保护阶段，数控机床就是一种典型的计算机顺序控制系统，市面上出售的各种类型可编程控制器就是专门用于顺序控制系统的控制计算机。

4. 计算机监督控制系统

计算机监督控制（supervisory computer control，SCC）系统，是 DDC 系统加监督级构成的，其结构框图如图 3-88 所示。监督级计算机根据反映被控对象运行工况的数据和预先给定的数学模型及性能目标函数，按照预先确定的优化算法或监督规则，通过计算机的计算和推理判断，为 DDC 系统提供最优设定值，或修改 DDC 系统控制律中的某些参数或某些控制约束条件等，使控制系统整体性能指标更好，工作更可靠。在小规模计算机控制系统中监督级功能也可用 DDC 级同一台计算机通过软件来实现。

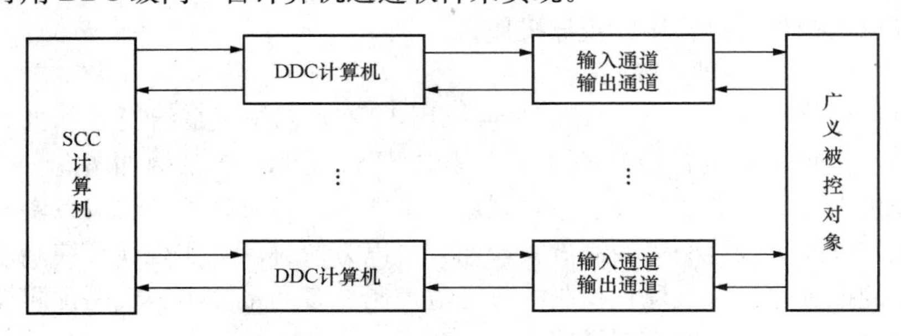

图 3-88　计算机监督控制系统结构框图

5. 计算机控制管理集成系统

计算机控制管理集成系统是运用计算机通信技术由多台计算机通过通信总线互联而成的计算机控制系统。系统具有网络分布结构，所以又称分散（或分布）控制系统或集散控制系统，简称 DCS（distributed control system），其典型结构如图 3-89 所示。

DCS 采用分散控制、集中操作、分级管理，分而自治和综合协调的设计思想，将工业企业的生产过程控制、监督、协调与各项生产经营管理工作融为一体，由 DCS 中各子系统协调有序地运行，从而实现控制管理一体化。系统功能自下而上分为过程控制级（或装置级）、控制管理级（或车间级）、生产经营管理级（或企业级）等，每级由一台或数台计算机构成，各级之间通过通信总线相连。其中过程控制级由若干现场控制计算机（又称现场控制单元/站）对各个生产装置直接进行数据采集和控制，实现数据采集和 DDC 功能；控制管理级对各个现场控制机的工作进行监督、协调和优化；生产经营管理级执行对全厂各个生产管理部门监督、协调和综合优化管理，主要包括生产调度、各种计划管理、辅助决策以及生产经营活动信息数据的统计综合分析等。

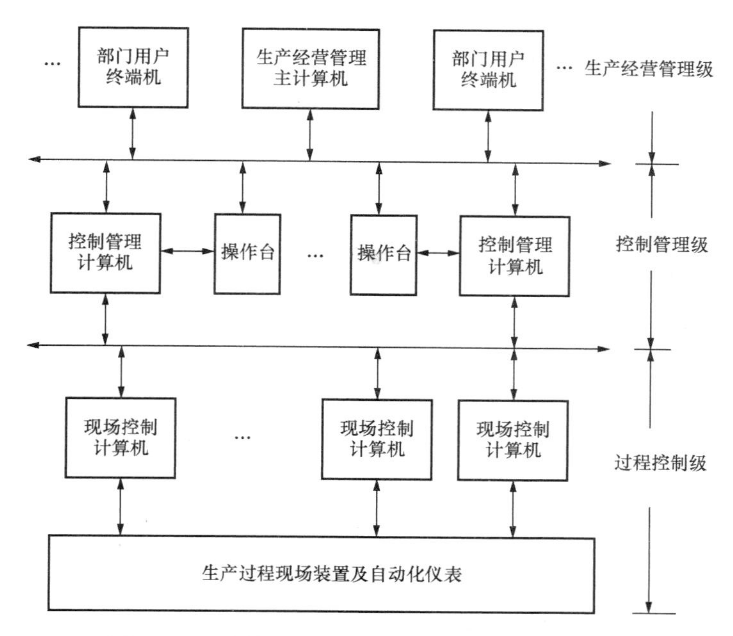

图 3-89　计算机控制管理集成系统典型结构框图

DCS具有整体安全性、可靠性高，系统功能丰富多样，系统设计、安装、维护、扩展方便灵活，生产经营活动的信息数据获取、传递和处理快捷及时，操作、监视简便等优点，可以实现工业企业控制管理一体化，提高工业企业的综合自动化水平，增强生产经营的灵活性和综合管理的动态优化能力，从而可以使工业企业获取更大的经济和社会效益。

DCS自20世纪70年代中期出现以来，技术和应用发展很快，已成为计算机工业控制系统的主流，也代表了今后工业企业综合自动化的发展方向。自20世纪70年代中期以来，许多国外仪表公司已陆续推出了各种类型的DCS产品，如美国Honeywell公司TDCS3000，Foxboro公司的SPECTRUM，日本横河公司的CENTUM-XL等都是较为典型的具有控制管理集成功能的DCS产品。我国十多年来已有很多石化、冶金、电力大中型企业先后引进了DCS，并获得了成功的应用。

6. 现场总线控制系统

现场总线是用于现场仪表与控制室系统之间的一种开放、全数字化、双向、多站的通信系统。使系统成为具有测量、控制、执行和过程诊断的综合能力的控制网络。它实际上融合了智能化仪表、计算机网络和开放系统互联（OSI）等技术的精粹。

现场总线的优点主要有：现场总线具有一对传输线，可挂接多个设备，实现多个数字信号的双向传输；数字信号完全取代4～20mA模拟信号，实现全数字通信；现场总线控制系统具有良好的开放性、可互操作性与互用性；现场设备具有高度的智能与功能自治性，将基本过程控制、报警和计算等功能分布在现场完成，提高了系统的可靠性；对现场环境的高度适应性；使设备易于增加非控制信息，如自诊断信息、组态信息以及补偿信息等；易于实现现场管理和控制的统一。

（二）计算机控制的主要特点

计算机控制相对于模拟控制的主要特点可以归纳为以下几点。

（1）计算机控制利用计算机的存储记忆、数字运算和显示功能，可以同时实现模拟变送器、控制器、指示器以及记录仪等多种模拟仪表的功能，并且便于集中监视和操作。

（2）计算机控制利用计算机快速运算能力，通过分时工作可以用一台计算机同时控制多个回路；并且还可同时实现 DDC、顺序控制、监督控制等多种控制功能。

（3）计算机控制利用计算机强大的信息处理能力，可以实现模拟控制难以实现的各种先进复杂的控制策略，如最优控制、自适应抑制、多变量控制、模型预测控制以及智能控制等。从而不仅可以获得更好的控制性能，而且还可实现对于难以控制的复杂被控对象（如多变量系统、大迟滞、可靠性系统以及某些时变系统和非线性系统等）的有效控制。

（4）计算机控制系统调试、整定灵活方便，系统控制方案、控制策略以及控制算法及其参数的改变和整定，只通过修改软件和键盘操作即可实现，不需要更换或变动任何硬件。

（5）利用网络分布结构可以构成计算机控制管理集成系统，实现工业生产与经营的控制管理一体化，大大提高了工业企业的综合自动化水平。

（6）计算机控制系统中同时存在连续型和离散型两类信号，系统中必有 A/D 和 D/A 转换器实现连续信号与离散信号相互转换。连续系统控制理论不能直接用于计算机控制系统分析和设计。

三、计算机控制的发展概况及趋势

（一）现代计算机技术对控制技术的影响

20 世纪 50 年代初，计算机就开始用于工业生产过程控制。控制理论与计算机的结合，产生了新型的计算机控制系统，为自动控制系统的应用与发展开辟了新的途径。从美国的计算机控制技术发展来看，大体分为以下三个阶段。

（1）1965 年以前，是试验阶段。1952 年，在化工生产中实现了计算机自动测量和数据处理，1954 年开始用计算机构成开环控制系统。1957 年在石油蒸馏过程控制中采用了计算机构成的闭环系统。1959 年在一个炼油厂建成了第一台闭环计算机控制装置。1960 年在合成氨和丙烯腈生产过程中实现了计算机监督控制。1962 年在一个乙烯工厂实现了直接数字控制（DDC）系统。

（2）1965 年到 1969 年是计算机控制进入实用普及的阶段。由于小型计算机的出现，使其可靠性不断提高，成本逐年下降，计算机在生产控制中的应用得到迅速的发展。但这个阶段仍然主要是集中型的计算机控制系统。在高度集中的控制系统中，若计算机出现故障，将对整个装置和生产系统带来严重影响。虽然采用多机并用可以提高集中控制的可靠性，但会增加成本。

（3）1970 年以后进入了大量推广分级控制阶段。将计算机分散到生产装置中去，实现小范围的局部控制和某些特殊控制规律。这种控制方式称为“分散型计算机控制系统”或称“集散控制系统”。特别是，由于微型机具有可靠性高、价格便宜、体积小、使用方便、灵活等特点，为分散型计算机控制系统的发展创造了良好的条件。

20 世纪 90 年代以后，随着现场总线控制技术的逐渐成熟、以太网技术的逐步普及、智能化与功能自治性的现场设备的广泛应用，使嵌入式控制器、智能现场测控仪表和传感器方便地接入现场总线和工业以太网络，直至与 Internet 相连。

纵观控制系统的发展历史，人们一般把 20 世纪 50 年代前的气动信号控制系统 PCS 称作第一代；把 4～20mA 等电动模拟信号控制系统称为第二代；把数字计算机集中式控制系统称为第三代；把 20 世纪 70 年代中期以来的集散式分布控制系统 DCS 称作第四代；把 20 世纪 90 年代发展起来的现场总线系统 FCS 称为第五代控制系统；而把正在出现的工业以太网控制系统称为第六代控制系统。

比较计算机技术与控制技术的发展历程可以看出，计算机技术与控制技术的发展历程有相似之处，都经历了集中式、分级式和分布式三个阶段。

（1）集中式控制。即以单片机、PLC、工控机为核心，总线采用 S-100、STD 等。

（2）分级（集散）式控制。即多台微处理器分散在现场进行控制，采用总线为高速数据通道。

（3）分布式控制系统。即开放性、网络化的控制系统。利用全分布式的智能化控制网络和基于网络的测控设备，实现接入子系统或设备的即插即用；系统功能或规模的变化不影响系统的正常工作；充分利用系统资源，子系统或设备之间能协调工作；能实现与信息系统的无缝集成。

在发展过程中由于市场推动和应用的需要等因素，计算机技术总在技术上领先于控制技术，一般来说计算机技术所产生的新概念、新理论也逐渐被控制技术所吸收，并在时间上大约滞后 10 年左右。正逐渐形成 Internet、Intranet、Infrastructure（Infrastructure Network 的缩写）相互集成的发展趋势。

（二）计算机控制技术的发展动向

纵观目前的计算机控制技术的发展，其动向主要体现在以下几个方面。

1. PLC 在向微型化、网络化、PC 化和开放性方向发展

微型化、网络化、PC 化和开放性是 PLC 未来发展的主要方向。随着 PLC 控制组态软件的进一步完善和发展，安装有 PLC 组态软件和 PC-based 控制的市场份额将逐步得到增长。当前，过程控制领域最大的发展趋势之一就是 Ethernet 技术的扩展，PLC 也不例外。现在，越来越多的 PLC 供应商开始提供 Ethernet 接口。

2. 工业控制网络将向有线和无线相结合方向发展

计算机网络技术、无线技术以及智能传感器技术的结合，产生了“基于无线技术的网络化智能传感器”的全新概念。这种基于无线技术的网络化智能传感指使得工业现场的数据能够通过无线链路直接在网络上传输、发布和共享。无线局域网技术能够在工厂环境下，为各种智能现场设备、移动机器人以及各种自动化设备之间的通信提供高带宽的无线数据链路和灵活的网络拓扑结构，在一些特殊环境下有效地弥补了有线网络的不足，进一步完善了工业控制网络的通信性能。

3. 工业控制软件正向先进控制方向发展

工业控制软件主要包括人机界面软件（human machine interface，HMI），基于 PC 的控制软件以及生产管理软件等。目前，我国已开发出一批具有自主知识产权的实时监控软件平台、先进控制软件、过程优化控制软件等成套应用软件。作为工业控制软件的一个重要组成部分，国内人机界面组态软件研制方面近几年取得了较大进展，软件和硬件相结合，为企业测、控、管一体化提供了比较完整的解决方案。

4. 工业自动化仪器仪表技术在向数字化、智能化、网络化、微型化方向发展

仪器仪表向智能化方向发展，产生了智能仪器仪表；测控设备 PC 化，虚拟仪器技术将迅速发展；仪器仪表网络化，将产生更智能网络仪器与远程测控系统。

5. 现代通信与网络技术在现代控制领域广泛渗透

现代通信与网络技术在现代控制领域广泛渗透对计算机控制网络提出了新的技术要求。主要体现在，系统的开放性与数字式互联网络性，实现系统的全分散智能控制；现场设备的智能化与功能自治性；互操作与互用性；对现场环境的适应性；很高的实时性与良好的时间确定性；很强的容错能力与高可靠性、高安全性；高度的集成性（包括系统的集成与技术的集成）。而设备的功能块技术和现场总线描述技术为设备的互操作性奠定了基础；OPC 技术则使监控或者管理软件与现场设备之间的接口标准化，建立了统一的数据存取规范；工业控制网络采用 Ethernet 技术，将成为工厂底层控制网络的信息传输主干，用以连接系统监控设备和现场智能设备，使工业控制网络融入计算机网络的发展主流，形成面向自动控制领域的 Ethernet，产生了一种基于控制和信息的协议（CIP）的新型 Ethernet（即工业以太网），它专门为工业设计了应用层协议，提供了访问数据和控制设备操作的服务能力；TCP/IP 进入工业现场使得通过 Internet 远程监控生产过程和进行远程系统调试、设备故障诊断成为现实，最为典型的是 Ethernet ＋ TCP/IP 的传感器、变送器可以直接成为网络的节点；现场总线设备实时管理技术则全面、直观地反映现场设备状态，实现可预测性的设备管理与维护模式。

6. 研究和发展智能控制系统

智能控制是一类无需人的干预就能够自主地驱动智能机器实现其目标的过程，是用机器模拟人类智能的一个重要领域。智能控制包括学习控制系统、分级递阶智能控制系统、专家系统、模糊控制系统和神经网络控制系统等。应用智能控制技术和自动控制理论来实现的先进的计算机控制系统，将有力地推动科学技术进步，并提高工业生产系统的自动化水平。计算机技术的发展加快了智能控制方法的研究。智能控制方法较深层次上模拟人类大脑的思维判断过程，通过模拟人类思维判断的各种算法实现控制。计算机控制系统的优势、应用特色及发展前景将随着智能控制系统的发展而发展。

总之，及时、准确、可靠地获得现场设备的信息是计算机控制系统的基本要求，可靠、高效的现场控制网络则是迅速有效地收集和传送现场生产与管理数据的基本保障。目前，网络技术的迅速发展引发了自动控制领域的深刻技术变革。计算机控制系统的结构沿着网络化方向与控制系统体系沿着开放性方向发展将是计算机控制技术发展的大潮流，网络化、开放化、智能化和集成化是工业控制技术发展的方向与灵魂。现场总线技术、以太控制网络技术、分布式网络控制技术与企业网络技术的出现及其发展，将推动控制领域的全方位技术进步。

四、计算机控制系统设计与实现

计算机控制系统的设计所涉及的内容相当广泛，它是综合运用各种知识的过程，不仅需要计算机控制理论、电子技术等方面的知识，而且需要系统设计人员具有一定的生产工艺方面的知识。本节讲述计算机控制系统设计的原则和一般步骤，并介绍几个具有代表性的设计实例。

（一）系统设计原则

尽管计算机控制的生产过程多种多样，而且系统的设计方案和具体的技术指标也是千变万化，但在计算机机控制系统的设计与实现过程中，设计原则与步骤基本相同。

1. 安全可靠

工业控制计算机不同于一般的用于科学计算或管理的计算机，它的工作环境比较恶劣，周围的各种干扰随时威胁着它的正常运行，而且它所担当的控制重任又不允许它发生异常现象。这是因为一旦控制系统出现故障，轻者影响生产，重者造成事故，产生严重后果。因此，在设计过程中，要把安全可靠放在首位。

首先要选用高性能的工业控制计算机，保证在恶劣的工业环境下仍能正常运行。其次是设计可靠的控制方案，并具有各种安全保护措施，比如报警、事故预测、事故处理和不间断电源等。

为了预防计算机故障，还常设计后备装置。对于一般的控制回路选用手动操作为后备；对于重要的控制回路，选用常规控制仪表作为后备。这样，一旦计算机出现故障，就把后备装置切换到控制回路中去，维持生产过程的正常运行。对于特殊的控制对象，设计两台控制机，互为备用地执行任务，称为双机系统。

双机系统的工作方式一般分为备份工作方式和双工工作方式两种。在备份工作方式中，一台作为主机投入系统运行，另一台作为备份机处于通电工作状态，作为系统的热备份机，当主机出现故障时，专用程序切换装置便自动地把备份机切入系统运行，承担起主机的任务，而故障排除后的原主机则转为备份机，处于待命状态。在双工工作方式中，两台主机并行工作，同步执行一个任务，并比较两机执行结果，如果比较结果相同，则表明工作正常；否则再重复执行，再校验两机结果，以排除随机故障干扰。若经过几次重复执行与校验，两机结果仍然不相同，则启动故障诊断程序，将其中一台故障机切离系统，让另一台主机继续执行。

2. 操作维护方便

操作方便表现在操作简单、直观形象和便于掌握，且不强求操作工要掌握计算机知识才能操作。也就是说，既要体现操作的先进性。又要兼顾原有的操作习惯。例如，操作工已习惯了 PID 控制器的面板操作，那么就设计成回路操作显示面板，或在 LCD 显示器上设计成同路操作显示画面。

维修方便体现在易于查找故障，易于排除故障，采用标准的功能模板式结构，便于更换故障模板，并在功能模板上安装工作状态指示灯和监测点，便于维修人员检查。另外配置诊断程序，用来查找故障。

3. 实时性强

工业控制机的实时性，表现在对内部和外部事件能及时地响应，并作出相应的处理，不丢失信息，不延误操作，计算机处理的事件一般分为两类，一类是定时事件，如数据的定时采集、运算控制等；另一类是随机事件，如事故、报警等。对于定时事件，系统设置时钟，保证定时处理。对于随机事件，系统设置中断，并根据故障的轻重缓急，预先分配中断级别，一旦事故发生，保证优先处理紧急故障。

4. 通用性好

计算机控制的对象千变万化，工业控制计算机的研制开发需要有一定的投资和周期。一般来说，不可能为一台装置或一个生产过程研制一台专用计算机，尽管对象多种多样，但从控制功能来分析归类，仍然有共性。比如，过程控制对象的输入、输出信号统一为 0～10V (DC)，或 4～20mA (DC)，可以采用单回路、串级、前馈等常规 PID 控制。因此，系统设计时应考虑能适应各种不同设备和各种不同控制对象，并采用积木式结构，按照控制要求灵活构成系统。这就要求系统的通用性要好，并能灵活地进行扩充。工业控制机的通用灵活性体现在两方面，一是硬件模板设计采用标准总线结构（如PC总线），配置各种通用的功能模板，以便在扩充功能时，只需增加功能模板就能实现；二是软件模块或控制算法采用标准模块结构，用户使用时不需要二次开发，只需按要求选择各种功能模块，灵活地进行控制系统组态。

5. 经济效益高

计算机控制应该带来高的经济效益，系统设计时要考虑性能价格比，要有市场竞争意识。经济效益表现在两个方面，一是系统设计的性能价格比要尽可能高；二是投入产出比要尽可能低。

（二）系统的工程设计与实现

一个计算机控制系统工程项目，在研制过程中应该经过哪些步骤，应该怎样有条不紊地保证研制工作顺利进行，这是需要认真考虑的。如果步骤不清，或者每一步需要做什么不明确，就有可能引起研制过程中的混乱甚至返工。本节就系统的工程设计与实现的具体问题作进一步的讨论，这些具体问题对实际工作有重要的指导意义。在进行系统设计之前，首先应该调查、分析被控对象及其工作过程，熟悉其工艺流程，并根据实际应用中存在的问题提出具体的控制要求，确定所设计的系统应该完成的任务。最后，采用工艺图、时序图、控制流程图等来描述控制过程和控制任务，确定系统应该达到的性能指标，从而形成设计任务说明书，并经使用方确认，作为整个控制系统设计的依据。

设计一个性能优良的计算机控制系统，要注重对实际问题的调查。通过对生产过程的深入了解、分析以及对工作过程和环境的熟悉，才能确定系统的控制任务，提出切实可行的系统总体设计方案来。一般设计人员在调查、分析被控对象后，已经形成系统控制的基本思路或初步方案。一旦确定了控制任务，就应依据设计任务书的技术要求和已做过的初步方案，开展系统的总体设计。下面介绍总体设计的具体内容。

（1）确定系统的性质和结构。依据合同书（或协议书）的技术要求确定系统的性质是数据采集处理系统，还是对象控制系统。如果是对象控制系统，还应根据系统性能指标要求，决定采用开环控制还是闭环控制。根据控制要求、任务的复杂度、控制对象的地域分布等，确定整个系统采用直接数字控制（DDC）或者计算机监督控制（SCC），或者采用分布式控制，并划分各层次应该实现的功能，同时，综合考虑系统的实时性、整个系统的性能价格比等。

总体设计的方法是“黑箱”设计法。所谓“黑箱”设计，就是根据控制要求，将完成控制任务所需的各功能单元、模块以及控制对象，采用方块图表示，从而形成系统的总体框图。在这种总体框图里只能体现各单元与模块的输入信号、输出信号、功能要求以及它们之间的逻辑关系，而不知道“黑箱”的具体结构实现；各功能单元既可以是一个软件模块，也可以采用硬件电路实现。

（2）确定系统的构成方式。控制方案确定后，就可进一步确定系统的构成方式，即进行控制装置机型的选择。目前用于工业控制的计算机装置有多种可供选择，如单片机、可编程控制器、IPC、DCS、FCS等。

在以模拟量为主的中小规模的过程控制环境下，一般应优先选择总线式IPC来构成系统的方式；在以数字量为主的中小规模的运动控制环境下，一般应优先选择 PLC 来构成系统的方式。IPC 或 PLC 具有系列化、模块化、标准化和开放式系统结构，有利于系统设计者在系统设计时根据要求任意选择，像搭积木般地组建系统。这种方式能够提高系统研制和开发速度，提高系统的技术水平和性能，增加可靠性。

当系统规模较小、控制回路较少时，可以采用单片机系列；对于系统规模较大、自动化水平要求高、集控制与管理于一体的系统可选用 DCS、FCS 等。

(3) 现场设备选择。主要包含传感器、变送器和执行机构的选择。这些装置的合理选择是确保控制精度的重要因素之一。根据被控对象的特点，确定执行机构采用什么方案，比如是采用电机驱动、液压驱动还是其他方式驱动，应对多种方案进行比较，综合考虑工作环境、性能、价格等因素择优而用。

(4) 确定控制策略和控制算法。一般来说，在硬件系统确定后，计算机控制系统的控制效果的优劣，主要取决于采用的控制策略和控制算法是否合适。很多控制算法的选择与系统的数学模型有关，因此建立系统的数学模型是非常必要的。

所谓数学模型就是系统动态特性的数学表达式，它反映了系统输入、内部状态和输出之间的逻辑与数量关系，为系统的分析、综合或设计提供了依据。确定数学模型，既可以根据过程进行的机理和生产设备的具体结构，通过对物料平衡和能量平衡等关系的分析计算，予以推导计算，也可采用现场实验测量的方法，如飞升曲线法、临界比例度法、伪随机信号法（即统计相关法）等。系统模型确定之后，即可确定控制算法。

每个特定的控制对象均有其特定的控制要求和规律，必须选择与之相适应的控制策略和控制算法，否则就会导致系统的品质降低，甚至会出现系统不稳定、控制失败的现象。对于一般简单的生产过程可采用 PID 控制；对于工况复杂、工艺要求高的生产过程，可以选用比值控制、前馈控制、串级控制、自适应控制等控制策略；对于快速随动系统可以选用最小拍无差的直接设计算法；对于具有纯滞后的对象最好选用大林算法或 Smith 纯滞后补偿算法；对于随机系统应选用随机控制算法；对于具有时变、非线性特性的控制对象以及难以建立数学模型的控制对象，可以采用模糊控制、学习控制等智能控制算法。

(5) 硬件、软件功能的划分。在计算机控制系统中。一些功能既能由硬件实现，也能由软件实现。故系统设计时，硬件和软件功能的划分要综合考虑，以决定哪些功能由硬件实现，哪些功能由软件来完成。一般采用硬件实现时速度比较快，可以节省 CPU 的大量时间。但系统比较复杂、灵活性差，价格也比较高；采用软件实现比较灵活、价格便宜，但要占用 CPU 更多的时间。所以，在 CPU 时间允许的情况下，尽量采用软件实现。如果系统控制回路较多、CPU 任务较重，或某些软件设计比较困难，则可考虑用硬件完成。

(6) 其他方面的考虑。总体方案中还应考虑人机联系方式的问题，系统的机柜或机箱的结构设计、抗干扰等方面的问题。

(7) 系统总体方案。总体设计后将形成系统的总体方案。总体方案确认后，要形成文件，建立总体方案文档。系统总体文件的内容包括以下内容：①系统的主要功能、技术指标、原理性方框图及文字说明；②控制策略和控制算法，如 PID 控制、大林算法、Smith 补偿控制、最少拍控制、串级控制、前馈控制、解耦控制、模糊控制和最优控制等；③系统的硬件结构及配置，主要的软件功能、结构及框图；④方案比较和选择；⑤保证性能指标要求的技术措施；⑥抗干扰和可靠性设计；⑦机柜或机箱的结构设计；⑧经费和进度计划的安排。

对所提出的总体设计方案要进行合理性、经济性、可靠性及可行性论证。论证通过后，便可形成作为系统设计依据的系统总体方案图和设计任务书，以指导具体的系统设计过程。

习题与思考题

3-1 简述单片机的特点。

3-2 MCS-51系列单片机及其兼容机通常分为哪几类?

3-3 简述AT89C51单片机的内部结构。

3-4 MSC-51单片机的存储器在物理上、逻辑上分为哪几个地址空间?

3-5 AT89C51与AT89C52单片机存储器的区别是什么?

3-6 MCS-51单片机有几个并口? 其特点是什么?

3-7 AT89C51/52单片机有几个中断? 其作用是什么?

3-8 控制系统中实现定时常用的方法是什么?

3-9 简述AT89C51单片机定时器的工作方式。

3-10 简述MCS-51单片机串行口的通信方式。

3-11 存储器扩展中涉及哪几个总线? 在MCS-51单片机中是怎么实现的?

3-12 单片机控制系统总体设计包含哪几部分?

3-13 单片机控制系统硬件设计包含哪几部分?

3-14 简述单片机控制系统软件设计的步骤。

3-15 简述单片机控制系统调试的内容。

3-16 USB主机与设备开发的流程是什么?

3-17 CAN总线节点硬件构成的方案有哪几种?

3-18 比较SPI总线与I^2C总线的优缺点。

3-19 简述8255A工作方式0的特点。

3-20 一个机电一体化控制系统需要实时显示一个4位的动态量，分别用LED数码管静态及动态显示方式，试简述实现的思路。

3-21 比较矩阵式键盘与独立式按键的优缺点。

3-22 ADC0809与单片机链接时有哪些控制信号? 其作用是什么?

3-23 DAC0832与单片机链接时有哪些控制信号? 其作用是什么?

3-24 简述抗干扰设计主要包含的内容。

3-25 简述光电隔离的作用。

3-26 用AT89C52单片机用1片6264芯片、1片2764芯片扩展8KB数据存储器、8KB程序存储器，给出电路图，并分析地址范围。

3-27 PLC的扫描工作方式是什么?

3-28 PLC控制与继电器控制相比有什么优点?

3-29 设计一个交通灯控制程序，条件如下：

(1) 当按下操作面板上的[PB1](X20)时，进程开始；

(2) 首先，红信号灯(Y0)点亮10s；

（3）红信号灯（Y0）在点亮 10s 后熄灭，黄信号灯（Y1）点亮 5s；
（4）黄信号灯（Y1）在点亮 5s 后熄灭，绿信号灯（Y2）点亮 10s；
（5）绿信号灯（Y2）在点亮 10s 后熄灭。
（6）重复以上的（2）起的程序。
请画出梯形图。

3-30　计算机控制系统的类型有哪些？

3-31　计算机控制系统的控制过程是怎样的？

3-32　操作指导、DDC 和 SCC 系统工作原理如何？它们之间有何区别和联系？

3-33　计算机控制系统的发展趋势是什么？

第四章　机电一体化系统分析与设计

第一节　元部件动态特性

一、系统动态特性分析基础

在经典控制理论中，研究机电一体化系统的动态特性是以传递函数为基础的，而传递函数是由数学中的拉普拉斯变换定义的。下面仅就机电一体化系统（或元件）的动态特性进行分析。

一般来说，机电一体化系统（或元件）的输入量（或称输入信号）和输出量（或称输出信号）可用时间函数描述，输入量与输出量之间的因果关系或者说系统（或元件）的运动特性可用微分方程描述。若设输入信号为 $r(t)$，输出信号为 $c(t)$，则描述系统（或元件）运动特性的微分方程一般形式为

$$a_n\frac{\mathrm{d}^n c(t)}{\mathrm{d}t^n}+a_{n-1}\frac{\mathrm{d}^{n-1}c(t)}{\mathrm{d}t^{n-1}}+\cdots+a_0c(t)=b_m\frac{\mathrm{d}^m r(t)}{\mathrm{d}t^m}+b_{m-1}\frac{\mathrm{d}^{m-1}r(t)}{\mathrm{d}t^{m-1}}+\cdots+b_0r(t)\tag{4-1}$$

系统（或元件）的运动特性也可以用传递函数描述。线性定常系统（或元件）的传递函数定义为：在零初始条件下，系统（元件）输出量拉氏变换与输入量拉氏变换之比。将式（4-1）的各项在零初始条件下进行拉氏变换，可得传递函数的一般形式为

$$G(s)=\frac{C(s)}{R(s)}=\frac{b_ms^m+b_{m-1}s^{m-1}+\cdots+b_1s+b_0}{a_ns^n+a_{n-1}s^{n-1}+\cdots+a_1s+a_0}\tag{4-2}$$

当系统（或元件）的运动能够用有关定律（如电学、热学、力学等的某些定律）描述时，该系统（或元件）的传递函数就可用理论推导的方法求出。对那些无法用有关定律推导其传递函数的系统（或元件），可用实验法建立其传递函数。

当系统受到外部干扰时，其输出量必将发生变化，但由于系统总含有惯性或储能元件，其输出量不可能立即变化到与外部干扰相应的值，而需要有一个过程，这个过程就是系统的过渡过程。

系统在阶跃信号作用下的过渡过程，大致可分为图 4-1（a）所示的稳定过程、图 4-1（b）所示的不稳定过程（发散）、图 4-1（c）所示的稳定过程（有振荡）三种情况，并可近似地用下面的传递函数表示，传递函数所表示的曲线在图中用虚线画出。

对图 4-1（a）有

$$G_{\mathrm{p}}(s)=\frac{K_0}{\tau s+1}e^{-Ls}\tag{4-3}$$

对图 4-1（b）有

$$G_{\mathrm{p}}(s)=\frac{1}{\tau s}e^{-Ls}\tag{4-4}$$

对图 4-1（c）有

$$G_p(s)=\frac{K_0}{\tau^2 s^2+2\zeta\tau s+1}e^{-Ls} \tag{4-5}$$

上述各式对应的过渡过程曲线如图 4-1 中的曲线所示。

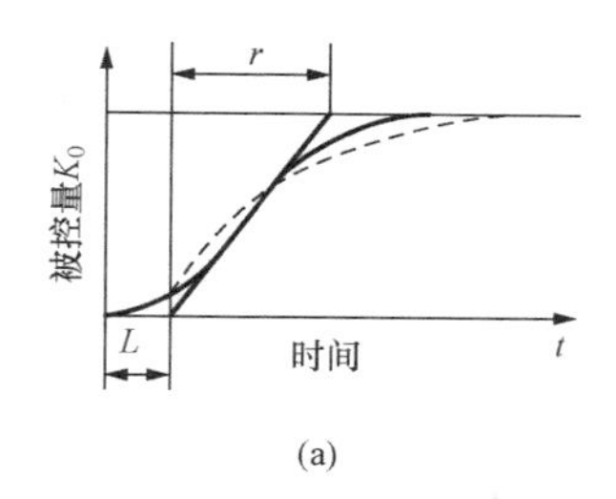

(a)

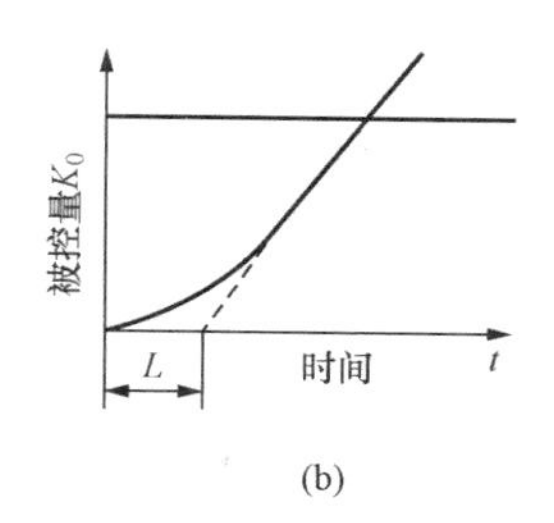

(b)

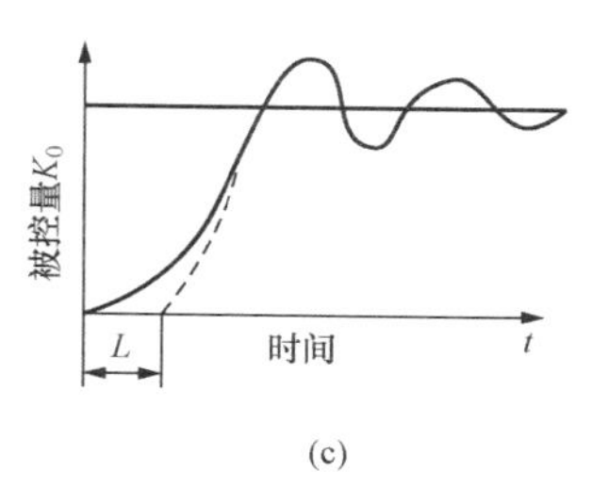

(c)

图 4-1　系统过渡过程的瞬态响应

(a) 稳定过程；(b) 不稳定过程（发散）；(c) 稳定过程（有振荡）

由此可知，系统（或元件）对输入的响应通常都具有相当大的滞后时间。上述过渡过程中，时间常数 τ 很容易随系统运行状况的不同而发生变化。系统过渡过程结束后，其输出即进入与输入相应的稳态。系统的误差 $e(t)$ 定义为希望输出量与实际输出量之差，即

$$e(t)=\text{希望输出量}-\text{实际输出量} \tag{4-6}$$

稳态误差是衡量系统最终控制精度的性能指标。求解误差 $e(t)$ 对高阶系统是困难的，但是如果只是关心系统控制过程平稳以后的误差，即系统误差 $e(t)$ 的瞬态分量消失以后的稳态误差，问题就容易了。

稳定系统误差终值称为稳态误差。当 t 趋于无穷时，$e(t)$ 的极限存在，则稳态误差 e_{ss} 为 $e_{ss}=\lim\limits_{t\to\infty}e(t)$，显然，对于不稳定的系统讨论稳态误差是没有意义的。

二、机械系统特性分析

（一）机械系统静力学特性分析

1. 输出端所受负载（力或转矩）向输入端的换算

在机构内部摩擦损失小时，应用虚功原理很容易进行这种换算。在图 4-2 所示的单输入单输出系统中，设微小输入位移为 δx，由此产生的微小输出位移为 δy，则输入的功为 $F_x\delta x$，输出功为 $F_y\delta y$，如忽略内部损失，可得

$$F_x\delta x=F_y\delta y \tag{4-7}$$

若机构的运动变换函数关系为 $y=f(x)$，则力的换算关系就可以写成

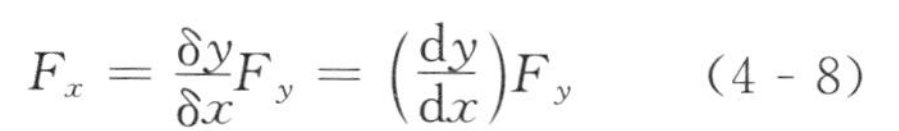

$$F_x=\frac{\delta y}{\delta x}F_y=\left(\frac{\mathrm{d}y}{\mathrm{d}x}\right)F_y \tag{4-8}$$

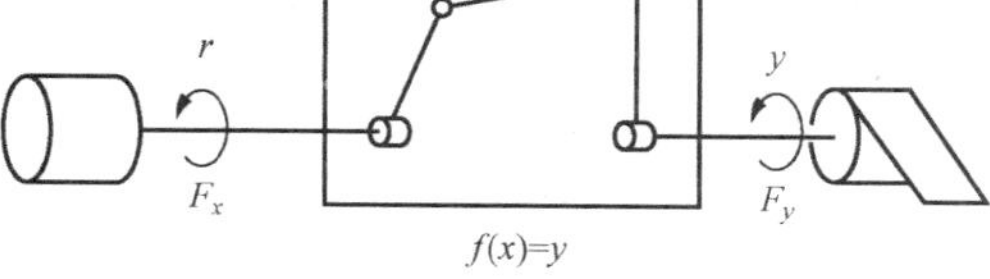

图 4-2　单输入单输出系统

在机构学中，将 $\mathrm{d}y=\mathrm{d}x=0$ 的状态称为方案点。在 $\mathrm{d}y/\mathrm{d}x=\infty$ 附近，用很小的 F_x 就可以得到很大的 F_y，而将 $\mathrm{d}y/\mathrm{d}x=0$ 的状态称为死点，这种状态不论输入多大的力（或转矩）也不会产生输出力（或转矩）。

2. 机构内部摩擦力的影响

机构内部摩擦力的影响一般分为线性变换机构和非线性变换机构来研究。图 4-3 所示的滑动丝杠副为线性变换机构，现以其为例分析滑动摩擦的影响。该机构的运动变换关系为

$y=(r_0\tan\beta)\phi$，其中 $2r_0$ 为丝杠螺纹中径，ϕ 为丝杠转角，β 为螺旋角。图 4-3 中 $T_x=F_x r_0$ 是使丝杠产生转动所需的转矩，F_y 为螺母所受的向上的推力。设摩擦系数为 μ，则沿螺纹表面丝杠对螺母的作用力（摩擦力）为 μF_n，设 F_n、μF_n 在 x，y 方向的分力为 F_x、F_y，则

$$\begin{cases} F_x = F_n\sin\beta + \mu F_n\cos\beta \\ F_y = F_n\cos\beta - \mu F_n\sin\beta \end{cases} \tag{4-9}$$

可以推出

$$T_x = F_x r_0 = F_y r_0\tan(\beta+\rho) \tag{4-10}$$

式中 ρ——摩擦角，$\rho=\arctan\mu$。

从 F_y 向 F_x 的变换系数为 $r_0\tan(\beta+\rho)$，由于摩擦阻力的存在，该值会有变化，但不受丝杠转角 ϕ 的影响。

以图 4-4 所示曲柄滑块机构为例分析非线性变换机构中摩擦力的影响。设摩擦系数为 μ，该机构的运动变换关系为 $y=a\cos\theta+\sqrt{b^2-a^2\sin^2\theta}$，设连杆 BC 作用于滑块的力为 F_c，其垂直于水平方向上的分力为 F_n，摩擦力为 μF_n，外力负载为 F_y，则由图 4-4 可得

$$\begin{cases} F_n = F_c\sin\omega \\ F_y + \mu F_n = F_c\cos\omega \\ T = aF_c\sin(\theta+\omega) \end{cases} \tag{4-11}$$

解得

$$T = \frac{a\cos\rho\sin(\theta+\omega)}{\cos(\omega+\rho)}F_y \tag{4-12}$$

式中 T——曲柄转矩，N·m；

a——曲柄半径，m；

ρ——摩擦角，$\rho=\arctan\mu$，(°)；

ω——连杆摆角，(°)；

θ——曲柄摆角，(°)。

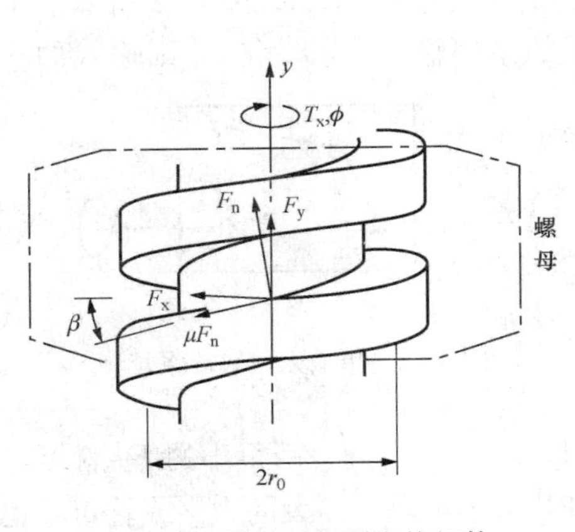

图 4-3 滑动丝杆副变换机构

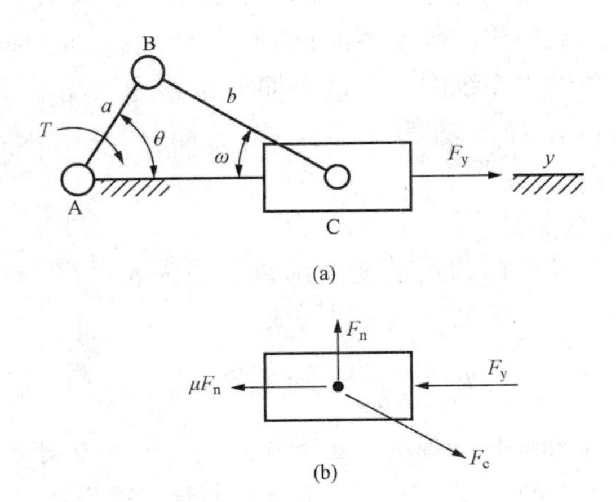

图 4-4 曲柄滑块机构

由于摩擦力的存在，从 F_y 向 T 的变换系数与 θ 有关，但不是比例关系。在式（4-12）中，当 $(\omega+\rho)<\pi/2$ 时，T/F_y 的比值是有限的，但当 $(\omega+\rho)\approx\pi/2$ 时，其比值会非常大。在这种状态下，运动部件是不能动的。摩擦力会使机电一体化系统的整体特性变差，因此，

要尽可能减少摩擦阻力。

（二）机械系统动力学特性分析

机构动力学主要研究构成机构要素的惯性和机构中各元件、部件弹性引起的振动。

1. 平面运动机构要素的动态力及动态转矩

图 4-5 所示刚体是平面运动机构的一个要素。图中 G 为刚体重心；$\boldsymbol{r}$ 为重心的位置矢量；θ 为刚体回转角，$\boldsymbol{r}_i$ 为重心到受力点的位置矢量；m 为刚体质量；J 为刚体绕其重心的转动惯量。该刚体的平面运动可用平动 $r=(x, y)$ 与转角 θ 来表示。当刚体受到来自其他连杆的作用力 F_1，F_2，…，F_n 时，其刚体重心 $r(t)$、转角 $\theta(t)$ 与力之间的关系可用式（4-13）和式（4-14）来表示，即

$$F_d = \sum_{i=1}^{n} F_i = m\ddot{r} \qquad (4-13)$$

$$T_d = \sum_{i=1}^{n} r_i \times F_i = J\ddot{\theta} \qquad (4-14)$$

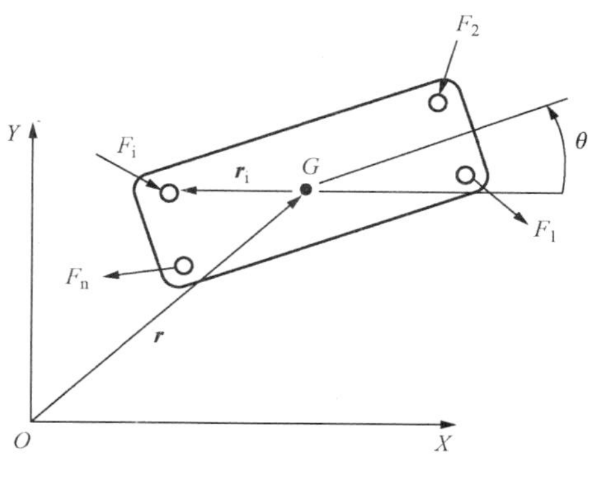

图 4-5　刚体平面运动的动力学

这是维持该机构要素的运动（r，θ）所必需的动态力矩 F_d 和动态转矩 T_d。

2. 机构输出端的弹性变形与动态特性

机械零件不管是连轩还是轴承受力后都有一定的变形。设零件受力后的绝对变形量为 δ，所受到的力为 F，弹性刚度为 $K=F/\delta$，刚度小变形就大，构件的稳定性就差。刚度是影响运动精度的原因之一，高速运动时甚至会产生振动，对系统的影响更大。

当机构的运动周期（或角频率）与系统内部的固有振动周期 T_n 或固有振动频率 ω_n 一致时，会引起共振而导致机械破坏，机械系统设计中应该避免这种情况。

机构内的弹性可以通过建立模型，把弹性换算至输出端，进而研究其动态特性。但是对有的系统（如多连杆机构的连杆）弹性问题，由于难以建立模型，不能换算到输出端，常需要采用现代设计方法中的有限元分析方法进行计算。

三、传感器特性分析

（一）变换器的特性

机电一体化系统中传感器输入的物理量多为机械量（位移、速度、加速度、力等），而输出的物理量为电量（电压、电流等）。为了进行信号处理，传感器中不只是单纯的传感元件（变换器），多数传感器中都配置运算放大电路，以便将微弱的电信号变换成较强的便于利用的信号。另外，有的传感器装有将一种机械量变换为另一种机械量的变换装置。图 4-6 所示的压电加速度计中就有将加速度 $\ddot{x}_B(x)$ 变换为力 $F(y)$ 的机械量的变换装置。将力 $F(y)$ 变换成电荷 $Q(u_s)$ 的是机械电气变换器，将电荷 $Q(u_s)$ 变换成电压的是运算电子电路。

设各种变换的传递函数（动态特性）为 G_m、G_{me}、G_e，则输出信号 u 与机械量输入 x 之比为 $G_s=G_mG_{me}G_e$。G_m 中包含电气系统对变换器的柔度和质量等的反作用，一般取 $G_m=1$。以光电编码器为代表的光学传感器受到从变换机构（将机械量变换成光、电信号的变换机构）传递过来的反作用很小，如果传感器与被测量物体的安装为刚性连接的话，可以认为机

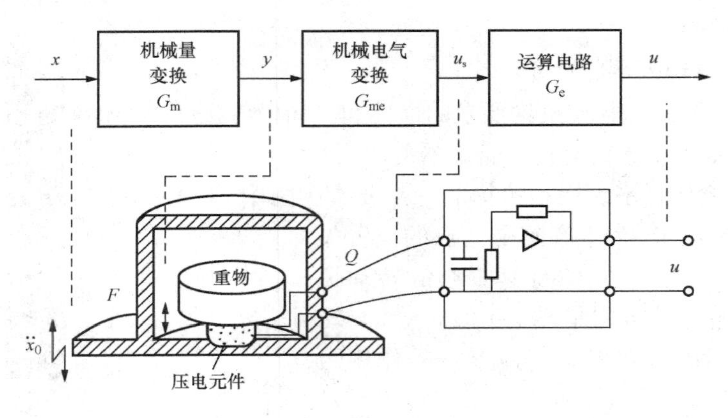

图 4-6 传感器的构成与压电式加速度计

械量的变换为比例变换。变换器根据变换的物理过程可分为以下几种：

（1）电—磁变换：动电式、静电式、磁阻式、霍尔效应式等。

（2）压电变换：压电原件。

（3）应变—电阻变换：应变片、半导体应变计。

（4）光—电变换：光电二极管、光敏晶体管。

下面以压电式变换器为例进行传感器的特性分析。

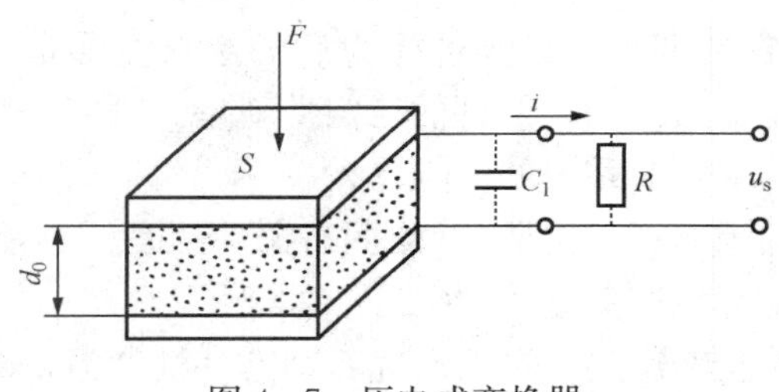

图 4-7 压电式变换器

图 4-7 所示为压电式变换器。设电气变换部分的输入阻抗为 R，压电元件的杨氏模量为 E，由作用力 F 产生的位移为 x，所产生的电荷为 Q，$C=\dfrac{\varepsilon S}{d_0}$为传感器的等效电容（此处 S 为作用面积），其中 ε 为感应系数。电荷的电量是力的函数，所施加的力越大，表面电荷的电量越大。电量最终表现为传感器上的电压

$$u_s=\frac{q}{C}=\frac{\mathrm{d}F}{C}=\frac{dFd_0}{\varepsilon S} \tag{4-15}$$

式中 C——传感器等效电容，$C=\dfrac{\varepsilon S}{d_0}$，F；

S——力 F 的作用面积，m^2；

ε——压电晶体的介电常数，F/m；

d_0——压电层的厚度，m；

d——压电系数，C/N，对于石英晶体，$d=2.3\times10^{-12}$C/N。

压电材料中的电气参数和机械量之间的关系采用压电方程进行描述。根据胡克定律，在弹性范围内

$$x=\frac{\sigma}{E}=\frac{F}{ES}$$

式中 σ——应力，Pa；

E——压电元件弹性模量，Pa。

压电元件在电场和应力的同时作用下，$t>0$ 时，外加电压为 u_s，则

$$\begin{cases} q = K_F x(t) = \int \dfrac{u_s(t)}{R}\mathrm{d}t + Cu_s(t) \\ F(t) = \dfrac{ES}{d_0}x(t) + K_E u_s(t) \end{cases} \tag{4-16}$$

若 $t=0$ 时，$\int u_s(0)\mathrm{d}t = 0$。对式（4 - 16）进行拉式变换可得

$$\begin{cases} Q = K_F X(s) = \dfrac{U(s)}{Rs} + CU(s) \\ F(s) = \dfrac{ES}{d_0}X(s) + K_E U(s) \end{cases} \tag{4-17}$$

式中　K_F——电荷感应系数，C/m；

K_E——力变换系数，N/V；

由式（4 - 17）可得

$$\frac{U(s)}{F(s)} = G_{me}(s) = \frac{Rs \cdot \dfrac{d_0 K_F}{ES}}{1 + RCs + \dfrac{d_0 K_E K_F}{ES}Rs} = \frac{Rs}{1 + RCs + kRs}d \approx \frac{Rs}{1 + RCs}d \tag{4-18}$$

其中，$K_E = k/d$，$d = d_0 K_F/(ES)$。

若式（4 - 18）中的 $RCs \gg 1$，则 $G_{me} \approx d/C$。此时可以得到电压与力成比例的关系，但固有振动周期 $\tau \approx RC$ 低的情况下不能保证这种比例关系。由此可知，只有当被测信号频率足够高的情况下，才有可能实现不失真测量。在压电元件上并联 C_1，虽然可使固有振动周期（时间常数）$\tau = R(C + C_1)$ 增大，但也不能测量变化缓慢的输入力，这是压电元件的缺点。

（二）传感检测系统的特性

变换器将被测量 A 变换成机械量 B 的变换是传感器中的机械量变换。从 A 变换为 B 的实例很多，例如把应变片作为变换器时，A 为力 F 或位移 x，而 B 就是应变 ε。图 4 - 8 所示机械变换中，应变 ε 与被测力 F 或位移 x 成正比。图 4 - 8（a）为力—应变的变换，图 4 - 8（b）为位移—应变的变换。

$$\varepsilon = G_m F \tag{4-19}$$

$$\varepsilon = G_m x \tag{4-20}$$

其中，$G_m = [\omega_n^2/(s^2 + \omega_n^2)]k_m$，对于图 4 - 8（a），$k_m = 1/(ES)$，$E$ 为应变片弹性模量；对于图 4 - 8（b），$k_m = 3h(l - 2a)/l^3$，ω_n 为系统的固有频率。

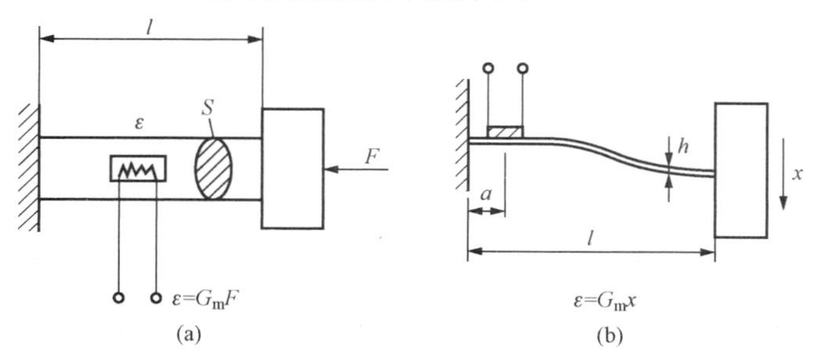

图 4 - 8　机械量变换器的特性

（a）力—应变的变换；（b）位移—应变的变换

力或位移变化速度快时，会引起机械共振，使 ε 显著增大。系统无振荡时，在 $\pm1\%$ 的误差范围内，其使用频率范围大致为 $0\sim\omega_n/10$，也就是说 ω_n 必须为使用限界频率的 10 倍以上。

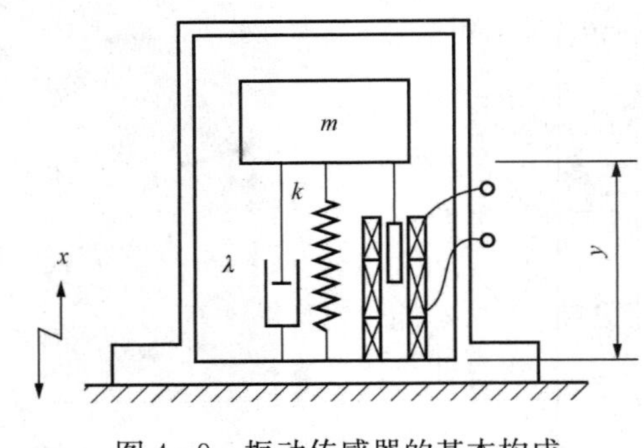

图 4-9 振动传感器的基本构成

图 4-9 所示振动传感器（振动计）是一个质量、弹簧、阻尼系统。设被测物体位移为 x，则质量 m 的运动方程为

$$m(\ddot{x}+\ddot{y})+\lambda\dot{y}+ky=0 \tag{4-21}$$

设固有振动频率为 $\omega_n=\sqrt{k/m}$，阻尼比 $\zeta=\lambda/(2\sqrt{mk})$，则机械变换的传递函数为

$$G_m(s)=\frac{y(s)}{x(s)}=\frac{s^2}{s^2+2\zeta\omega_n s+\omega_n^2} \tag{4-22}$$

输入/输出的振幅比的频率特性 $|G_m(j\omega)|$ 如图 4-10 所示。只有当 $\omega/\omega_n\gg1$ 时，才有 $|G_m|\approx1$。这就意味着，只有降低系统的固有角频率 ω_n，才能正确测量变化缓慢的振动信号。

设被测机械量为加速度 $\boldsymbol{a}$，对 $\boldsymbol{a}$ 的响应为

$$G_m(s)=\frac{Y(s)}{s^2X(s)}=-\frac{1}{s^2+2\zeta\omega_n s+\omega_n^2} \tag{4-23}$$

其频率特性 $|G_m(j\omega)|$ 如图 4-11 所示。此时，只有在 $\omega/\omega_n\ll1$ 时，才有 $|G_m|\approx1$，即不充分地提高固有振动频率就不能测量快速变化的加速度信号。

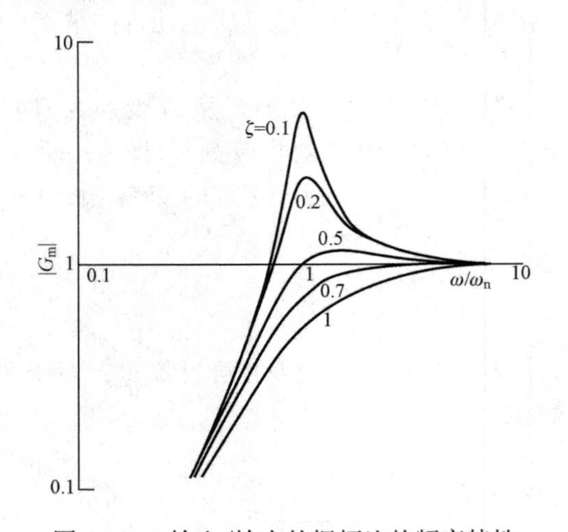

图 4-10 输入/输出的振幅比的频率特性

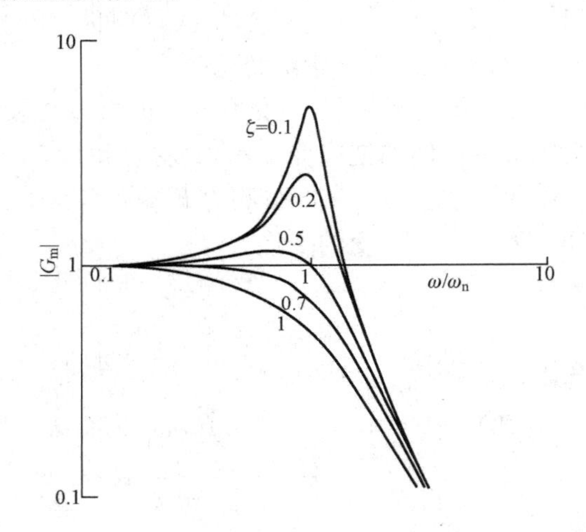

图 4-11 加速度振动计的频率特性

综上所述，传感器系统由机械变换、机电变换和电气变换等部分组成，如果忽略其相互作用的影响，传感器的整体特性可表示为 $G_s=G_mG_{me}G_e$。G_{me} 取决于变换器的性质，G_m 随被测物理量的不同而不同。G_e 为电信号变换的传递函数，电信号变换的处理方法更具通融性。G_e 可作为校正回路来改善不理想的动态特性。改善传感器动态特性的电子电路与改善机电一体化系统动态特性的电子电路原理相同。

四、动力元件特性分析

机电一体化系统中常用的执行元件是电气执行元件，其输入为电信号，输出为机械量（位移、力等）。下面介绍电气执行元件的特性。图 4 - 12 所示执行元件作为一个系统，由驱动电路、电动机变换器（伺服电动机）、机械量变换器（如减速器）组成。执行元件系统的传递函数可以写成各部分的乘积（$G_s=G_eG_{me}G_m$）。

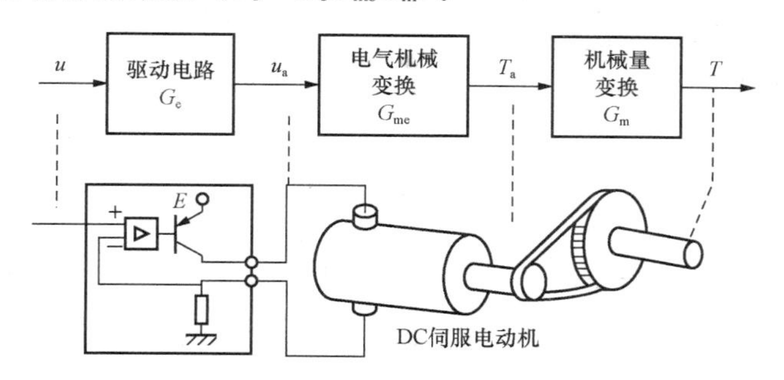

图 4 - 12　执行元件的构成和直流伺服电动机驱动系统

电气动力元件有多种，如 DC 和 AC 伺服电动机、步进电动机、直线电动机、压电式动力元件以及超声波电动机等。动力元件的电气机械置换的基本原理是电磁变换和压电变换，与前面介绍的变换器的变换原理相同。此外，形状记忆合金执行元件也可以认为是通过电—热—变形、具有电气—机械变形功能的一种电气式执行元件。上述这些动力元件有的是反馈控制（闭环控制），有的是开环控制。反馈控制根据反馈的物理量的不同，可得到不同的机械动态特性。下面介绍最基本的动力元件的动态特性。

（一）电磁式动力元件特性分析

图 4 - 13 所示电动机是电磁变换的典型实例。图 4 - 13（a）为直流伺服电动机的工作原理，图中电动机线圈的电流为 i；L 与 R 为线圈的电感与电阻；电动机的输入电压为 u；折算到电动机转子轴上的等效负载转动惯量为 J_M；电动机输出转矩和角速度分别为 T 和 ω；e 为电动机线圈的反电动势。于是可写出如下方程

$$\begin{cases} L\dfrac{\mathrm{d}i}{\mathrm{d}t}+Ri=u-e \\ e=K_E\omega \\ T=K_Ti \end{cases} \tag{4-24}$$

式中　K_E、K_T——电枢的电势常数和转矩常数。

动力元件的角速度 ω 由机构的动态特性 G_m 确定，即 $\omega=G_m(s)T$。

在上述方程中，如果机构具有非线性，拉普拉斯变换算子 s（或 $1/s$）可看成微分（或积分）符号。由上述各式可画出图 4 - 13（c）所示框图，动力元件的输出 ω 与输入电压 u 之间的传递函数为

$$\frac{\Omega(s)}{U(s)}=\frac{K_TG_m}{G_mK_TK_E+Ls+R} \tag{4-25}$$

如果机构只有惯性负载，则 $G_m=1/(J_Ms)$，于是有

$$\frac{\Omega(s)}{U(s)}=\frac{K_T}{K_TK_E+(Ls+R)J_Ms} \tag{4-26}$$

作为电磁变换执行元件，AC伺服电动机及其他动力元件都具有上述二次滞后特性。

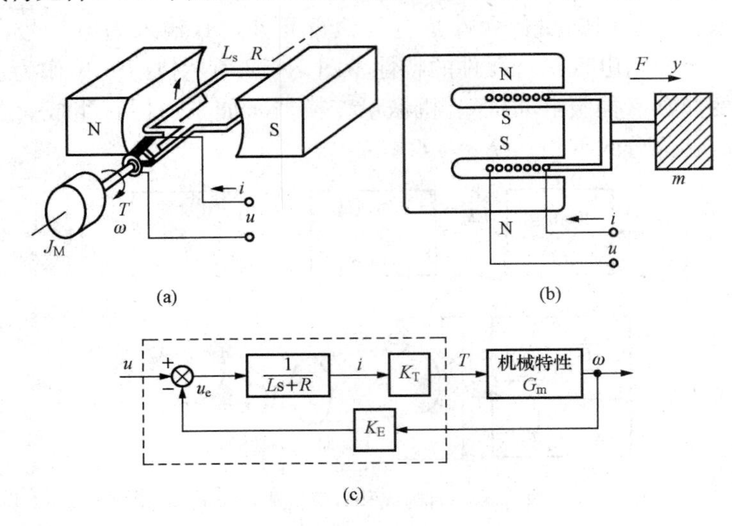

图 4-13 电磁感应式执行元件

(a) 原理图；(b) 电气图；(c) 方框图

（二）具有电流反馈的驱动电路电磁变换动力元件的特性分析

取驱动电路的动态特性 $G_e=1$，具有电流反馈的直流伺服电动机的动态特性如图 4-14 所示，指令电压 u 和电动机输出转矩 T 之间的传递函数为

$$\frac{T(s)}{U(s)}=\frac{K_1K_T}{G_mK_EK_T+Ls+R+K_1r} \tag{4-27}$$

当式（4-27）中的反馈增益 K_1 取得充分大时，可得到与输入信号成比例的转矩

$$\frac{T(s)}{U(s)}\approx\frac{K_T}{r} \tag{4-28}$$

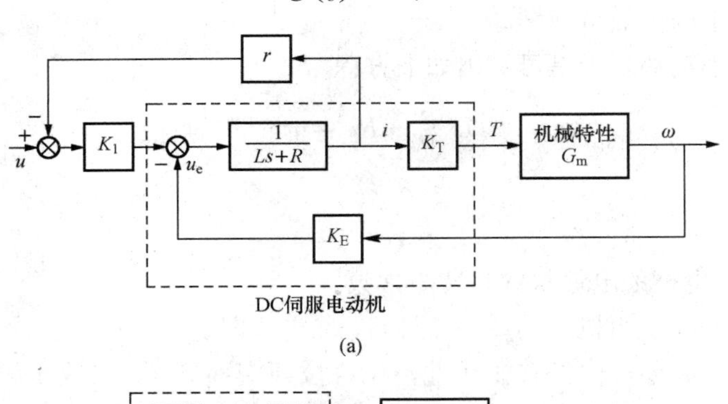

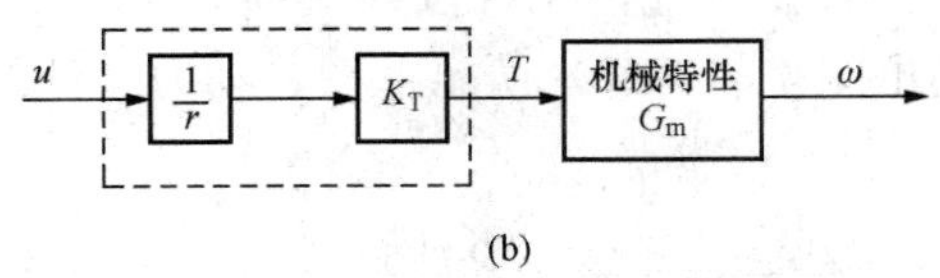

图 4-14 具有电流反馈的直流伺服电动机的动态特性

(a) 传递函数为式（4-27）；(b) 传递函数为式（4-28）

此时，执行元件的输出转矩与输入电压成正比，该执行元件的动态特性与直流伺服电动机的动态特性相同。

（三）步进电动机特性分析

图 4-15（a）为步进电动机与驱动电路框图，输入为脉冲数 N，输出为转角 θ，则 $\theta=KN$ 或 $\omega=K\dot{N}$（ω 为角速度，K 为步进电动机步距角，$\dot{N}$ 为脉冲频率），这就是该系统的动态特性。但是这种特性只有在图 4-15（b）所示的速度—负载转矩特性曲线范围内才能成立。设步进电动机具有惯性负载 J_m，如何在尽可能短的时间内使转速 ω 从 0 升至最大值 ω_m 是需要考虑的问题。如果负载转矩是加速转矩 $J_m\dot{\omega}$，在接近于图 4-16 所示临界转矩状态下使用时，其运动方程为

$$J_m\dot{\omega}=T_0-K\omega \tag{4-29}$$

在初始条件 $t=0$，$\omega=0$ 时，则上述方程的解为

$$\omega=\frac{T_0}{K}(1-e^{t/\tau}) \tag{4-30}$$

其中 $\tau=\frac{J_m}{K}$，则当 $0\leqslant t\leqslant t_m$ 时，可得 $t_m=\tau\ln(1-\omega_m K/T_0)$。

这就是说，脉冲速率 $\dot{N}=\omega/K$ 按式（4-30）所示规律变化时，就可以不失步地在加速时间 t_m 内使角速度上升至 ω_m。这样步进电动机的输入/输出为比例关系，但考虑到负载转矩具有一定限界，输入的脉冲速率必须适当。

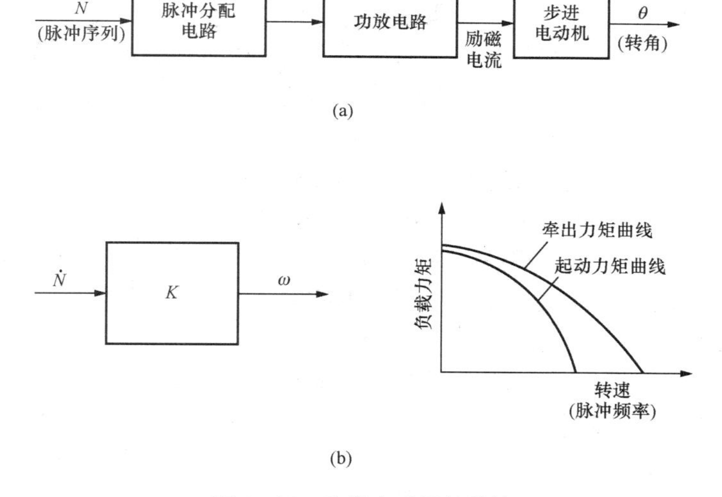

图 4-15　步进电动机的特性

（a）步进电动机与驱动电路框图；（b）速度—负载转矩特性曲线

上面简单介绍了几种基本的动力元件的动态特性。正如本节开始所述，动力元件的动态特性取决于与机构的结合，其本身的动态特性意义不大。例如，在机器人中，电动机本体按照计算机的指令运动，与电动机和减速器及机器人臂连接在一起时得到的输出转矩是不同的，因此电动机输出的转速也未必相同。可以说，在这种机电一体化系统中，存在着机械与电子技术的有机结合的本质特征。

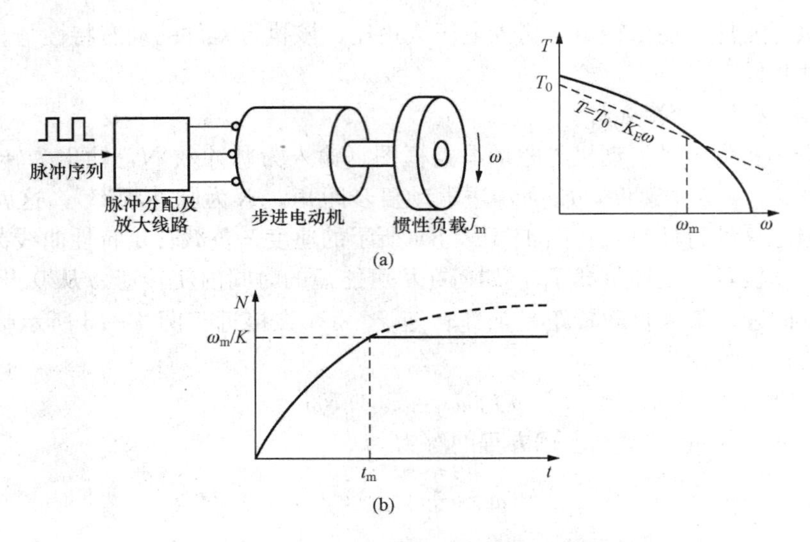

图 4-16 将惯性负载加速到某角速度时脉冲速率的选取方法
(a) 临界转矩状态；(b) 脉冲速率变化规律

第二节 稳态与动态设计

机电一体化系统的设计过程是机电参数相互匹配与有机结合的过程。在进行机电伺服系统设计时，首先要了解被控对象的特点和对系统的具体要求，通过调查研究制订出系统的设计方案。此时的方案通常只是一个初步的轮廓，包括系统主要元部件的种类、各部分之间的连接方式、系统的控制方式、所需能源形式、校正补偿方式以及信号转换的方式等。

有了初步设计方案就要进行定量的分析计算，分析计算包括稳态设计计算和动态设计计算。稳态设计包括使系统的输出运动参数达到技术要求、执行元件（如电动机）的参数选择、功率（或转矩）的匹配、过载能力的验算、各主要元部件的选择与控制电路设计、信号的有效传递、各级增益的分配、各级之间阻抗的匹配和抗干扰措施等，并为后面动态设计中的校正补偿装置的引入留有余地。

通过稳态设计，系统的主回路各部分特性和参数已初步确定，便可着手建立系统的数学模型，为系统的动态设计做好准备。动态设计主要是设计校正补偿装置，使系统满足动态技术指标要求，通常要进行计算机仿真，或借助计算机进行辅助设计。

通过上述理论设计计算，完成的还仅仅是一个较详细的设计方案，这种工程设计计算一般是近似的，只能作为工程实践的基础。系统的实际电路及参数，往往要通过样机的实验与调试，才能最后确定下来。

一、稳态设计方法

（一）负载分析

位置控制系统和速度控制系统的被控对象作机械运动时，该被控对象就是系统的负载，它与系统执行元件的机械传动联系有多种形式。机械运动是组成机电一体化系统的主要组成部分，它们的运动学、动力学特性与整个系统的性能关系极大。被控对象的运动形式有直线运动、回转运动、间歇运动等。具体的负载往往比较复杂，为简化分析常常将它分解为几种典型负载，结合系统的运动规律再将它们组合起来，使定量设计计算得以顺利进行。

一般来说负载是指惯性负载、外力负载、弹性负载、摩擦负载（滑动摩擦负载、黏性摩擦负载、滚动摩擦负载等）。对具体系统而言，其负载可能是以上几种典型负载的组合，不一定均包含上述所有负载项目。在设计系统时，应对被控对象及其运动做具体分析，从而获得负载的综合定量数值，为选择与之匹配的执行元件及进行动态设计分析打下基础。

被控对象的运动，如机床的工作台 x、y 及 z 轴；机械臂的升降、伸缩运动；绘图机的 x、y 方向运动等是直线运动。也有的是旋转运动，如机床主轴的回转、工作台的回转、机器人关节的回转运动等。执行元件与被控对象的连接有直接连接，也有通过传动装置连接的。执行元件的额定转矩（或力、功率）、加减速控制及制动方案的选择，应与被控对象的固有参数（如质量、转动惯量等）相互匹配。因此，要将被控对象相关部件的固有参数及其所受的负载（力或转矩等）等效换算到执行元件的输出轴上，即计算其输出轴承受的等效转动惯量和等效负载转矩（回转运动）或计算等效质量和等效力（直线运动）。下面以机床工作台的伺服进给系统为例加以说明。

图 4-17 所示系统由 m 个移动部件和 n 个转动部件组成。m_i，v_i，和 F_i 分别为移动部件的质量（kg）、运动速度（m/s）和所受的负载力（N）；J_j、$n_j(\omega_j)$ 和 T_j 分别为转动部件的转动惯量（$kg \cdot m^2$）、转速（r/min 或 rad/s）和所受负载转矩（N·m）。

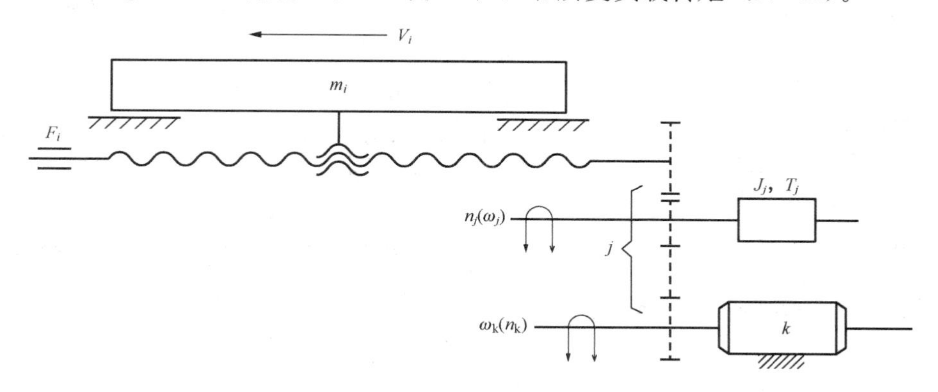

图 4-17 伺服进给系统示意图

（1）等效转动惯量 J_{eq}^{m}。该系统运动部件的动能总和为

$$E=\frac{1}{2}\sum_{i=1}^{m}m_i v_i^2+\frac{1}{2}\sum_{j=1}^{n}J_j\omega_j^2 \tag{4-31}$$

设等效到执行元件输出轴上的总动能为

$$E^{k}=\frac{1}{2}J_{eq}^{m}\omega_k^2 \tag{4-32}$$

由于 $E=E^{k}$，故

$$J_{eq}^{m}=\sum_{i=1}^{p}m_i\left(\frac{v_i}{\omega_k}\right)^2+\sum_{j=1}^{q}J_j\left(\frac{\omega_j}{\omega_k}\right)^2 \tag{4-33}$$

用工程上常用单位时，可将式（4-33）改写为

$$J_{eq}^{m}=\frac{1}{4\pi^2}\sum_{i=1}^{m}m_i\left(\frac{v_i}{n_k}\right)^2+\sum_{j=1}^{n}J_j\left(\frac{n_j}{n_k}\right)^2 \tag{4-34}$$

式中 n_k——执行元件的转速，r/min。

（2）等效负载转矩 T_{eq}^{m}。设上述系统在时间 t 内克服负载所作功的总和为

$$W = \sum_{i=1}^{m} F_i v_i t + \sum_{j=1}^{n} T_j \omega_j t \tag{4-35}$$

同理，执行元件输出轴在时间 t 内的转角为

$$\phi_k = \omega_k t \tag{4-36}$$

则执行元件所做的功为

$$W_k = T_{eq}^{m} \omega_k t \tag{4-37}$$

由于 $W_k = W$，故

$$T_{eq}^{m} = \sum_{i=1}^{m} F_i v_i / \omega_k + \sum_{j}^{n} T_j \omega_j / \omega_k \tag{4-38}$$

采用工程上常用单位时，可将式（4-38）改写为

$$T_{eq}^{m} = \frac{1}{2\pi} \sum_{i=1}^{m} F_i v_i / n_k + \sum_{j}^{n} T_j n_j / n_k \tag{4-39}$$

（3）计算举例。设有一进给系统如图 4-18 所示。已知移动部件（工作台、夹具、工件等）的总质量 $m_A = 400\text{kg}$；沿运动方向的负载力 $F_L = 800\text{N}$（包含导轨副的摩擦阻力）；电动机转子的转动惯量 $J_m = 4\times10^{-5}\,\text{kg}\cdot\text{m}^2$；转速为 n_m；齿轮轴部件Ⅰ（包含齿轮）的转动惯量 $J_1 = 5\times10^{-4}\,\text{kg}\cdot\text{m}^2$；齿轮轴部件Ⅱ（包含齿轮）的转动惯量 $J_{\text{Ⅱ}} = 7\times10^{-4}\,\text{kg}\cdot\text{m}^2$；轴Ⅱ的负载转矩 $T_L = 4\text{N}\cdot\text{m}$；齿轮 z_1 与齿轮 z_2 的齿数分别为 20 与 40，模数 m 为 1mm。求等效到电动机轴上的等效转动惯量 J_{eq}^{m} 和等效转矩 T_{eq}^{m}。

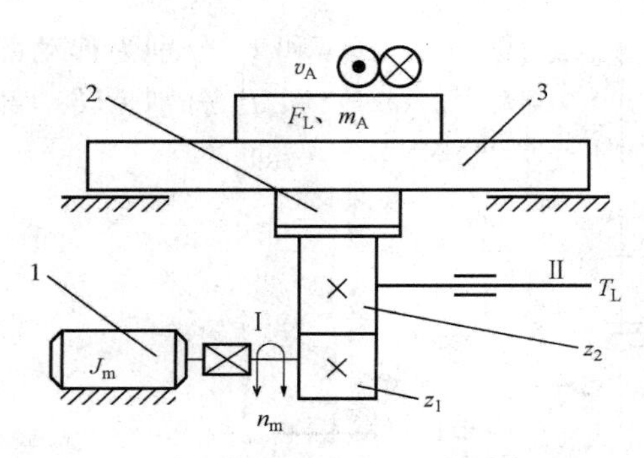

图 4-18 进给系统示意图

（⊙、⊗为工作台的运动方向）

1—工作台；2—齿轮齿条副；3—电动机

解： 1）求等效转动惯量 J_{eq}^{m}。

$$J_{eq}^{m} = \frac{1}{4\pi^2} m_A \left(\frac{v_A}{n_m}\right)^2 + J_m + J_{\text{Ⅰ}} + J_{\text{Ⅱ}} \left(\frac{n_{\text{Ⅱ}}}{n_m}\right)^2$$

因为

$$v_A = n_m \frac{1}{i} \frac{\pi m z_2}{1000} = n_m \frac{z_1}{z_2} \frac{\pi m z_2}{1000} = n_m \pi m z_1 / 1000$$

$$\frac{n_{\text{Ⅱ}}}{n_m} = \frac{z_1}{z_2}$$

所以

$$\begin{aligned} J_{eq}^{m} &= \frac{1}{4\pi^2} \times 400\text{kg} \times \left(\frac{n_m \pi \times 1 \times 20}{1000 n_m}\right)^2 + 4\times10^{-5}\,\text{kg}\cdot\text{m}^2 + 5\times10^{-4}\,\text{kg}\cdot\text{m}^2 \\ &\quad + 7\times10^{-4}\,\text{kg}\cdot\text{m}^2 \times \left(\frac{20}{40}\right)^2 \\ &= 0.1264\text{kg}\cdot\text{m}^2 \end{aligned}$$

2）求等效转矩 T_{eq}^{m}。

$$T_{eq}^{m} = \frac{1}{2\pi} F_L \frac{v_A}{n_m} + T_L \frac{n_{\text{Ⅱ}}}{n_m} = \frac{1}{2\pi} \times 800\text{N} \times \frac{n_m \pi m z_1}{1000 n_m} + 4\text{N}\cdot\text{m} \times \frac{z_1}{z_2} = 10\text{N}\cdot\text{m}$$

（二）执行元件的匹配选择

伺服系统是由若干元部件组成的，其中有些元部件已有系列化商品供选用。为降低机电一体化系统的成本、缩短设计与研制周期，应尽可能选用标准化元部件。拟定系统方案时，首先确定执行元件的类型，然后根据技术条件的要求进行综合分析，选择与被控对象的负载相匹配的执行元件。下面以电动机的匹配选择为例简要说明执行元件的选择方法。

被控对象由电动机驱动，因此电动机的转速、转矩和功率等参数应和被控对象的需要相匹配，如冗余量大、易使执行元件价格升高，使机电一体化系统的成本升高，市场竞争力下降，用户在使用过程中经常用不上冗余部分而造成浪费。如果选用的执行元件的参数数值偏低，将达不到使用要求。所以应选择与被控对象的需要相适应的执行元件。

例如，机床工作台的伺服进给运动轴所采用的执行元件（电动机）的额定转速 n（r/min）基本上应是所需最大转速，其额定转矩 T（N·m）应大于所需要的最大转矩（考虑机械损失），即 T 应大于等效到电动机输出轴上的负载转矩 T_{eq}^{m} 与克服惯性负载所需要的转矩 $T_{惯}=J_{eq}^{m}\varepsilon_{m}$（$\varepsilon_{m}$ 为电动机升降速时的角加速度）之和。

1. 系统执行元件的转矩匹配

该伺服进给系统执行元件输出轴所承受的等效负载转矩（包括摩擦负载和工作负载）为 T_{eq}^{m}、等效惯性负载转矩为 $T_{惯}$，则电动机轴上的总负载转矩为

$$T_{\Sigma}=T_{eq}^{m}+T_{惯} \tag{4-40}$$

考虑到机械的总传动效率 η 时，则

$$T'_{\Sigma}=\frac{T_{eq}^{m}+T_{惯}}{\eta} \tag{4-41}$$

当机床工作台某传动轴的伺服电动机输出轴上所受等效负载转矩 $T_{eq}^{m}=2.5\text{N}\cdot\text{m}$，等效转动惯量为 $J_{eq}^{m}=3\times10^{-2}\text{kg}\cdot\text{m}^{2}$，假设该传动轴上电动机的输出轴角速度 ω_{m} 为 50rad/s，等加速和等减速时间均为 $\Delta t=0.5\text{s}$，传动系统的总传动效率 η 为 0.85，则可得等效惯性负载转矩为

$$T_{惯}=J_{eq}^{m}\varepsilon_{m}=J_{eq}^{m}\omega_{m}/\Delta t=3\times10^{-2}\times50/0.5=3\text{N}\cdot\text{m}$$

因此，$T'_{\Sigma}=(2.5+3)/0.85=6.471\text{N}\cdot\text{m}$

若选用 110BF003 反应式步进电动机，由于其最大静转矩 $T_{jmax}=7.84\text{N}\cdot\text{m}$，当采用三相六拍通电方式，为保证带负载能正常启动和定位停止，电动机的启动和制动转矩 T_{q} 应满足的要求为

$$T_{q}\geqslant T'_{\Sigma} \tag{4-42}$$

又根据启动转矩与相数和通电方式之间的关系得到 $T_{q}/T_{jmax}=0.87$，因此

$$T_{q}=0.87\times T_{jmax}=6.82\text{N}\cdot\text{m}>T'_{\Sigma}=6.471\text{N}\cdot\text{m}$$

故可选用。

2. 执行元件的功率匹配（伺服电动机）

从上述讨论可知，在计算等效负载力矩和等效负载惯量时，需要知道电动机的某些参数。在选择电动机时，常先进行预选，然后再进行必要的验算。预选电动机的估算功率 P 可由式（4-44）确定

$$P=\frac{(T_{eq}^{m}+J_{eq}^{m}\varepsilon_{m})n_{max}\lambda}{9.55}=T_{\Sigma}\omega_{max}\lambda \tag{4-43}$$

式中 n_{max}——电动机的最高转速，r/min；

ω_{max}——电动机的最高角加速度，rad/s^2；

λ——考虑电动机、减速器等的功率系数，一般取 $\lambda=1.2\sim2$，对于小功率伺服系统 λ 可达 2.5。

在预选电动机功率后，应进行以下验算。

(1) 过热验算。当负载转矩为变量时，应用等效法求其等效转矩 T_{eq}，在电动机励磁磁通 ϕ 近似不变时可得等效转矩为

$$T_{eq}=\sqrt{\frac{T_1^2t_1+T_2^2t_2+\cdots}{t_1+t_2+\cdots}} \tag{4-44}$$

其中，t_1，t_2 为时间间隔，在此时间间隔内的负载转矩分别为 T_1、T_2。

则所选电动机的不过热条件为

$$\left.\begin{aligned}T_N\geqslant T_{eq}\\P_N\geqslant P_{eq}\end{aligned}\right\} \tag{4-45}$$

式中 T_N——电动机的额定转矩，N·m；

P_N——电动机的额定功率，W；

P_{eq}——由等效转矩 T_{eq} 换算的电动机功率，$P_{eq}=(T_{eq}n_N)/9.55$，其中 n_N 为电动机的额定转速，r/min。

(2) 过载验算。为了不过载，应使瞬时最大负载转矩 $T_{\Sigma max}$ 与电动机的额定转矩 T_N 的比值不大于某一系数，即

$$\frac{T_{\Sigma max}}{T_N}\leqslant k_m \tag{4-46}$$

式中 k_m——电动机的过载系数，一般电动机产品目录中已给出。

(三) 减速比的匹配与分配

减速比 i 主要根据负载性质、脉冲当量和机电一体化系统的综合要求来选择确定，既要使减速比达到一定条件下最佳，同时又要满足脉冲当量与步距角之间的相应关系，还要同时满足最大转速要求等。当然要全部满足上述要求是非常困难的。

(1) 使加速度最大的选择方法。当输入信号变化快、加速度又很大时，应使

$$i=\frac{T_L}{T_m}+\left[\left(\frac{T_L}{T_m}\right)^2+\frac{J_L}{J_m}\right]^{1/2} \tag{4-47}$$

(2) 最大输出速度选择方法。当输入信号近似恒速，即加速度很小时，应使

$$i=\frac{T_L}{T_m}+\left[\frac{T_L}{T_m}+\frac{f_1}{f_2}\right]^{1/2} \tag{4-48}$$

式中 T_L——等效负载转矩，N·m；

T_m——电动机额定转矩，N·m；

J_L——等效负载转动惯量，kg·m^2；

J_m——电动机转子的转动惯量，kg·m^2；

f_1——电动机的黏性摩擦系数；

f_2——负载的黏性摩擦系数。

(3) 步进电动机驱动的传动系统传动比的选择方法。即满足脉冲当量 δ、步距角 α 和丝杠基本导程 l_0 之间的匹配关系，则步进电动机传动系统的传动比 i

$$i = \frac{\alpha l_0}{360^\circ \delta} \tag{4-49}$$

（4）减速器输出轴转角误差最小原则。即 $\Delta\varphi_{\max} = \sum_{i}^{n} \Delta\varphi_{k} / i_{(k-n)}$ 最小。

（5）对速度和加速度均有一定要求的选择方法。当对系统的输出速度、加速度都有一定要求时，应按上述（1）条件选择减速比 i，然后验算是否满足 $\omega_{\mathrm{Lmax}} \leqslant \omega_{\mathrm{m}}$，式中的 ω_{Lmax} 为负载的最大角速度；ω_{m} 为电动机输出的角速度。

根据设计要求，通过综合分析，利用上述方法选择总减速比之后，就需要合理确定减速级数及分配各级的速比。

二、动态设计方法

（一）闭环机电伺服系统调节器设计

在研究机电伺服系统的动态特性时，一般先根据系统的组成来建立系统的传递函数（原始系统数学模型），然后根据系统传递函数分析系统的稳定性、系统的过渡过程品质（响应的快速性和振荡）及系统的稳态精度。

当系统有输入或受到外部干扰时，其输出必将发生变化。由于系统中总是含有一些惯性或蓄能元件，其输出量不能立即变化到与外部输入或干扰相对应的值，需要一个变化过程，这个变化过程即为系统的过渡过程。

当系统不稳定或虽然稳定但过渡过程的性能和稳态性能不能满足要求时，可先调整系统中的有关参数。如仍然不能满足使用要求，就需进行校正（常采用校正网络）。所使用的校正网络多种多样，其中最简单的校正网络是 PID 调节器。

调节器分为有源或无源，简单的无源调节器由阻容电路组成。这种无源校正网络衰减大，不易与系统其他环节相匹配，目前常用的调节器是有源校正网络。

有源校正，通常不是靠理论计算而是用工程整定的方法来确定其参数的。大致做法如下：在观察输出响应波形是否合乎理想要求的同时，按照先调比例系数、后调微分系数、再调积分系数的顺序，反复调整这三个参数，直至观察到输出响应波形比较合乎理想状态要求为止（一般认为在闭环机电伺服系统的过渡过程曲线中，若前后两个相邻波峰值之比为4∶1时，则响应波形较为理想）。

1. 闭环机电伺服系统建模

图 4 - 19 所示为闭环机电伺服系统结构图的一般表达形式。图中的调节器是为改善系统性能而加入的。调节器 $G_c(s)$ 有电子式、液压式、数字式等多种形式，它们各有其优缺点，

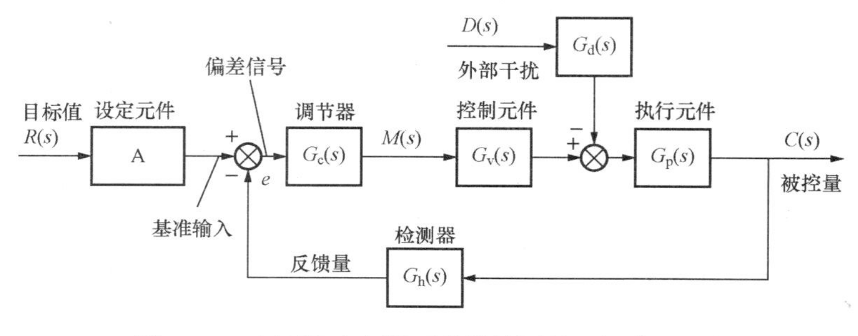

图 4 - 19　闭环机电伺服系统结构图的一般表达形式

使用时必须根据系统的特性，选择具有适合于系统控制作用的调节器。在控制系统的评价与设计中，重要的是系统对目标值的偏差和系统在有外部干扰时所产生的输出（误差）。

由图 4-19 可写出控制系统对输入和干扰信号的闭环传递函数分别为

$$\frac{C(s)}{R(s)}=\frac{AG_c(s)G_v(s)G_p(s)}{1+G_c(s)G_v(s)G_p(s)G_h(s)} \tag{4-50}$$

$$\frac{C(s)}{D(s)}=\frac{G_p(s)G_d(s)}{1+G_c(s)G_v(s)G_p(s)G_h(s)} \tag{4-51}$$

系统在输入和干扰信号同时作用下的输出象函数为

$$C(s)=\frac{AG_c(s)G_v(s)G_p(s)}{1+G_c(s)G_v(s)G_p(s)G_h(s)}R(s)+\frac{G_p(s)G_d(s)}{1+G_c(s)G_v(s)G_p(s)G_h(s)}D(s) \tag{4-52}$$

式中 $C(s)$——输出量的象函数；
$R(s)$——输入量的象函数：
$D(s)$——外部干扰信号的象函数；
$G_c(s)$——调节器的传递函数；
$G_v(s)$——控制元件的传递函数；
$G_p(s)$——动力元（部）件的传递函数；
$G_h(s)$——检测元件的传递函数；
$G_d(s)$——外部干扰的传递函数。

2. 速度反馈校正

在机电伺服系统中，电动机在低速运转时，工作台往往会出现爬行与跳动等不平衡现象。当功率放大级采用晶闸管时，由于它的增益线性相当差，可以说是一个很显著的非线性环节，这种非线性的存在是影响系统稳定的一个重要因素。为改善这种状况，常采用电流负反馈或速度负反馈。

在伺服机构中加入测速发电机进行速度反馈是局部负反馈的实例之一。测速发电机的输出电压与电动机输出轴的角速度成正比，其传递函数 $G_c(s)=\tau_d s$，式中 τ_d 为微分时间常数。设被控对象的传递函数为

$$G_0(s)=\frac{K}{s(Js+K)} \tag{4-53}$$

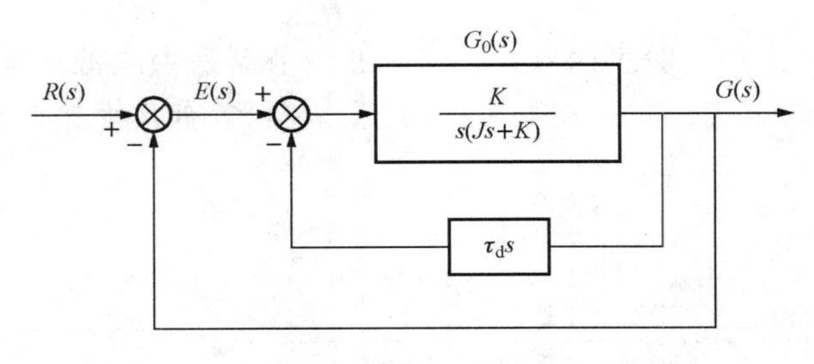

图 4-20 速度反馈的二阶系统的结构图

则采用测速发电机进行速度反馈的二阶系统的结构图如图 4-20 所示，无反馈校正器时的控制系挠的闭环传递函数为

$$\Phi(s)=\frac{K}{Js^2+fs+K} \tag{4-54}$$

用速度反馈校正后的闭环传递函数为

$$\Phi'(s)=\frac{K}{Js^2+(f+\tau_d K)s+K} \tag{4-55}$$

式中 J——二阶伺服系统的等效转动惯量；
f——系统的等效黏性摩擦系数；
K——积分调节系统的开环增益。

比较式（4-54）和式（4-55）可知，用反馈校正后，系统的阻尼（由分母中第二项的系数决定）增加了，因而阻尼比 ζ 增大，超调量 M_p 减小，相应的相角裕量 γ 则会增加，故系统的相对稳定性得到了改善。通常，局部反馈校正的设计方法比串联校正复杂一些。但是，由于它具有两个主要优点：①反馈校正所用信号的功率水平较高，不需要放大，这在实用上有很多优点；②如图 4-21 所示，当 $|G(s)H(s)\gg 1|$ 时，局部反馈部分的等效传递函数为

$$\frac{G(s)}{1+G(s)H(s)}\approx\frac{1}{H(s)} \quad (4-56)$$

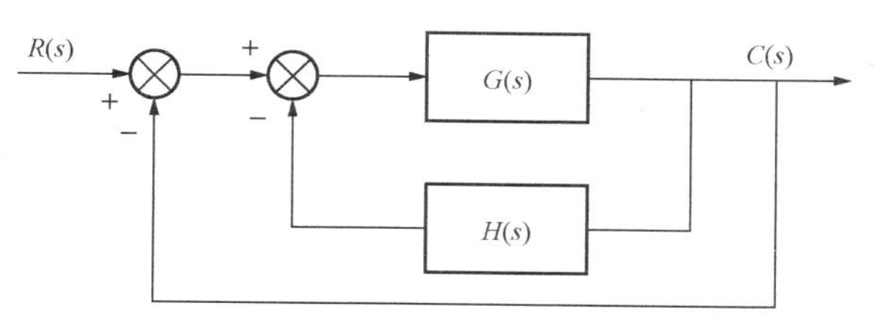

图 4-21　局部反馈校正框图

因此，被局部反馈所包围部分的元件的非线性或参数的波动对控制系统性能的影响可以忽略。基于这一特点，采用局部速度反馈校正可以达到改善系统性能的目的。

（二）机械结构弹性变形对系统的影响

在进给传动系统中，进给系统的弹性变形直接影响到系统的刚度、振动、运动精度和系统的稳定性。因此，在进行机电系统动态设计时，需要考虑系统的刚度与谐振频率。

在进给传动系统中，工作台、电动机、减速箱、各传动轴都有不同程度的弹性变形，并具有一定的固有谐振频率，其物理模型可简化为一个质量——弹簧系统。对于要求不高且控制系统的频带也比较窄的传动系统，只要设计的刚度较大，系统的谐振频率通常远大于闭环上限频率，故系统谐振问题并不突出。随着科学技术的发展，对控制系统的精度和响应快速性要求越来越高，这就必须提高控制系统的频带宽度，从而可能导致传动系统谐振频率逐渐接近控制系统的带宽，甚至可能落到带宽之内，使系统产生自激振动而无法工作，或使机构损坏。

在滚珠丝杠构成的进给传动系统内，丝杠螺母副的刚度是影响机电系统动态特性的最薄弱的环节，其拉压刚度（又称纵向刚度）和扭转刚度分别是引起机电系统纵向振动和扭转振动的主要原因。为了保证所设计的进给传动系统具有较好的快速响应性能和较小的跟踪误差，并且不会在变化的输入信号激励下产生共振，必须对其动态特性加以分析，找出影响系统动态特性的主要参数。

1. 进给传动系统综合拉压刚度计算

进给传动系统的综合拉压刚度是影响死区误差（又称失动量）的主要因素之一。增大系统的刚度可以使传动系统的失动量减小，有利于提高传动精度；使系统的固有频率提高，使系统不易发生共振；还可以增加闭环系统的稳定性。但是，随着刚度的提高，系统的转动惯量、摩擦和成本相应增加。因此，设计时要综合考虑，合理确定系统各部件的结构和刚度。

在进给传动系统中，滚珠丝杠螺母传动机构是刚度较薄弱的环节，因此传动系统的综合拉压刚度主要取决于滚珠丝杠螺母机构的综合拉压刚度。

滚珠丝杠螺母机构的综合拉压刚度主要由丝杠本身的拉压刚度 K_S、丝杠螺母间的接触刚度 K_N 以及轴承和轴承座组成的支承刚度 K_B 三部分组成。

（1）丝杠本身的拉压刚度 K_S。丝杠本身的拉压刚度与其几何尺寸及轴向支承形式有关，可按下列各式计算。

一端轴向支承时

$$K_s = \frac{\pi d_s^2 E}{4l} \tag{4-57}$$

当 $l=L$ 时，$K_s=K_{smin}$。

两端轴向支承时

$$K_s = \frac{\pi d_s^2 E}{4}\left(\frac{1}{l}+\frac{1}{L-l}\right) \tag{4-58}$$

当 $l=L/2$ 时，$K_s=K_{smin}$。

式中 K_s——丝杠拉压刚度，N/m；

d_s——丝杠直径，m；

l——受力点到支承端距离，m；

L——两支承间距离，m；

E——拉压弹性模量，N/m^2。

(2) 丝杠螺母副的轴向接触刚度 K_N。丝杠螺母副在特定载荷下的轴向接触刚度 K 可直接从产品样本查得，直接应用可得 $K_N=K$，如果实际载荷与特定载荷相差较大，可按下列各式进行修正。

丝杠螺母副无预紧时

$$K_N = K\left(\frac{F_x}{0.3C_a}\right)^{\frac{1}{3}} \tag{4-59}$$

丝杠螺母副有预紧时

$$K_N = K\left(\frac{F_x}{0.1C_a}\right)^{\frac{1}{3}} \tag{4-60}$$

式中 K_N——丝杠螺母副的轴向接触刚度，N/m；

K——丝杠螺母副在特定载荷下的轴向接触刚度，N/m；

F_x——轴向工作负载，N；

C_a——额定动载荷，N。

(3) 轴承和轴承座的支承刚度 K_B。不同类型的轴承，其支承刚度不同，可按照下列各式分别计算。

51000 型推力球轴承

$$K_B = 1.91\times 10^7 \sqrt{d_b Z^2 F_x} \tag{4-61}$$

80000 型推力滚子轴承

$$K_B = 3.27\times 10^9 l_u^{0.8} Z^{0.9} F_x^{0.1} \tag{4-62}$$

30000 型圆锥滚子轴承

$$K_B = 3.27\times 10^9 l_u^{0.8} Z^{0.9} F_x^{0.1} \sin^{1.9}\beta \tag{4-63}$$

23000 型推力角接触球轴承

$$K_B = 2.29\times 10^7 \sin\beta \sqrt[3]{d_b Z^2 F_x \sin^2\beta} \tag{4-64}$$

式中 K_B——支承刚度，N/m；

d_b——滚动体直径，m；

Z——滚动体数量；

F_x——轴向负载，N；

l_u——滚动体有效接触长度，m；

β——轴承接触角，(°)。

对于推力球轴承和推力角接触轴承，当预紧力为最大轴向载荷的 1/3 时，轴承刚度 K_B 增加一倍且呈线性关系；对于圆锥滚子轴承，当预紧力为最大轴向载荷的 1/2.2 时，轴承刚度 K_B 增加一倍且呈线性关系。

（4）滚珠丝杠螺母副的综合拉压刚度 K_0。滚珠丝杠螺母副的综合拉压刚度 K_0 与轴向支承形式及轴承是否预紧有关。

轴向支承未预紧时

$$\frac{1}{K_{0\min}}=\frac{1}{K_B}+\frac{1}{K_N}+\frac{1}{K_{s\min}} \tag{4-65}$$

轴向支承预紧时

$$\frac{1}{K_{0\min}}=\frac{1}{2K_B}+\frac{1}{K_N}+\frac{1}{K_{s\min}} \tag{4-66}$$

同理，$K_{0\max}$也可以用式（4-65）和式（4-66）计算，只是需要令 $K_{s\max}=\infty$即可。

2. 进给传动系统的扭转刚度计算

进给传动系统的扭转刚度对定位精度的影响较拉压刚度对定位精度的影响要小得多，一般可以忽略。但是，若传动系统使用细长滚珠丝杠螺母副，则扭转刚度的影响不能忽略，因为扭转引起的扭转变形会使轴向移动量产生滞后。

以图 4-22 所示为例来讨论机械传动系统的扭转变形和刚度。设电动机转矩为 T_m，轴Ⅰ、轴Ⅱ承受的转矩分别为 T_1 和 T_2，弹性扭转角分别为 θ_1 和 θ_2，扭转刚度分别为 K_1 和 K_2。

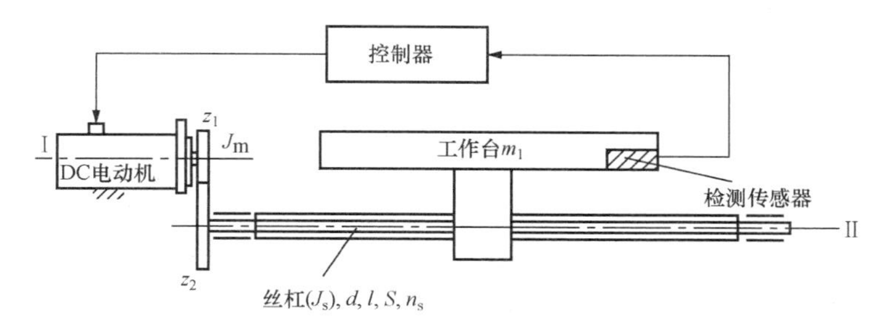

图 4-22　直流伺服电动机驱动全闭环控制系统

（1）进给传动系统弹性扭转变形的计算。根据弹性变形的胡克定律，轴的弹性扭转角 θ 正比于其所承受的扭转力矩 T，即

$$\theta=\frac{T}{K}=\frac{32Tl}{\pi d^4 G} \tag{4-67}$$

式中　K——轴的扭转刚度，N·m/rad；

G——剪切弹性模量，Pa，碳钢 $G=8.1\times10^{10}$ Pa；

l——力矩作用点间的距离（轴向变形长度），m；

d——轴的直径，m。

当已知轴的尺寸和受力时，便可计算出各轴的弹性扭转角 θ_1 和 θ_2，将其折算到丝杠轴

Ⅱ上，总的等效弹性扭转角 θ_{eq}^{s} 为

$$\theta_{eq}^{s} = \theta_2 + \frac{\theta_1}{i} \tag{4-68}$$

（2）扭转刚度的计算。

由式（4-67）知扭转刚度 K 为

$$K = \frac{\pi d^4 G}{32l} \tag{4-69}$$

因为 $T_1 = T_m$，折算到丝杠轴Ⅱ上的等效转矩 $T_{eq}^{m} = T_2 = T_1 i$。

由式（4-67）和式（4-68）得折算到丝杠轴Ⅱ上的等效弹性扭转角 θ_{eq}^{s} 为

$$\theta_{eq}^{s} = \theta_2 + \frac{\theta_1}{i} = \frac{T_2}{K_2} + \frac{T_1}{K_1 i} = T_{eq}^{m}\left(\frac{1}{K_2} + \frac{1}{K_1 i^2}\right) = \frac{T_{eq}^{m}}{\dfrac{1}{\dfrac{1}{K_2} + \dfrac{1}{K_1 i^2}}} \tag{4-70}$$

所以折算到丝杠轴Ⅱ上的等效扭转刚度 K_{eq}^{m} 为

$$K_{eq}^{m} = \frac{1}{\dfrac{1}{K_2} + \dfrac{1}{K_1 i^2}} \tag{4-71}$$

3. 纵向振动固有频率计算

在分析进给传动系统的纵向振动时，可以忽略电动机和联轴器的影响，则由滚珠丝杠副和移动部件构成的纵向振动系统可以简化成如图 4-23 所示的动力学模型，其平衡方程为

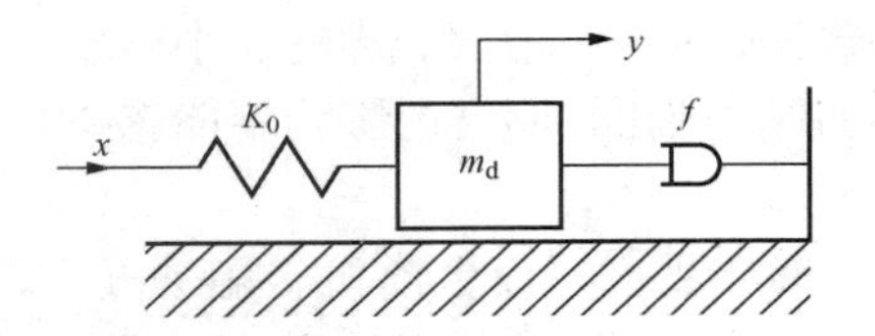

图 4-23　丝杠—工作台纵向振动系统的简化动力学模型

$$m_d \frac{d^2 y}{dt^2} + f\frac{dy}{dt} + K_0(y - x) = 0 \tag{4-72}$$

式中　m_d——滚珠丝杠螺母副和移动部件的等效质量，kg；

f——运动导轨的黏性阻尼系数；

K_0——滚珠丝杠螺母副的综合拉压刚度，N/m；

y——移动部件的实际位移，mm；

x——电动机的转角折算到移动部件上的等效位移，即指令位移，mm。

对上述的动力学模型平衡方程进行拉式变换并整理得到系统的传递函数为

$$G(s) = \frac{Y(s)}{X(s)} = \frac{K_0}{m_d s^2 + fs + K_0} \tag{4-73}$$

再将其化成二阶系统的标准形式，得

$$G(s) = \frac{Y(s)}{X(s)} = \frac{K_0}{s^2 + 2\zeta\omega_{nc}s + \omega_{nc}^2} \tag{4-74}$$

即系统纵向振动的固有频率 ω_{nc} 为

$$\omega_{nc} = \sqrt{\frac{K_0}{m_d}} \tag{4-75}$$

系统的纵向振动的阻尼比 ζ 为

$$\zeta = \frac{f}{2\sqrt{m_d K_0}} \tag{4-76}$$

4. 扭转振动固有频率计算

在机电一体化设计中，往往感兴趣的是机械传动系统的扭转振动固有频率。下面就图 4-22所示的传动系统扭转振动频率的求法进行分析。在分析扭转振动时，还应考虑电动机和减速器的影响，反映在滚珠丝杠扭转振动的系统中，其动力学方程可表达为

$$J_{eq}^{m}\frac{d^2\theta}{dt^2}+f_s\frac{d\theta}{dt}+K_{eq}^{s}\left(\theta-\frac{1}{i}\theta_1\right)=0 \tag{4-77}$$

其中

$$J_{eq}^{m}=J_1i^2+J_2+m_1\left(\frac{S}{2\pi}\right)^2$$

$$K_{eq}^{s}=\frac{1}{\frac{1}{K_2}+\frac{1}{K_1i^2}}$$

$$f_s=\left(\frac{S}{2\pi}\right)^2f$$

式中　J_{eq}^{m}——传动系统折算到丝杠轴Ⅱ上的总等效转动惯量，kg·m²；

K_{eq}^{s}——传动系统折算到丝杠轴Ⅱ上的总等效扭转刚度，N·m/rad；

J_1——轴Ⅰ及其上齿轮转动惯量，kg·m²；

J_2——轴Ⅱ及其上齿轮转动惯量，kg·m²；

K_1——电动机轴扭转刚度，N·m/rad；

K_2——丝杠轴的扭转刚度，N·m/rad；

f——运动导轨的黏性阻尼系数；

f_s——丝杠转动的等效黏性阻尼系数；

i——减速器传动比；

θ——丝杠转角，rad；

θ_1——电动机转角，即指令转角，rad；

S——丝杠导程，m；

m_1——工作台质量，kg。

设移动部件的直线位移为 x，由于 $\theta=\frac{2\pi x}{S}$，将其代入动力学方程（4-77）得

$$J_{eq}^{m}\frac{d^2x}{dt^2}+f_s\frac{dx}{dt}+K_{eq}^{s}x=\frac{SK_{eq}^{s}}{2\pi i}\theta_1 \tag{4-78}$$

将上式进行拉普拉斯变换并整理得到系统的传递函数为

$$G(s)=\frac{Y(s)}{X(s)}=\frac{S}{2\pi i}\cdot\frac{\omega_{nt}^2}{s^2+s\zeta\omega_{nt}s+\omega_{nt}^2} \tag{4-79}$$

即系统扭转振动的固有频率 ω_{nt} 为

$$\omega_{nt}=\sqrt{\frac{K_{eq}^{s}}{J_{eq}^{s}}} \tag{4-80}$$

系统扭转振动的阻尼比 ζ 为

$$\zeta=\frac{f_s}{2\sqrt{J_{eq}^{m}K_{eq}^{s}}} \tag{4-81}$$

（三）进给传动系统误差分析

在开环和半闭环控制的进给传动系统中，由于系统的执行部件上没有安装位置检测和反馈装置，故其输入与输出之间总会有误差存在。在这些误差中，有传动元件的制造和安装所引起的误差，还有伺服机械传动系统的动力参数（如刚度、惯量、摩擦和间隙等）所引起的误差。设计进给传动系统时，必须将这些误差控制在允许的范围之内。

1. 机械传动间隙

在机电一体化系统的伺服系统中，常利用机械变速装置将动力元件输出的高转速、低转矩转换成被控对象所需要的低转速、大转矩。应用最广泛的变速装置是齿轮减速器。理想的齿轮传动的输入和输出转角之间是线性关系，即

$$\theta_c = \frac{1}{i}\theta_r \tag{4-82}$$

式中 θ_c——输出转角，rad；

θ_r——输入转角，rad；

i——齿轮减速器的传动比。

实际上，由于减速器的主动轮和从动轮之间侧隙的存在和传动方向的变化，齿轮传动的输入转角和输出转角之间呈滞环特性。如图 4-24 所示，2Δ 表示一对传动齿轮间的总侧隙。当 $\theta_r<\Delta/R_1$ 时，$\theta_c=0$，当 $\theta_r>\Delta/R_1$，θ_c 随 θ_r 线性变化，当 θ_r 反向时，开始 θ_c 保持不变，直到 θ_r 转动 $2\Delta/R_1$ 后，θ_c 和 θ_r 才恢复线性关系。

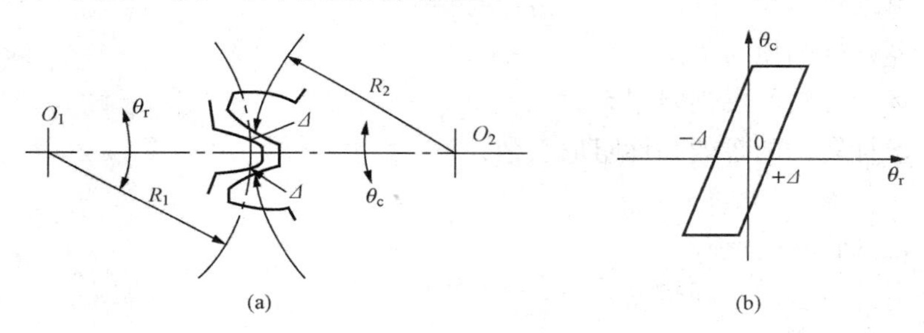

图 4-24 齿侧间隙

(a) 示意图；(b) 滞环特性图

在进给传动系统的多级齿轮传动中，各级齿轮间隙的影响是不相同的。设有一传动链为三级传动，R 为输入轴，C 为输出轴，各级传动比分别为 i_1，i_2，i_3，齿间隙分别为 Δ_1，Δ_2，Δ_3，如图 4-25 所示。因为每一级的传动比不同，所以各级齿轮的传动间隙对输出轴的影响也不一样。将所有的传动间隙都折算到输出轴 C 上，其总间隙 Δ_c 为

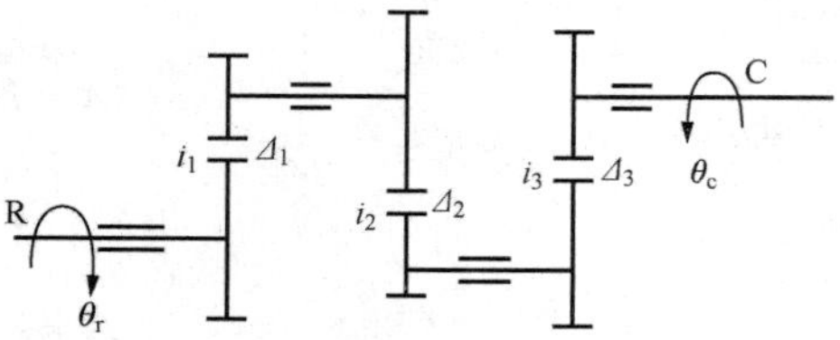

$$\Delta_c = \frac{\Delta_1}{i_2 i_3} + \frac{\Delta_2}{i_3} + \Delta_3 \tag{4-83}$$

图 4-25 多级齿轮传动

如果将其折算到输入轴 R 上，其总间隙 Δ_r 为

$$\Delta_r = \Delta_1 + i_1\Delta_2 + i_1 i_2\Delta_3 \tag{4-84}$$

由于是减速运动，所以 i_1，i_2，i_3 均大于 1，因此易知最后一级齿轮的传动间隙 Δ_3 影响最大。为了减小其间隙的影响，除尽可能地提高齿轮的加工精度外，装配时还应尽量减小最后一级齿轮的传动间隙。

2. 传动间隙的影响

齿轮传动装置在系统中的位置不同，其间隙对伺服系统的影响也不同。

(1) 闭环之内的机械传动链齿轮间隙影响系统的稳定性。设图 4-26 中的 G_2 代表闭环之内的机械传动链。若给系统输入一阶跃信号，在误差信号作用下，电动机开始转动。由于 G_2 存在齿轮传动间隙，当电动机在齿隙范围内运动时，被控对象（设为机床伺服进给系统的丝杠）不转动，没有反馈信号，系统暂时处于开环状态。当电动机转过齿隙后，主动轮与从动轮产生冲击接触，此时误差角大于无齿轮间隙时的误差角，因此，从动轮以较高的加速度转动。又因为系统具有惯量，当输出转角 θ_c 等于输入转角 θ_r，时，被控对象不会立即停下来，而靠惯性继续转动，使被控对象比无间隙时更多地冲过平衡点，这又使系统出现较大的反向误差。如果间隙不大，且系统中控制器设计得合理，那么被控对象摆动的振幅就越来越小，来回摆动几次就停止在平衡位置（$\theta_c=\theta_r$）上。如间隙较大，且控制器设计得不好，那么被控对象就会反复摆动，即产生自激振荡。因此，闭环之内机械传动链 G_2 中的齿轮传动间隙会影响伺服系统的稳定性。

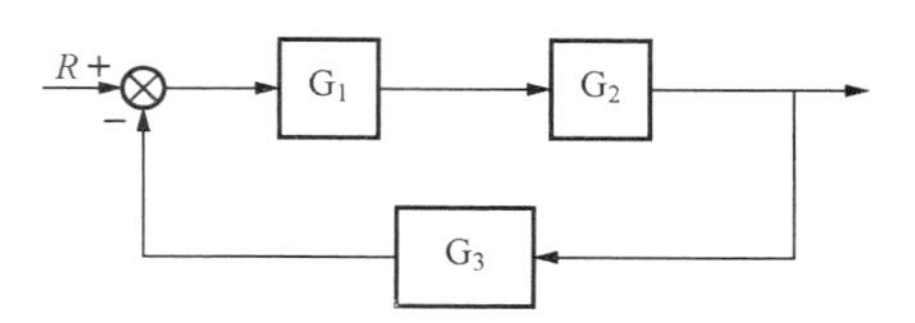

图 4-26　传动间隙在闭环内的结构图

但是，G_2 中的齿轮传动间隙不会影响系统的精度。当被控对象受到外力矩干扰时，可在齿轮传动间隙范围内游动，但只要 $\theta_c\neq\theta_r$，通过反馈作用，就会有误差信号存在，从而将被控对象校正到所确定的位置上。

(2) 反馈回路上的机械传动链齿轮传动间隙既影响系统的稳定性又影响系统精度。设图 4-26 中反馈回路上的机械传动链 G_3 具有齿轮传动间隙，该间隙相当于反馈到比较元件上的误差信号。在平衡状态下，输出量等于输入量，误差信号等于零。当被控对象（在外力作用下）转动不大于 $\pm\Delta$ 时，因有齿轮传动间隙，连接在 G_3 输出轴上的检测元件仍处于静止状态，无反馈信号，当然也无误差信号，所以控制器不能校正此误差。被控对象的实际位置和希望位置最多相差 $\pm\Delta$，这就是系统误差。

G_3 中的齿轮传动间隙不仅影响系统精度，也影响系统的稳定性，其分析方法与分析 G_2 中的齿轮传动间隙对稳定性影响的方法相同。

由于齿轮传动间隙既影响系统的稳定性又影响系统精度，目前高精度的机电一体化系统一般都采用消隙齿轮传动系统，利用消隙结构消除齿轮传动间隙。因此，在计算矢动量和进给传动系统定位误差时，可以不考虑齿轮间隙的影响。

3. 伺服机械传动系统的死区误差 Δx

死区误差又称为矢动量，是指启动或反向时，系统的输入运动与输出运动之间的差值。产生死区误差的主要原因是机械传动机构的间隙、机械传动机构的弹性变形以及动力元件的启动死区（又称为不灵敏区）。但是在一般情况下，由动力元件的启动死区所引起的工作台死区误差相对很小，可以忽略不计。

如果系统没有采取消除间隙措施，那么由齿侧间隙引起的工作台位移矢动量 Δx_1 较大，不能忽略。设图 4-25 输出轴 C 为滚珠丝杠（由于滚珠丝杠副传动间隙很小，传动误差可以忽略），齿轮传动总间隙 Δ_c 引起丝杠转角误差 $\Delta\theta$，则由 $\Delta\theta$ 引起工作台位移矢动量 Δx_1 为

$$\Delta x_1=\frac{S\cdot\Delta\theta}{2\pi}=\frac{S\cdot\Delta_c}{2\pi R_c}=\frac{S\cdot\Delta_c}{\pi m_1 Z_c}\tag{4-85}$$

式中　S——丝杠导程，mm；

R_c——丝杠轴上传动齿轮分度圆半径，$R_c=m_1Z_c/2$，mm；

m_1——齿轮模数；

Z_c——丝杠轴上传动齿轮的齿数。

由丝杠轴的总等效弹性扭转角 θ_{eq}^{s} 引起的工作台矢动量 Δx_2 为

$$\Delta x_2 = \frac{S \cdot \theta_{eq}^{s}}{2\pi} \tag{4-86}$$

启动时，导轨摩擦力（空载时）使丝杠螺母副产生轴向弹性变形，引起工作台位移矢动量 Δx_3 为

$$\Delta x_3 = \frac{F}{K_{0\min}} \tag{4-87}$$

式中　F——导轨静摩擦力，N；

$K_{0\min}$——滚珠丝杠螺母副的最小综合拉压刚度，N/m。

因此

$$\Delta x = \Delta x_1 + \Delta x_2 + \Delta x_3$$

启动时（空载），由系统弹性扭转角引起的工作台矢动量 Δx_2 一般很小，可以忽略不计。如果系统采取了消除传动间隙的措施，由传动机构间隙引起的死区误差也可以大大减小，则系统死区误差主要取决于传动机构为克服导轨摩擦力（空载时）而产生的轴向弹性变形。

执行部件反向运动时的最大反向死区误差为 $2\Delta x$。为了减小系统的死区误差，除应消除传动间隙外，还应采取措施减小摩擦，提高系统刚度和固有频率。对于开环伺服系统为保证单脉冲进给要求，应将死区误差控制在一个脉冲当量以内。

4. 进给传动系统综合刚度变化引起的定位误差

影响系统定位误差的因素很多，但是由进给传动系统综合拉压刚度变化引起的定位误差是最主要的因素。当系统执行部件处于行程的不同位置时，进给传动系统综合拉压刚度是变化的。由进给传动系统综合拉压刚度变化引起的最大定位误差可用式（4-88）确定，即

$$\delta_{K\max} = F_t\left(\frac{1}{K_{0\min}} - \frac{1}{K_{0\max}}\right) \tag{4-88}$$

式中　$\delta_{K\max}$——最大定位误差，m；

F_t——进给方向最大工作负载，N；

$K_{0\min}$——进给传动系统的最小综合拉压刚度，N/m；

$K_{0\max}$——进给传动系统的最大综合拉压刚度，N/m。

对于开环和半闭环控制的进给传动系统，$\delta_{K\max}$ 一般应控制在系统允许定位误差的1/5～1/3范围内，即 $\delta_{K\max} \leqslant (1/5 \sim 1/3)\delta$，其中 δ 为系统允许的定位误差。

第三节　安全性设计

随着生产机械、搬运机械、装配机械等的机电一体化的发展、自动化程度的提高，安全性设计越来越重要。从工业安全角度来看，要减少生产事故的发生，在很大程度上寄希望于发展机电一体化技术。本节以工业机器人为例讨论安全性设计问题。

一、工业机器人产生事故的原因

随着自动化程度的提高，由于操作简单而淡化了安全观念，这是产生事故的主要原因之一。

机器人是自动生产线的一个重要组成部分，是实现自动化的重要手段；但人们往往不太注意机器人本身的安全措施，忽视人—机的配合，表现在：①对现阶段机器人的可靠性仍然认识不足；②虽是自动机械，但实际上与人有密切联系，尽管人的不安全动作直接与事故有联系，但在设计和使用上还没充分认识到这一点；③机器人的手臂是在三维空间运动的，没有在整体上充分考虑安全保护措施。

因此，在维修或调整时，自动化机械突然启动而造成事故的情况，以及在机器人或自动机械的危险作业区、几台自动机械的接口处、甚至由于勾切屑等小事而造成事故的情况较多。

发生机器人事故的情况（如被机器人搬运的工件碰伤、或被机械手碰伤、夹住等）多数是在某种误动作时发生的。误动作的原因主要是机器人的可靠性低引起的，如控制电路不正常、伺服阀故障、内外检测传感器不正常、与其他机械的连锁机构和接口故障，以及人的操作失误等。

使用机器人或自动机械时，人不可避免地要进入危险作业区，例如进行示教操作或调整时，人要接近机器人或自动机械去对准位置，这时当然不能预先切断电源，如果由于噪声干扰或伺服阀门的灰尘引起误动作，就会被机器人手臂碰伤。有时在检查示教动作能否正确再现时，也需要操作人员进入危险区。此外，在自动加工机械运转过程中，为了清除切屑、更换刀具等，也有必须接近机器人的情况。失控和示教操作上的错误也不少。机器人的可靠性见表 4-1，从表中可看出机器人的平均无故障时间（MTBF），不到 100h 的竟高达 28.70%，1000h 以下的占 75%。因为机器人的可靠性较低，容易发生故障，所以必须充分考虑安全措施。

表 4-1　　机器人的可靠性

机器人的故障		平均无故障时间（MTBF）	
控制装置的故障	66.9%	<100h	28.7%
机器人本体的故障	23.5%	100～25h	12.2%
焊枪等工具的故障	18.5%	250～500h	19.5%
失控	11.1%	500～1000h	14.7%
示教等操作上的错误	19.9%	1000～1500h	10.4%
精度不够或降低	16.1%	1500～2000h	4.9%
夹具等的不合适	45.5%	2000～2500h	1.2%
其他	2.55%	>2500h	8.5%

二、工业机器人的安全措施

安全措施之一是故障自动保护。一是必须具有通过伺服系统对机器人的误动作进行监视的功能，一旦发生异常动作应自动切断电源；二是必须具有当人误入危险区时，能立即测知并自动停机的故障自动检测系统。具体来讲，其安全措施大致有：

(1) 设置安全栅。具备连锁功能，即拔出门上的安全插销时，机器人就自动停止动作。

(2) 安装警示灯。在自动运转中开启指示灯，提醒操作人员不要进入因等待条件而停止着的机器人的工作区。

(3) 安装监视器。采用光电式、静电电容式传感器或安全网等，设置用来监视人的不安全动作的系统。

(4) 安装防越程装置。即使机器人可以回转270°，一般也应限制其使用范围。为防止超越使用范围情况的发生，必须安装限位开关和机械式止动器。

(5) 安装紧急停止装置。由微机控制的机电一体化设备，一般采用软件方式进行减速停止定位，但从控制装置容易发生故障的现状来看，在安全上仍然存在很大问题。因此，紧急停止功能是很重要的。通常对紧急停止装置的要求是：①应能尽快地停止；②电路应是独立的，以确保高可靠性；③除控制台以外，在作业位置上也要安装紧急停止按钮；④紧急停止后不能自动恢复工作。

(6) 低速示教。为了确保安全，应设置较低的示教速度，即使示教中产生误动作，也不致造成重大事故。

随着机器人的构造与功能的进步，机器人的自由度增加了，运动范围扩大了，其应用范围也在不断扩大，人机的安全问题就更加突出。

如上所述，在工业机器人等机电一体化设备中，虽然安装了各种安全装置，但为了提高工作效率，这类设备有高速化、大型化的趋势。此外，由于经常与操作者混在一起使用，一旦发生事故，就是重大事故。因此，有必要进一步进行技术研究，采取可靠性更高的安全措施。

最后，从最近的发展趋势来看，机电一体化机械设备的自动化还存在如下问题：①由于机械设备的高度自动化和大型化，以及控制的软件化，不可能从外观上了解自动化机械的动作，操作者处理异常情况比较困难；②由于许多自动化机械与非自动化机械的混合使用，因而事故较多，难以制定对策，以确保安全；③异常情况的处理是由人来完成的，而自动化设备并未充分考虑人的存在，在排除故障过程中容易发生安全事故。

有些问题虽然可以通过机电一体化技术得到解决，但是如果稍有疏漏，机电一体化机械设备就有沿袭老式自动机械的缺点的危险，这是值得注意的问题。

第四节 传统加工设备的机电一体化改造

一、机床机电一体化改造的性能指标

机床的性能指标应在改造前根据实际需要作出选择。以车床为例，其能加工工件的最大回转直径及最大长度、主轴电动机功率等一般都不改变。加工工件的平面度、直线度、圆柱度及粗糙度等基本上仍取决于机床本身原来的水平。但有一些性能和精度的选择是要在改装前确定的，主要包括：

(1) 主轴。主轴变速方法、级数、转速范围、功率以及是否需要数控制动停车等。

(2) 进给运动。

进给速度：z向（通常为8～400mm/min）；x向（通常为2～100mm/min）；

快速移动：z向（通常为1.2～4m/min；x向（通常为1.2～5m/min)；

脉冲当量：在0.005～0.01mm内选取，通常z向为x向的2倍。

加工螺距范围：包括能加工何种螺纹（公制、英制、模数、径节和锥螺纹等)，一般螺距在10mm以内。通常，其进给传动都改装成滚珠丝杠传动。

(3) 刀架。是否需要配置自动转位刀架，若配置自动转位刀架时，需要确定其工位数，通常有4、6、8个工位；刀架的重复定位精度通常在5角秒以内。

(4) 其他性能指标的选择。刀具补偿：指刀具磨损后要使刀具微量调整的运动量。

间隙补偿：在传动链中，影响运动部件移动的齿轮或其他构件造成的间隙，常用消除间隙机构来消除，也可以用控制微机脉冲来补偿掉，从而提高加工精度。

显示：采用单板机时，用作显示的数码管位数较少，如不能满足要求，必要时可以采用显示荧光屏，这样可以清楚地把控制机床工作的许多条数控程序都完整地显示出来，甚至可以把加工过程中的工件及刀具的运动图形显示出来。

诊断功能：为防止操作者输入的程序有错和随之出现误动作，指示出机床某部分有故障或某项功能失灵，都可在改装时加入必要的器件和软件，使机床具有某些诊断功能。

以上是车床改装时考虑的一些共性问题，有时改装者根据需要还提出一些专门要求。例如，有的要求能车削大螺距的螺纹；有的要求控制主机和电气箱能防灰尘，可在恶劣环境下工作；有的要求车刀能高精度且方便地对刀等。

二、车床传动系统改造方案分析

C6120-1机床外形与改造方案如图4-27（a)、（b）所示，CA6140机床改造方案如图4-28所示。这些改造方案均比较简单，当数控系统出现故障时，仍可使用原驱动系统进行手动加工。改装时，只要将原机床进给丝杠尾部加装减速箱和步进电动机（图中A和B）即可。对CA6140车床的纵向（z向）进给运动，可将对开开合螺母合上，离合器M_5脱开，以使主运动与进给运动脱开，此时，将脱开蜗杆等横向自动进给机构调整至空挡（脱开）位置。若原刀架换为自动转位刀架，则可以由微机控制自动转换刀具，否则仍由手动转动刀架。如需加工螺纹，则要在主轴外端（图）或其他适当位置安装一个脉冲发生器C检测主轴转位，用它发出的脉冲来保证主轴旋转运动与纵向进给运动的相互关系，因为在车螺纹时，主轴转一转，车刀要移动一个螺距。为了每次吃刀都不乱扣，必须取得脉冲发生器的帮助。

上述改造方案虽然成本较低，但是为了保证加工精度，还需要根据实际情况对机床进行检修，以能保证控制精度。原机床运动部件（包括导轨副、丝杠副等）安装质量的好坏，直接影响阻力和阻转矩的大小，应尽量减小阻力（转矩)，以提高步进电动机驱动转矩的有效率。对丝杠要提高其直线度，导轨压板及螺母的预紧力都要调的合适。为了减小导轨副的摩擦阻力，可改换成滚动导轨副或采用镶塑料导轨。根据阻力（转矩)、切削用量及机床型号的不同，应通过计算，选用与之相匹配的步进电动机。如果选用步进电动机的最大静转矩冗余过大，价格就高，改造成本就高，对用户来说，在使用过程中转矩的冗余部分始终用不上，是一个极大的浪费；如果选的过小，在使用过程中很可能会因为各种原因而使切削阻力突然增大、驱动能力不够，引起丢步现象的产生，造成加工误差。因此，这时候需要对执行元件进行匹配选择。对要求加工精度较高的机床，其进给丝杠应改换为滚珠丝杠。

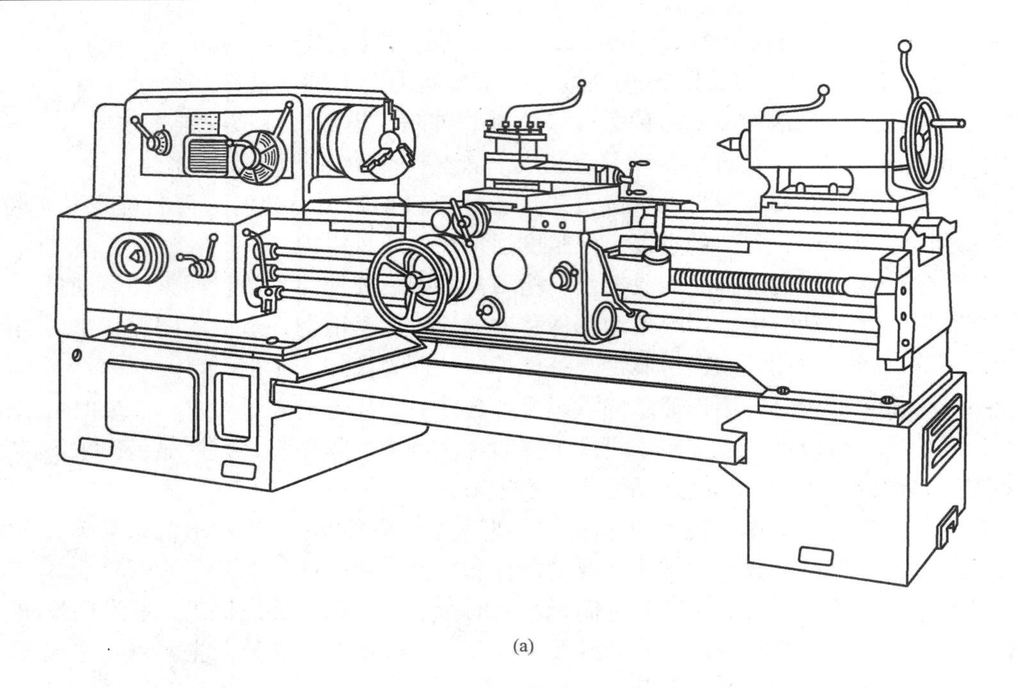

(a)

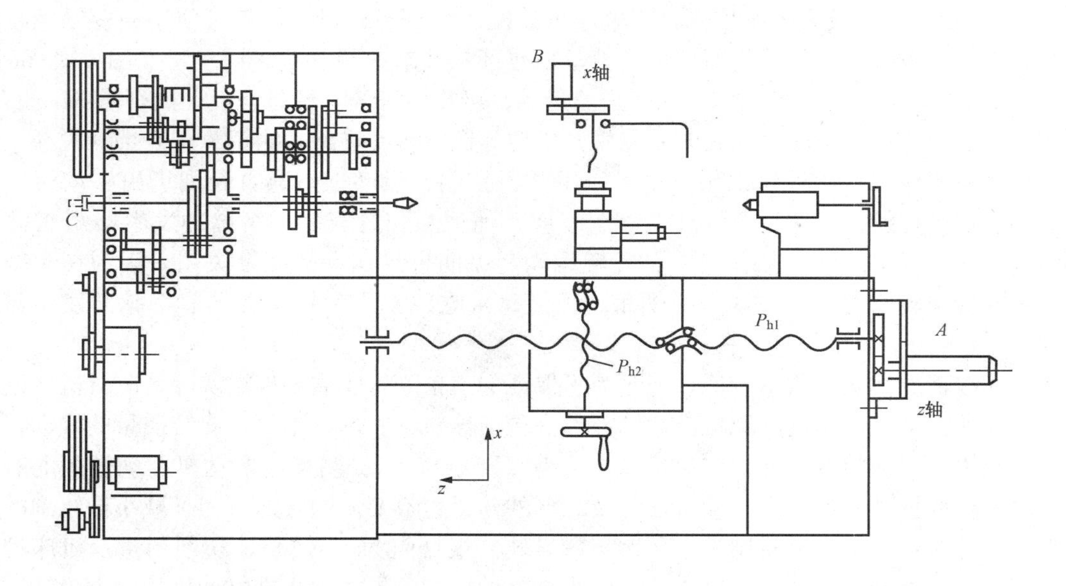

(b)

图 4-27 C6120-1 机床外形与改造方案

(a) 机床外形；(b) 改造方案

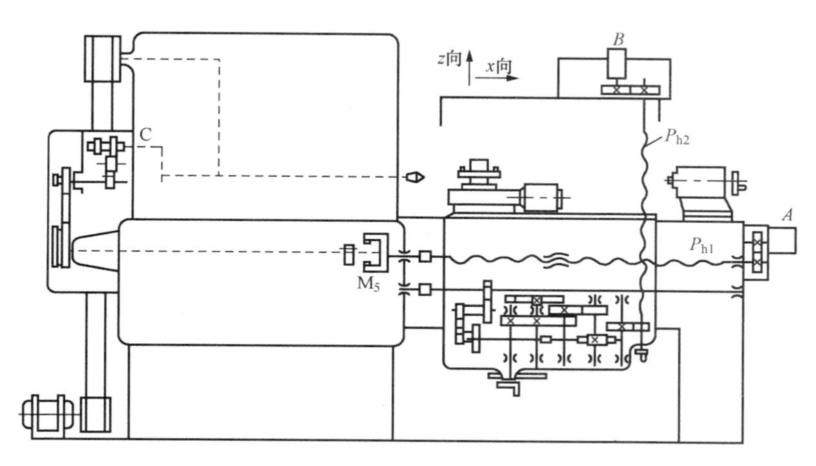

图 4-28　CA6140 机床改造方案

4-1　稳态设计和动态设计各包含哪些内容?

4-2　在机电一体化系统中，所谓的典型负载有哪些?

4-3　机电一体化系统的伺服系统的稳态设计要从哪两头入手?

4-4　在闭环之外的动力传动链齿轮传动间隙对系统的稳定性有无影响? 为什么?

4-5　何谓机电一体化系统的可靠性?

4-6　保证机电一体化系统可靠性的方法有哪些?

4-7　以工业机器人为例，为保证机电一体化产品的安全性，在设计中应采取哪些措施?

4-8　利用“微机”实现传统机床的机电一体化改造的方法有哪两种?

4-9　在对传统切削加工机床进行机电一体化改造之前，首先要选择机床的哪些性能指标?

第五章　机电一体化技术的典型应用

第一节　机　器　人

国际标准化组织（ISO）于1978年对机器人下了定义，指出所谓工业机器人，是指能够实现自动控制并拥有手控功能和移动功能，可以按照程序执行各项作业的机器。所谓手控功能（manipulation）是指拥有与人类的上肢（手腕和手）相似的多种动作功能。

一、机器人的起源与结构

机器人（Robot）这一词汇是人类型或动物型的人工机器装置的总称。它最早在1920年捷克斯洛伐克剧作家克雷尔·恰佩克（Karel Capek）的戏曲《R. U. R：人造人（罗萨姆万能机器人）(Rossum's Universal Robots)》中被使用。它是捷克语，来源于包含奴隶意思的Robota。在戏曲《R. U. R》中，Robota以做人类不愿意做的艰苦工作的机器身份出场了。该戏剧描述了这样一个故事，Robota们因为拥有感情，所以对于像奴隶一样地被人类驱使抱有强烈的不满，最终发动了叛乱，杀死了人类。对此，出生俄国的美籍犹太人以撒·艾西莫夫（Isaac Asimov）于1942年在他的短篇科幻想小说《我，机器人》中，表明了机器人是人类伙伴的看法，并提出了如表5-1所示的机器人三原则。该小说于2003年被澳大利亚导演艾里克斯·布罗雅斯（Alex Proyas）拍摄成科幻电影《机械公敌》，2004年7月在美国公映。

表5-1　机器人三原则

第一条	机器人不可伤害人，不可眼看人将遇害而袖手旁观
第二条	机器人必须服从人的命令，但若命令的内容违反上述第一条时，则不受此约束
第三条	只要不违反上述两条，机器人必须自己保卫自己

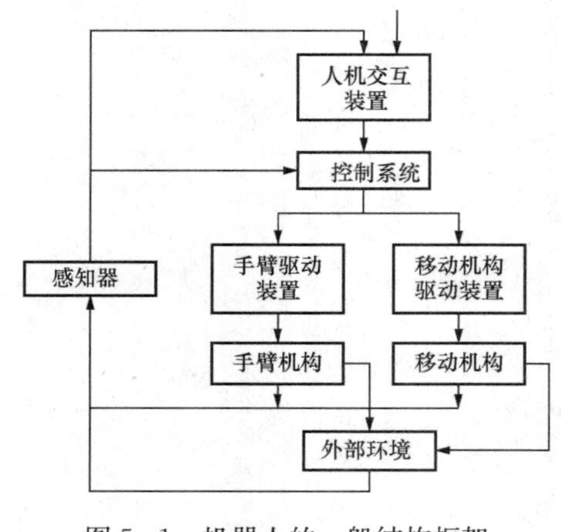

图5-1　机器人的一般结构框架

机器人一般可理解为：一种可编程的通过自动控制去完成某些操作和移动作业的机器。人们力图把这种机器设计成具有仿人或动物的某些局部功能，并使这些功能扩大和延伸以替代人去工作。机器人的一般结构框架如图5-1所示。

机器人整体基本上由两部分组成，即机器人本体和控制装置。机器人本体包括机座、驱动器和驱动单元、手臂、手腕、末端执行器（操作机构）、移动机构，以及安装在机器人本体上的感知器（传感器）等。控制装置一般包括计算机控制系统、伺服驱动系统、电源装置，以及人机交互设备（如键盘、显示器、示教盒、操纵杆）等。

驱动器和驱动单元是机器人的动力执行机构。根据动力源的类别不同，可分为电动驱动、液压驱动和气压驱动三类。电动驱动器多数情况下用直流、交流伺服电动机，也可用力矩电动机、步进电动机等。伺服电动机与位置检测传感器、速度检测传感器、制动器或减速器等各部件组成的整体部件称为驱动单元。液压驱动器在机器人中应用最多的是液压缸（直线式或摆动式）和液压马达（旋转运动），液压缸或液压马达与伺服阀或比例阀可以组成液压阀控伺服机构。如果液压油源采用负载敏感变量泵，则液压泵与液压缸或液压马达可以组成液压泵控伺服机构。气压驱动器主要是气缸和气动马达。

手臂和手腕是机器人的操作机构基本部件，它由旋转运动和往复运动的机构组成。其结构形式一般为空间或平面机构，多数机器人的手臂和手腕是由关节和杆件构成的空间机构，一般由 3～10 个自由度组成，工业机器人一般为 3～6 个自由度。由于机器人是有多自由度手臂、手腕的机构，其操作运动具有通用性和灵活性。

末端执行器是机器人手腕末端机械接口所连接的直接参与作业的机构，如夹持器、焊钳、焊枪、喷枪或其他作业工具。

移动装置分为轮式、履带式、步行式等几种，也可用如螺旋桨式的推进机构。工业领域应用的机器人多采用轮式机构。

感知器可分为两种主要类型，即感知机器人内部运动状态的内部感知器和感知外界环境状态信息的外部感知器。感知器基本上由各类传感器组成，因此，机器人所用传感器可分为内部信息传感器和外部信息传感器。内部信息传感器主要用于检测机器人运动状态，如位置、速度、加速度等信息，并与控制系统形成反馈回路，形成闭环控制。外部信息传感器是感受外界环境状态、性质和参数的传感器，如视觉、触觉、力觉、方向传感器等。这类传感器用于在机器人中可提高机器人的适应水平、控制水平和自治能力。

控制系统一般包括计算机控制系统和伺服驱动系统、电源装置等硬件，以及运动控制和作业控制的各种控制软件组成。

二、机器人的种类

关于机器人如何分类，国际上没有制定统一的标准，有的按负载重量分，有的按控制方式分，有的按自由度分，有的按结构分，有的按应用领域分。一般的分类方式见表 5-2。

表 5-2　机器人的一般分类

机器人分类	简要解释
操作型机器人	能自动控制，可重复编程，多功能，有几个自由度，可固定或运动，用于相关自动化系统中
程控型机器人	按预先要求的顺序及条件，依次控制机器人的机械动作
示教再现型机器人	通过引导或其他方式，先教会机器人动作，输入工作程序，机器人则自动重复进行作业
数控型机器人	不必使机器人动作，通过数值、语言等对机器人进行示教，机器人根据示教后的信息进行作业
感觉控制型机器人	利用传感器获取的信息控制机器人的动作
适应控制型机器人	机器人能适应环境的变化，控制其自身的行动
学习控制型机器人	机器人能“体会”工作的经验，具有一定的学习功能，并将所“学”的经验用于工作中
智能机器人	以人工智能决定其行动的机器人

机器人的操作机构一般为空间开链连杆机构。其运动副又称为关节（转动关节 R 和移动关节 P）。凡独立驱动的关节称为主动关节，反之为从动关节。在操作机构中主动关节的数目应等于操作机构的自由度。手臂运动通常称为操作机构的主运动。机器人如果按照动作机构进行分类，则可以分为直角坐标机型机器人、圆柱坐标型机器人、极坐标型机器人、多关节型机器人、并联机器人等，见表 5-3，工业机器人也常根据手臂运动的坐标形式和形态来进行分类。

表 5-3　　机器人根据动作机构分类

机器人分类	实物或模型	备　　注
直角坐标机型机器人		直角坐标型机器人（P-P-P）的操作机构主要由移动关节构成，特点是工作范围小。其手腕为悬臂梁结构的悬臂式、桥式或龙门式
圆柱坐标型机器人		圆柱坐标型机器人（R-P-P）的手腕机械结构主要由转动关节和移动关节构成
极坐标型机器人		极坐标型机器人（R-P-P）的手腕机械结构主要由转动关节（回转）、旋转关节和移动关节构成

续表

机器人分类		实物或模型	备　　注
多关节型机器人	水平多关节型机器人		多关节型机器人的手腕机械机构由3个以上旋转机构的转动关节构成；水平多关节型机器人的手臂具有2个旋转的平衡轴转动关节，适于垂直方向作业。左图为YAMAHA洁净型水平多关节机器人YK-XC（臂长：250mm～1000mm），最大搬运20kg
	垂直多关节型机器人		垂直多关节型机器人的旋转、回转、翻转组合动作机构一般都是由5轴或6轴关节组成；其特点是垂直方向工作范围大。左图为三菱电机RV-7FL垂直多关节机器人臂长908mm，可搬运重量最高达7kg
并联机器人			松下新一代并联机器人AP-3310A0010，由于具有6自由度控制，可以模仿人手完成复杂的动作（水平、竖直、倾斜、翻转等等），示教也很方便，用手握住固定盘按照实际要求拖曳摆放，所走过的路径就会立即输入系统作为自动运行的路径（手把手的示教）。该机器人不仅可以用在快速物料整理搬运，更适合用于各种复杂、精密的安装、生产环节

这些机器人的优缺点如下。

1. 直角坐标型机器人

具有三个移动关节，可使手部产生三个互相垂直的独立位移。优点是定位精度高，空间轨迹易求解，计算机控制简单；缺点是本身所占空间尺寸大，相对工作范围小，操作灵活性较差，运动速度较低。

2. 圆柱坐标型机器人

具有两个移动关节和一个转动关节。优点是所占的空间尺寸较小，相对工作范围较大，结构简单，手部可获得较高速度；缺点是手部外伸离中心轴越远，其切向线位移分辨精度越低。

3. 极坐标型机器人

具有两个转动关节和一球坐标型移动关节。优点是结构紧凑，所占空间尺寸小。

4. 多关节型机器人

具有三个转动关节，可绕铅垂轴转动和绕两个平行于水平面的轴转动。优点是结构紧凑，所占空间体积小，相对工作空间大等特点，还能绕过机座周围的一些障碍物。

5．并联机器人

利用了从基板到终端输出的端板都由多个连杆并行连接的机构。以前的机器人多采用从基板到端板由串行连杆连接的结构。优点是并行机构因为由多个连杆支承，所以具有刚度大的优点。缺点是因为其连杆之间相互干涉，所以与串行机构相比具有作业范围小的缺点。

机器人引进之初主要是被用于替代作业人员进行单纯的反复性作业和在恶劣环境下的艰苦作业，之后其用途广泛普及，开始用于组装作业、检查维修作业、土木建筑作业、农林水产业，甚至是原子反应堆的维修检查作业以及水下探测作业等极端环境。工业机器人主要是因为生产需求而作为代替人生产东西的机器发展起来的，但是最近几年，对工业机器人的各种社会需求不断产生。为了满足这些需求，各种机器人的开发实践迅速展开。从不同领域看来，现在的工业机器人工作在制造业领域，包括焊接系统、装修系统、研磨切边系统、进出货系统、作业援助系统及组装系统等机器人；在非制造业领域，包括农林业用机器人、畜牧业用机器人等；在生活领域，包括警备机器人、垃圾清扫机器人、交流机器人、娱乐机器人、多目的机器人等；在医疗福利领域，包括福利机器人、医疗机器人等。表 5 - 4 介绍了一些主要社会需求以及为了满足这些需求而推出的机器人。

表 5 - 4　　不用应用领域对机器人的分类

分类	领域	系统/机器人名称	机器人名称
工业机器人	制造业领域	焊接系统	汽车车桥点焊系统
			钢结构装配焊接机器人系统
			汽车机身高密度点焊系统
			桥梁焊接机器人系统
		装修系统	汽车机身喷涂系统
			手机喷涂系统
		研磨切边系统	洗脸化妆台研磨系统
			铸铁管材切边系统
		进出货系统	空瓶挤压封装系统
			食品生产线的物流系统
		作业援助系统	Hardyman
			ArmLoader-4
		组装系统	自动替换系统
			生产监控系统
			基于双腕的小型机器人自动装配系统
			螺丝钉检查机器人系统
			散装零件打包系统
	非制造业领域	农林业用机器人	育苗移栽机器人
			自动插秧机
		畜牧业用机器人	挤奶用机器人

续表

分类	领域	系统/机器人名称	机器人名称
非工业机器人	生活领域	警卫机器人	日本 Sanyo 的 Banryu 警卫机器人
		垃圾清扫机器人	瑞士的太空清扫机器人 CleanSpace One
			Cicoos 智能扫地机器人
			Ecovacs 公司开发的自动清洁玻璃机器人 Winbot
		娱乐机器人	Robii 陪伴型娱乐机器人
			足球机器人
			玩具机器人
			舞蹈机器人
		人形机器人	日本本田公司研制的仿人机器人 ASIMO
			HRP-3Promet
	医疗、福利领域 公共领域	医疗机器人	美国 Intuitive Surgical 公司制造的达·芬奇外科手术系统
			美国 Computer Motion，Inc. 的宙斯机器人手术系统（ZEUS Robotic Surgical System）
			日本的内窥镜机器人钳子
		福利机器人	日本 HOSPI 代替护士在医院里传送病历和 X 光胶片等
			PARO
			能量辅助服（Power Assist Suit）
			日本 Secom 公司“My Spoon”的机器人
			智能轮椅机器人
			Handy1 康复机器人
			荷兰的 Manus 护理机器人
	公共领域	灾害处理机器人	RAPTOR-EOD 中型排爆机器人
			科沃斯空气净化器机器人沁宝 A330-GL
			灾害救助机器人
			反恐机器人
			RoboCup 救援机器人
		探查机器人	美国空军 RQ-1A 掠夺者Ⅱ无人机
			CYPHERⅡ
			Sarge（无人陆战车）
			Gecko（无人陆战车）
			飞舞型 MAV（超小型无人机）
			四轮型 MAV（超小型无人机）
		海洋机器人	中国的蛟龙号潜水器
			法国的 PAP-104MK-5 型反水雷装备

续表

分类	领域	系统/机器人名称	机器人名称
非工业机器人	公共领域	核工业机器人	法国 Cybernetics 的抗辐射的 Menhir 机器人
		宇宙机器人	Sprit Sojourner 火星探测火箭
			“希望”号机器人手臂
			工程试验卫星-7（ETS-Ⅶ）机器人手臂
		建设机器人	架线作业机器人
			球形储罐检查机器人
			水管内部检查机器人

我国的机器人专家从应用环境出发，将机器人分为两大类，即工业机器人和特种机器人。所谓工业机器人就是面向工业领域的多关节机械手或多自由度机器人，是一种能自动控制、可重复编程、多功能、多自由度的操作机，用于搬运材料、工件或操持工具，完成各种作业。它可以是固定式或移动式。而特种机器人则是除工业机器人之外的、用于非制造业并服务于人类的各种先进机器人，包括：服务机器人、水下机器人、娱乐机器人、军用机器人、农业机器人、机器人化机器等。在特种机器人中，有些分支发展很快，有独立成体系的趋势，如服务机器人、水下机器人、军用机器人、微操作机器人等。目前，国际上的机器人学者，从应用环境出发将机器人也分为两类：制造环境下的工业机器人和非制造环境下的服务与仿人型机器人。

三、机器人抓握器技术

机器人抓握器主要用于完成零件、物品等抓取动作，它有两个主要的组成部分，即依据机械装置的抓握器和与机械装置连接的抓握手指。一个标准抓握器的价格是机器人价格的4%～8%；小的钳夹气动设备的价格小于1000美元。如果需要设计一种特殊的末端效应器，设计和制造的费用常常超过机器人系统的总价格的20%。当机器人进行生产操作时，抓握器必须通过程序命令来关闭和打开。机器人控制器提供电信号，从而引起抓握器的运动。大部分的抓握器使用电磁阀控制的压缩空气来激活打开和关闭的位置。液力抓握器可行，但是很少使用。

在应用中，抓握器使用外部的特性和工件内部的几何体来捡取工件。抓握器的另一个变量是用来抓取工件的钳夹或手指的数量。大部分应用中都使用两个手指的抓握器。尽管如此，当工件通过抓握程序需要设置中心位置时，可以使用三指抓握器或四指抓握器，如图5-2所示。

其他机器人制造自动化中的抓握器包含3种真空抓握器[真空吸头式抓握器（没有真空发生器）、真空吸头抓握器系统（内含真空发生器）]、吸管枪、有磁性的抓握器和4种空气压力抓握器（手指抓握器、心轴抓握器、插销式抓握器和风箱抓握器）。

四、机器人驱动系统

工业机器人驱动系统，按动力源分为液压驱动、气动驱动和电动驱动三种基本驱动类型。根据需要也可采用由这三种基本驱动类型组合的复合式驱动系统。这三种基本驱动系统的主要特点见表5-5。

图 5-2 两指抓握器和三指抓握器

表 5-5 工业机器人三种基本驱动系统的主要特点

内容	驱动方式		
	液压驱动	气动驱动	电动驱动
输出功率	很大，压力范围为 500～14 000kPa，液体的不可压缩性	大，压力范围 400～600kPa，最大可达 1000kPa	较大
控制性能	控制精度较高，输出功率大。可无级调速，反应灵敏，可实现连续轨迹控制	气体压缩性大，精度低，阻尼效果差，低速不易控制	控制精度高，功率较大，能精确定位，反应灵敏。可实现高速、高精度的连续轨迹控制，伺服特性好，控制系统复杂
响应速度	很高	较高	很高
结构性能及体积	结构适当，执行机构可标准化、模块化，易实现直接驱动。功率/质量比大，体积小，结构紧凑，密封问题较大	结构适当，执行机构可标准化、模块化，易实现直接驱动。功率/质量比较大，体积小，结构紧凑，密封问题较小	伺服电动机易于标准化。结构性能好，噪声低。电动机一般配置减速装置，除 DD 电动机外，难以进行直接驱动，结构紧凑，无密封问题
安全性	防爆性能较好，用液压油作传动介质，在一定条件下有火灾危险	防爆性能好，高于 1000kPa（10 个大气压）时应注意设备的抗压性	设备本身无爆炸和火灾危险。直流有刷电动机换向有火花，对环境的防爆性能差
工业机器人的应用范围	适用于重载，低速驱动，电液伺服系统适用于喷漆机器人、重载点焊机器人和搬运机器人	适用于中小负载，快速驱动，精度要求较低的有限点位程序控制机器人。如冲压机器人、机器人本体的气动平衡及装配机器人气动夹具	适用于中小负载，要求具有较高的位置控制精度和轨迹控制精度，速度较高的机器人，如 AC 伺服喷涂机器人、点焊弧焊机器人、装配机器人等
成本	液压元件成本较高	成本低	成本高
维修与使用	方便，但液压油对环境温度有一定要求	方便	较复杂
环境影响	液压系统易漏油	排气时有噪声	无

工业机器人驱动系统的选用，应根据工业机器人的性能要求、控制功能、运行功耗、应用环境及作业要求、性能价格比以及其他因素综合加以考虑。在充分考虑各种驱动系统特点的基础上，在保证工业机器人性能规范、可行性和可靠性的前提下，做出决定。一般情况下，各种机器人驱动系统的设计选用原则如下。

（1）控制方式。物料搬运（包括上、下料）、冲压用的有限点位控制的程序控制机器人，低速重负载的可选用液压驱动系统；中等负载的可选用电动驱动系统；轻负载、高速的可选用气动驱动系统。冲压机器人多选用气动驱动系统。

用于点焊、弧焊及喷涂的工业机器人，要求只有任意点位和连续轨迹控制功能，需采用伺服驱动系统，如电液伺服和电动伺服驱动系统。在要求控制精度较高如点焊、弧焊等工业机器人时，多采用电动伺服驱动系统。重负载的搬运机器人及需防爆的喷涂机器人可采用电液伺服控制。

（2）作业环境要求。从事喷涂作业的机器人，由于工作环境需要防爆，多采用电液伺服驱动系统和具有本质安全型防爆的交流电动伺服驱动系统。水下机器人、核工业专用机器人、空间机器人，以及在腐蚀性、易燃易爆气体、放射性物质环境下工作的移动机器人，一般采用交流伺服驱动。如要求在洁净环境中使用，则多要求采用直接驱动（direct drive，DD）电动机驱动系统和气动驱动系统。

（3）操作运行速度。对于装配机器人，由于要求其具有很高的点位重复精度和较高的运行速度，通常在运行速度相对较低（≤4.5m/s）的情况下，可采用 AC、DC 或步进电动机伺服驱动系统。在速度、精度要求很高的条件下，多采用直接驱动电动机驱动系统。

五、机器人控制系统

机器人机构协会定义的工业机器人系统包括机器人硬件和软件，它是由操纵器、电源和控制器组成。具体包含末端执行器，机器人完成任务所需要的仪器、设备和传感器，操作和监控机器人、设备和传感器的通信接口，如图 5-3 所示。

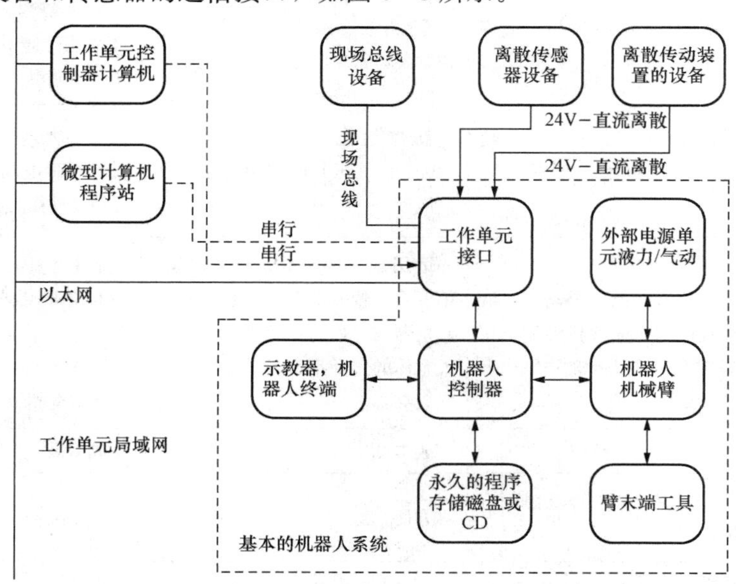

图 5-3　机器人系统结构

根据工业机器人的控制方式不同进行分类，可以分类为伺服控制型机器人、非伺服控制型机器人、连续路径控制机器人、点位控制机器人共四类，见表 5 - 6。

表 5 - 6　　工业机器人根据控制方式分类

名　称	含　义
伺服控制型机器人（servo-controlled robot）	通过伺服机构进行控制的机器人。有位置伺服、力伺服、软件伺服等
非伺服控制型机器人（noservo-controlled robot）	通过伺服以外的手段进行控制的机器人
连续路径控制机器人（continuous path controlled robot）	不仅要控制行程的起点和终点，而且控制其路径的机器人
点位控制机器人 [pose to pose（PTP）controlled robot]	只控制运动所达到的位姿，而不控制其路径的机器人

机器人的控制器是执行机器人控制功能的一种集合，由硬件和软件两部分构成，用于实现对操作机的控制，以完成特定的工作任务，其功能见表 5 - 7。

表 5 - 7　　机器人控制系统功能

功　能	说　明
记忆功能	作业顺序，运动路径，运动方式，运动速度，与生产工艺有关信息
示教功能	离线编程，在线示教。在线示教包括示教盒和引导示教两种
通信接口功能	输入、输出接口，通信接口，网络接口，同步接口
人机接口	显示屏、操作面板、示教盒等
传感器接口	位置检测、视觉、触觉、力觉等
位置伺服功能	机器人多轴联动、运动控制、速度、加速度控制，动态补偿
故障诊断安全保护	运动时系统状态监视，故障状态下的安全保护和故障诊断

由于机器人系统的复杂性，控制体系结构是进行控制系统设计的首要问题。1971 年，付京孙正式提出智能控制（intelligent control）概念，它推动了人工智能与自动控制的结合。美国学者 Saridis 提出了智能控制系统必然是分层递阶结构。分层原则是智能性随着控制精度的增加而减少。把智能控制系统分为三级，即组织级（organization level）、协调级（coordination level）和控制级（control level）。Saridis 设计了一个机器人的控制系统，如图 5 - 4 所示。这是具有视觉反馈和语音命令输入的多关节机器人。还引入了熵（entropy）的概念，作为每一层能力的评价标准，熵越小越好，试图使智能控制系统以数学形式理论化。

工业机器人要求能满足一定速度下的轨迹跟踪控制（如喷漆、弧焊等作业）或点到点定位控制（点焊、搬运、装配作业）的精度要求，因而只有很少机器人采用步进电动机或开环回路控制的驱动器。为了得到每个关节的期望位置运动，必须设计控制算法，算出合适的力矩，再将指令送至驱动器。这里要采用敏感元件进行位置和速度反馈。

当操作机跟踪空间轨迹时，可对操作机进行位置控制。当末端执行器与周围环境或作业对象有任何接触时，仅有位置控制是不够的，必须引入力控制器。如在装配机器人中，接触力的监视和控制是非常必要的，否则会发生膨胀、挤压，损坏设备和工件。

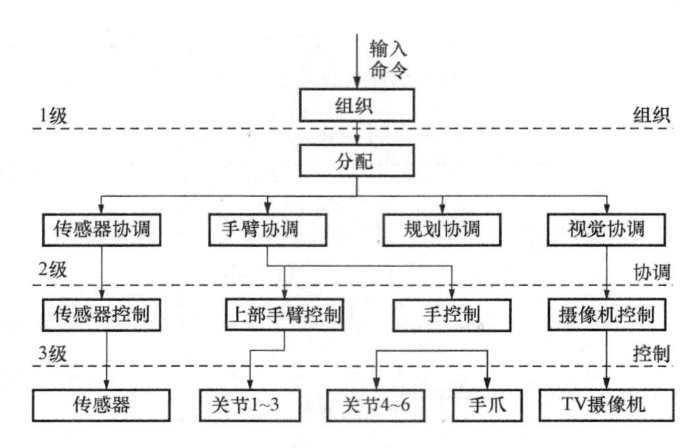

图 5-4 机器人的三级智能控制结构

下面给出几种常用的控制方法。

1. PID 控制

PID 控制是将比例（P）、积分（I）、微分（D）三种控制规律综合起来的一种控制方式。其控制器运动方程为

$$\mu = K_{\mathrm{p}}\varepsilon(t) + \frac{K_{\mathrm{p}}}{T_{\mathrm{i}}}\int_{0}^{t}\varepsilon(\tau)\mathrm{d}\tau + K_{\mathrm{p}}T_{\mathrm{d}}\frac{\mathrm{d}\varepsilon(t)}{\mathrm{d}t} \tag{5-1}$$

式中 μ——控制器输出控制信号；

K_{p}——比例系数；

$\varepsilon(t)$——控制器输入偏差信号；

T_{i}——积分时间常数；

T_{d}——微分时间常数。

控制器的设计就是选择 K_{p}、T_{i}、T_{d} 或加上其他补偿控制，使系统达到所要求的性能。PID 控制器的方框图如图 5-5 所示。

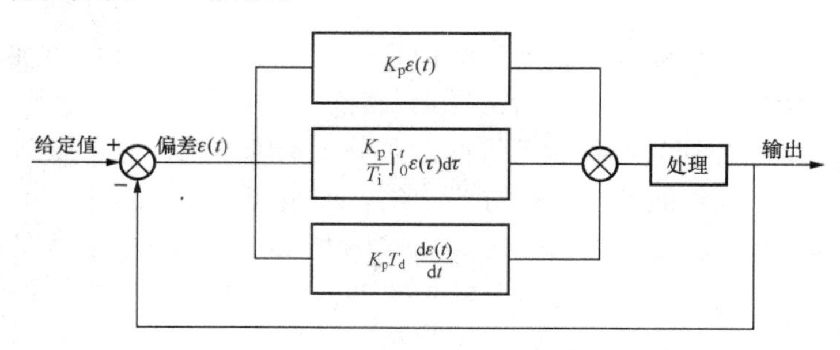

图 5-5 PID 控制器的方框图

提高控制器的增益 K_{p} 固然可以减小控制系统的稳态误差，从而提高控制精度。但此时相对稳定性往往因之而降低，甚至造成控制系统的不稳定。积分控制可以消除或减弱稳态误差，从而使控制系统稳定性能得到提高。微分控制能给出控制系统提前开始制动（减速的）信号，且能反映误差信号的变化速率（变化趋势），并能在误差信号值变得太大之前，引进一个有效的早期修正信号，有助于增加系统的稳定性。

2. 滑模控制

随着机器人作业范围的扩大，控制器的设计也变得越来越复杂。未来机器人必须面向自适应控制，以适应机器人大范围的运动、负载的变化及各种因素的影响。自1960年引入滑动面的概念以来，基于变结构理论的“滑动面”控制得到了迅速发展。

滑模控制是指该类控制系统预先在状态空间设定一个特殊的超越曲面，由不连续的控制规律，不断变换控制系统结构，使其沿着这个特定的超越曲面向平衡点滑动，最后接近稳定以至达到平衡点。

滑模控制有以下特点。

（1）该控制方法对系统参数的时变规律、非线性程度及外界干扰等不需要精确的数学模型，只要知道它们的变化范围，就能对系统进行精确的轨迹跟踪控制。

（2）控制器的设计对系统内部的耦合不必作专门解耦，其参数选择也不十分严格。

（3）系统进入滑态后，对系统的参数及扰动的变化反应迟钝，始终沿着设定滑线运动，具有很强的鲁棒性。

（4）滑模变结构控制系统性能好，无超调，计算量小，实时性强。

滑模控制的一般结构如图5-6所示。

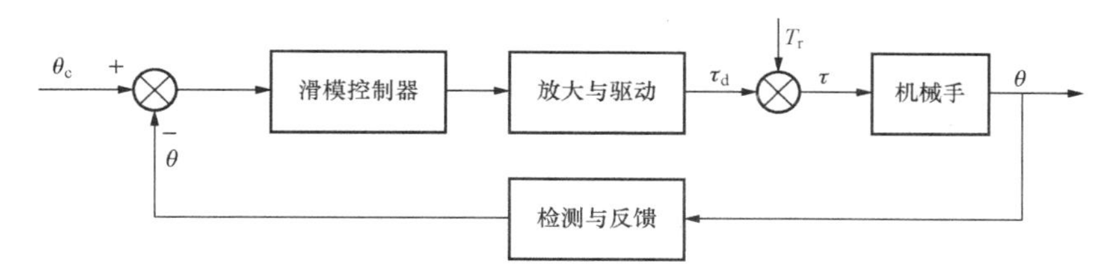

图5-6　滑模控制的一般结构

3. 自适应控制

自适应控制是指当环境条件和对象参数有急剧变动时，通过控制系统参数和控制作用的适应性改变，而保持其某一性能仍运行于最佳状态的方法。模型参考自适应控制系统结构如图5-7所示。

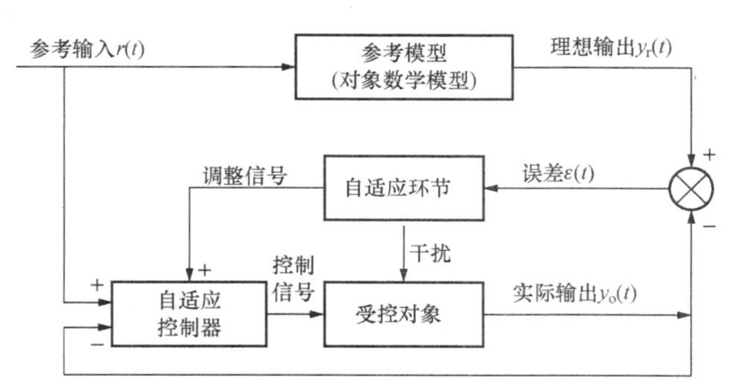

图5-7　模型参考自适应控制系统结构

自适应控制一般包括参数辨识和控制规律部分。它只适用于线性定常系统，不能直接用于机器人控制。但是如在自适应过程中，对象参数认为不变，即使模型和对象为线性的假设不成立，也能给出满意的结果。

4. 模糊控制

模糊控制是通过被控对象的输入输出变量的检测，对各种状态进行一系列有针对性的推理和判断，并做出适应性的最优控制，以获得良好效果的一种控制方式。模糊控制的系统结构如图 5-8 所示。

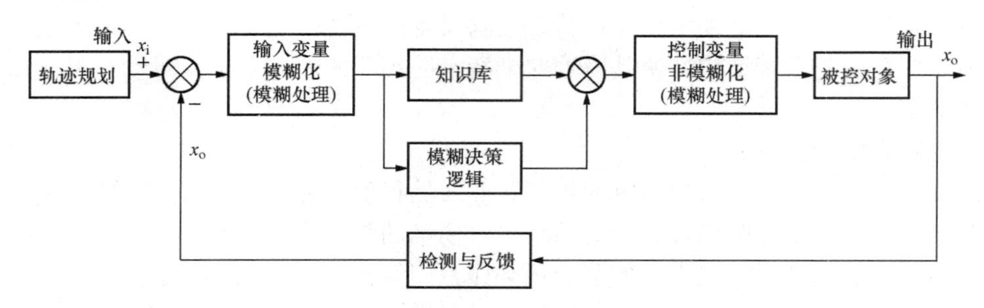

图 5-8　模糊控制的系统结构

(1) 输入变量模糊化是对输入变量值经离散化后，在设定域中按隶属函数关系赋予模糊值。

(2) 知识库包含数据库和规则库两部分。数据库主要存放隶属函数表，以便查找。模糊控制器通常以线位移、角位移和线速度、角速度的偏差 E、$\dot{E}$ 为输入变量。规则库是通过一系列语言形式的模糊控制规则，使得控制目标和控制决策特征化，从而产生模糊规则表。

(3) 模糊规则通常由实际控制经验出发，按常规控制经验推出一些推理规则。实用而有效的模糊规则要通过实际系统的反复修正来确定。

控制规则形式一般为条件语句，如 If$E(k)$and$\dot{E}(k)$Then$\Delta Y(k)$。机器人模糊控制性能由模糊规则定义的正确性、模糊规则库拥有的规则数量和模糊域的细分程度三要素确定。

(4) 决策逻辑是基于模糊概念的人类决策，应用模糊逻辑中的推理规则，从模糊控制量子集所包含的信息中得出确定性的模糊控制量。

模糊决策一般采用下列三种方法：①最大隶属度原则；②中位数判断；③加权平均判断。

(5) 输出变量的非模糊化是变量模糊化的反变换，即作为模糊输出的控制量转换成实际的确定值，以模拟控制量形式控制对象。

为了进一步提高模糊控制系统的被控变量精度，在系统中常常引入检测和反馈环节，构成闭环形式系统结构。

例 1　设输入变量角位移和角速度的偏差 E、$\dot{E}$ 的论域为（−6，6），输出控制量 U 的论域定义为（−7，7），并且每个变量均有 8 个模糊值 PL，PM，…，NL，它们在正负两个方向上的横相位对称。输入变量 E、$\dot{E}$ 和输出控制量 U 的隶属函数表和控制规则表分别见表 5-8～表 5-10。

表 5-8　　输入变量 E、$\dot{E}$ 隶属函数表

项目	−6	−5	−4	−3	−2	−1	−0	0	1	2	3	4	5	6
PL											0.1	0.3	0.75	1.0
PM										0.2	0.75	1.0	0.75	0.2

续表

项目	−6	−5	−4	−3	−2	−1	−0	0	1	2	3	4	5	6
PS								0.3	0.8	1.0	0.8	0.3		
PO								1.0	0.5	0.1				
NO					0.1	0.5	1.0							
NS			0.3	0.8	1.0	0.8	0.3							
NM	0.2	0.75	1.0	0.75	0.2									
NL	1.0	0.75	0.3	0.1										

表 5-9　　输出控制量 *U* 的隶属函数表

项目	7	−6	−5	−4	−3	−2	−1	−0	0	1	2	3	4	5	6	7
PL													0.1	0.3	0.8	1.0
PM											0.2	0.75	1.0	0.75	0.2	
PS									0.5	1.0	0.8	0.5	0.2			
PO									1.0	0.5	0.1					
NO						0.1	0.5	1.0								
NS				0.2	0.5	0.8	1.0	0.5								
NM		0.2	0.75	1.0	0.75	0.2										
NL	1.0	0.8	0.3	0.1												

表 5-10　　控 制 规 则 表

项目	PL	PM	PS	PO	NO	NS	NM	NL
PL	PL	PM	PM	PS	PS	PO	PO	NO
PM	PM	PM	PS	PS	PO	PO	NO	NO
PS	PM	PS	PS	PO	PO	NO	NO	NS
PO	PS	PS	PO	PO	NO	NO	NS	NS
NO	PS	PO	PO	NO	NO	NS	NS	NM
NS	PO	PO	NO	NO	NS	NS	NM	NM
NM	PO	NO	NO	NS	NS	NM	NM	NL
NL	NO	NO	NS	NS	NM	NM	NL	NL

六、机器人的发展趋势

21 世纪以来，国内外对机器人技术的发展越来越重视。机器人技术被认为是对未来新兴产业发展具有重要意义的高技术之一。欧盟在第七框架计划（FP7）中规划了“认知系统与机器人技术”研究，美国启动了“美国国家机器人计划”，日本、韩国在服务型机器人方面也制定了相应的研究计划，我国在国家高技术研究发展计划（863 计划）、国家自然科学基金、国家科技重大专项等规划中对机器人技术研究给予了极大的重视。国内外产业界对机器人技术引领未来产业发展也寄予厚望。由此可见机器人技术是未来高技术、新兴产业发展的基础之一，对于国民经济和国防建设具有重要意义。

在计算机、网络、MEMS等新技术发展的推动下，机器人技术正从传统的工业制造领域向医疗服务、教育娱乐、勘探勘测、生物工程、救灾救援等领域迅速扩展，适应不同领域需求的机器人系统被深入研究和开发，如工业机器人、移动机器人、医疗与康复机器人和仿生机器人等。机器人技术的应用和研究从工业领域快速向其他领域延伸扩展的趋势。

在工业领域，工业机器人的应用已不再仅限于简单的动作重复。对于复杂作业需求，工业机器人的智能化、群体协调作业成为解决问题的关键；对于高速度、高精度、重载荷的作业，工业机器人的动力学、运动学标定、力控制还有待深入研究；而机器人和操作员在重叠的工作空间合作作业问题，则对机器人结构设计、感知、控制等研究提出了确保人机协同作业安全的新要求。

在工业领域以外，机器人在医疗服务、野外勘测、深空深海探测、家庭服务和智能交通等领域都有广泛的应用前景。在这些领域，机器人需要在动态、未知、非结构化的复杂环境完成不同类型的作业任务，这就对机器人的环境适应性、环境感知、自主控制、人机交互提出了更高的要求。

1. 环境适应性

机器人的工作环境可以是室内、室外、火山、深海、太空，乃至外星球，其复杂的地面或地形，不同的气压变化、巨大的温度变化、不同的辐射光照、不同的重力条件导致机器人的机构设计和控制方法必须进行针对性、适应性的设计。通过仿生手段研究具有飞行、奔跑、跳跃、爬行、游动等不同运动能力的、适应不同环境条件的机器人机构和控制方法对于提高机器人的环境适应性具有重要的理论价值。

2. 环境感知

面对动态变化、未知、复杂的外部环境，机器人对环境的准确感知是进行决策和控制的基础。感知信息的融合、环境建模、环境理解、学习机制是环境感知研究的重要内容。

3. 自主控制

面对动态变化的外部环境，机器人必须依据既定作业任务和环境感知结果利用内建算法进行规划、决策和控制，以达到最终目标。在无人干预或大延时无法人为干预的情况下，自主控制可以确保机器人规避危险、完成既定任务。

4. 人机交互

人机交互对于提升机器人作业能力、满足复杂的作业任务需求具有重要作用。实时作业环境的三维建模，声觉、视觉、力觉、触觉等多种人机交互的实现方式，人机交互中的安全控制等都是人机交互中的重要研究内容。

针对以上问题的研究，通过与仿生学、神经科学、脑科学以及互联网技术的结合，可能将加速机器人理论、方法和技术研究工作的进展。

机器人与互联网的结合，使机器人可以通过互联网获取海量的知识，基于云计算、智能空间等技术辅助机器人的感知和决策，将极大提升机器人的系统性能。

智能机器人是未来技术发展的制高点，未来将朝着以下几个方面发展。

(1) 发展智能机器人产业集群。面向新兴制造业，提高集成技术，使智能机器人发展真正做到产业化，系统集成化，实现资源优势互补。

（2）关键功能部件和核心技术的发展。探索新的高强度轻质材料，专门研究关键部件，从细节解决问题，掌握核心技术，注重多传感系统和控制技术的发展，研究基于智能材料和仿生原理的高功率密度驱动器技术；研究仿生感知、控制机制、生物神经系统理论与方法；将机器人机构向模块化、专业化、可重构方向发展。

（3）更灵活、更智能、更安全。机器人机构越来越灵巧，控制系统越来越小，智能越来越高，安全性越来越好，并朝着一体化方向发展。

（4）人机交互更好更自然。人机交互的需求越来越简单化、多样化、人性化。设计各种智能人机接口，如自然语言理解与对话、图像识别、手写识别等，以更好地适应不同的应用要求，提高人与机器的和谐性。

（5）多机器人协作。在复杂未知的环境下实现群体决策和操作时未来智能机器人技术研究的主要方向。

第二节　数　控　机　床

随着制造业自动化进程的不断推进，制造业中加工装备数控化的趋势越来越明显。现代数控设备的范例是机械制造业装备数控化，它是在传统的金属切削机床的基础上，加上数字控制装置而构成，即数控机床。

数控机床是数字控制机床（computer numerical control machine tools，CNC 机床）的简称，是一种装有程序控制系统的自动化机床。该控制系统能够逻辑地处理具有控制编码或其他符号指令规定的程序，并将其译码，用代码化的数字表示，通过信息载体输入数控装置。经运算处理由数控装置发出各种控制信号，控制机床的动作，按图纸要求的形状和尺寸，自动地将零件加工出来。数控机床较好地解决了复杂、精密、小批量、多品种的零件加工问题，是一种柔性的、高效能的自动化机床，代表了现代机床控制技术的发展方向，是一种典型的机电一体化产品。

数控技术是用数字信息对机械运动和工作过程进行控制的技术，是现代化工业生产中的一门新型的、发展迅速的高新技术。数控装备是以数控技术为代表的新技术对传统制造产业和新兴制造业的渗透而形成的机电一体化产品，即数字化装备。

一、数控加工的插补原理

普通金属切削机床加工零件，是操作者依据工程图样的要求，不断改变刀具与工件之间相对运动的参数（位置、速度等），使刀具对工件进行切削加工，最终得到所需要的合格零件。数控机床的加工是把刀具与工件的运动坐标分割成一些最小的单位量，即最小位移量，或称为脉冲当量 δ（mm/脉冲）。由数控系统按照零件程序的要求，使零件移动若干个最小位移量（即控制刀具运动轨迹），从而实现刀具与工件的相对运动，完成零件加工。

当走刀轨迹为直线或圆弧时，数控装置则在线段的起点和终点坐标值之间进行数据点的密化，求出一系列中间点的坐标值，然后按中间点的坐标值，向各坐标输出脉冲数，保证加工出需要的直线或圆弧轮廓。

数控装置进行的这种数据点的密化称作插补，一般数控装置都具有对基本函数（如直线函数、圆函数等）进行插补的能力。对任意曲面零件的加工，必须使刀具运动的轨迹与该曲面完全吻合，才能加工出所需的零件。

如图 5 - 9 所示，要加工轮廓为任意曲线 L 的零件，可将曲线 L 分成 ΔL_0，ΔL_1，…，ΔL_i，…，ΔL_n 线段，设切割 ΔL_i 的时间为 Δt_i，当 $\Delta L_i \to 0$ 时，即把曲线划分的段越分越小，则刀具运动的轨迹就越逼近曲线 L，即

$$\lim_{\Delta L_i \to 0} \sum_{i=0}^{n} \Delta L_i = L \tag{5-2}$$

在 Δt_i 时间内，刀具在各坐标的位移量为 ΔX_i 和 ΔY_i，则切削轨迹长度为

$$\Delta L_i = \sqrt{\Delta X_i^2 + \Delta Y_i^2} \tag{5-3}$$

进给速度为

$$v_i = \frac{\Delta L_i}{\Delta t_i} = \sqrt{\left(\frac{\Delta X_i}{\Delta t_i}\right)^2 + \left(\frac{\Delta Y_i}{\Delta t_i}\right)^2} = \sqrt{\Delta v_{xi}^2 + \Delta v_{yi}^2} \tag{5-4}$$

只要能连续地自动控制两坐标方向运动速度的比值，便可实现任意曲线零件的加工。实际上，在数控机床上加工任意曲线 L 的零件，是由该数控装置所能处理的基本数学函数来逼近的。显然，逼近误差必须满足零件图样的要求。

二、CNC 机床及其构成

图 5 - 10 和图 5 - 11 所示为 CNC 机床的构成要素与机电一体化装置的六要素的一一对应关系。

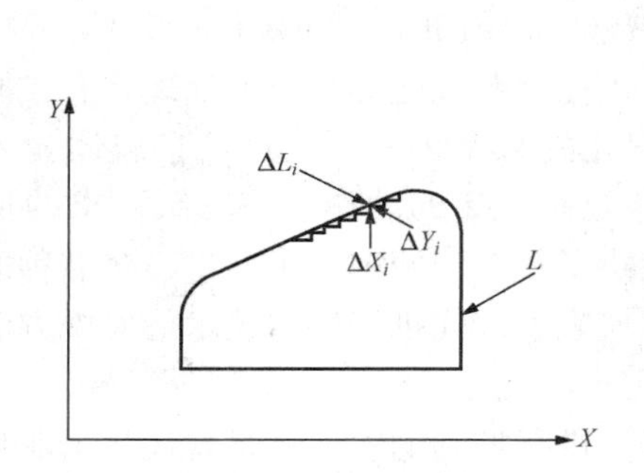

图 5 - 9　数控机床加工的插补原理

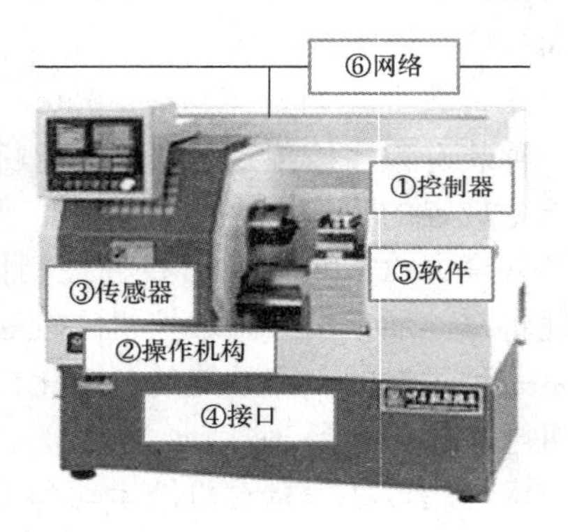

图 5 - 10　CNC 机床的构成要素

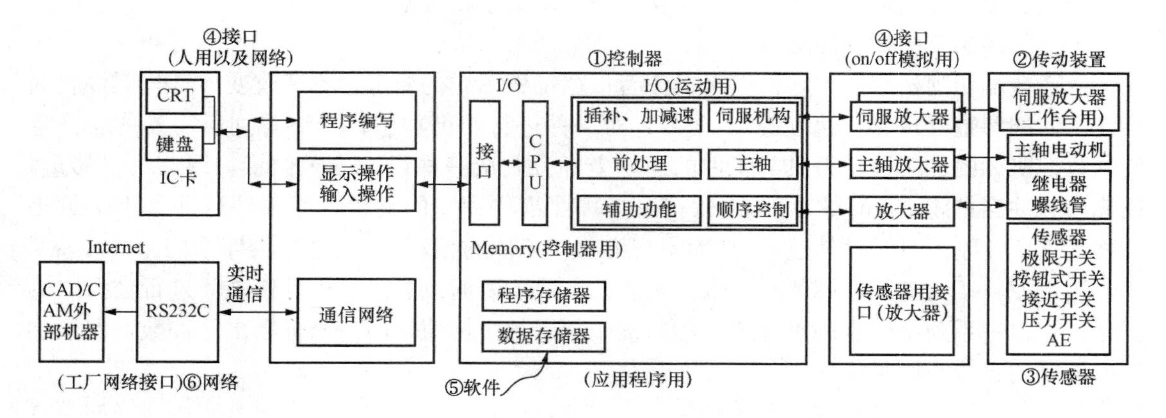

图 5 - 11　CNC 机床的详细构成要素

机电一体化装置的六要素有：①大脑控制器（Controller）；②手和脚操作机构（Actuator）；③眼睛和耳朵传感器（Sensor）；④神经系统接口（Interface）；⑤脑中枢软件（Software）；⑥通信因特网（Internet）。

CNC机床主要由机体和CNC装置（控制器）组成。机体包括接口（电子电路、信号处理系统）、操作机构（驱动电动机）和传感器（检测器）。下面对各部分的作用做简要说明。

1. CNC装置（控制器）

CNC装置是一种根据数值程序对机械本体进行数值控制的设置。通过CNC装置发出的指令，驱动安装在工件工作台上的电动机（操作机构），按照确定的目标形状的程序加工工件。另外，所谓程序是指按照相关规定，通过数值和符号来表示的作业程序和加工方法。CNC装置（控制器）的内部结构主要是由CPU、I/O（输入/输出）装置、存储器组成。其基本结构与个人计算机基本一致。CNC装置的主要作用是工作台驱动控制、主轴旋转控制和液压、空压相关机器的顺序控制（顺序控制常用到PLC）。

CNC机床的控制系统主要有工作台驱动控制系统和主轴旋转控制系统两部分。前者是CNC装置、传感器（检测器）、操作机构（伺服机构驱动电动机）、工作台（工件）的左右运动和Z轴的上下运动等的流程控制；后者是指对主轴的旋转进行控制，即如果工具的直径发生变化，则主轴的转速将随之变化。在工作台驱动控制系统中，CNC机床工作台（或工具）的移动距离由电子脉冲数字信号控制，这种脉冲控制的机构叫伺服机构。在伺服系统中，由传感器检测工具或工作台前后左右的移动距离以及移动速度，由CNC装置给出上述位置和速度的设定值，CNC装置通过反馈控制能够使系统的位置和速度与设定值保持一致。如当从CNC装置中输出一个电子脉冲时，驱动电动机将会使工作台按照规定量（1/100mm，1/1000mm等）运转。

2. 接口（电子电路、信号处理系统）

接口包括以下3种：①控制伺服机构相关轴和主轴旋转的运动接口；②充当人（操作者）和机器的中介的人机接口；③用于系统内部和外部通信的网络接口。其中，网络接口在数控系统中越来越重要。

3. 传感技术

传感器是指可以把各种物理量（或化学量）作为电信号检测出来的装置。在CNC机床上使用的传感器主要用来检测工作台的位置及其移动的距离，常用光学式或磁场式等旋转编码器（Rotary Encoders）。

4. 传动技术

所谓传动装置是把电信号转换为物理量的装置。在机床中的传动装置主要包括螺线管装置、由电动机或液压装置和气动装置驱动的汽缸等。最近，作为CNC机床的新操作机构，高速切削加工用的多工序自动换刀数控机床等的主轴多采用空气静压轴承、动压轴承或磁轴承，工作台进给采用电磁式直线驱动等。为了实现高精度高速度控制，各轴的专用电动机都要求高精度的定位和真圆度，保证在短时间精度为正负几微米、长时间精度为正负十几微米的精度水平以为的加工精度（形状精度、表面光滑度等）。

5. 软件技术

数控机床用“G90G54M03”、“G01×0Y32Z100F1000”等程序代码表示机器加工时所需的工件和工具的位置、运动（旋转速度、传输速度、移动路径等）等信息，并把这些数值的集合叫做命令句，把命令句的集合叫做程序，把程序的集合叫做软件。有时候也把加工程序叫做 CNC 码。随着近几年计算机的普及和发展，机械零件一般由 CAD 设计，加工和组装也正在利用 CAD 制作的数据图表。在 CNC 软件方面，从以前的自动程序设计装置发展到了 CAM。在市面上销售的 CAM 软件从 2D 发展到了 3D，机械制造中的 CAD/CAM 也发展为高效快捷的 3D CAD/CAE/CAM/CAT/Network。

三、伺服机构的结构

伺服机构当收到从 CNC 装置发出的脉冲信号后，刀具和工作台（或工件）的位置和速度将由伺服机构来控制。伺服机构因位置和速度检测方法的不同，可以分为如图 5 - 12 所示的开环控制、半闭环控制和闭环控制。

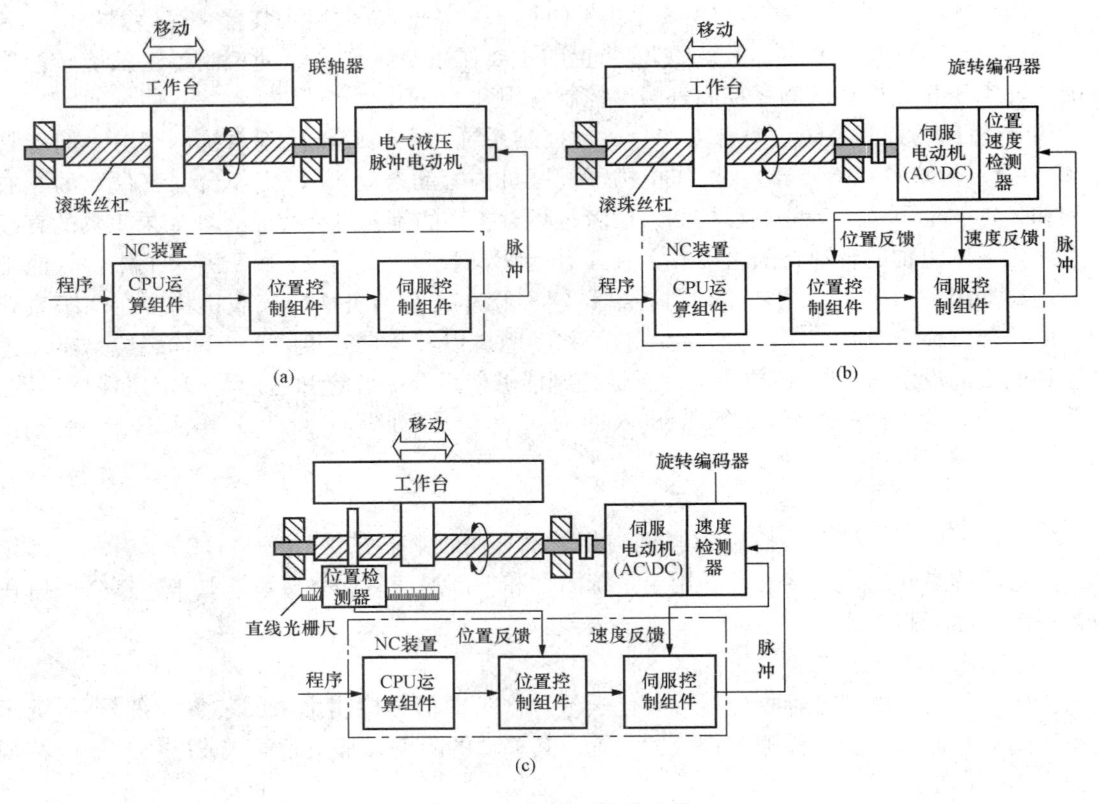

图 5 - 12　伺服机构的分类

(a) 开环控制；(b) 半闭环控制；(c) 闭环控制

1. 开环控制

如图 5 - 12 (a) 所示，采用开关控制方式，电动机会按照电子脉冲数转动，滚珠丝杠也会随之转动，刀具和工作台（工件）就会随之移动。其主要特征有以下 4 点。

(1) 没有反馈路径。

(2) 脉冲电动机根据每一个脉冲按照一定的角度进行转动。

(3) 其结构简单，但是容易产生误差，精度不高。

(4) 因为受脉冲电动机性能的制约，很难实现高速运转。

2. 半闭环控制

如图5-12（b）所示，采用半闭环控制方式，可以在电动机端安装刀具和工作台（工件）的传感器，进而检测出电动机的旋转量，并且将该旋转量作为位置速度信息进行反馈加以利用。一般的CNC机床多利用半闭环控制方式。其主要特征如下。

（1）没有必要消除滚珠丝杠的间距误差和齿隙误差。

（2）到电动机输出轴的精度可以得到保证，因此，命名为半闭环控制。

（3）因为机器结构部分位于控制对象系统的外侧，所以可以建立稳定的控制系统。

3. 闭环控制

如图5-12（c）所示，采用闭环控制方式，因为工作台上安装了传感器（检测器），所以可以直接检测和反馈到刀具和工件的实际位置。其主要特点如下。

（1）因为它以具有精度问题的滚珠丝杠的扭曲、间隙等机械因素为控制对象系统，所以与半闭环控制方式相比较，具有控制不稳定的倾向。

（2）因为可以直接检测到在工作台端的位置，所以控制精度提高。检测器安装的结构很复杂。

四、CNC机床的特点和种类

1. CNC机床的主要特征

CNC机床的最大特征就是可以通过控制装置自动加工各种复杂的形状，其主要特征如下。

（1）通过相应的程序可以自动、高精度地控制刀具的定位和工件轮廓切削。

（2）通过相应的程序可以自动进行交换刀具和打开或关上切削液等辅助性作业。

（3）根据刀具的尺寸和安装位置等，拥有各种刀具补偿功能，以免需要变更程序。

（4）1个CNC机床有时同时拥有车床和铣床、钻床和铣床等多种普通机床的功能。

CNC机床有多种类型。在切削加工方面，主要有CNC车床、CNC铣床、自动换刀数控机床（加工中心机床）、CNC钻床、CNC镗床、CNC滚床等；在研磨加工方面，主要有CNC平面磨床、CNC轮廓磨床、CNC圆柱磨床、CNC刀具磨床、CNC凸轮磨床等；在放电加工方面，主要有CNC雕模放电加工、CNC线切割放电加工。在其他方面还有CNC激光加工装置、CNC超声波加工装置、CNC冲床等。

在生产现场，CNC机床之所以被广泛地引进并大规模普及，主要在于两点：①工人师傅可以在比较短的时间内掌握高精度、高效率的机械切削加工技术和技能；②当反复进行相同的加工作业时，根据一定程序，不需要花费人力就可以持续地进行。

2. CNC车床

最初的CNC车床是六角刀架围绕水平面旋转的转塔式六角车床，是将液压仿形车床数控化（同时控制2个轴）的机床。后来，随着伺服机构的CNC装置的发展，其可靠性、操作性、功能性均提高，并得到了显著的推广。最近，连车床都具有B轴功能，可以进行铣刀加工。同时，可以复合性地进行4轴加工的复合CNC车床［车削加工中心（机床），多轴复合CNC车床］也出现了，并开始普及。图5-13为沈阳第一机床厂HTC40/50系列数控车床的外形。

HTC40/50系列机床是沈阳第一机床厂获国家质量金奖的原CK3263型数控转塔车床的升级换代产品，继承了原机床的多项优点。具有驱动功率大，刚性好，能车削直线、斜线、

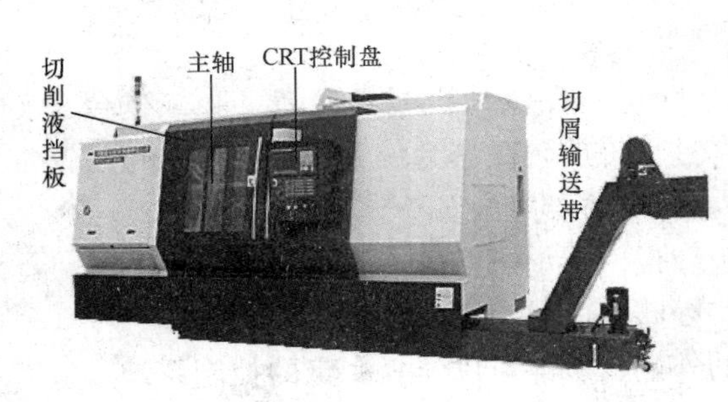

图 5-13 HTC40/50 系列数控车床的外形

圆弧，公、英制螺纹，直、锥形螺纹，平面螺纹，多头螺纹，并具有刀半径补偿等多种性能。因此适合形状复杂、精度较高的轴、盘、套类零件加工。

HTC5020b 型机床是专为加工盘类零件而设计的，整体斜床身结构，立式液压八工位刀塔，刚性好，刀杆安装长度长，适用于强力切削，且工位之间不易发生干涉现象。无尾台是加工盘类零件的首选机，其技术参数指标见表 5-11。

表 5-11 HTC40/50、HTC5020b 型机床技术参数

技术参数	单位	机床型号		
		HTC40	HTC50	HTC5020b
卡盘直径	mm	ϕ254	ϕ304	ϕ304
床身上最大回直径	mm	ϕ500	ϕ600	ϕ600
滑鞍上最大回转直径	mm	ϕ350	ϕ430	ϕ400
盘类件加工范围				ϕ500×200
X/Z 轴最大行程				330/1000
最大车削长度	mm	220/780 220/1030 220/1530	270/760 270/1030 270/1530	
主轴通孔直径	mm	ϕ65（ϕ75）	ϕ75	ϕ75
主轴转速范围	r/min	90～2000 （90～3000 进口轴承）	90～2000	100～2000
主轴头型式		A2-6	A2-8	A2-8
尾台套筒直径	mm	ϕ125	ϕ140/ϕ125	
尾台行程	mm	150	160	
尾台套筒锥孔		莫氏 5 号	莫氏 5 号	
X/Z 轴电机扭矩	Nm	12/12	12/22	12/22
快移速度（X/Z 轴）	m/min	8/12	16/20	10/12m/min
刀架工位数	工位	8（12）	8（12）	8
刀方尺寸	mm	25×25	25×25	25×25mm
工具孔直径	mm	ϕ40	ϕ40	
刀架定位精度		±4″	±4″	
刀架重复定位精度		±1.6″	±1.6″	0.005″

续表

技术参数	单位	机　床　型　号		
		HTC40	HTC50	HTC5020b
工件精度		IT6	IT6	IT6
粗糙度 Ra		1.6～0.8	1.6～0.8	1.6～0.8
主电机功率	kW	15/18.5	22/26	22/26
定位精度：				
X 轴	mm	0.008	0.008	0.01
Z 轴	mm	0.012	0.015	0.016
重复定位精度：				
X 轴	mm	0.006	0.006	0.006
Z 轴	mm	0.007	0.007	0.008
机床外形尺寸（长×宽×高）	mm	3630×1960×1980	3575×1960×1900	3950×2020×1900
机床重量（净重）	kg	8750	9000	10000

3. 自动换刀数控机床（加工中心，machining center）

自动换刀数控机床也叫机械加工中心。在机、电技术的相互促进下，机械加工中心得到了很大发展。开发机械加工中心的目的是实现加工过程自动化，减少切削加工时间和非切削加工时间，提高劳动生产率。自动换刀的装置叫做自动换刀系统（automatic tool changer，ATC）。机械加工中心通常由以下几部分构成：①数控 x、y、z 三个移动装置；②能够进行工件多面加工的回转工作台；③自动换刀装置（ATC）；④CNC 控制器。图 5－14（a）所示为 MCH630 精密卧式加工中心，该中心是国内第一台双丝杆、双驱动、箱中箱结构、力矩电机驱动转台的高档次精密卧式加工中心，是南通科技自主研发的新型高档数控机床产品。图 5－14（b）所示为 MV-40 系列立式加工中心，该中心是一种备有刀库能自动更换刀具的数控铣床，由安徽晶菱机床制造有限公司研制生产。该机床适用于各种复杂结构零件特别是模具的加工，广泛运用于汽车、纺织、精密模具与零件加工工业，提供可靠性高的机械系统与多种选择性、容易操作的软件界面。两种加工中心的技术参数指标见表 5－12 和表 5－13。

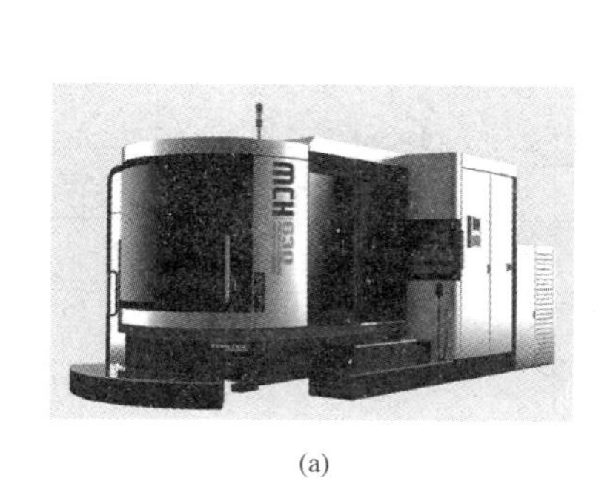

(a)

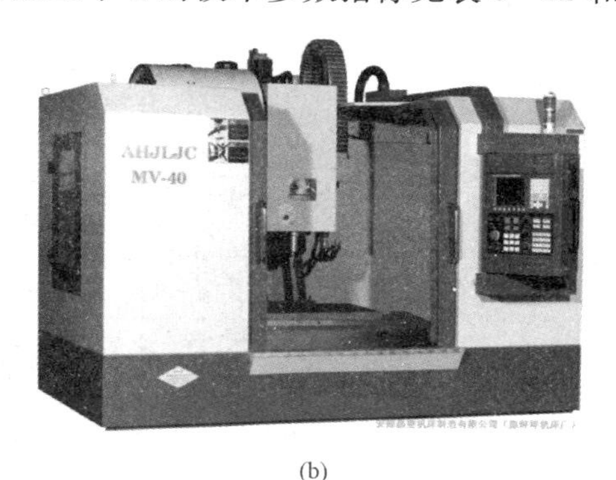

(b)

图 5－14　自动换刀加工中心

（a）MCH630 精密卧式加工中心；（b）MV-40 系列立式加工中心

表 5-12 MCH630 技术参数

名　　称	单位	MCH630
X 轴行程	mm	900
Y 轴行程	mm	650
Z 轴行程	mm	700
主轴端面至工作台面距离	mm	150～800
主轴端面至工作台中心距离	mm	160～860
工作台		
工作台面积	mm^2	630×630
工作台最大承重	kg	1200
主轴		
主轴最高转速	r/min	20～6000
主轴孔锥度		BT50
旋转工作台		
转台转速	r/min	100
托盘数量		2
转台（B轴）分度		0.001°
进给率		
$X/Y/Z$ 轴快速位移	m/min	30
切削进给率	mm/min	3～20 000
自动换刀系统		链式
刀具数		48
换刀时间（刀-刀）	sec	2.9
刀具最大长度	mm	400
刀具最大直径		110（满刀）200（邻空刀）230（相邻无刀）
刀具最大重量	kg	15
电动机		
主轴电动机	kW	18.5/22
$X/Y/Z$ 电动机	kW	X：3×2，Y/Z：4
转台力矩电动机	kW	6.3/14.2
刀具内冷泵电动机	kW	4
液压站电动机功率	kW	7.5
冷泵电动机	kW	0.4+0.9

续表

名　　称	单位	MCH630
精度（直线轴精度参照 GB/T 20957.4—2007，压缩 30%以上）		
定位精度 $X/Y/Z$	mm	0.01
重复定位精度	mm	0.006
转台定位精度		8″
转台重复定位精度		4″
机床尺寸		
机床总高	mm	3105
占地面积（长×宽）	mm	5560×3770
机床重量	kg	22 000
电力需求	kw	66
工作环境		
环境温度	℃	−5～45
相对湿度		0%～90%
气源压力	MPa	0.6
液压系统工作压力	MPa	10
电源		50Hz 380V±10%

表 5 - 13　MV-40 技术参数

项　　目	单位	MV40
工作台尺寸	mm	800×420
X 轴行程	mm	650
Y 轴行程	mm	400
Z 轴行程	mm	480
工作台负荷	kg	500
工作台 T 形槽	个数×mm	3×18
主轴鼻端到工作台距离	mm	80～560
主轴中心至立导面距离	mm	480
主轴锥孔	BT	40
主轴最高转速	rpm	8000
$X/Y/Z$ 轴快速移动	mm/min	12 000/12 000/10 000
切削进给速度	mm/min	1～5000

续表

项　　目	单位	MV40
手动进给速度	mm/min	0～1260
主轴马达功率	kW	5.5
$X/Y/Z$ 马达功率	kW	1/1/1
刀库容量	把	16/24
* 最大长度	mm	300
* 最大重量	kg	7
控制系统		Fanuc/Siemens/Mitsubishi 华中
联动轴数		3
定位精度	mm	±0.01
重复定位精度	mm	±0.005
机床外形（长×宽×高）	mm	2300×2500×2100
机床净重	kg	4200

一般自动换刀数控机床都配备了 ATC，并且添加了工作台分度功能，可以称之为进行铣削加工、镗削加工、钻孔加工等的数控机床。机床机体的主要组成部分是工作台、主轴头、ATC。利用工件夹具和钻模可以把工件安装到位于工作台上的托盘里。

自动换刀数控机床通过工作台分度功能，随着托盘的旋转，可以对工件的多个面进行加工。一般主轴头的正向的冲程末端为 ATC 交换刀具的位置。ATC 可以从被装在 ATC 工具箱（刀具工具箱）里的几十种刀具中任意取出指定的刀具，并通过机械臂自动把刀具装在主轴上。自动换刀数控机床有时候根据情况可以通过自动更换托盘装置（automatic pallet changer，APC）自动更换托盘，从而可以长时间地实行无人操作。自动换刀数控机床具备各种定周期的功能，如可以在工作台上设定几个坐标系的工作台坐标系功能、镗削功能、钻削功能、攻丝功能等。但是最有特点的功能就是刀具补偿功能，通过该功能，可以在不考虑所使用的刀具长度和直径大小的情况下按照工件的形状加工工件，这一点非常方便高效。

第三节　汽车机电一体化

为了提高汽车的动力性、经济性、安全性以及减少排放污染、增强舒适性等，汽车的机电一体化已成为一种不可阻挡的潮流，且技术日益成熟和普及。汽车的机电一体化使汽车的性能焕然一新。当今对汽车的控制已由发动机扩大到全车，如实现发动机的燃油喷射电子点火控制、自动变速换挡、助力转向、主动悬架、防滑转、防抱死制动系统（ABS）、雷达防碰撞、自动调整车高、全自动空调、安全气囊、自动故障诊断及自动驾驶等。

一、汽车车载网络

由于汽车电子技术功能的日益强大和系统的日益复杂化，汽车电子设备发展的一个重要趋势是大量使用单片机来改善汽车的性能。随着电控器件在汽车上应用得越来越多，而且每个控制单元都含有自身的配线线束用来连接传感器、执行器、电子控制单元（ECU）、电池、仪表控制板等器件，从而明显地增加了车载的重量。在车载网络出现以前，一辆豪华轿车可能合有 1500 多根单线和 2000 多个接线端，组成总长度超过 1 公里的绝缘配线、加之配线的重量和成本的限制，人们已不可能将更多的配线线束置入车内。车载网络化的主要目的是解决成本增加和多种电子系统造成的重量增加的问题。

国际上众多知名汽车公司积极致力于汽车网络技术的研究及应用，目前，已有多种网络标准。但是，没有一种通信网络可以完全满足汽车所有性能和成本的要求。因此，对高档轿车，汽车制造商一般采用多种网络联网的方式实现更好的控制目的。

常用的几种典型车载网络有：CAN 总线网络、LIN 总线网络、MOST 总线网络、Bluetooth 总线网络。图 5-15 所示是某种车载网络的拓扑图，下面以该图为例简单介绍各网络特点。

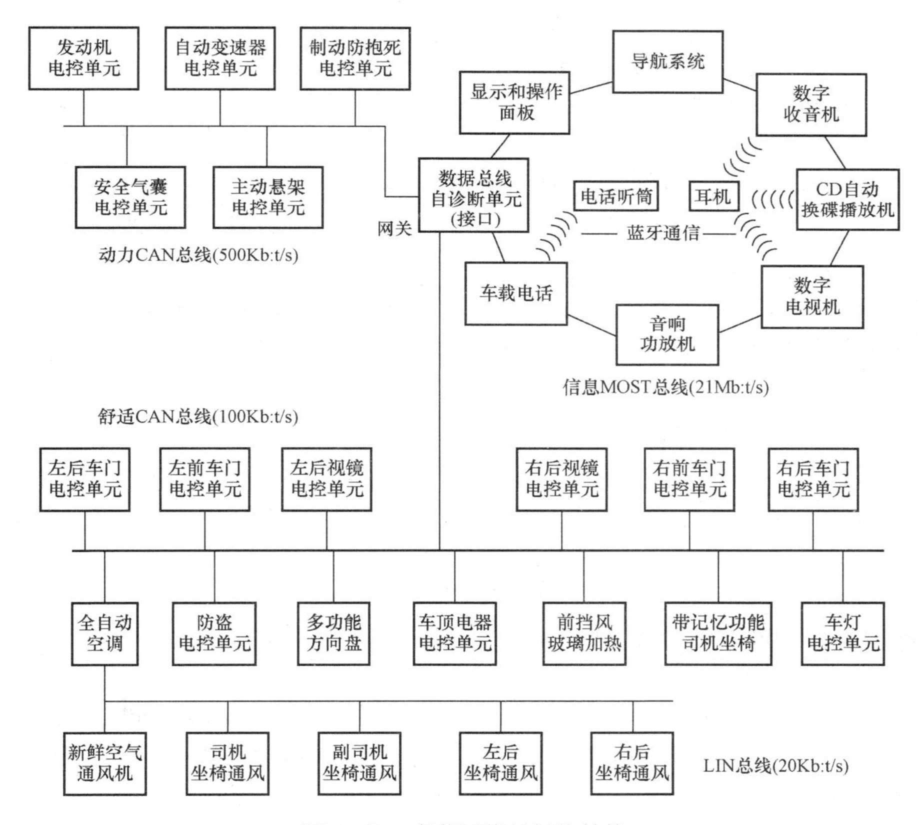

图 5-15　车载网络的拓扑结构

1. CAN 总线网络

在图 5-15 中，CAN 总线又具体分为动力 CAN 总线和舒适 CAN 总线。

动力 CAN 总线的网速较高（500kbit/s），主要用于对实时控制要求较高的电控单元，如发动机、自动变速器、主动悬架、安全气囊、制动防抱死（ABS）等电控单元。由于其控制的重要对象是发动机和自动变速器，故称为动力 CAN 总线。

舒适 CAN 总线的网速较低（100kbit/s），主要用于实时控制速度相对较低的电控单元，如车门、后视镜、全自动空调、防盗、多功能方向盘、车顶电器、带记忆功能司机坐椅等电控单元。由于其控制的目的是提高司机和乘员的舒适性，故称为舒适 CAN 总线。

2. LIN 总线网络

在图 5-15 中，LIN 总线用于全自动空调的辅助控制，如新鲜空气通风、司机坐椅和其他坐椅通风的控制。

LIN 是本地互联网络（local interconnect network）的缩写。LIN 是低速串行总线，主要用作 CAN 等高速总线的辅助网络或子网络。LIN 成本低，特别适合短距离、简单、对传输速度要求不高、通信不太密集的应用场合，能够方便地用质优价廉的 8 位单片机实现。

LIN 的主要特性如下。

（1）采用单个主控制器/多个从属控制器格式。从属控制器节点可以实现自同步，因而无需石英或者陶瓷振荡器；主节点用于控制 LIN 总线，它通过对从节点进行查询，将数据发布到总线上。从节点仅在主节点的命令下发送数据，一旦数据发布到总线上，任何节点都可以接收该数据，从而在无需仲裁的情况下实现双向通信。

（2）LIN 总线的最高通信速度为 20kbit/s。

3. MOST 总线网络

在图 5-15 中，信息 MOST 总线用于控制显示和操作面板、导航、收音机、CD 自动换碟播放机、数字电视机、车载电话等单元的控制。由于是相对司机和乘员提供信息的，故称为信息 MOST 总线。

MOST 是媒体导向系统传输（media oriented system transport）的英文缩写。MOST 总线是新近开发的光数据传输系统，由于其传输速度高，非常适合于传输多媒体信息，如声音和视频信号。

MOST 总线最重要的特点如下。

（1）MOST 的一个重要的特征就是环形结构。数据在一个方向从一个控制单元向另一个控制单元进行传播，这个过程一直持续进行，直到首先发送数据的控制单元又接收到这些数据为止。

（2）环状结构简单，传输线少，数据传输率高。

（3）光纤传输信号不会产生任何电磁干扰，也不会受电磁干扰的影响。

4. Bluetooth 总线网络

Bluetooth 总线网络，又称“蓝牙技术”，实际上是指一种短距离无线电通信技术。蓝牙技术使得现代一些轻易携带的移动通信设备、固定通信设备、笔记本电脑、数字照相机、数字摄像机等，不必借助电线而以无线电就能联网。

在图 5-15 中，蓝牙技术用于车载电话与电话听筒的无线电通信。当用耳机收听收音机机、CD 机或电视机的声音时，如果采用蓝牙技术等无线电通信，将免去电线连接的麻烦，使用起来更方便。

蓝牙系统的特点如下。

（1）蓝牙系统数据传输采用频率为 2.40～2.48GHz 频段的无线电波，属于 ISM 频段，该频段在世界范围内无须协议或付费。

（2）蓝牙装置微型模块化。内于它所使用的波长特别短，可将天线、控制器、编码发送器和接收器均集成在蓝牙微型模块内。

5. 数据总线自诊断单元

在图 5-15 中，数据总线自诊断单元还起着网关作用，可以使不同的数据总线进行数据交换，保证不同的网络节点之间的通信。

数据总线自诊断单元可以自诊断网络中各节点出现的故障，并以故障码的形式存储下来。在诊断时，将汽车专用诊断仪器的连接线与数据总线自诊断接口相连，建立通信，就可以在汽车专用诊断仪的显示屏上显示汽车的故障，也可以显示发动机运行的技术数据，如发动机转速、节气门开度、进气量、温度等信息。

二、微机控制点火系统

（一）微机控制点火系统的组成

无触点电子点火系统在提高点火能量，避免高速次级电压下降等方面都是很有成效的。但是，其对点火提前角的调节，还是与传统点火系统一样。由于机械的滞后、磨损等原因，机械式的提前装置并不能保证发动机的点火特性总处于最佳。

为了提高汽车的动力性、经济性、减少排放，对发动机的点火系统要求也越来越高。因此现在很多发动机的点火系统中，已经不再应用真空及离心点火提前调节装置，而代之采用计算机控制的点火系统。在这种系统中，借助各种传感器测量发动机的运行状态及条件，经过计算机的处理与计算，在各种条件下，都可以将点火提前控制在最佳值。此外，计算机控制的点火系统还有一些其他的优点，如提高怠速稳定性，降低发动机燃油消耗，进行爆震控制等。

计算机控制的点火系统，如图 5-16 所示。它一般由各种传感器、微型计算机、点火控制器、配电器以及点火线圈等部分组成。

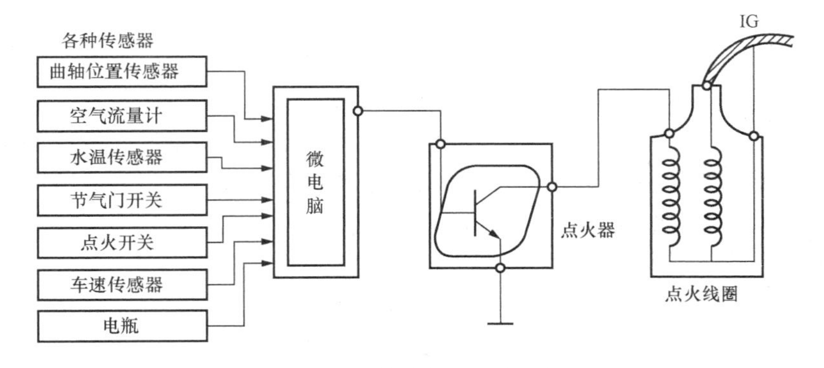

图 5-16　微机控制点火系统

1. 传感器

在计算机控制的点火系统中，要有正确识别发动机运行状态的各种传感器。把表征发动机运行工况的各种物理量、电量和化学量等信号转换成计算机能识别的数字信号，然后才能经过计算机进行处理、判断与运算，确定输出，对发动机进行点火控制。各系统所使用的传感器类型、数量等有所不同，但其作用大同小异。主要有以下几种：曲轴转角传感器、发动机转速传感器、空气流量传感器、进气温度传感器、冷却水温度传感器、节气门位置传感器、爆震传感器以及各种开关量输入，其中大部分传感器与燃油喷射、怠速转速控制等共用。

点火提前角闭环控制常用的传感器为爆震传感器。为了提高发动机的燃油经济性和动力性需要对点火定时进行调节，以使发动机汽缸中的燃烧及时完成，使燃烧最高压力在上止点后约12°左右到达。点火太迟，将使发动机中的燃烧压力下降；点火提前，发动机容易发生爆震。爆震是一种非正常燃烧，危害极大。为了控制发动机发生爆震，又使点火提前角一直处于最佳值，在发动机的控制系统中，应采用爆震传感器。以便在测得有爆震现象时，通过控制点火系统，及时推迟点火提前角，来消除爆震。

2. 电子控制单元

它是点火控制的核心部分，用来接收上述各种传感器的信号，经判断和运算后给点火控制器输出最佳点火提前角和闭合角的控制信号。

3. 点火控制器

它是微机控制点火系统的功率输出级，接受电子控制单元输出的点火控制信号，进行功率放大，并驱动点火线圈工作。

（二）闭环控制点火

汽油机爆燃的控制与调节是点火系统的一种闭环控制系统。它采用爆震传感器，对发动机的爆震进行检测与反馈，通过点火定时控制发动机在爆燃界限的附近区域工作，作为改善发动机动力性能的一种手段。

爆震燃烧是由于燃烧室内的末端混合气被压缩而造成的一种异常燃烧现象。爆燃产生时，在燃烧室内产生强度很大的压力波，其频率高达3～10kHz。该高频压力波传给汽缸体后，会使机体产生振动，同时还可以听到尖锐的金属敲缸声。爆燃对发动机的运行有害，发动机可能因严重的爆燃而损坏。发动机的爆燃倾向随压缩比的增加与燃烧质量的不稳定而增大。

爆燃控制的功能，应在发动机所有的工况下都可消除爆燃。当压缩比增高时，爆燃界限常常处在燃料消耗量最小的点火角范围内，或较迟些。装有爆燃控制装置的发动机可以设计成在这个范围内工作，而无需在发动机设计中，为考虑爆燃的安全性而留有余地。

发动机产生爆燃的原因很多，如发动机温度过高、负荷过大、汽油抗爆性差。消除爆燃的方法除减小负荷、降低温度外，最常用的是点火提前角。在发动机实际运行时，点火时刻对爆燃的影响很大，通过推迟点火提前角来消除爆燃是非常有效的。

当发动机在爆燃极限附近工作时，发动机的功率、燃油消耗都好。爆燃控制的目的，正是控制点火处于发动机性能最佳而又不产生爆燃的界限附近。

爆震的检测一般可用几种方法：①检测汽缸压力作为反馈信号；②检测发动机机体的振动；③直接检测发动机的燃烧噪声等。目前实用的方法是检测发动机机体的振动。

检测爆震信号时，还要考虑一些其他问题：①所选择的的电控系统的信噪比要高；②因为工作环境恶劣，使用传感器的耐久性要好；③传感器的安装与拆卸要方便等。

爆震传感器的输出信号中，常叠加有机械振动的噪声，以及点火等外加电气噪声。当爆震信号较小，与背景外加的噪声水平相当时，信噪比就变坏。这就要求爆震传感器在信噪比较小时也能良好地测得爆震。

为了提高爆震传感器的信噪比，可以在时域和频域两方面采取措施。时域内，在发动机发生爆震的曲轴转角范围内，检测爆震信号。在频域内，考虑应用共振型的爆震传感器，用滤波器对所测的信号进行滤波，以排除各种干扰的影响。

根据爆震传感器检测得到的信号，电控单元可以及时发现爆燃，闭环控制系统可以操纵发动机的点火系统，并按爆震的强度来控制点火提前角的推迟程度，消除爆震后又慢慢地将点火提前角复原，以保持发动机的点火正时控制在爆震界限下。控制系统可以通过设计，单独地推迟每个汽缸的点火角，以消除只存在某些受影响的汽缸中的爆燃，而其他无爆燃工作的汽缸，则仍继续以最佳的点火提前角工作。

三、电控机械式自动变速器

电控机械式自动变速器（automatic mechanical transmission，AMT）是在传统的手动齿轮式变速器基础上改进的。它结构简单，保留了干式离合器与手动变速器的绝大部分组成部件，只将其中的手动操作系统的换挡杆部分，改为自动控制机构，有电—液式、电—气式和全电式3种控制方式，其中采用最多的是电—液式。电控机械式自动变速器生产继承性好，改造投入费用少，易于被生产厂接受，是融合了自动（AT）与手动（MT）两者优点的机—电—液一体化产品。

（一）AMT基本原理

AMT的基本原理如图5-17所示。起步与换挡是控制功能的主要内容，驾驶员通过加速踏板和操纵杆向ECU传递控制信号，大量的传感器时刻掌握着车辆的行驶状态，ECU按存储于其中的控制程序：最佳换挡规律、离合器模糊控制规律、发动机供油自适应调节规律等，通过液压系统对离合器的分离与结合、变速器换挡进行控制；通过发动机节气门控制机构对发动机进行供油控制，并对三者的动作与时序实现最佳匹配，从而实现平稳起步与迅速换挡，使汽车获得优良的燃料经济性与动力性能。

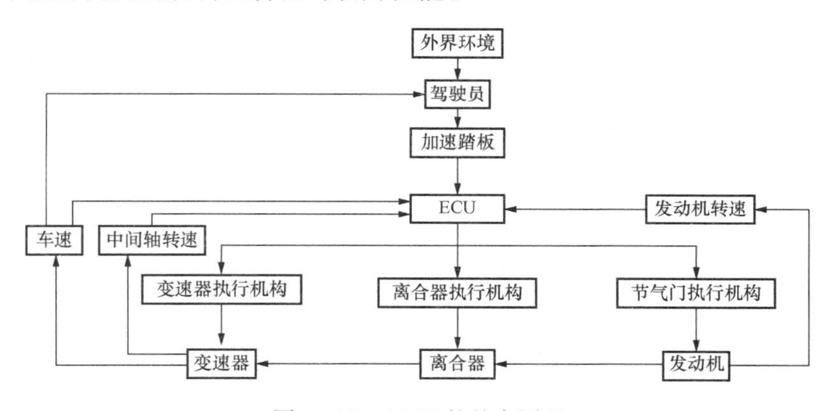

图5-17　AMT的基本原理

根据对发动机节气门控制方式的差异。AMT分为刚性AMT和柔性AMT。刚性AMT是指加速踏板和节气门之间有固定的机械联系，柔性AMT是指加速踏板和节气门之间不直接机械联系，而是通过电子控制器经步进电动机等执行机构控制节气门的“软”连接。一般地，在电喷发动机上采用刚性结构，在化油器发动机上则采用柔性结构。

（二）AMT的电子控制单元

如图5-18所示是AMT的电子控制单元框图。ECU由电源、CPU、存储器、输入电路与输出电路几部分组成。因各类传感器的增多（见表5-14），使输入电路也大为复杂。既有脉冲又有模拟、接点输入。而输出也增加了发动机供油控制、坡上辅助启动装置（HSA）等电路。

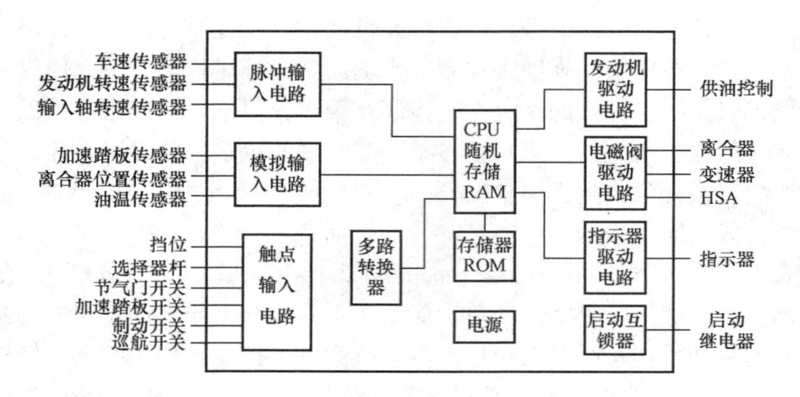

图 5-18　AMT 的电子控制单元框图

表 5-14　传感器的方式与主要功能

传感器	信号	方式	主要功能
车速传感器	脉冲	模拟仪表：开关 数字仪表：光电元件	检测停止状态，换挡规律的条件
发动机转速传感器	脉冲	点火脉冲	启动，变速时离合器的接合条件
输入轴转速传感器	脉冲	电磁传感器	离合器接合点的检测 挡位脱离的判定 车速传感器发生故障时的支撑功能
加速踏板传感器	模拟	电位计	节气门开闭控制信号
离合器位置传感器	模拟	电位计	离合器分离、接合控制 对离合器磨损的调整功能
油温传感器	模拟	热敏电阻	修正离合器控制
挡位开关	触点	加压式接点	检测挡位，确认换挡终了 指示器的显示
选择器开关	触点	摆动式接点	自动换挡及人工换挡的切换指示 指示灯开关
节气门开关	触点	微动开关	空载位置及全节气门位置的检测 加速踏板传感器的控制修正
加速踏板空载开关	触点	微动开关	启动显示 节气门侧的匹配调整
加速踏板全开开关	触点	微动开关	强制低挡的显示 节气门侧的匹配调整
制动开关	触点	加压式接点	自动巡航的暂时解除条件
巡航开关	触点	加压式接点	自动巡航控制（固定车速、加速、减速、解除等）

（1）变速控制。先将各种最佳换挡规律存储于微机，然后根据两参数或三参数控制换

挡。驾驶员干预的意图主要依靠踩加速踏板，必要时也可通过选择器。

（2）离合器控制。主要包括：①为了补偿离合器片的磨损，需查明离合器部分接合的起点，它是离合器控制的重要参考点；②车辆起步与换挡时离合器的接合控制；③离合器的分离控制；④二次离合（相当于手动换挡的两脚离合器）控制。

离合器的接合过程：根据离合器的最佳接合规律，确定目标接合行程的时间历程，即离合器的接合速度，其是由节气门开度、发动机转速、输入轴转速及离合器传递的转矩特性等参数控制的。在采样周期内，如果执行机构要求的目标接合行程 r 与实际接合行程 x 间有误差，为了减小或消除其误差，则采用比例—积分型调节器对电磁阀进行脉宽调制作自动校正，如图 5-19 所示。

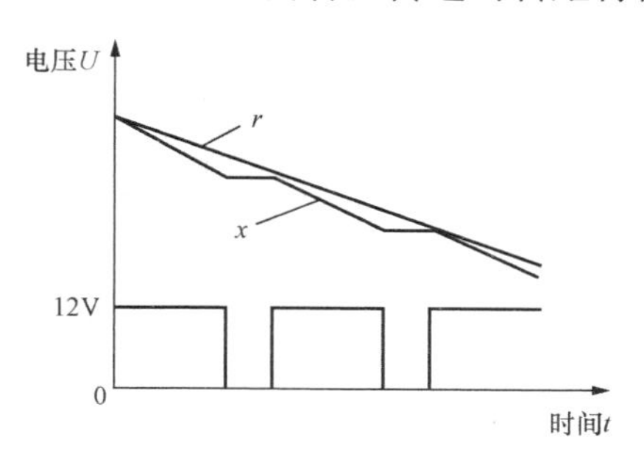

图 5-19 离合器行程的调节

（3）发动机供油控制。电喷发动机用间断供油与延迟点火实现对供油的控制。它可分为 3 个逻辑特性：发动机启动、加速控制和换挡时的控制。

换挡时的控制主要是对其转速的控制，目的是使其适应新的输入轴转速，从而减少换挡后离合器接合的冲击，以提高换挡顺平性。测出发动机转速与变速器输入轴转速的差异，即可对发动机进行控制。如升挡时，需发动机降速。当转速相差仍很大时，轿车和中、轻型货车常等待其自然降速，或通过同步器达到同步换挡；但对重型货车而言，因这部分惯量大，等待时间太长，超过通常的换挡时间 0.8～1.0s，则采取对离合器主动片进行制动或发动机制动等方法，实现快速同步。

在降挡时，如果转速差超过变速器同步容量允许值时，就需要进行两次离合器的操作，发动机再相应升速，以提高离合器主动片的转速，达到快速方便换挡的目的。

（4）起步控制。起步过程中，离合器行程释放的同时，节气门要进行相应的自适应调节，以便发动机工作状态能适应外部负载转矩的变化。在正常情况下，起步时，离合器接合期间，节气门开度随时间变化增大；由于某种原因，驾驶员突然松开油门打算中断起步时，节气门开度随时间变化减小，应快速分离离合器以免过分磨损。车辆以何种方式起步，按驾驶员输入意图来确定，一般有缓慢起步、正常起步、急速起步等形式。此外，道路状况对车辆起步也有较大影响。起步发生在坡道上时，为能可靠起步，配以坡道起步辅助装置 HSA 及相应控制规律。为确保各种情况下车辆起步并获得较好的起步品质，对离合器接合规律和节气门适应性调节规律的确定是起步中的难点。

（三）AMT 的液压系统

虽然电控机械式自动变速器有电—液式、电—气式和全电式 3 种控制方式，由于气体的体积可压缩性，换挡速度变慢，但对于有气源的车辆可以不用再为 AMT 增加能源、调压与蓄能器等设备，使成本降低；而全电式虽在价格、质量上有优势，但调整困难，还不太适合大量生产。故目前用得最多的仍是电—液控制方式，采用液压系统为其执行机构，有最快的换挡速度而且与其他液压系统可实现最佳配合（如与液力变矩器的匹配）。电控—液压执行机构如图 5-20 所示。

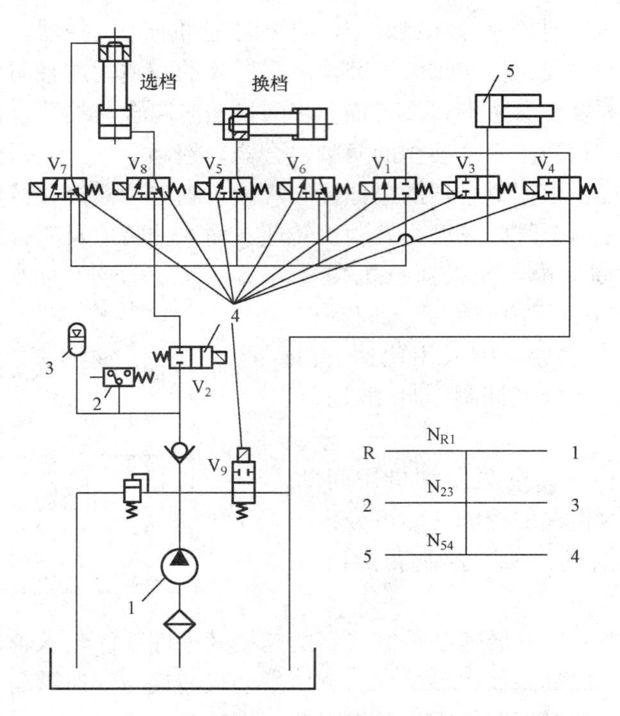

图 5-20　AMT 液压系统原理

1—油泵；2—压力继电器；3—蓄能器；4—电磁阀；5—离合器液压缸

1. 离合器的执行机构

离合器的执行机构是单作用液压缸，由电磁阀 V_1、V_3、V_4 控制，它们按需要有直径各不相同的节流孔，以满足最大接合速度；再将 V_3、V_4 组合，并由 ECU 进行脉宽调制，便可得到小于最大接合速度的任意速度。工作模式有分离、保持分离、接合及保持接合 4 种。

(1) 分离。电磁阀 V_1 开放，V_3、V_4 关闭，压力油进入液压缸使离合器分离，这是为防止发动机熄火，而正常换挡时需要。

(2) 保持分离。V_1、V_2、V_3 均关闭，缸内油压封闭，液压缸活塞不运动，离合器保持分离。

(3) 接合。V_1 关闭，V_2、V_3 分别或同时工作，由 ECU 对其进行脉宽调制，即脉冲越宽，接合速度越快，由传感器将其实际行程反馈给 ECU，如与要求的最佳接合规律不一致，则进行修正，以配合汽车起步、换挡等。

(4) 保持接合。以保证确实在新挡位行驶。

有平行式与相互正交两种，后者称 X－Y 换挡器，它们各有 3 个停止位置，组成矩阵方式，如图 5-20 所示。对 5 个前进挡 1 个倒挡的 AMT 而言，采用正交式比平行式可节省两个油缸，因而结构简单、紧凑。对于插入了选挡动作的换挡，其时间会比平行式略长，其液压缸是单杆型复动式，用二位三通阀控制油路，可使活塞正确可靠停于 3 个位置。其运动通过内部杆件传至拔叉，换挡与手动变速器相同。现以 1 挡换 2 挡为例说明其过程：先分离离合器，同时发动机收油；这时 ECU 指令换挡阀 V_6 换向，换挡液压缸动作，摘下 1 挡，进入空挡 N_{1R}；接着 ECU 又指令 V_7 换向，选挡液压缸动作，使选挡杆从 N_{1R} 进入 N_{23} 位置，挡位信号接通，表示选挡到位；此后，换挡阀 V_5 换向，换挡液压缸反向动作，从而换入 2 挡；换挡开关接通，ECU 令离合器接合，发动机自适应地恢复供油。

2. 发动机执行机构

对于电喷发动机，加速踏板和节气门之间为刚性连接，AMT 与其共享资源，用 CAN 总线通信使其在换挡时，按要求收节气门或加节气门，并使发动机点火延迟以提高换挡品质与降低污染。在化油器发动机上，通过电子控制器经步进电动机等执行机构控制节气门。

四、汽车电子控制防抱死制动系统

汽车防抱死制动系统（ABS），是汽车上的一种主动安全装置，用于汽车制动时防止车轮抱死拖滑，以提高汽车制动过程中的方向稳定性、转向控制能力和缩短制动距离，充分发挥汽车的制动效能。

（一）ABS 的作用

汽车在制动过程中，车轮抱死时危害较大，但滑移率在 20%左右时车轮与路面间的纵向附着系数最大，可获得最大地面制动力，能最大限度地缩短制动距离；同时车轮与路面间横向附着系数也较大，使汽车制动时能较好地保持方向稳定性和转向控制能力。ABS 能使汽车获得最佳制动性能，制动时防止车轮抱死，并将车轮滑移率控制在理想滑移率附近的狭小范围内。

ABS 是在传统制动系统的基础上，增加了一套防止车轮制动抱死的控制系统。该装置在汽车制动过程中，当车轮趋于抱死，即车轮滑移率进入非稳定区时，会迅速降低制动系统压力，使车轮滑移率恢复到靠近理想滑移率的稳定区内，通过自动、高频率地对制动系压力进行调节，使车轮滑移率保持在理想滑移率附近的狭小范围内，以达到充分利用车轮与路面间纵向峰值附着系数和较高的横向附着系数，实现防止车轮抱死和获得最佳制动性能。采用传统的制动系统进行制动时，尽管驾驶员可通过间歇地踩、放制动踏板防止车轮抱死，但无法精确地做到判断和控制，特别是在紧急制动时，不可能将车轮滑移率控制在理想范围之内，往往会使车轮抱死。尤其是汽车在结冰下雨打滑的路面上制动时，很容易产生侧滑、甩尾和失去转向控制能力，此时驾驶员易产生紧张情绪，缺乏安全感。

总之 ABS 的优点可概括为：①制动时保持方向稳定性；②制动时保持转向控制能力；③缩短制动距离；④减少轮胎磨损；⑤减少驾驶员紧张情绪。

（二）ABS 的组成

ABS 主要由传感器、ECU 和执行器三部分组成，其功能见表 5-15。

表 5-15　ABS 的组成及其功能

组成元件		功能
传感器	车速传感器	检测车速，给 ECU 提供车速信号，用于滑移率控制方式
	轮速传感器	检测车轮速度，给 ECU 提供轮速信号，各种控制方式均采用
	减速度传感器	检测制动时汽车的减速度，识别是否是冰雪等易滑路面，只用于四轮驱动控制系统

续表

组成元件		功能
执行器	制动压力调节器	接受ECU的指令，通过电磁阀的动作，控制制动系统压力的增加、保持或降低
	液压泵	受ECU控制，在可变容积式制动压力调节器的控制油路中建立控制油压
	回油泵	受ECU控制，在循环式制动压力调节器调节压力降低的过程中，将由轮缸流出的制动液经蓄能器泵回主缸，以防止ABS工作时制动踏板行程发生变化
	ABS警告灯	ABS系统出现故障时，由ECU控制将其点亮，向驾驶员发出报警，并由ECU控制闪烁显示故障代码
ECU		接受车速、轮速、减速度等传感器的信号，计算出车速、轮速、滑移率和车轮的减速度、加速度，并将这些信号加以分析、判别、放大，由输出级输出控制指令，控制各种执行器工作

（三）传感器

1. 轮速传感器

轮速传感器用于检测车轮的转速，并将转速信号输入ECU。轮速传感器一般都安装在车轮处，但有些驱动车轮的轮速传感器安装在主减速器或变速器中。目前ABS系统的轮速传感器主要有电磁感应式轮速传感器和霍尔效应式轮速传感器两种型式。

（1）电磁感应式轮速传感器。电磁感应式轮速传感器主要由传感头和齿圈组成。齿圈安装在随车轮一起转动的部件上，如半轴、轮毂、制动盘等，而传感头则安装在车轮附近不随车轮转动的部件上，如半轴套管、转向节、制动底板等。传感器与齿圈之间的间隙很小，通常只有0.5～1.0mm，多数轮速传感器是不可调的。但在一些后轮驱动的汽车上只在主减速器或变速器上安装一个电磁感应式轮速传感器。传感头安装在主减速器或变速器壳体上，齿圈安装在主减速器或变速器输出轴上。

（2）霍尔效应式轮速传感器。霍尔效应式轮速传感器具有输出信号不受转速影响、频率响应高、抗电磁抗干扰能力强等优点，被广泛应用于ABS轮速检测及其他控制系统的转速检测中。霍尔效应式传感器由传感头和齿圈组成，传感头由永磁体、霍尔元件和电子电路等组成。

2. 减速传感器

减速传感器，也称G传感器。用于测量汽车制动时的减速度，识别是否是雪路、冰路等易滑路面。减速传感器利用差动变压器原理获得加速度信号。汽车正常行驶时，差动变压器线圈内的铁芯处于线圈的中部位置，当汽车制动减速时，铁芯受惯性力（惯性力与汽车加速度或减速度的大小成正比，方向相反）作用向前移动，从而使差动变压器线圈内的感应电流发生变化，以此作为输出信号，来控制ABS系统的工作。铁芯产生的惯性力不同，其在线圈内所处的位置随之不同，减速传感器输出信号也不同。

四轮驱动汽车装用ABS系统时，减速传感器主要用于检测车身的减速度，一般采用的是水银开关型减速传感器。汽车处于水平位置时，开关处在“开”状态。汽车在低附着系数路面上制动时，由于减速度小，开关内的水银不移动，开关仍处于“开”状态；汽车在高附着系数路面上制动时，因为减速度较大，这样便可识别出路面的附着系数信息并传送到ECU。采用水银开关的减速传感器中，也有能传递前进和后退两个方面的路面附着系数信息，还有的在前进方向上并列了两个水银开关，即使一个有故障，另一个也能正常工作。

（四）电子控制单元

ECU主要用于接收轮速传感器及其他传感器输入的信号，进行放大、计算、比较，按照特定的控制逻辑，分析判断后输出控制指令，控制制动压力调节器进行压力调节。

ABS的ECU的硬件由安装在印刷电路板上的一系列电子元器件构成，目前大多数是由集成度高、运算速度快的数字电路构成，它们封装在金属壳体内，形成一个独立的整体；软件则是固存在只读存储器（ROM）中的一系列控制程序和参数。目前ABS ECU的内部电路和控制程序并不相同，但基本组成如图5-21所示。

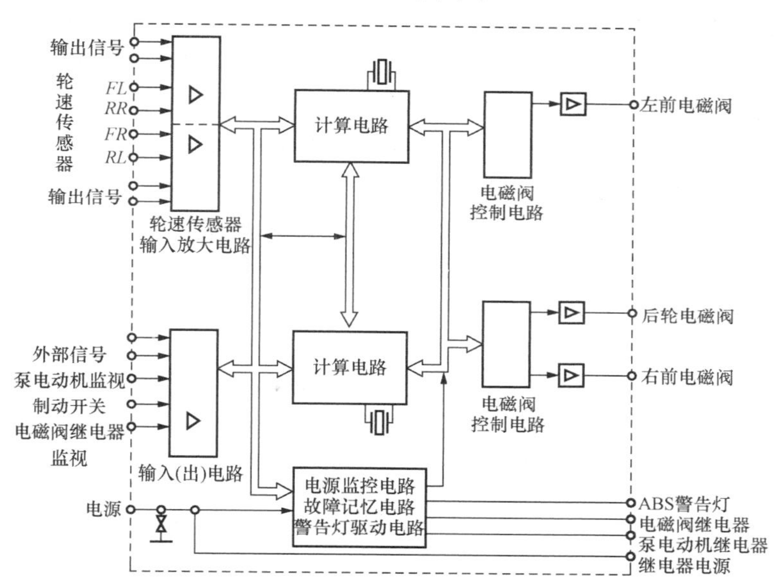

图5-21　ABS ECU内部电路框图（四传感器三通道系统）

1. 输入级电路

输入级电路是由低通滤波、整形、放大等组成的输入放大电路，用于对轮速传感器输入的交变信号进行预处理，并将模拟信号变成微机使用的数字信号。

不同ABS系统中，轮速传感器的数目不同，其输入信号电路数目也不同。为了对轮速传感器进行监测，依照轮速传感器数目的不同，计算电路还经输入电路输出相应的监测信号至各轮速传感器，然后再经输入电路将反馈信号送入计算电路。

输入电路还接收点火开关、制动开关、液位开关等外部信号。输入电路除传送轮速传感器监测信号外，还接收电磁阀继电器、泵电动机继电器等工作电路的监测信号，并将这些信号经处理后送入计算电路。

2. 计算电路

计算电路进行车轮线速度、初始速度、滑移率、加速度和减速度的运算、分析、处理，压力调节器电磁阀控制参数的运算和监控运算。

计算电路一般由两个微处理器组成，以保证系统工作安全可靠。两个微处理器接收同样的输入信号。在进行运算和处理的过程中，通过交互式通信，对两个微处理器的结果进行比较，如果处理结果不一致，微处理器立即使 ABS 系统退出工作，防止系统发生故障后导致错误控制。

计算电路不仅能检测 ECU 内部的工作过程，还能监测系统中有关部件的工作状况，如轮速传感器、泵电动机工作电路、电磁阀继电器工作电路等。当监测到这些电路工作不正常时，也立即向安全保护电路输出停止 ABS 系统工作的指令。

3. 输出级电路

输出级电路将计算电路输出的控制信号（如压力增加、保持、减小），转换成模拟控制信号，通过控制功率放大器向执行器（电磁阀）提供控制电流，驱动执行器工作。

4. 安全保护电路

安全保护电路由电源控制、故障记忆、继电器驱动和 ABS 警告灯驱动等电路组成。

安全保护电路接收汽车电源的电压信号，对电源电压是否稳定在规定的范围内进行监控，同时将 12V 或 14V 电源电压变成 ECU 内部需要的 5V 标准电压。同时还对继电器电路、ABS 警告灯电路进行控制。当 ABS 出现故障时，如电源电压过低、轮速传感器信号不正常及计算电路、电磁阀控制电路等有故障时，能根据微处理器的指令，切断有关继电器的电源电路，使 ABS 停止工作，恢复常规制动功能，起到失效保护作用。同时，将仪表板上的 ABS 警告灯点亮，提醒驾驶员 ABS 系统出现故障，应进行检修。并将故障信息存储在存储器内，以便自诊断时，将存储的故障信息调出，供维修时使用。

（五）德尔科 ABS VI 系统

通用车系采用的德尔科 ABS VI 系统，是一种对两前轮独立控制、对两后轮按低选原则一同控制的三通道四轮制动防抱死系统。采用变容式压力调节器，成本低、可靠性高，组成元件的车上布置情况如图 5-22 所示，系统控制电路如图 5-23 所示，ECU 接线端子见表 5-16。

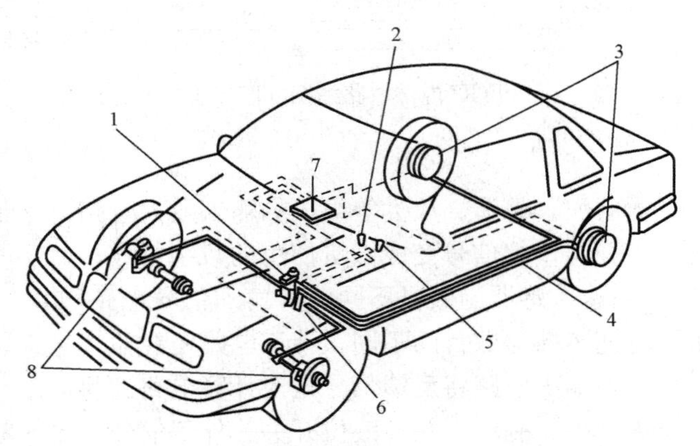

图 5-22 德尔科 ABS VI 系统组成元件的车上布置

1—制动总泵；2—制动警告灯（红色）；3—后轮制动器；4—制动液管路；
5—ABS 警告灯；6—压力调节器；7—ECU；8—前轮制动器

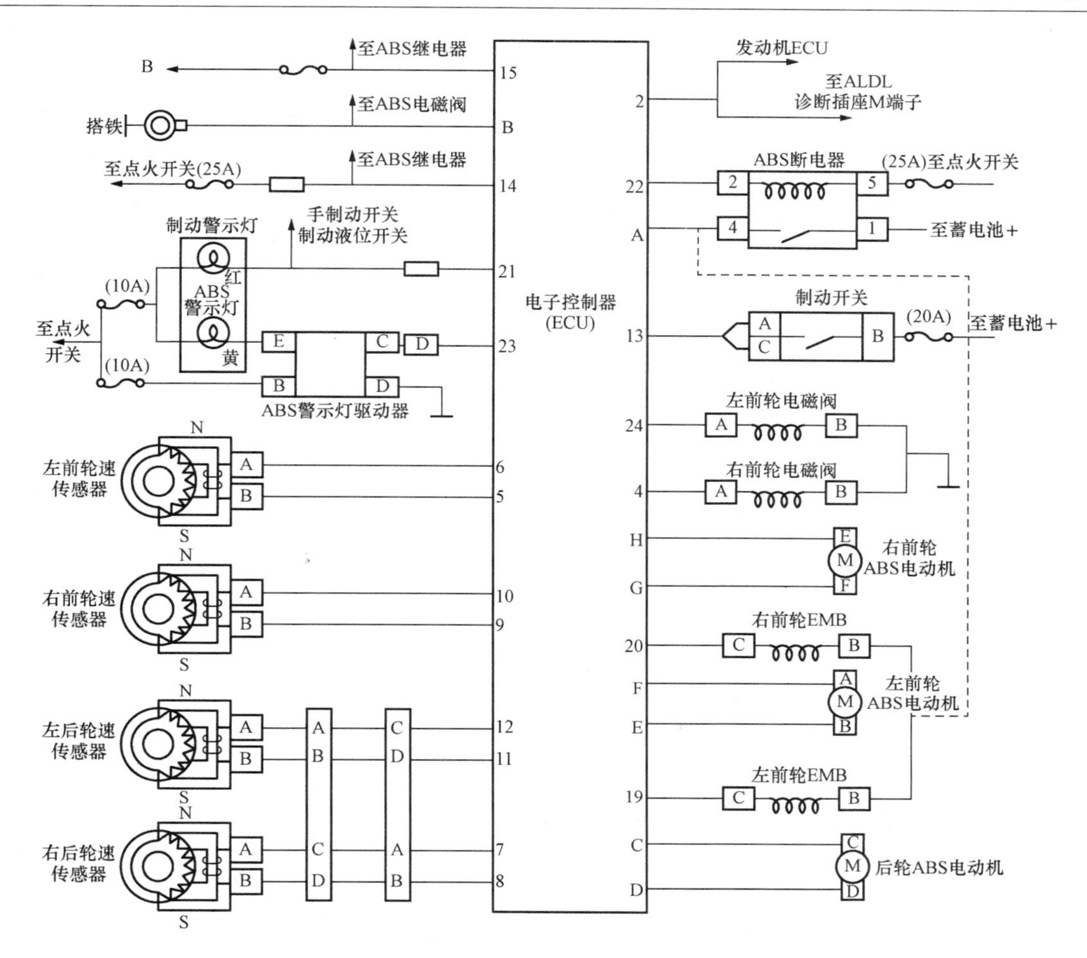

图 5-23　德尔科 ABS VI 系统控制电路

表 5-16　　**ECU 端子功能**

端子序号	端子名称	端子序号	端子名称
2	诊断插座串行数据输入输出端	20	右前轮 EMB 控制端
4	右前轮电磁阀控制端	21	制动警告灯控制端
5	左前轮转速传感器信号（L）	22	ABS 继电器控制端
6	左前轮转速传感器信号（H）	23	ABS 警告灯控制端
7	右后轮转速传感器信号（H）	24	左前轮电磁阀控制端
8	右后轮转速传感器信号（L）	A	ABS 继电器电源输入端
9	右前轮转速传感器信号（L）	B	搭铁线（接地）
10	右前轮转速传感器信号（H）	C	后轮 ABS 电动机控制端（H）
11	左后轮转速传感器信号（L）	D	后轮 ABS 电动机控制端（L）
12	左后轮转速传感器信号（H）	E	左前轮 ABS 电动机控制端（L）
13	制动开关信号输入端	F	左前轮 ABS 电动机控制端（H）
14	点火开关信号输入端	G	右前轮 ABS 电动机控制端（L）
15	接蓄电池	H	右前轮 ABS 电动机控制端（H）
19	左前轮 EMB 控制端		

第四节　特种设备的机电一体化

一、特种设备

特种设备是指涉及生命安全、危险性较大的锅炉、压力容器（含气瓶，下同）、压力管道、电梯、起重机械、客运索道、大型游乐设施和场（厂）内专用机动车辆共八种设备。其中锅炉、压力容器（含气瓶）、压力管道为承压类特种设备；电梯、起重机械、客运索道、大型游乐设施为机电类特种设备。根据《特种设备安全监察条例》和《2013—2017年中国特种设备检验检测行业市场前瞻与投资战略规划分析报告》，各种特种设备的技术参数或定义如下。

（一）锅炉

锅炉是指利用各种燃料、电或者其他能源，将所盛装的液体加热到一定的参数，并对外输出热能的设备，其范围规定为容积大于或者等于30L的承压蒸汽锅炉；出口水压大于或者等于0.1MPa（表压），且额定功率大于或者等于0.1MW的承压热水锅炉；有机热载体锅炉。锅炉结构由两大组成部分："锅"部分，盛装受热介质的容器；"炉"部分，燃烧或者加热设备。

1. 锅炉分类

（1）按燃料种类可分为：燃煤锅炉、燃油锅炉、燃气锅炉、核能锅炉、电加热锅炉、余热（废热）锅炉甚至还有以垃圾为燃料的锅炉。

（2）按用途可分为：电站锅炉、工业锅炉、生活锅炉。

（3）按工作介质不同可分为：以水为介质的蒸汽锅炉、热水锅炉，以导热油为介质的有机热载体锅炉。

（4）按结构形式可分为：立式锅炉、卧式锅炉；锅壳锅炉、水管锅炉、组合锅炉，快装、组装和散装锅炉等。

2. 锅炉的基本参数

（1）额定蒸发量（对于蒸汽锅炉），吨/小时（t/h）。

（2）额定热功率（对于热水锅炉和有机热载体锅炉），MW。单位换算：0.7MW＝700kW＝1.0t/h。

（3）工作压力，MPa。单位换算：0.1MPa≈1kgf/cm^2。

3. 锅炉主要安全附件

（1）安全阀。防止锅炉超压运行，压力超过就自动开启，压力正常后，安全阀自动关闭。安全阀每年检验一次，司炉工一般应每月进行手动试验。

（2）压力表。显示压力就是锅炉的工作状态，提示操作人员采取措施。压力表应定期校验。

（3）水位计（水位表）。监视锅炉的水位，锅炉缺水易引发事故。

（4）其他有高低水位报警装置，熄火保护装置等。

4. 锅炉实物图

图5-24所示为不同的锅炉实物图。

图 5-24　锅炉实物图

(a) 快装链条锅炉；(b) 循环流化床锅炉；(c) 立式燃油（气）锅炉；
(d) 卧式燃油（气）锅炉；(e) 低压热水锅炉；(f) 高压热水锅炉；
(g) 立式横水管锅炉；(h) 立式汽水二用锅炉

（二）压力容器

压力容器是指盛装气体或者液体，承载一定压力的密闭设备，其范围规定为最高工作压力大于或者等于 0.1MPa（表压），且压力与容积的乘积大于或者等于 2.5MPa・L 的气体、液化气体和最高工作温度高于或者等于标准沸点的液体的固定式容器和移动式容器；盛装公称工作压力大于或者等于 0.2MPa（表压），且压力与容积的乘积大于或者等于 1.0MPa・L 的气体、液化气体和标准沸点等于或者低于 60℃液体的气瓶；氧舱等。压力容器主要由壳体、封头、法兰组成。压力容器的结构主要考虑承压能力。

1. 压力容器分类

(1) 按工作压力分类有：①低压容器（工作压力0.1～1.6MPa）；②中压容器（工作压力1.6～10MPa）；③高压容器（工作压力10～100MPa）；④超高压容器（工作压力大于或者等于100MPa）。

(2) 按使用材料分有：钢制压力容器、有色金属压力容器、非金属压力容器三种。

(3) 按使用方式分有固定式压力容器、移动式压力容器、气瓶、氧舱四种。固定式压力容器可分为：储存容器、分离容器、换热容器、反应容器。移动式压力容器可分为：汽车罐车、铁路罐车、罐式集装箱。气瓶可分为：无缝气瓶和焊接气瓶，盛装不同介质的气瓶对技术要求和监督有不同要求。

(4) 按《压力容器安全技术监察规程》分类：一类、二类、三类危险性依次增加，一般根据压力等级和介质的危害性来区分，类别越高一旦发生事故危害性越大。

2. 压力容器主要参数

(1) 设计压力，单位为MPa。

(2) 工作压力，单位为MPa。

(3) 容积，单位为m^3。

3. 压力容器主要安全附件

(1) 安全阀。防止压力容器超压运行，压力超过就自动开启，压力正常后，安全阀自动关闭。安全阀应定期校验。

(2) 压力表。显示压力容器的实时工作压力，提示操作人员采取措施。压力表应定期校验。

(3) 爆破片。是人为设置的压力容器上最薄弱点，一旦压力容器超压，爆破片破裂，使压力下降，与安全阀不同的是不能自动关闭，只能更换。

(4) 快开门式压力容器的安全联锁保护装置。

4. 压力容器实物图

图5-25所示为压力容器实物图。

(三) 压力管道

压力管道是指利用一定的压力，用于输送气体或者液体的管状设备，其范围规定为最高工作压力大于或者等于0.1MPa（表压）的气体、液化气体、蒸汽介质或者可燃、易爆、有毒、有腐蚀性、最高工作温度高于或者等于标准沸点的液体介质，且公称直径大于25mm的管道。

1. 压力管道分类

(1) 长输管道：产地、储存库、使用单位间的用于输送商品介质的管道。GA类（跨省，跨国家），GA1级、GA2级。

(2) 公用管道：城市或乡镇范围内的用于公用事业或民用的燃气管道和热力管道。GB类（燃气管道GB1级和热力管道GB2级）。

(3) 工业管道：企业、事业单位所属的用于输送工艺介质的工艺管道、公用工程管道及其他辅助管道。GC类，GC1级、GC2级、GC3级。

2. 压力管道的组成

压力管道两大类元件：压力管道组成件和压力管道支承件。

图 5-25　各种压力容器实物图

(a) 储存容器；(b) 氨液分离器；(c) 反应容器；(d) 换热容器；
(e) 氧气瓶；(f) 二氧化碳瓶；(g) 液氯瓶；(h) 液氨瓶；
(i) 液化石油气钢瓶；(j) 氧舱

(1) 压力管道组成件包括管子、管件、法兰、垫片、紧固件、阀门等。

(2) 压力管道支承件包括吊杆、支吊架、支撑杆、导轨等。

3. 安全附件

与锅炉压力容器基本相似，安全阀、压力表、紧急切断装置。

4. 压力管道实物图

图 5-26 所示为各类压力管道实物图。

(四) 电梯

电梯是指动力驱动，利用沿刚性导轨运行的箱体或者沿固定线路运行的梯级（踏步），进行升降或者平行运送人、货物的机电设备，包括载人（货）电梯、自动扶梯、自动人行道等。电梯是日常生活中比较常见的一种用于建筑物内的交通工具。1852 年世界上第一台电

图 5-26　各种压力管道实物图

（a）长输管道；（b）燃气管道；（c）热力管道；（d）工业管道

梯在德国诞生，现代电梯是在 1903 年美国人奥的斯发明防坠落安全保护装置后得到普遍使用，是依靠轿厢或梯级（踏步）输送人和货物的机电设备。

1. 电梯分类

（1）按大类一般分为：①载人（货）电梯（垂直升降）；②杂物电梯（只能载货，且对运行速度、提升高度、轿厢面积和高度有限制）；③自动扶梯（梯级，倾斜角一般为 30°～45°）；④自动人行道（踏步，水平或有一定倾斜角，一般≤12°）。

（2）按用途分：乘客电梯、载货电梯（也可载人）、杂物电梯（不可载人）、病床电梯、观光电梯、专用电梯等。

2. 主要参数

额定速度（m/s）、额定载重量（kg）、层站数。

3. 主要安全保护装置

电梯安全保护装置是特种设备中最多的，如限速器、安全钳、缓冲器、门锁等各种电气联锁和保护装置等。

4. 各种电梯实物图

图 5-27 为各种电梯实物图。

（五）起重机械

起重机械是指用于垂直升降或者垂直升降并水平移动重物的机电设备，其范围规定为额定起重量大于或者等于 0.5t 的升降机；额定起重量大于或者等于 1t，且提升高度大于或者等于 2m 的起重机和承重形式固定的电动葫芦等。

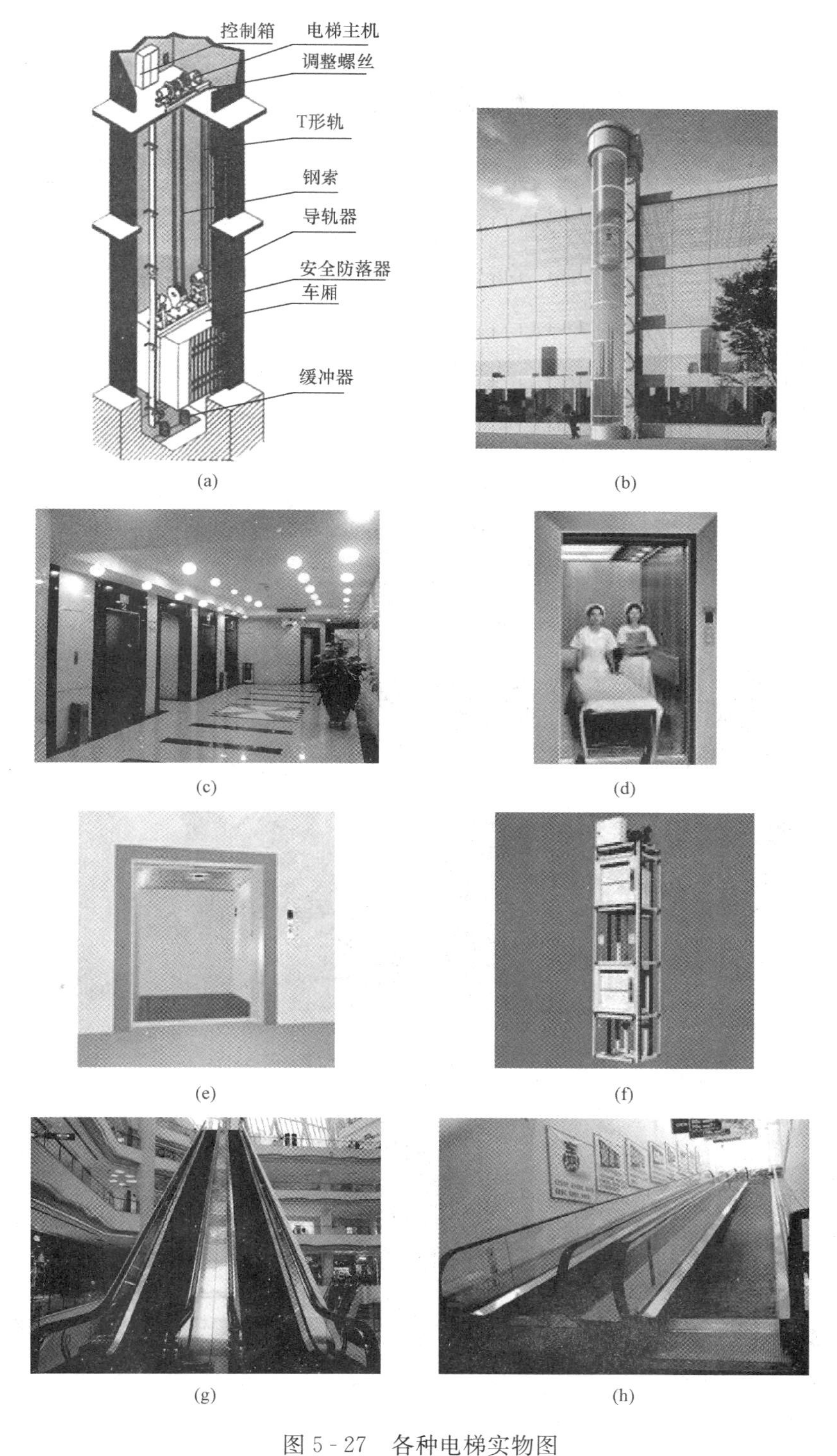

图 5-27　各种电梯实物图

(a) 电梯构造图；(b) 观光电梯；(c) 乘客电梯；(d) 病床电梯；(e) 载货电梯；(f) 杂物电梯；(g) 自动扶梯；(h) 自动人行道

1. 起重机械分类

起重机械包括桥式起重机、门式起重机、塔式起重机、流动式起重机、铁路起重机、门座式起重机、升降机、缆索起重机、桅杆起重机、旋臂式起重机、轻小型起重设备、机械式停车设备（也称立体车库）。

2. 主要参数

起重机械的主要参数有额定起重量（t）、起升高度（m）、运行速度（m/min）、跨度和幅度（m）。

3. 主要安全保护装置

起重机械的主要安全保护装置有极限位置限制器（限位）、缓冲器、防风防爬装置、安全钩、超载保护装置等。

4. 起重机械实物图

图 5-28 所示为各类起重机械实物图。

(a) (b) (c) (d) (e) (f) (g)

图 5-28　各种起重机械实物图

(a) 通用门式起重机（双梁）；(b) 简易门式起重机（电动葫芦）；(c) 通用桥式起重机（双梁）；(d) 电动葫芦桥式起重机（单梁）；(e) 塔式起重机；(f) 港口台架式起重机；(g) 履带式起重机

（六）客运索道

客运索道是指动力驱动，利用柔性绳索牵引箱体等运载工具运送人员的机电设备，包括客运架空索道、客运缆车、客运拖牵索道等。

1. 客运索道分类

（1）客运架空索道。

（2）客运拖牵索道，滑雪、滑水场用，乘客在运行中不离开地（水）面。

（3）客运缆车，地面有轨道承载运载工具。

2. 客运索道实物图

图 5-29 所示为各种客运索道实物图。

(a)　(b)

(c)

图 5-29　各种客运索道实物图

(a) 客运架空索道；(b) 客运拖牵索道；(c) 客运缆车

（七）大型游乐设施

大型游乐设施是指用于经营目的，承载乘客游乐的设施，其范围规定为设计最大运行线速度大于或者等于 2m/s，或者运行高度距地面高于或者等于 2m 的载人大型游乐设施。

1. 分类

大型游乐设施可分为观览车类、滑行车类、架空游览车类、转马类、自控飞机类、陀螺类、飞行塔类、小火车类、碰碰车类、电池车类、观光车类、水上游乐设施、无动力游乐设施 13 类。

2. 主要安全装置

大型游乐设施的主要安全装置有安全带、安全压杆、锁紧装置、制动装置、超速限制装置、缓冲装置、安全网（防护罩）等。

3．大型游乐设施图

图 5 - 30 所示为部分大型游乐设施图。

图 5 - 30　部分大型游乐设施图

（a）过山车；（b）旋转直升机；（c）高空脚踏车；（d）碰碰车

（八）场（厂）内专用机动车辆

场（厂）内专用机动车辆是指除道路交通、农用车辆以外仅在工厂厂区、旅游景区、游乐场所等特定区域使用的专用机动车辆。如电平车、游览用电动车等。部分场（厂）内专用机动车辆实物图如图 5 - 31 所示。

图 5 - 31　部分场（厂）内专用机动车辆实物图

（a）叉车；（b）挖掘机；（c）堆土机；（d）装载机；

（e）堆朵机；（f）电瓶车（目前以大型游乐设施许可）

二、电梯

（一）电梯的基本结构

电梯是一种解决垂直运输的交通工具，与人们的日常生活紧密联系，主要由曳引机、控制柜、轿厢、门、导轨、限速器、缓冲器、对重装置、随行电缆和曳引机钢丝绳等部件组成。电梯结构如图 5-32 所示。整个电梯按不同的功能可以分为八大系统，见表 5-17。

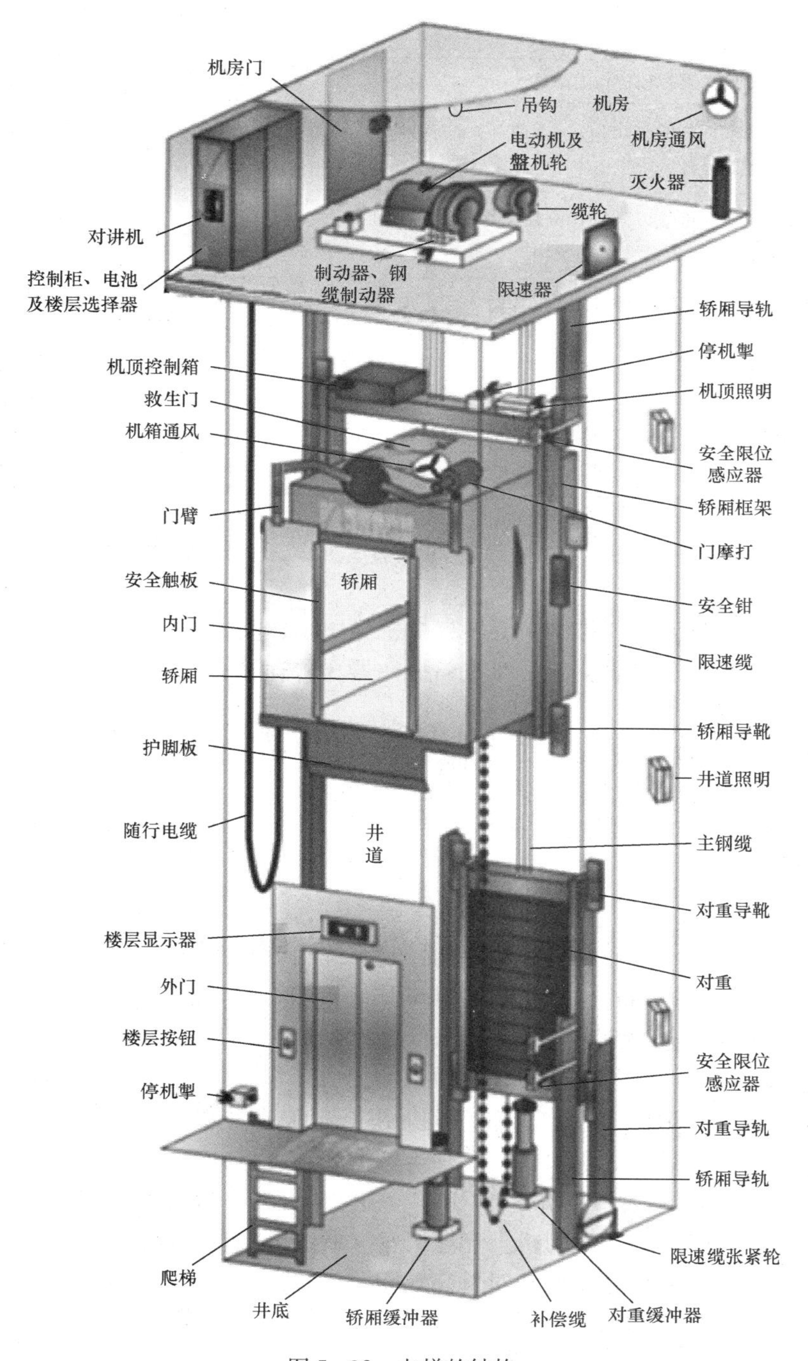

图 5-32 电梯的结构

表 5-17 电梯的八大系统

八大系统	功　　能	主要组成构件
曳引系统	输出与传递动力，驱动电梯运行	曳引机、曳引钢丝绳、导向轮、返绳轮、制动器
导向系统	限制轿厢和对重活动自由度，使轿厢和对重只能沿着导轨运动	对重导轨、导靴、导轨架
轿厢	用以运送乘客和货物的组件	轿厢架、轿厢
门系统	乘客或货物的进出口，运行时门必须封闭，到站时才能打开	轿厢门、层门、门锁、开门机、关门防夹装置
重量平衡系统	平衡轿厢重量以及补偿高层电梯中曳引绳重量的影响	对重、补偿链（绳）
电力拖动系统	提供动力，对电梯实行速度控制	供电系统、电机调速装置
电气控制系统	对电梯的运行实行操纵和控制	操纵盘、呼梯盒、控制柜、层楼指示、平层开关、行程开关
安全保护装置	保证电梯安全使用，防止一切危及人身安全的事故安全	限速器、安全钳、缓冲器端站保护、超速保护、断相错相保护、上下极限

按照电梯所在的位置，可以将其分为四部分：电梯机房、电梯井道、电梯轿厢、电梯层站。

• 电梯机房：电源开关、控制柜、曳引机、导向轮、限速器等。

• 电梯井道：导轨、导轨支架、对重、缓冲器、限速器张紧装置、补偿链、随行电缆、底坑、井道照明等。

• 电梯轿厢：轿厢、轿厢门、安全钳装置、平层装置、安全窗、导靴、开门机、轿内操纵箱、指层灯、通讯报警装置等。

• 电梯层站：层门（厅门）、呼梯装置（召唤盒）、门锁装置、层站开关门装置、层楼显示装置等。

1. 电梯机房

电梯机房是电梯的大脑和心脏，电梯的控制系统和动力系统均安装在此。机房内安装了电梯曳引机（traction machine）、导向轮（guide wheel）、控制屏（control cabinet）、限速器（runaway governor）、电源控制箱（master power switch）等主要设备。

大多数类型电梯的电梯机房位于井道顶部的上方，简称“上机房”。因建筑物结构的限制，电梯机房可设在井道的下方，简称“下机房”；或设在井道的侧面，称为“侧机房”。

（1）曳引机和曳引系统。曳引机为电梯运行提供动力，分为有齿轮曳引机（用于中低速度电梯）和无齿轮曳引机（用于高速电梯）。它由电动机、制动器、制动联轴器、减速箱（无齿轮曳引机没有减速箱）、曳引机、光电码盘（调速电梯装有此设备）和底座组成。曳引机通过曳引钢丝绳经导向轮将轿厢和对重装置联结，并且联结点在重力的中心，使得驱动时消除了轿厢和对重对导轨的水平负荷力，减少了摩擦和运行振动及噪声。曳引机的输出转矩通过曳引钢丝绳传送给电梯轿厢，驱动力是通过曳引绳与绳轮之间的摩擦力产生的。曳引拖动的一个内在的安全特点是当轿厢或对重任一边蹲底时，电梯就会失去曳引力。也就是说，曳引机可以继续运转，但驱动力不会传到钢丝绳上。因此，无论是轿厢还是对重都不会被提升到井道顶部而冲顶。

电梯曳引机有多种类型，如图 5-33 所示。按照传动形式分，有以下几种。

1）涡轮蜗杆传动曳引机。用交流或直流电机驱动，通过涡轮涡杆减速装置将电机的驱动力传递到曳引轮。涡轮减速机具有噪声低、振动小、运行平稳之优点，但其传动效率低，适用于速度为 2.0m/s 及以下的电梯。这种减速机能产生很大的齿轮减速比，因此就可以使得曳引机功率不变而体积更加小巧，而且由于在相同的箱体中可以利用多种减速比的组合，因而可以产生多种规格。齿轮减速装置由黄铜涡轮和钢制涡杆构成，驱动曳引轮可以装在右手方也可以装在左手方，涡杆可以装在涡轮下方也可以装在上方。

2）斜齿轮传动曳引机。斜齿轮减速装置内摩擦系数小，传动效率高。驱动电机有交流和直流两种，多用交流电机驱动。其最大特点是传动效率高、节能。限制噪音是这种机器的主要技术关键。

3）行星齿轮曳引机。多用交流电机驱动，具有体积小、结构紧凑、传动效率高等优点。

4）无齿轮曳引机。这种电动机是将曳引轮直接安装在电动机轴上，曳引机可以用于较高楼层的建筑，提升速度可达 15m/s。

图 5-33 所示为几种类型的曳引机图。

(a)

(b)

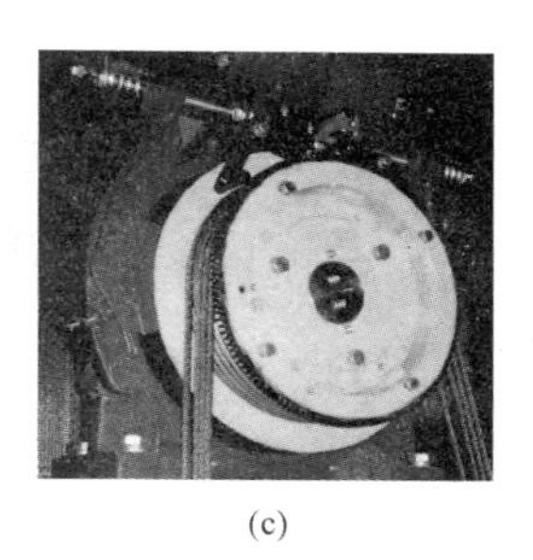

(c)

图 5-33　曳引机

(a) 涡轮蜗杆曳引机；(b) 行星传动曳引机；(c) 蓝光永磁同步无齿轮曳引机

按供电形式分主要有以下几种。

1）直流无齿轮曳引机。无齿轮曳引机最早用于电梯曳引的是直流电动机，具有可以准确地控制加速、减速，最高速度及准确之特点。

2）交流永磁同步无齿轮曳引机。稀土永磁材料的发展使制造交流永磁同步无齿轮曳引机成为现实。交流永磁同步电动机突出特点是功率因数几乎等于 1，在同等参数下，永磁同步电动机功率增大，输出转矩也就提高了。通过与电动机同轴的驱动曳引轮实现直接驱动，无须减速机。具有传动效率高，振动与噪声小，结构简单，易维护等特点。

整个曳引系统由曳引机、曳引钢丝绳、导向轮、反绳轮等部件组成。它们的作用分别为：①曳引机，是电梯轿厢升降的主拖动机械；②曳引钢丝绳，其两端分别连接轿厢和对重（或者两端固定在机房上），依靠钢丝绳与曳引轮绳槽之间的摩擦力来驱动轿厢升降；③导向轮，分开轿厢和对重的间距，采用复绕型时还可增加曳引能力，导向轮安装在曳引机架上或承重梁上。

（2）电动机。电梯使用电动机的特征为：具有断续周期性工作、频繁启动、正反方向运转、较大的启动转矩，较硬的机械特性、较小的启动电流等特性。电梯用电动机分为交流电动机和直流电动机两种。交流电动机分为异步电动机、同步电动机和永磁同步电动机。GB 12974—2012《交流电梯电动机通用技术条件》，对交流电梯电动机的额定频率、额定电压、额定功率做出如下规定：①定频率、额定电压分别为50Hz、380V；②额定功率为4kW、5.5kW、7.5kW、11kW、15kW、18.5kW、22kW、30kW、37kW；③电动机极数分为单速4极，双速4/16极、4/18极或4/24极；④电动机的轴向串动量不大于3mm。

交流电动机所需功率可用下面经验公式计算出

$$N=\frac{QV(1-q)}{102\eta R_t} \tag{5-5}$$

式中 Q——电梯额定载重，kg；

V——电梯额定速度，m/s；

q——电梯对重平衡系数，取0.4～0.5；

η——电梯机械总效率，有齿轮取0.5～0.1，无齿轮取1.05～0.1；

R_t——电梯曳引钢丝绳的倍率（曳引比）。

直流电动机为它激式，一般采用可控硅整流装置供电。

（3）制动器。制动器是电梯曳引机中最重要的安全装置，能使运行的电梯轿厢和对重在断开后立即停止运行，并在任何停车位置定位不动，如图5-34所示。

图5-34 制动器

电梯一般都采用长闭式双瓦块式型直流电磁制动器，其性能稳定、噪音少、制动可靠。即使是交流电梯也配用直流电磁制动器，所用直流电源由专门的整流装置供给。对于有齿轮曳引机，其制动器装在电动机与减速箱输入轴的带制动轮联轴器上；对无齿轮曳引机，制动器常常与曳引机轮铸成一体，直接装在电动机轴上。当电动机通电时，电梯准备启动时，制动器立即上电松闸；当电梯停止运行，或电动机掉电时，制动器立即断电并靠弹簧力使制动器制动，曳引机停车运行并制停轿厢。

对于制动器的工作有如下要求：①合闸时，闸瓦现制动轮的工作面相互接触的有效面积应大于闸瓦制动面积的80%；②松闸时，两侧闸瓦应同时离开制动轮；③两侧闸瓦与制动轮表面的间隙不大于0.7mm。

（4）减速器。减速箱的作用是降低曳引机输出转速，增加输出转矩，并使逆转带有机械锁定功能。一般为一级蜗轮减速器，由蜗轮和蜗杆组成，由带主动轴的蜗杆与安装在壳体轴承上带从动轴的蜗轮。还有高效的行星齿轮、斜齿轮传动减速形式。蜗杆传动有圆柱形蜗杆和圆弧面蜗杆传动两大类。圆柱形蜗杆传动又分为阿基米德螺线蜗杆、延伸渐开线和K形齿轮蜗杆。

按照减速箱中蜗杆与蜗轮的相对位置，又有蜗杆上置、下置、立式蜗杆传动三种。

蜗轮蜗杆传动减速箱特点是：传动比大（可达18～120）、噪声小、传动平稳、结构紧凑、体积较小、安全可靠；而且当由蜗轮传动蜗杆时，反效率低，有一定的自锁能力；可以增加电梯制动力矩安全系数，增加电梯停车时的安全性。

斜齿轮传动减速箱特点：传动效率高，曳引机整体尺寸小、质量轻，但有更高的质量要求。

(5) 曳引轮。曳引轮如图 5-35 所示。以钢丝绳曳引的电梯及其轿厢和对重，是用曳引钢丝绳绕着曳引轮并且悬挂在曳引轮上的，利用他们之间的摩擦力使轿厢上下运动。常用的曳引轮绳槽形式有半圆槽、带切口半圆槽、V 形槽，如图 5-36 所示。

图 5-35　曳引轮

各种曳引轮绳槽形式的优缺点如下。

1) 半圆绳槽。与钢丝绳的接触面积最大，钢丝绳在绳槽中变形小、摩擦小，有利于延长使用寿命。但其摩擦系数小，所以必须增大包角才能提高其曳引能力。一般只能用于复绕式电梯，常见于高速电梯。

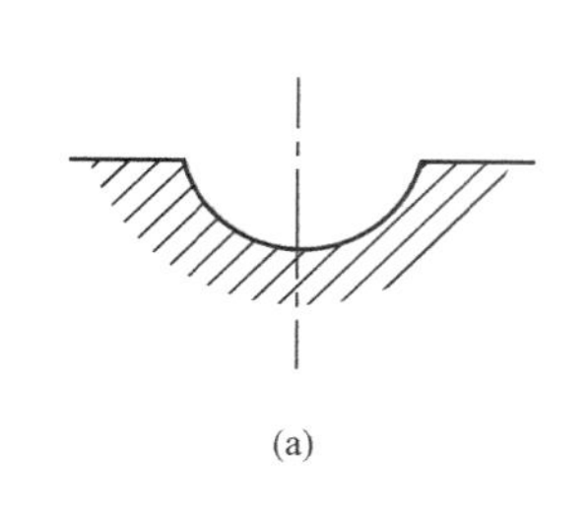

(a)

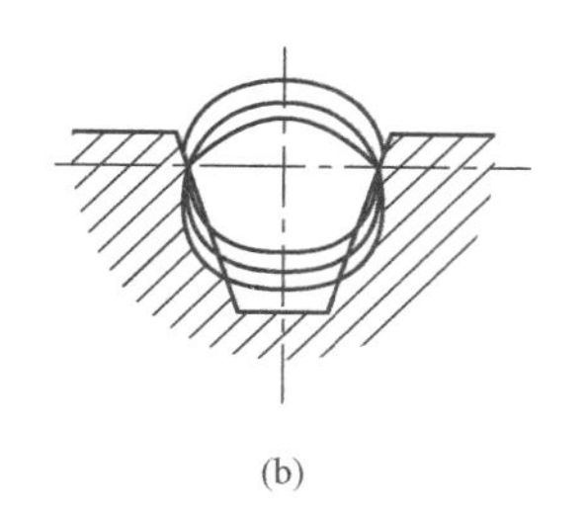

(b)

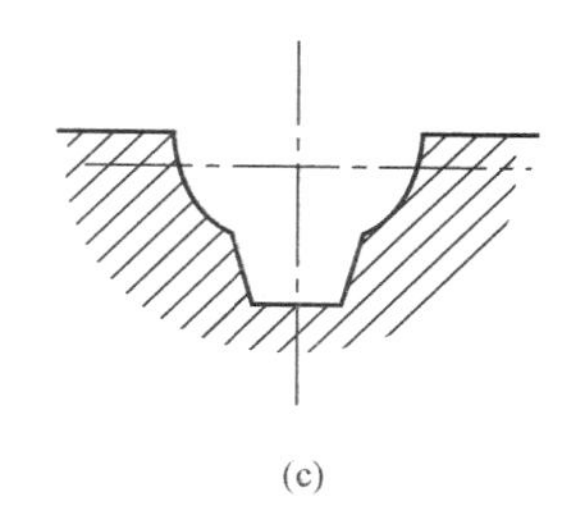

(c)

图 5-36　曳引轮绳槽形式

(a) 半圆槽；(b) V 形槽（或楔形槽）；(c) 带切口半圆槽

2) 带切口半圆槽。槽底部切制了一个楔形槽，使钢丝绳在沟槽处发生弹性变形，有一部分楔入槽中，使得当量摩擦系数大为增加，一般可为半圆槽的 1.5～2 倍。由于有这一优点，使这种槽形在电梯上应用最为广泛。

3) 楔形槽。其有较大的当量摩擦系数，钢丝绳与绳槽的磨损较快，因此，一般只在杂物梯等轻载低速电梯上才被采用。

钢丝绳的缠绕方式分为半绕式（包角小于 180°）和全绕式（最大包角可达 330°）。曳引轮直径要大于钢丝绳直径的 40 倍，一般在 45～55 倍。

曳引轮安装位置有如下两种。

1) 有齿轮曳引机安装在减速器中的蜗轮轴上。

2) 无齿轮曳引机安装在制动器的旁侧，与电动机轴、制动器轴在同一轴线上。

曳引轮工作原理：当曳引轮转动时，通过曳引绳和曳引轮之间的摩擦力（也叫曳引力），驱动轿厢和对重装置上下运动。

曳引轮的材质对曳引钢绳和绳轮本身的使用寿命都有很大影响。由于曳引轮要承受轿厢、载重量、对重等装置的全部重量，所以在材料上多用球墨铸铁，以保证一定的强度和韧性；因为球状石墨结构能减少曳引钢丝绳的磨损。

(6) 曳引钢丝绳及端接装置（hoist rope and fastening）。曳引钢丝绳由钢丝、绳股和绳芯组成，如图 5-37 所示。

图 5-37 曳引钢丝绳、绳股、绳芯

钢丝是钢丝绳的基本强度单元，要求有很高的韧性和强度，通常由含碳量为 0.5%～0.8%的优质碳钢制成。钢丝的质量根据韧性的高低，即耐弯次数的多少，可分为特级、Ⅰ级、Ⅱ级，电梯采用特级钢丝。我国电梯使用的曳引绳钢丝的强度有 1274、1372 和 1519N/mm^2 三种。绳股按绳股的数目有 6、8 和 18 股绳之分。股数多其疲劳强度就高。电梯一般采用 6 股和 8 股钢丝绳。绳芯是被绳股缠绕的挠性芯棒，起支承和固定绳股的作用，并储存润滑油。有纤维芯和金属芯两种，电梯曳引绳采用纤维芯。

电梯曳引钢丝绳承受着电梯全部悬挂重量，且反复弯曲，承受很高的比压，还要频繁承受电梯启动和制动的冲击。因此，对电梯曳引钢丝绳的强度、耐磨性和挠性均有很高的要求。

曳引钢丝绳的强度要求用静载荷安全系数表示，即

$$k = \frac{P \times n}{T} \tag{5-6}$$

其中 k——钢丝绳安全系数；

P——钢丝绳的破断拉力；

n——钢丝绳的根数；

T——作用在轿厢侧钢丝绳上的最大静载荷，包括轿厢自重、额定载重和轿厢侧钢丝绳的最大自重。

电梯用曳引钢丝绳的端接装置通常采用锥套用回环结构方式，再浇铸巴氏合金连接，连接处的强度不低于二钢丝绳自身强度的 80%。关于钢丝绳安全系数的规定如下：使用三根以上的曳引绳，安全系数要大于 12；二根以上的曳引绳，安全系数大于 16。

(7) 曳引机底盘（traction machine support）。曳引机底盘是连接电动机、制动器、减速箱的机座。由铸铁或型钢与钢板焊接在一起。曳引机各部件均装配在底盘上，底座又固定在指定型号的两个平行且具承重作用的工字钢上。

(8) 导向轮和反绳轮。如图 5-38 所示为曳引绳传动比的三种形式。

1) 导向轮。将曳引钢丝绳引向对重或轿厢的钢丝绳轮，安装在曳引机架或承重梁上。

2) 反绳轮。设置在轿厢顶部和对重顶部位置的动滑轮以及设置在机房里的定滑轮。其作用是根据需要，将曳引钢丝绳绕过反绳轮，用以构成不同的曳引绳传动比。根据传动比的不同，反绳轮的数量可以是一个、两个或更多。

3) 曳引绳传动比。是曳引绳线速度与轿厢运行速度的比值，如 1∶1、2∶1、3∶1。

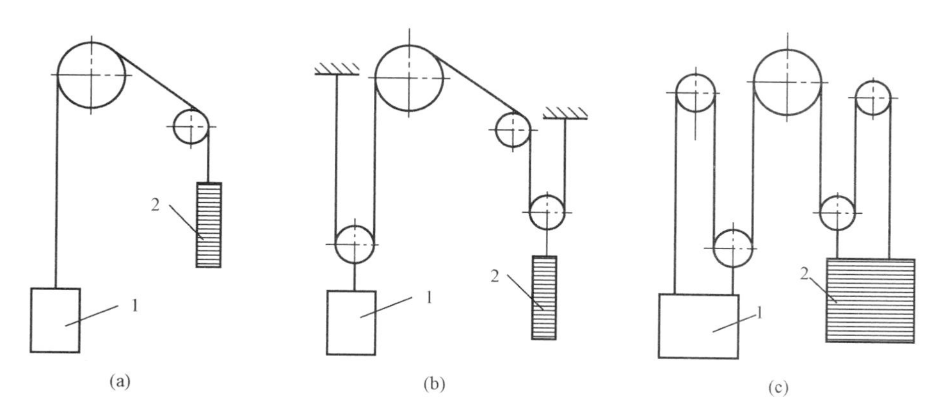

图 5-38　曳引绳传动比的三种形式

(a) 1∶1 传动形式；(b) 2∶1 传动形式；(c) 3∶1 传动形式

1—轿厢；2—对重

(9) 控制柜。电梯控制柜安装在曳引机旁边，是电梯的电气装置和信号控制中心。早期的电梯控制柜中有接触器、继电器、电容、电阻器、信号继电器、供电变压器及整流器等。目前，电梯控制柜大多由 PLC 和变频器组成或由全电脑板控制。控制柜的电源由机房的总电源开关引入，电梯控制信号线由电线管或线槽引出，进入井道再由扁形或圆形随行电缆传输。由控制柜接触器引出的驱动电力线，用电线管送至曳引机的电动机接线端子，如图 5-39 所示。

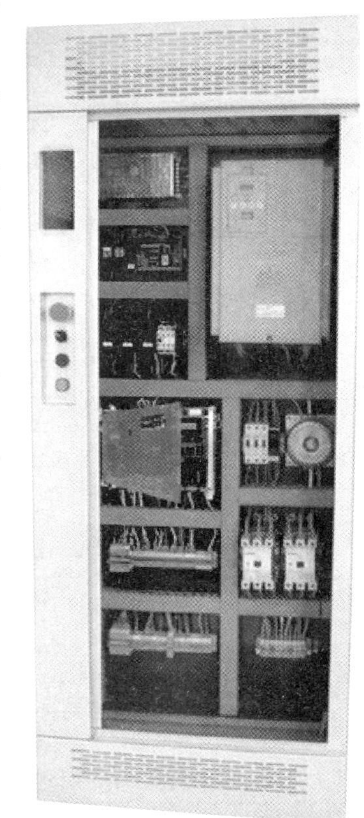

图 5-39　控制柜

控制柜的主要功能是操作控制和驱动控制。

1) 操作控制。呼梯信号的输入输出处理并应答呼梯信号，并开始关操作。通过已经登记的信号与乘客进行通信，当轿厢抵达一个楼层时，通过到站铃声和运行方向可视信号提供轿厢和运行方向信息。

2) 驱动控制。根据操作控制的指令信息，控制轿厢的启动、加速（加速度）、运行、减速（减速度）、平层、停车、自动再平层。确保轿厢运行安全、可靠。

控制柜设置有如下三种：①一般提升高度、中等以下速度电梯的控制柜每梯一个，其囊括了控制与驱动全部器件；②大提升高度、高速电梯、无机房电梯因其曳引机功率大，供电电压高，故分为信号控制和驱动控制柜；③群控梯的群控调度有设专门群控调度柜的，也有不设专门群控调度柜的，如 OTIS 产品中不设专门群控柜。

伊士顿电梯功能配置的基本功能见表 5-18，可选功能见表 5-19。

表 5 - 18 伊士顿电梯功能配置的基本功能

序号	基本功能	含义
1	全集中控制	根据需要可实现上集选、下集选和全集选控制。将所有的呼梯信号和主令信号统一进行分配调度，以实现电梯的最优运行
2	司机操作	自动运行状态下自动定向、自动关门，轿内指令优化定向；司机运行状态下自动定向、手动关门（需司机按关门按钮点动关门）。当有外呼信号被登记，轿内蜂鸣器鸣响提醒司机关门
3	延时关门	自动运行时，电梯到站自动开门后，无关门信号弹时，等待延时间达到设定时间（在参数中设置）后关门
4	光幕保护	当光幕动作时，电梯会无条件开门，如光幕动作时，不消除则不关门。与安全触板相比，光幕的优点是动作更灵敏、外表更美观；当光幕被挡住超过一定时间后，光幕控制器将发出报警声
5	到站钟	电梯到达目标层停靠时，到站钟将响起悦耳的铃声提醒轿内乘客和厅外候梯乘客电梯即将到站
6	消防功能	当消防开关被置位（非检修状态），全部召唤和主令消号，将分以下几种状态运行。 （1）当电梯处于停车开门状态，电梯将停止开门并关门，立即返回消防基站，开门等候。 （2）当电梯处于停止运行中，电梯自动返回消防基站，开门等候。 （3）当电梯正在反向运行时则就近停靠不开门，返回消防基站，开门等候。 （4）电梯正在顺向运行时，则直接返回消防基站，开门等候。 电梯返回消防基站后，非消防梯进入将停止运行。消防梯将进入消防运行状态，在消防员的控制下，不再接收召唤信号，仅登记主令信号，且每次停站后，消除所有登记。消防运行时需点动主令或关门按钮关门，松手即开门
7	满载直驶	当电梯达到额定载重时，电梯将不响应经过的已登记的召唤信号而只有主令登记的层站停靠
8	缺相和错相保护	当电梯电控系统的供电线路发生错相或缺相时，电梯将按照正确的方向运行或停止运行
9	防捣乱功能	（1）当电梯处于轻载（小于额定载荷的30%）时，将能被登记的主令信号限定在规定数量以下。若大于规定数量，电梯将自动消除所有主令登记信号。 （2）当电梯到达两个端站后，将自动消除所有主令登记信号
10	轿子厢与机房通话功能	轿厢乘客按下操纵箱上的电话按钮，来呼叫机房的人与其通话，机房的人可以直接拿起话机与乘客通话
11	轿厢灯和风扇自动节能功能	如电梯无指令和登记超过设定时间（在参数中设置），轿厢内自动关断照明和风机，任何召唤信号都会使电梯重新开启照明和风机
12	门锁故障自动重复关门	当电梯关门后，根据对门锁和关门到位信号的分析，发现电梯未能完全关门，将自动重新开门并关门。若连续 3 次重复开门关门，电控系统将认为现出门锁故障，停止电梯运行，发出门锁故障信号

续表

序号	基本功能	含　　义
13	端站强迫减速保护	当电梯到达两个端站，通过外围的硬件线路使电梯强迫减速以防止电梯冲顶或蹲底
14	超载声光报警，停梯并指示	超载时电梯将自动开门，蜂鸣器鸣叫给予指示
15	错误呼叫或主令取消	乘客按下主令按钮被响应后，发现与实际要求不符，可在主令登记后1秒内连按2次错误主令的按钮，该登记将被取消
16	空闲时自动返等待站	无司机运行时，无指令和召唤超过设定时间（在参数里设置），自动返回等待站
17	端站错误显示自动纠正	当电梯乱层后，电梯运行到两个端站后，将自动恢复正确的楼层记数和显示
18	锁梯自动返基站	自动运行状态下，锁梯开关被置位后，消除所有召唤登记，停止主令登记。电梯仍正常运行，只响应轿内已经登记指令直至所有登记指令被消除；而后返回基站，自动关门，30秒停止电梯运行。当锁梯被复位后重新开始正常运行
19	井道参数自学习	自动检测层数及层间距离及井道内各种数据（层高、保护开关位置、减速开关位置等），并永久保存这些运行资料
20	通层运行超时保护	电梯以最大额定速度在两端站之间的运行时间不得超过保护时间（在参数中设置）。以防止电梯发生故障时，主机不停运转造成零部件损坏，如钢丝绳与曳引轮长时间摩擦，导致曳引轮和钢丝绳损坏
21	轿内和厅外方向及楼层显示	轿内与召唤箱内均有点阵显示楼层的滚动，显示运行方向
22	双门锁接触器的门连锁保护	将轿门锁和厅门锁的门连锁保护各用一个接触器实现，以区别轿门锁和厅门锁的门连锁保护
23	接触器沾死检测	能进行主回路接触器、门锁接触器、安全回路接触器、抱闸接触器沾死检测；当上述接触器出现沾死情况，电梯将自动停止运行，发出相应接触器故障信号

表5-19　　伊士顿电梯功能配置的可选功能

序号	基本功能	含　　义
1	并联运行	通过串行连接和参数设置，将两台电梯的召唤信号统一进行分配调度，以实现两台电梯的并联运行
2	贯通门	一台电梯两边开门或90°直角开门即一个轿厢有两个开门机构
3	背景音乐	电梯在运行过程中播放音乐并语音报站，实现电梯到站钟的功能
4	远程监控	通过CAN工业总线用调制解调器（Modern）和电话线将监控中心的个人电脑和电梯控制器连接，可在监控室或异地对电梯的运行情况进行监控
5	智能卡管理系统	通过智能卡，对电梯的使用权限进行规定，以实现电梯的有效管理
6	电子公告牌显示	公告牌功能，即电梯的厅外或轿厢内的电子信息公告牌，方便物业公司发布一些信息

续表

序号	基本功能	含　　义
7	群控	3台以上的电梯的召唤信号统一进行分配调度，以实现多台电梯的最优运行
8	防火门	按照澳洲标准设计的防火门，可以在发生火灾时，阻止烟雾、火进入轿厢，以保护乘客的安全
9	三方通话	机房、轿厢、值班室或监控室三方通话
10	停电应急平层装置	停电时，电梯将就近平层开门以确保乘客正常离开

（10）限速器和安全钳（overspeed governor and safety gear）。限速器和安全钳成对出现和使用，它们是电梯中最重要的一道安全保护装置，如图5-40所示。其作用是：一旦电梯由于超载、打滑、断绳、失控等原因，电梯轿厢超速下落，限速器—安全钳动作，轿厢紧紧卡在两列轨道之间，起到了安全保护的目的。

图5-40　限速器和安全钳

限速器和安全钳装置由限速器、限速钢丝绳、安全钳、底坑张紧装置组成。其中，限速器位于机房，安全钳位于轿厢，张紧装置位于底坑，限速钢丝绳绕过限速器，底坑张紧装置并固定在轿厢的楔块上。

当轿厢运行时，通过限速器钢丝绳带动限速轮旋转，一旦轿厢向下运行速度超过电梯额定速度的115%，限速器电气开关动作，切断安全回路，使电动机掉电，制动器上闸；甩块在离心力的作用力下，使限速器机械动作，卡住限速器钢丝绳。由于轿厢继续向下运行，相当于限速钢丝绳将安全钳提起，使轿厢紧紧地卡在两列轨道上。

常见的限速器有甩块式（用于$V \leqslant 1.75$m/s的低速电梯中）和甩球式（用于快速和高速电梯）两种。相关标准规定：限速器的动作为轿厢额定速度的115%，其上限为$1.25V+0.25/V$（V为轿厢的额定速度）。对于低速重载电梯，限速器的动作速度取下限，大于1m/s的渐进式安全钳，取上限。

（11）电源控制箱（master power switch）。输送到机房的3相5线制电源线通过安装在机房入口处的电源控制箱内的主电源断路器引入电梯控制柜。此断路器应选择合理的型号规格，并应有保证维修人员绝对安全的防止误合闸的锁扣结构。同时，轿厢照明，井道照明，安全电源开关也在电源控制箱内。

2. 电梯井道

（1）导轨（guide rail）。导轨和导靴是电梯轿厢和对重的导向部分。常用的导轨有 T 形导轨、L 形导轨和 5m 空心轨。T 形导轨用于轿厢导向，L 形导轨和 5m 空心轨用于对重导向。导轨要求具有足够的强度、韧性，在受到强烈冲击时不发生断裂，并要求足够的光滑。

常用的电梯 T 形导轨的主要尺寸为底宽 b、高度 h、工作面厚 k，材料为 Q235 钢，可用冷轧加工和机械加工。现有 T 形导轨规格表示方法为“b/加工方法”。

导轨在安装中必须保证导轨支架的间距小于 2.5m，导轨工作面对 5m 铅垂线的相对最大偏差不大于 1.2mm，T 形对重导轨不大于 2mm；轿厢导轨和设有安全钳的对重导轨的工作面接头处不能有连续缝隙，且足部缝隙不大于 0.5mm，设有安全钳的对重导轨不大于 1mm；轿厢导轨和设有安全钳的对重导轨的工作面接头处的台阶不大于导轨 0.05mm，没有安全钳的对重导轨不大于 0.15mm；中低速梯的台阶的修平长度为 300mm 以上，高速梯为 500mm 以上。

（2）导靴（guide shoe）。导靴的作用是导靴的凹形槽与导轨的凸形工作面配合，使轿厢或对重沿着导轨上下移动实现导向功能。通常，导靴与导轨间存在摩擦。

导靴的安装位置：电梯轿厢导靴被安装在轿厢上梁和底部安全钳座的下面与导轨接触处，每台电梯的轿厢共安装 4 套。对重导靴安装在上、下横梁两侧端部、每台电梯的对重侧安装 4 套导靴。

导靴分为以下几类。

1）固定式滑动导靴。常用于低速载货电梯中，电梯运行速度小于 0.63m/s。导靴与导轨之间存在一定的间隙，随着运行时间，间隙会越来越大，电梯运行中会出现晃动。保养时常常需要用黄油润滑导轨。

2）弹性滑动导靴。弹性导靴的靴头只能在弹簧的压缩方向上做轴向移动，靴头是浮动的。弹性滑动导靴的弹簧压缩值是可调的。

3）滚轮式导靴。由滚轮、弹簧、靴座、摇臂组成。滚轮代替了滑动导靴，大大减小了运行的摩擦力，使电梯运行平稳、舒适、噪声小、节约能源。

固定式导靴需要加黄油，弹性滑动导靴需要加油杯，滚动式导靴不能在导轨上加润滑油。

（3）缓冲器（buffer）。缓冲器是电梯安全保护系统中最后一道保护装置。当电梯的极限开关、制动器、限速器—安全钳都失控或未及时动作，轿厢或对重已坠落到井道底坑发生“蹲底”现象时，井道底的轿厢缓冲器或对重缓冲器将吸收和消耗下坠轿厢或对重的能量，使其安全减速、停止，起到安全保护作用。

缓冲器安装在底坑内。2t 以上货梯轿厢下装有两个缓冲器，2t 以下的电梯轿厢下面装一个缓冲器；对重侧一般只装一个缓冲器。

电梯用的缓冲器分弹簧缓冲器（Spring Buffer ）和液压缓冲器（Hydraulic Buffer）。如图 5 - 41 所示。

弹簧缓冲器是一种蓄能型缓冲器，常用于低速电梯（$V \leqslant 1.0$m/s）中，由缓冲胶垫、缓冲座、圆柱螺旋形弹簧座组成，有回弹。在任何情况下缓冲器的行程不得小于 65mm，要能

图 5-41 弹簧缓冲器和液压缓冲器

承受轿厢质量和载重之和（或对重质量）的2.5～3倍的静载荷在115%额定速度下的重力制停距离，即缓冲行程 $S=0.0674V^2$（m）。

液压缓冲器是一种耗能型缓冲器，常用于快速与高速电梯中（$V>1.0$m/s），由缓冲垫、复位弹簧、柱塞、环形节流孔、变量棒、缸体组成，缓冲平稳。基本原理是小孔节流作用将冲击动能转化为热能。辅助弹簧可吸收第一次冲击，也可使缓冲器复位。在任何情况下，缓冲行程 S 不小于420mm，缓冲行程在梯速小于4m/s时，$S=0.5\times0.0674V^2$（m）；在梯速大于4m/s时，$S=0.33\times0.0674V^2$（m）。

（4）随行电缆（traveling gable）。轿厢内外所有电气开关、照明、信号控制线等都要与机房控制柜相连接，轿内按钮也要与控制柜连接，所有这些信号的信息传输都要通过电梯随行电缆进行连接。现用电缆为 TVVB44×0.75+(2×2P)×0.75+1×2 或 TVVBG44×0.75+(2×2P)×0.75+1×2（高层时使用）。

（5）补偿装置（compensation device）。当电梯提升高度（总行程）超过30m以上时，悬挂在曳引轮两侧的曳引钢丝绳的重量不能再忽略不计。为了减少曳引机的功率传输，需抵消曳引钢丝绳的重量对电梯运行的影响，人们采取在轿厢底部和对重底部加装补偿装置，即对称补偿法来改善平衡钢丝绳所带来的载荷变化。对称补偿的优点是不需要增加对重的重量，补偿装置的重量等于曳引钢丝绳的总重量（不考虑随行电缆重量）。

补偿装置分为两大类：补偿链和补偿绳。补偿链又分带消声麻绳补偿链、带外胶套补偿链和全塑平衡补偿链（补偿链外包橡胶）。

（6）限速器张紧装置（governor tension device）。张紧装置是一种能使限速器钢丝绳始终保持张紧状态的装置，由张紧轮、配重及防断绳电气安全开关等组成。

（7）隔磁板（平层板）。隔磁板安装在电梯井道内每个层站平层域内。当轿厢运行到某一平层区域时，该平层板插入轿厢顶上的平层感应器内，切断感应器回路，并将信号传入机房控制系统中，以实现楼层计数，电梯平层停车、开关的控制。

（8）对重装置（counterweight device）。对重装置的作用是以其自身重量去平衡轿厢侧所悬挂的重量，电梯驱动实现曳引电梯平衡是关键。对重装置由曳引绳、导靴、对重架、对重块和缓冲器碰块五部分组成。

对重装置有四个作用：减小电梯曳引机的输出功率；减小曳引轮与钢丝绳之间的摩擦曳引力，延长钢丝绳寿命；如果电梯在“冲顶”或“蹲底”时，使电梯失去曳引条件，避免冲击井道顶部；使电梯的提升高度不像强制式驱动那样受到限制。

（9）减速开关、限位开关和极限开关。减速开关（强迫减速开关）安装在电梯井道内顶层和底层附近，是第1道防线。对于低速电梯，只需要减速开关就可以了，而高速电梯，在单层距离内，换速距离不够，需加一个单层强迫减速开关，位置设在多层减速开关之后，因此井道的顶层和底坑各有两个以上的减速开关。

限位开关（端站限位开关）有上下限位各一个，安装在上、下减速开关的后面，是第2

道防线。减速开关一旦失灵，未能使电梯上行（或下行）减速、停止，轿厢越过上端站（或下端站）平层位置时，限位开关动作，迫使电梯停止。

极限开关（终端极限开关）是电梯安全保障装置中最后一道电气安全保护装置。有机械式和电气式两种。机械式常用于慢速载货电梯，是非自动复位的；电气式常用于载客电梯（该开关动作后电梯不能再启动，排除故障后在电梯机房将此开关短路，慢车离开此位置之后才能使电梯恢复运行）。我国相关标准规定：极限开关必须在轿厢或对重未触及缓冲器之前动作。

3. 电梯轿厢

轿厢是电梯中装载乘客或货物的金属结构体。它由轿厢架、轿厢壁、轿厢底、轿厢顶、轿门等几个部分组成。由上下四组导靴导向沿导轨作垂直升降运动，完成垂直运输任务。J轿厢高度不小于2m，宽度和深度由实际载重量而定。我国相关标准规定：载客电梯轿厢额定载重量约350kg/m²（其他电梯有不同规定）；杂物梯每格净高小于1.2m；轿厢载客人数按每人75kg计算。

（1）轿厢架（car frame）。轿厢架（轿架）是电梯轿厢中的承重构件，也是轿厢的骨架，分为对边型和对角型两种轿厢架。对边型轿厢架适用于一面或对穿设置轿门的电梯，受力情况较好；对角型轿厢架在相邻两边设置轿门的轿厢上，但受力的条件较差。

轿厢架由上梁、下梁、底座、立柱和拉杆等组成，各部件强度、风度要求都比较高。

（2）轿厢体（car platform，walls，roof and ceiling）。轿厢体由轿底、轿壁、轿顶、轿门等组成。客梯的宽度一般大于深度，宽深比10∶7或10∶8。

1）轿底由型钢组成框架，可铺设各种装饰材料。

2）轿壁由钢板折边后用螺钉与轿底、轿顶和轿厢加强连接，要求有足够的强度。可用各种材料进行装饰。

3）轿顶要有足够的强度，要设置一定的安全防护措施。必须设置轿顶检修盒，其内包含检修/运行（自动）开关、急停开关、门机开关、照明开关和供检修用的电源插座。在下面是用于装饰的吊顶。

4）轿门一般应为封闭门。轿门结构分为三个主要类型：中开、旁开（左、右开以站在电梯外向里看为准）和直分式。中开门开启和关闭较快，所以用于繁重交通客流量大的商业大厦；旁开门可以充分利用井道，使之获得更大的轿厢面积；直分式系上、下开启，门口可以与轿厢同宽，特别适用于自动装卸货物的现货化货舱使用。

（3）轿厢操纵箱（car operation panel）。轿厢内在轿门旁边设置有操纵箱，供乘客操纵电梯用。装有对讲机、紧急救援开关—警铃按钮、开关门按钮、楼层按钮等供乘客使用；在操纵箱的下面带钥匙锁控制盒内，有检修上或下行点功按钮、直驶按钮、风扇电源开关、照明电源开关、司机/自动开关、检修/自动开关、停止开关、独立运行开关等供专业技术人员使用，如图5-42所示。

（4）自动开门机。自动开门机装在轿顶靠近轿门处，由电动机通过减速装置（齿轮传动、蜗杆传动或带齿胶传动）带动曲柄摇杆机构去开、关轿门，再由轿门带动层门开关，如图5-43所示。

电梯轿门由电动机直接带动，为主动门；层门是由轿厢到站后通过轿门上的门刀插入带动开门，为被动门。

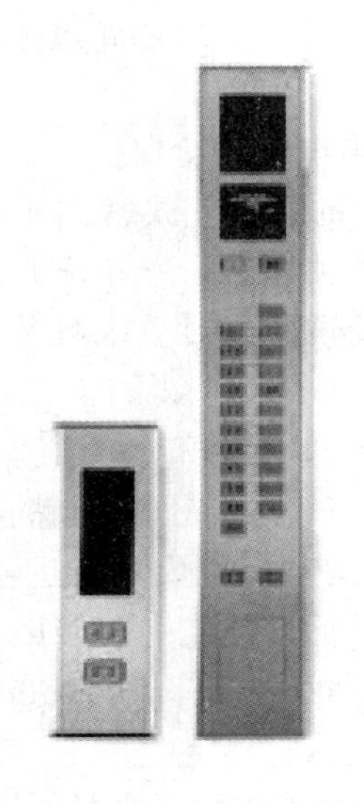

图 5-42 轿厢操纵箱

门电动机有直流电动机和交流调压调频(VVVF)，调频电机用的较为广泛。

(5) 安全钳装置 (safety device)。安全钳与限速器一起成对使用，是电梯中最重要的安全装置之一。安全钳的作用：在轿厢或对重故障下落超速时，限速器先动作，断开安全钳电气安全开关，切断曳引机电源，之后拉起安全钳拉杆使安全钳钳头将轿厢卡在井道导轨上，使轿厢不致下坠，起超速时的安全保护作用。

图 5-43 自动开门机

安全钳可分为瞬时安全钳 (instantaneous safety gear)、具缓冲作用的瞬时安全钳、渐进式安全钳 (progressive safety device)。瞬时安全钳常用于低速电梯；渐进式安全钳 (或称为滑移式安全钳) 常用于高速电梯。

(6) 平层感应装置 (leveling inductor device)。平层感应装置作用：当电梯轿厢按轿内或轿外指令运行到站进入平层区时，平层隔磁 (或隔光) 板即插入感应器中，切断干簧感应器磁回路 (或遮挡电子光电感应器红外线光线)，接通或断开有关控制电路，以实现电梯的平层控制，如图 5-44 所示。

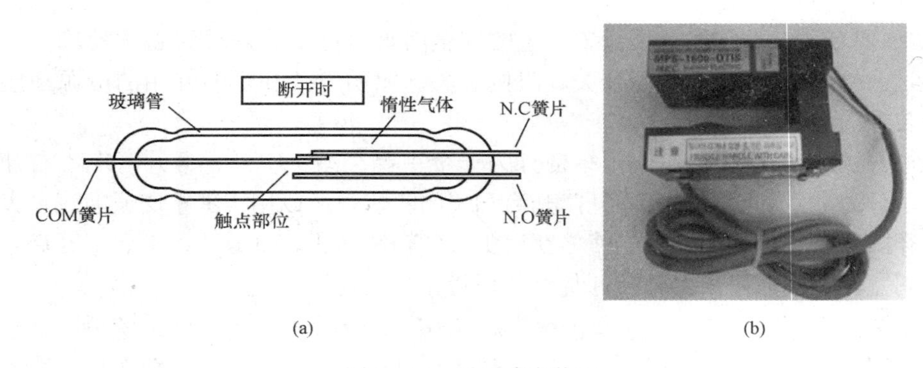

图 5-44 平层感应装置

(a) 干簧管感应原理；(b) OTIS 平层感应器

注意：平层感应装置安装在轿顶上，平层隔磁 (隔光) 板安装在每层站平层位置附近井道壁上。

(7) 超载与称重装置 (overload and weighting device)。电梯一旦超载，称重装置检测出超载，发出信号：超载灯亮/警铃响，电梯不能关门运行，直到卸载到额定载重，电梯才恢复正常。

称重装置分为轿底式称重装置 (活动轿底式和活动轿厢式)、轿顶式称重装置 (机械式、橡胶块式、负重传感器式）和机房称重式超载装置。轿顶、机房超载装置灵敏度不如轿底超载装置灵敏度高。

4. 电梯层站

电梯的层站部分位于电梯各层厅外，包括电梯层门、召唤按钮、楼层显示、消防开关和锁梯开关等。

（1）层门（landing door）。层门是电梯在各楼层的依靠站，也是供乘客或货物进出轿厢通向大厅的入口，又称之为厅门。它由门框、门板、门头架、吊门滚轮、层门地坎、门联锁、强迫关门装置等组成。门框又由门楣（门导轨或门上坎）、左右门立柱组成。层门在强迫关门装置的作用下平时是紧闭的，只有当轿厢到达某一层站的平层位置时，这一层的层门才能被轿门上的门刀拔开，否则，在电梯厅外无法将门打开。有些电梯层门上安装有三角钥匙锁，供维修人员使用。

（2）电梯楼层显示器。楼层显示器包括：分离式显示器、七段码显示器、发光管点阵显示器、荧屏显示器等，用于指示电梯所在楼层和电梯运行方向，如图 5-45 所示。

（3）层站呼梯按钮。在电梯的最底层和最高层站，层外呼梯盒上仅安装一个单键按钮（顶层向下、底层向上），其余中间层均为上下两方向。另外，基站还包括一个锁梯钥匙，供开关电梯使用。在消防基站的呼梯盒上方，有一个消防开关，平时用玻璃面板封住，在发生失火时，打碎面板，压下开关，使电梯进入消防运行状态，如图 5-46 所示。

图 5-45　三寸 16 段显示器

图 5-46　层站呼梯按钮

（二）电梯的安全装置

现在，电梯被广泛用于各种公共场所，是人们日常生活中的一种重要交通工具。为保证电梯运行安全、可靠，电梯上设置了多种机械、电气安全保护装置。只要这些安全装置都能够正常，有效地起到各自应有的作用，就可确保电梯安全、可靠地运行。在此，对电梯的各种安全装置单独加以说明。

1. 电磁制动器

电磁制动器安装在曳引机上，一般与电动机同轴。通电时松开，断电时抱闸。

2. 限速器—安全钳装置

虽然限速器与安全钳是两个完全独立的部件，限速器安装在机房地面上，安全钳则安装在轿厢立柱上，与限速器配套的张紧轮安装在井道底坑内，但限速器、安全钳、张紧轮用限速器钢丝绳连接在一起。当轿厢超速时，限速器动作，断开限速器开关，然后限速器机械动作，用楔块卡住曳引钢丝绳，带动安全钳使安全钳电气开关断开，再次切断安全控制回路，把曳引电机和制动器的电源切除，使电梯停止运行。如因电梯断绳，打滑曳引轮停转后轿厢继续下滑，安全钳楔块被限速器钢丝绳拉住，轿厢下行，楔块被向上提起，将轿厢卡在导轨上，不致下坠，起到保护作用。

3. 缓冲器

缓冲器是电梯安全保护装置中的最后一道保护装置，安装在底坑内的轿厢和对重的正下方。缓冲器分蓄能型缓冲器和耗能型缓冲器（如液压式缓冲器）。当轿厢发生蹲底和冲顶时，缓冲器使轿厢和对重缓慢减速停车，避免由于高速冲击造成的机械设备损坏和人身伤亡事故。

4. 门锁装置

门锁装置是电梯中用量最大，安全系数最高的安全部件，它被拆开安装在每层楼的层门框和门扇上。一般门锁壳及电气连锁触头装在门框上，锁钩被安在门扇上。平时所有的电梯层门都应关上（轿厢所在楼层除外），锁钩必须与锁壳内相应钩子构件钩牢，使电气连锁触头完全接通。当电梯运行时，门锁回路必须接通即所有层门和轿门完全关闭，电梯才能运行。只有轿厢所在楼层层门可以被开启，其余层门决不允许被开启。

5. 电气安全装置

电气的主要安全装置见表 5-20。

表 5-20 电气的主要安全装置

序号	基本功能	含义
1	断相及错相保护	当电源错、断相时，相序继电器动作，切断电梯安全控制回路，停止电梯继续运行，防止事故扩大
2	过载及短路保护	过载及短路保护常用过热保护器，或用热继电器。控制着电梯的安全控制回路，一旦动作切断电梯控制回路，电梯停止运行
3	门联锁安全保护	所有门联锁电器开关（包括轿门电气开关）全部串联组成电气回路，轿门或层门任何一个未关好，门回路不通，电梯不能启动运行
4	端站减速保护	电梯进入端站开关保护区内后，由轿厢撞弓碰触减速开关，切断高速，接入低速回路，电梯将减速运行
5	端站限位保护	端站限位保护就是终端限位保护，当轿厢撞弓碰触端站限位开关，电梯就失掉同向运行的电源而停车，防止越位；但仍可以反向运行
6	极限保护	由于减速，限位开关均失灵未起作用，这时极限开关应使电梯失电停车，上、下方向均不能运行
7	超速及断绳保护	由限速器、安全钳、限速器张紧轮装置组成电梯运行超速装置，由张紧装置负责限速器钢丝绳的断绳保护。其作用是，当限速器绳断，限速器张紧装置坠落，张紧开关动作，切断安全回路使电梯停车

续表

序号	基本功能	含　　义
8	补偿装置的张紧保护	补偿装置分为补偿绳和补偿链。补偿绳必须设张紧装置，以防电梯运行时补偿绳错位。当张紧装置松开脱轨，断裂时下坠带动设置在此处的电气安全开关，切断安全回路
9	急停保护	为了维修人员的安全及方便，在电梯的机房、轿厢操纵板、轿顶检修盒、底坑检修盒上都装有急停开关。按下急停开关，电梯将不能运行
10	超载保护	防止电梯载重过量，超载时，电梯不关门不走梯，直到载重量减到额定负荷以内，电梯方可运行
11	轿顶及底坑检修保护	在电梯的机房控制柜、轿厢操纵板、轿顶检修盒、底坑检修盒上都装有检修开关，检修时，只能上下点动，电梯低速运行
12	安全触板保护	当轿厢门上的安全触板在关门被碰撞时，安全触板带动保护开关控制开门机重新开门。现在，许多电梯都用红外线或光幕代替安全触板
13	安全窗保护	安全窗被打开时，安全窗上的保护开关动作将切断安全回路，电梯停止运行

6．其他装置

（1）盘车手轮。盘车手轮安装在曳引机电动机的主轴端部。当电梯因停电或其他故障造成轿厢在两个层站之间，为救人必须在机房有两人配合操作，一人用松闸扳手松开制动器，另一人用盘车手轮将轿厢手动盘车升或降到平层位置，将门打开救出被困乘客。盘车手轮如图 5-47 所示。

（2）安全窗。安全窗设在轿顶。当安全钳动作，轿厢被卡在两个楼层之间又无法盘车，为救人电梯专业人员下到轿顶，开启为救人，将被困乘客救出。安全窗上设有安全保护开关，当打开安全窗时，开关触点断开，切断安全回路，以免电梯再次启动造成伤亡事故。

（3）安全触板和光幕。门保护是当门自动关闭时，如夹住乘客或物体时能自动重新开启的控制装置。WECO-917A 标准型电梯光幕如图 5-48 所示，性能参数见表 5-21。

图 5-47　盘车手轮

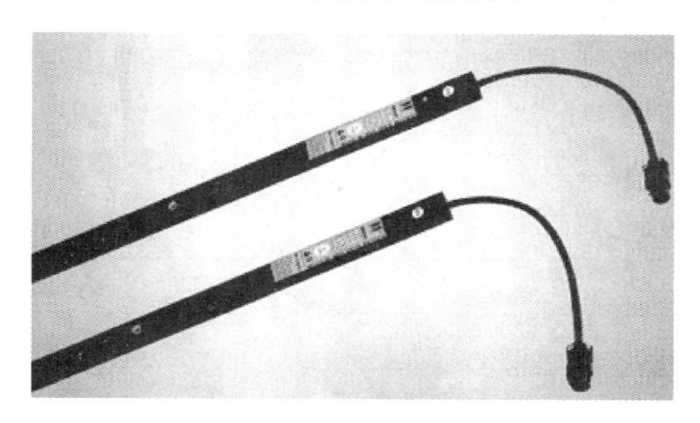

图 5-48　电梯光幕

表 5-21 **WECO-917A 标准型电梯光幕性能参数**

序号	性能指标	数值
1	周期扫描光束	94 束
2	扫描光路	31 路
3	响应时间	53.2ms
4	零距离允许垂直错位	35mm
5	零距离允许水平错位	5mm
6	最小检出物高度	50mm
7	有效探测高度	1670mm
8	有效探测距离	0～3000mm
9	抗光试验	50 000Lux

门保护装置有很多种类型，常用的有如下两种。

1）光电眼。安装在轿门口，当门关闭过程中，有障碍物挡住其光线时，门自动开启。光电眼可分为可见光及不可见光两种类型。

2）红外线门保护装置。装在轿厢门上的一种发射出数十至数百束红外线光束形成一个保护屏的装置，可以有效感知门关闭过程中任何细小的障碍物，迅速使门重新开启的一种先进的门保护装置。

（三）电梯曳引力及曳引机选型计算

参考苏州江南电梯（集团）有限公司电梯曳引力及曳引机的选型手册，具体选型计算方法如下。

1. 电梯曳引力的校核计算

（1）有关电梯曳引力的要求。根据 GB 7588—2003《电梯制造与安装安全规范》中 9.3，本类型乘客电梯的电梯曳引应满足以下三个条件：①轿厢装载至 125％额定载荷的情况下应保持平层状态不打滑；②必须保证在任何紧急制动的状态下，不管轿厢内是空载还是满载，其减速度值不能超过缓冲器（包括减行程的缓冲器）作用时减速度的值；任何情况下，减速度不应小于 $0.5m/s^2$；③当对重压在缓冲器上而曳引机按电梯上行方向旋转时，应不能提升空载轿厢。

电梯可按照《GB 7588—2003 电梯制造与安装安全规范》中的附录 M 进行设计。

（2）电梯曳引力计算选用参数。本类型乘客电梯的曳引轮绳槽采用带切口的半圆槽。表 5-22 中的参数为本类型乘客电梯计算选用参数。

表 5-22 **电梯曳引力计算参数**

参数名称	参数代号	单位	参数值	备注
本类型电梯轿厢自重	P	kg	800	
电梯额定速度	V	m/s	0.75	
电梯平衡系数	q	％	48	
额定载重量	Q	kg	630	

续表

参　数　名　称	参数代号	单位	参数值	备注
电梯提升高度	H	m	57.92	
本类型电梯曳引钢丝绳的倍率（曳引比）	R_t		1	
采用钢丝绳根数	N_r		8	
本类型电梯采用钢丝绳单位长度重量	g_r	kg/m	0.347	
本类型电梯采用补偿链根数	N_{comp}		0	
本类型电梯采用补偿链单位长度重量	g_{comp}	kg/m	0	
本类型电梯采用随行电缆根数	N_{tc}		1	
本类型电梯采用随行电缆单位长度重量	g_{tc}	kg/m	0.98	
自然对数的底	e		2.718 28	
钢丝绳在绳轮上的包角	α	degree	180	
		rad	3.1416	
曳引轮半圆槽开口角	γ	degree	30	
曳引轮半圆槽下部切口角	β	degree	95	
重力加速度	g	m/s^2	9.81	

（3）电梯曳引应满足的计算条件。根据 GB 7588—2003《电梯制造与安装安全规范》的要求，在轿厢装载和紧急制动条件时，曳引应满足如下公式

$$\frac{T_1}{T_2} \leqslant e^{f\alpha} \tag{5-7}$$

式中　T_1，T_2——绳轮两侧的钢丝绳分配的张力，N；

e——自然对数的底；

f——钢丝绳在绳槽中的当量摩擦系数；

α——钢丝绳在绳轮上的包角，(°)。

在轿厢滞留条件时，曳引应满足如下公式

$$\frac{T_1}{T_2} \geqslant e^{f\alpha} \tag{5-8}$$

（4）带切口槽的半圆形绳槽当量摩擦系数的计算。主要包括以下两个方面。

1）带切口槽的半圆形绳槽当量摩擦系数可按如下公式计算

$$f = \mu \frac{4[\cos(\gamma/2) - \sin(\beta/2)]}{\pi - \beta - \gamma - \sin\beta + \sin\gamma} \tag{5-9}$$

式中　f——半圆形绳槽当量摩擦系数；

μ——摩擦系数；

γ——槽的角度值，(°)；

β——下部切口角度值，(°)。

$$f = \mu \frac{4[\cos(\gamma/2) - \sin(\beta/2)]}{\pi - \beta - \gamma - \sin\beta + \sin\gamma} = 1.972\mu \tag{5-10}$$

2）摩擦系数 μ 可按如下公式计算。在装载工况条件下，μ=0.1；在紧急制停条件下

$$\mu = \frac{0.1}{1 + v/10}$$

式中 v——轿厢额定速度下对应的绳速。

$$v = R_t \times V = 1 \times 0.75 = 0.75(\mathrm{m/s})$$

所以，

$$\mu = \frac{0.1}{1 + v/10} = \frac{0.1}{1 + 0.75/10} = 0.093$$

在轿厢滞留工况条件下：

$$\mu = 0.2$$

所以，带切口槽的半圆形绳槽当量摩擦系数的计算为：

在装载工况条件下：

$$f = 1.972\mu = 1.972 \times 0.1 = 0.1972$$

在紧急制停条件下：

$$f = 1.972\mu = 1.972 \times 0.093 = 0.1834$$

在轿厢滞留工况条件下：

$$f = 1.972\mu = 1.972 \times 0.2 = 0.3944$$

（5）除轿厢、对重装置以外的其他部件的悬挂质量的计算。

1）曳引钢丝绳质量的计算：

$$W_{f1} = N_r \times g_r \times H \times R_t = 8 \times 0.347 \times 57.92 \times 1 = 120.6(\mathrm{kg})$$

2）补偿链的悬挂质量的计算：

$$W_{f2} = N_{comp} \times g_{comp} \times H = 0(\mathrm{kg})$$

3）随行电缆的悬挂质量的计算：

$$W_{f3} = N_{tc} \times g_{tc} \times \frac{H}{2} = 1 \times 0.98 \times 57.92/2 = 28.4(\mathrm{kg})$$

（6）在轿厢装载工况条件下的曳引校核计算。

1）当载有125%额定载荷的轿厢位于最低层站时：

$$\begin{cases} T_1 = (P + 1.25 \times Q + W_{f1})/R_t = (800 + 1.25 \times 630 + 120.6)/1 = 1688(\mathrm{kg}) \\ T_2 = (P + q \times Q + W_{f2})/R_t = (800 + 0.48 \times 630 + 0)/1 = 1102.4(\mathrm{kg}) \\ e^{f\alpha} = e^{0.1972 \times 3.1416} = 1.858 \\ \dfrac{T_1}{T_2} = \dfrac{1688}{1102.4} = 1.5312 < e^{f\alpha} = 1.858 \end{cases}$$

结论：在轿厢装载工况条件下，当载有125%额定载荷的轿厢位于最低层站时，曳引钢丝绳不会在曳引轮上滑移，即不会打滑。

2）当载有125%额定载荷的轿厢位于最高层站时：

$$\begin{cases} T_1 = (P + 1.25 \times Q + W_{f2} + W_{f3})/R_t = (800 + 1.25 \times 630 + 28.4)/1 = 1615.9(\mathrm{kg}) \\ T_2 = (P + q \times Q + W_{f1})/R_t = (800 + 0.48 \times 630 + 120.6)/1 = 1202.9(\mathrm{kg}) \\ e^{f\alpha} = e^{0.1972 \times 3.1416} = 1.858 \\ \dfrac{T_1}{T_2} = \dfrac{1615.9}{1202.9} = 1.3433 < e^{f\alpha} = 1.858 \end{cases}$$

结论：在轿厢装载工况条件下，当载有125%额定载荷的轿厢位于最高层站时，曳引钢丝绳不会在曳引轮上滑移，即不会打滑。

(7) 在紧急制停工况条件下的曳引校核计算。

1) 当载有100%额定载荷的轿厢位于最低层站时：

$$\begin{cases} T_1 = \dfrac{(P+Q)\times(g+0.5)}{R_t}+\dfrac{W_{f1}}{R_t}\times(g+2\times0.5) \\ \quad = \dfrac{(800+630)\times(9.81+0.5)}{1}+\dfrac{120.6}{1}(9.81+2\times0.5) \\ \quad = 16\,046.99(\mathrm{N}) \\ T_2 = \dfrac{(P+q\times Q+W_{f2})\times(g-0.5)}{R_t} \\ \quad = \dfrac{(800+0.48\times630+0)\times(9.81-0.5)}{1} = 10\,263.3(\mathrm{N}) \\ e^{f\alpha} = e^{0.1834\times3.1416} = 1.7792 \\ \dfrac{T_1}{T_2} = \dfrac{16\,046.99}{10\,263.3} = 1.5635 < e^{f\alpha} = 1.7792 \end{cases}$$

结论：在紧急制停工况条件下，当载有100%额定载荷的轿厢位于最低层站时，曳引钢丝绳不会在曳引轮上滑移，即不会打滑。

2) 当空载的轿厢位于最高层站时：

$$\begin{cases} T_1 = \dfrac{(P+q\times Q)\times(g+0.5)}{R_t}+\dfrac{W_{f1}}{R_t}\times(g+2\times0.5) \\ \quad = \dfrac{(800+0.48\times630)\times(9.81+0.5)}{1}+\dfrac{120.6}{1}(9.81+2\times0.5) \\ \quad = 12\,452.15(\mathrm{N}) \\ T_2 = \dfrac{(P+W_{f2}+W_{f3})\times(g-0.5)}{R_t} \\ \quad = \dfrac{(800+0+28.4)\times(9.81-0.5)}{1} = 7712.404(\mathrm{N}) \\ e^{f\alpha} = e^{0.1834\times3.1416} = 1.7792 \\ \dfrac{T_1}{T_2} = \dfrac{12\,452.15}{7712.404} = 1.6146 < e^{f\alpha} = 1.7792 \end{cases}$$

结论：在紧急制停工况条件下，当空载的轿厢位于最高层站时，曳引钢丝绳不会在曳引轮上滑移，即不会打滑。

(8) 在轿厢滞留工况条件下的曳引校核计算。

本计算考虑的是当轿厢空载且对重装置支撑在对重缓冲器上时的曳引校核。具体校核计算如下：

$$\begin{cases} T_1 = \dfrac{P+W_{f2}+W_{f3}}{R_t} = \dfrac{800+0+28.4}{1} = 828.4(\mathrm{kg}) \\ T_2 = \dfrac{W_{f1}}{R_t} = \dfrac{120.6}{1} = 120.6(\mathrm{kg}) \\ e^{f\alpha} = e^{0.3944\times3.1416} = 3.4523 \\ \dfrac{T_1}{T_2} = \dfrac{828.4}{120.6} = 6.869 > e^{f\alpha} = 3.4523 \end{cases}$$

结论：当轿厢空载且对重装置支撑在对重缓冲器上时，在轿厢滞留工况条件下，曳引钢丝绳可以在曳引轮上滑移，即打滑。

（9）结论。

符合 GB 7588—2003《电梯制造与安装安全规范》中 9.3 的要求。

2. 电梯曳引机的选型计算

本类型电梯选用的曳引机为交流永磁同步无齿轮曳引机，其主要参数见表 5 - 23。

表 5 - 23　　交流永磁同步无齿轮曳引机主要参数

参数名称	参数代号	单位	参数值	备注
曳引机型号			SWTY1-800-100	
曳引机额定转速	n	r/min	48	
曳引机额定输出转矩	M_n	N·m	1015	
曳引机最大输出转矩	M_{max}	N·m	1015	
曳引机额定功率	P_n	kW	5.1	
曳引机额定电压	U_n	VAC	360	
曳引机额定电流	I_n	A	12	
曳引机额定频率	F_n	Hz	8	
曳引轮节径	D	mm	400	
电梯曳引比	R_t		1∶1	
曳引机额定效率	η_M	%	94	
曳引机工作制			S5	
曳引机每小时启动次数	N_{comp}	h^{-1}	180	
曳引机主轴最大允许负荷	R_{max}	kg	6000	

（1）有关电梯曳引机的选型的要求。

1）根据曳引机有关额定参数所得电梯的运行速度与电梯额定速度的关系应满足 GB 7588—2003《电梯制造与安装安全规范》中 12.6 中电梯速度的要求，即：当电源为额定频率，电动机施以额定电压时，电梯的速度不得大于额定速度的 105%，宜不小于额定速度的 92%。

2）电梯的直线运行部件的总载荷折算至曳引机主轴的载荷应不大于曳引机主轴最大允许负荷。

3）曳引机的额定功率应大于其容量估算。

4）电梯在额定载荷下折合电动机转矩应小于曳引机的额定输出转矩。

5）电梯曳引电动机起动转矩应不大于曳引机的最大输出转矩。

（2）曳引机的选型计算选用参数。

本类型乘客电梯的曳引轮绳槽采用带切口的半圆槽。表 5 - 24 中的参数为本计算选用参数。

表 5-24　　曳引机选型的计算选用参数

参数名称	参数代号	单位	参数值	备注
本类型电梯轿厢自重	P	kg	800	
电梯额定速度	V	m/s	0.75	
电梯平衡系数	q	%	48	
额定载重量	Q	kg	630	
电梯提升高度	H	m	57.92	
本类型电梯曳引钢丝绳的倍率（曳引比）	R_t		1：1	
曳引钢丝绳重量	W_{f1}	kg	120.6	
补偿链悬挂重量	W_{f2}	kg	0	
随行电缆悬挂重量	W_{f3}	kg	28.4	
电梯机械传动总效率	η	%	73	
电动机轴承摩擦系数	μ		0.04	
电动机轴承处的轴半径	r	mm	82.5	
曳引轮及所有系统滑轮节径	D	mm	400	
重力加速度	g	m/s²	9.81	

（3）电梯额定速度的核算。

1）电梯额定速度的核算的设定：当电动机的输入电源为额定频率 60Hz，电动机施以额定电压 380VAC 时，电动机的转速为 36r/min。

2）电梯额定速度应为

$$V_n = \frac{\pi Dn}{60R_t} = \frac{\pi \times (400/1000) \times 36}{60 \times 1} = 0.754(\text{m/s})$$

结论：本计算符合有关电梯曳引机选型的速度要求。

（4）电梯的直线运行部件的总载荷折算至曳引机主轴的载荷的计算。

1）电梯的直线运行部件的总载荷计算

$$\begin{aligned} R_{all} &= P + Q + (P + q \times Q) + W_{f1} + W_{f2} + W_{f3} \\ &= 800 + 630 + (800 + 0.48 \times 630) + 120.6 + 0 + 28.4 = 2681.4(\text{kg}) \end{aligned}$$

2）电梯的直线运行部件的总载荷折算至曳引机主轴的载荷

$$R = \frac{R_{all}}{R_t} = \frac{2681.4}{1} = 2681.4\text{kg} = 26\ 304.534N < R_{max} = 6000(\text{kg})$$

结论：本计算符合有关电梯曳引机选型的载荷要求。

（5）曳引电机容量的估算。

曳引电机的容量可按静功率进行计算。

1）曳引轮节径线速度的计算

$$V_{TR} = \frac{\pi Dn}{60} = \frac{\pi \times (400/1000) \times 36}{60 \times 1} = 0.754(\text{m/s})$$

2）曳引电机的所需静功率估算

$$N=\frac{QV_{TR}(1-q)}{102\eta R_t}=\frac{630\times0.754\times(1-0.48)}{102\times0.73\times1}=3.32(kW)$$

$$N=3.32(kW)<P_n=5.1(kW)$$

结论：本计算符合有关电梯曳引机选型的功率要求。

（6）电梯在额定载荷下的电机转矩的核算。

1）电梯的最大不平衡重量计算

$$T_s=P+Q-(P+q\times Q)+W_{f1}-W_{f2}$$
$$=800+630-(800+0.48\times630)+120.6-0=448.2(kg)$$

2）电梯在额定载荷下的电机转矩计算：

在此计算中，考虑导向轮、反绳轮及导轨与导靴的摩擦阻力和钢丝绳的僵性阻尼，设效率 η_1 为 85%。

电梯在额定载荷下的电机转矩

$$M_s=\frac{T_s\times D\times g}{4\times\eta_1}$$
$$=\frac{448.2\times(400/1000)\times9.81}{4\times0.85}=517.28(N\cdot m)<M_n=1015(N\cdot m)$$

结论：本计算符合有关电梯曳引机选型的机电转矩要求。

（7）曳引电机起动转矩的核算。

1）摩擦转矩的计算

$$M_f=\mu\times R\times r=0.04\times26\ 304.534\times82.5/(1000\times2)=173.61(N\cdot m)$$

2）转动惯量的计算

电梯直线运动部件换算至曳引轮节圆上的转动惯量计算

$$J_1=\frac{R_{all}\times D^2}{16}=\frac{2681.4\times(400/1000)^2}{16}=26.814(kg\cdot m^2)$$

旋转运动部件的转动惯量计算：

表 5 - 25 为本类型电梯旋转运动部件的转动惯量计算表。

表 5 - 25　电梯旋转运动部件的转动惯量计算表

旋转运动部件名称	直径 (m)	质量 (kg)	mD^2 ($kg\cdot m^2$)	换算至曳引轮的 mD^2 ($kg\cdot m^2$)
曳引机旋转部件	0.4	152	24.32	24.32
ΣmD^2				24.32

故，旋转运动部件的转动惯量为

$$J_2=\Sigma mD^2=24.32(kg\cdot m^2)$$

总转动惯量的计算

$$J=J_1+J_2=26.814+24.32=51.134(kg\cdot m^2)$$

3）最大启动角加速度的计算

轿厢的设计最大启动加速度

$$a=0.4(m/s^2)$$

曳引轮圆周处最大切向加速度

$$a_1 = R_t \times a = 1 \times 0.4 = 0.4(\mathrm{m/s^2})$$

最大起动角加速度

$$\varepsilon = \frac{a_1}{D/2} = \frac{0.4}{(400/1000)/2} = 2(\mathrm{rad/s^2})$$

4）最大加速转矩的计算

$$M_D = J \times \varepsilon = 51.134 \times 2 = 102.27(\mathrm{N \cdot m})$$

5）曳引电机起动转矩的计算

$$\begin{aligned} M &= M_s + M_f + M_D \\ &= 517.28 + 173.61 + 102.27 = 793.16(\mathrm{N \cdot m}) < M_{max} = 1015(\mathrm{N \cdot m}) \end{aligned}$$

且 $M/M_n = 793.16/1015 = 0.78$，一般永磁同步无齿轮曳引机的最大转矩与额定转矩之比为2～2.5，所以本类型电梯所选用的曳引电机容量已足够了。

结论：本计算符合有关电梯曳引机选型的起动转矩要求。

（四）电梯的安全保障

近年来，我国特种设备数量大幅增加，年均增长15%左右，而电梯年均增长幅度超过20%，全国电梯数量由2002年的35万台猛增到2012年底的245万台。电梯生产、安装和保有量位居世界第一。由于立法缺失，监管不力，我国特种设备事故率仍然较高，2012年，万台电梯死亡人数为0.11，是发达国家的4～6倍，一些设备事故多发的势头仍未得到根本扭转，重大事故时有发生，安全形势依然严峻。

在这样的形势下，确立“企业承担安全主体责任、政府履行安全监管职责和社会发挥监督作用”三位一体的特种设备安全工作新模式，进一步突出特种设备生产、经营、使用单位是安全责任主体。通过强化企业主体责任，建立特种设备可追溯制度、特种设备召回制度、特种设备报废制度和事故赔偿民事优先制度，加大对违法行为的处罚力度，督促生产、经营、使用单位及其负责人树立安全意识，切实承担保障特种设备安全的责任。

第五节　生活领域的机电一体化

一、数码相机

数码相机也称为数字相机，或称为卡片式相机、单反相机等，是介于普通相机和扫描仪之间的产物，是数字时代的一个重要标志，如图5-49所示。

数码相机集光学技术、传感技术、微电子技术以及计算机技术和机械技术于一体，在光电转换期间，将光信息转换成电信息，再加以特定处理并进行存储，是一个典型的光机电一体化产品。随着计算机技术的不断发展，数码相机已经风靡了整个世界，成为最热门的数字化产品之一。

图5-49　佳能数码相机

1. 数码相机的组成

数码相机由镜头、图像传感器、模/数转换器（A/D）、微处理器（MPU）、内置存储器、液晶显示器（LCD）、可移动存储器（PC 卡）和接口（计算机接口、电视机接口、打印机接口）等部分组成，其工作原理如图 5-50 所示。

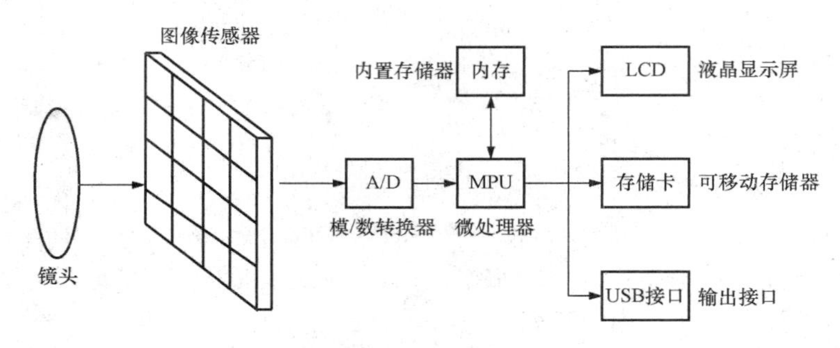

图 5-50　数码相机的工作原理

（1）镜头。数码相机有变焦镜头和定焦镜头之分，在数码相机应用的镜头中，其电子控制电路已经完全和数码相机的核心处理单元（微处理器）紧密地联系起来。

（2）图像传感器。数码相机的核心部件是图像传感器，其质量决定了数码相机的成像质量。图像传感器的体积通常很小，但却包含了几十万乃至上千万个具有感光特性的二极管（=光电二极管），每个光电二极管即为一个像素。当有光线照射时，这些光电二极管就会产生电荷累积，光线越多，电荷积累的就越多，然后这些积累的电荷就会被转换成相应的图像数据。目前用于数码相机的图像传感器有两种：一种为电荷耦合器件（charge coupled device，CCD）；另一种为互补金属氧化物半导体（complementary metal oxide semi-conductor，CMOS）。从信息的读取方式上看，CCD 存储的电荷信息，需在同步信号控制下一位一位地转移后读取，电荷信息转移和读取输出需要有时钟控制电路和三组不同的电源相配合，整个电路较为复杂。CMOS 光电传感器经光电转换后直接产生电流（或电压）信号，信号读取十分简单。从速度上看，CCD 需要在同步时钟的控制下，以行为单位一位一位地输出信息，速度较慢，而 CMOS 采集光信号的同时就可以取出电信号，还能同时处理各单元的图像信息，速度比 CCD 电荷耦合器快很多。从电源及耗电量上看，CCD 电荷耦合器大多需要三组电源供电，耗电量较大，而 CMOS 光电传感器只需使用一个电源，耗电量很小，仅为 CCD 的 1/10～1/8。从成像质量上看，CCD 制作技术起步早，技术成熟，采用 PN 结或二氧化硅（SiO_2）隔离层隔离噪声，成像质量相对 CMOS 光电传感器有一定优势。由于 CMOS 光电传感器集成度高，各种光电传感元件、电路之间距离很近，相互之间的光、电、磁干扰较严重，噪声对图像质量影响很大，使 CMOS 光电传感器很长一段时间无法进入实用。近年来，CMOS 电路消噪技术的不断发展，为生产高密度优质的 CMOS 图像传感器提供了良好的条件。

（3）A/D 转换器。即模拟数字转换器（analog digital converter，ADC）。A/D 转换器有两个重要指标：转换速度和量化精度。由于数码相机系统中高分辨率图像的像素数量庞大，因此对转换速度要求很高。同时，量化精度对应于 A/D 转换器将每一个像素的亮度或色彩值量化为若干个等级，这个等级就是数码相机的色彩深度。对于具有数字化传输接口的图像传感器如 CMOS，则不需要 A/D 转换器。

（4）MPU（微处理器）。数码相机要实现测光、运算、曝光、闪光控制、拍摄逻辑控制以及图像的压缩处理等操作必须有一套完整的控制体系，数码相机通过 MPU（microprocessor unit）实现对各个操作的统一协调和控制。MPU 通过对 CCD 感光强弱程度的分析，调节光圈和快门，又可通过机械或电子控制调节曝光。一般数码相机采用的微处理器模块的系统结构如图 5－51 所示，包括图像传感器数据处理 DSP、SRAM 控制器、显示控制器、JPEG 编码器、USB 等接口控制器、运算处理单音频接口（非通用模块）和图像传感器时钟生成器等功能模块。

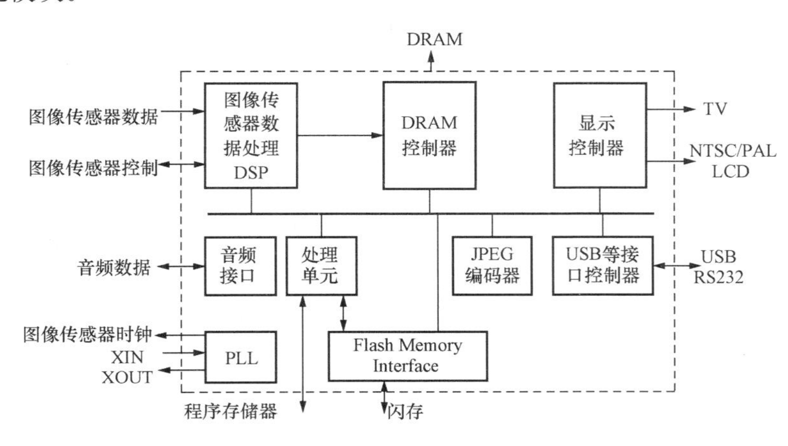

图 5－51　微处理器模块的系统结构

（5）存储设备。数码相机的存储器是用于保存数字图像数据。存储器可以分为内置存储器和可移动存储器（或称为外置存储器），内置存储器为半导体存储器（芯片），用于临时存储图像。最近新开发的数码相机更多地使用了可移动存储器。这些可移动存储器通常是 SD 卡、miniSD 卡、PC（PCMCIA）卡等。

（6）LCD（液晶显示器）。LCD 分为两类：即 DSTN LCD（双扫扭曲向列液晶显示器）和 TFT LCD（薄膜晶体管液晶显示器）。数码相机中多数采用 TFT LCD。

（7）输入输出接口。数码相机的输入输出接口主要有图像数据存储扩展设备接口、计算机通信接口、打印机连接接口和电视机视频连接接口。图像数据存储扩展设备接口主要用于如前所述的存储设备的数据交互。常用的计算机通信接口有串行接口、并行接口、USB 接口和 SCSI 接口。

2. 数码相机的光电成像原理

数码相机的光电成像原理是镜头将被摄景物的光学影像成像在图像传感器（CCD 或 CMOS）表面上；然后图像信号经过 A/D 转换器转换成数字图像信号，通过 MPU 可对数字信号进行压缩和相应的处理，再转换成特定的图像格式；最后，图像以文件的形式存储在内置存储器中或可移动存储卡中。与此同时，MPU 将图像发送给 LCD 驱动芯片，LCD 驱动芯片将图像显示在 LCD 屏上，用户就可以观察到拍摄的图像。其成像原理及图像处理过程如图 5－52 所示。

图像传感器是数码相机的核心部件，目前数码相机的图像传感器主要有 CCD 和 CMOS 两类。CCD 芯片又分为线型和面型两大类，线型 CCD 芯片的最大特点是分辨率很高，可拍摄 1000 万以上像素水平影像的数码相机都采用线型 CCD 芯片。

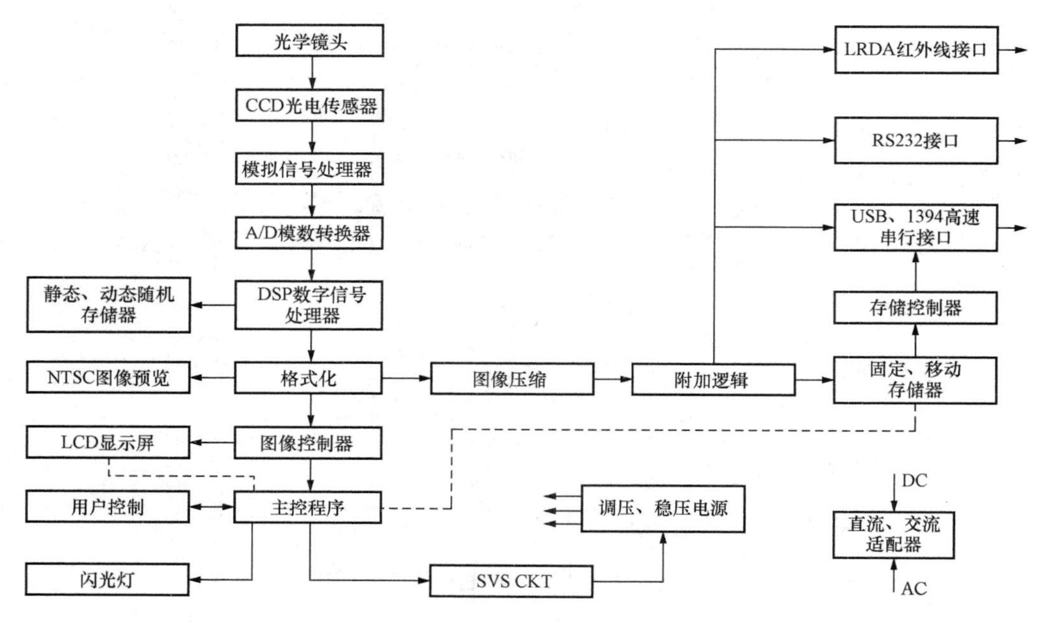

图 5-52 数码相机的成像原理及图像处理过程

CCD 器件的基本组成单元是金属一氧化物=半导体（MOS）电容，如图 5-53 所示。在 P 型硅衬底上覆盖二氧化硅绝缘层，在二氧化硅上装配一金属（铝）电极，就构成了金属-氧化物-半导体（MOS）电容。

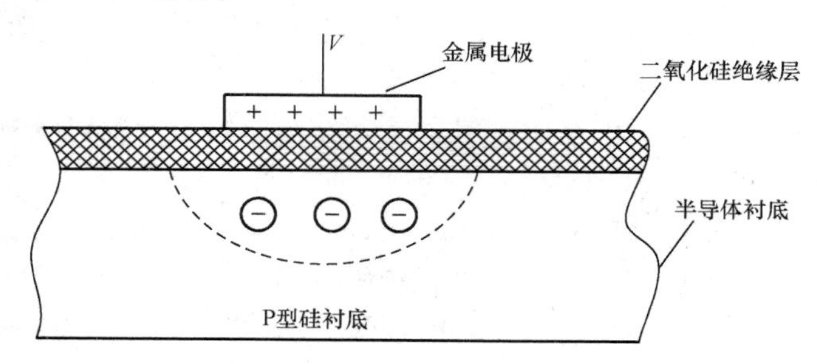

图 5-53 CCD 的基本单元

由基本 MOS 单元就可构成 CCD 器件，根据构成方式的不同，CCD 器件可分为线阵和面阵两类。线阵 CCD 是由一维排列的 MOS 单元构成，常见的有 256、512、2048 等，而面阵 CCD 是由矩阵排列的 MOS 单元构成，如 512×512、1024×1024 等。

CCD 是能够将光信号转变成电信号的半导体器件，它在数码相机中具有电荷储存、光电转换及电荷转移三个基本功能。

(1) 电荷储存功能。CCD 的一个基本单元如图 5-53 所示。当在电极上加上正偏压时，金属极板带正电荷，P 型半导体中带正电的多数载流子空穴受到极板上正电荷的排斥而远离金属极板，从而在金属极板的下方形成了一个无空穴区，这个区中只有少数载流子电子而带负电，这个区域称为耗尽层。金属极板、绝缘层和半导体层，看起来很像一个平行板电容器，具有电容器储存电荷的基本功能，而且极板上所加偏压越高，储存的电荷越多，所以 CCD 具有储存电荷的功能。

(2) 光电转换功能。普通电容器的两个极板都是金属导体，而 CCD 的电容有一个极板是半导体。与金属导体内部存在大量自由电子不同，半导体在常温和黑暗环境中基本上绝缘的，即其内部可以导电的载流子非常少。但若用光照射半导体衬底时，半导体就会产生大量的电子空穴对，可大大增强其导电性。所以当光照射时，加有偏压的 CCD 电容就能存储许多电荷，实验表明，CCD 的电容在一定偏压下所存储的电荷量与入射光强度成正比，光线越强，存储的电荷就越多。这就实现了 CCD 的光电转换功能。通常 CCD 的单元电容也被称为光电二极管。

(3) 电荷转移功能。CCD 实现电荷的转移功能是把 CCD 上的一个个电容按一定的方式连接起来，图 5-54 表示的是一种连接方式。为获得电荷转移功能，在每组电容器的电极上分别加上 v_1、v_2、v_3 时钟驱动脉冲，其波形如图 5-55 所示。

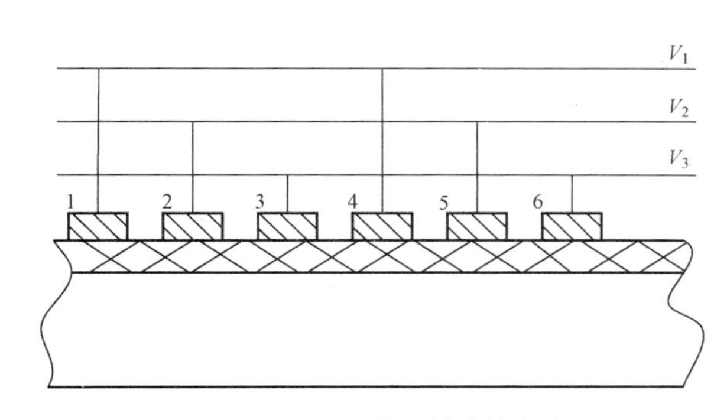

图 5-54　CCD 的一种连接方式

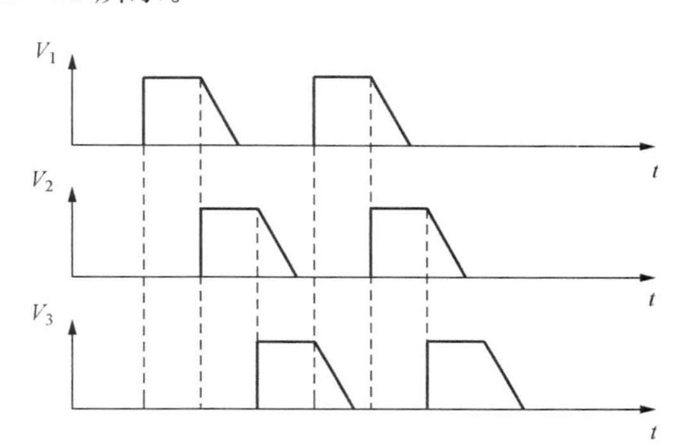

图 5-55　CCD 每组电容器的电极上所加的时钟驱动脉冲电压

假定将 CCD 曝光，产生的电荷图像如图 5-56 (a) 所示，1 号电容有 4 单位电荷，4 号电容有 2 单位电荷，其余的电容没有电荷，此时处于 $t=t_1$ 时刻。这时 V_1 为高电平，V_2、V_3 为低电平，1 号和 4 号电容接高电平，电极下形成耗尽层，也可以形象地称作势阱，电荷就落入势阱中，如果将电荷比作水，那么势阱就相当于一个水盆。

在 t_2 时刻，V_1、V_2 都是高电平，此时 1、2、4 号及 5 号电极下都形成势阱，且 1、2 号电容和 4、5 号电容的势阱分别连通到一起，电荷数量未变，电荷在势阱中均匀分布。就与水在水盆中的情况相似，如图 5-56 (b) 所示。

在 t_3 时刻，V_1、V_3 为低电平，V_2 为高电平。1、4 号电容因处于低电平，其势阱消失，只有 2、5 号电容处于高电平，其势阱仍然保留，所以电荷就保留到 2、5 号电容的势阱中了，电荷数量仍然不变，如图 5-56 (c) 所示。

为了存储电荷和转移电荷，CCD 必须有金属电极和连线，但是其阻光作用又会降低光电转换效率，解决这个矛盾的方法有两种：一是将电极和连线做成透明的；另一个方法是将衬底做薄一点，从背面进行光照。

3. 数码相机的数据处理

数码相机各部分的有机连接，还需要一个针对数据的处理机制。这一数据处理的过程以 MPU 为中心，通过针对数码相机数据的处理，使得数码相机的各个部分有效的结合在一起。如图 5-57 所示，数码相机的数据流向从图像传感器开始，止于图像数据的存储和传输。根据数码相机系统中采用图像传感器类型的不同（CCD 或 CMOS)，数据流的处理有一

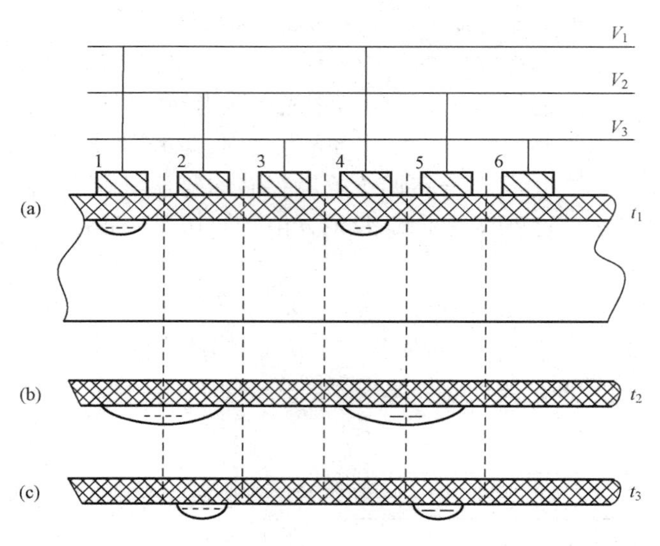

图 5-56　电荷在 CCD 中的转移

些差异。在采用 CCD 的数码相机系统中，CCD 数据是模拟数据输出，需要模数转换和光学黑电平钳位等处理过程。在采用 CMOS 的数码相机系统中，由于 CMOS 器件采用了数字数据接口，处理 CCD 模拟接口的电路被省略，直接进行数据读出。图像传感器的图像数据被读出后，系统将对其进行针对镜头的边缘畸变的运算修正，然后经过坏像素处理后，被系统送去进行白平衡处理。由于图像传感器在制造和使用老化过程中会出现一些个别的像素点性能偏离或不能正常感光的现象，这些像素点被称为坏像素。为了不对图像产生影响，数码相机的核心处理器通常会通过相应的数学算法（例如插值）进行修正，但这一修正过程是有限的。

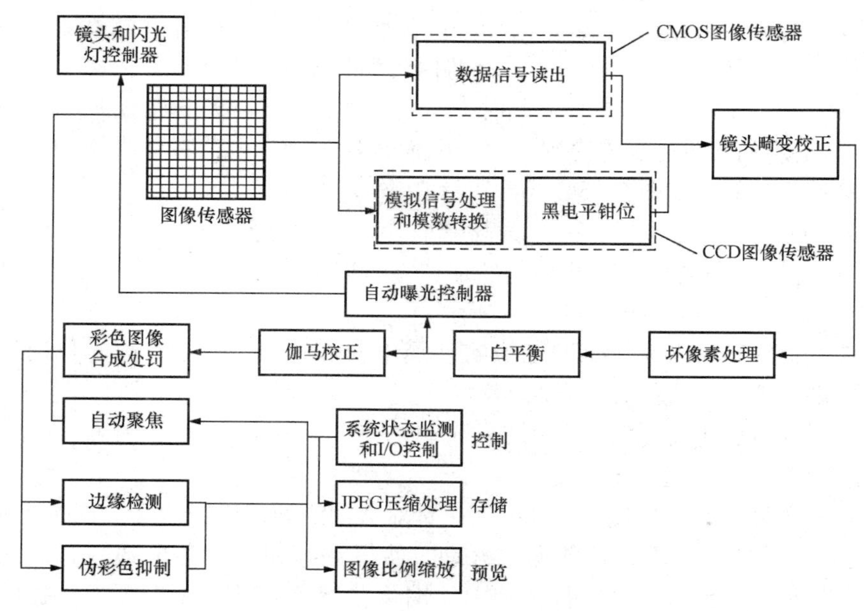

图 5-57　数码相机处理流程

伽马校正和色彩合成处理是使数码相机获得良好的彩色图像的必要的图像处理过程。在没有进行色彩合成以前，数码相机获得的图像数据是由红色、绿色和蓝色三通道的图像数据构成，经过色彩合成处理后，将获得彩色的混合图像。

为了能够进行针对镜头的自动对焦控制，在色彩合成处理后，需要针对图像进行边缘检测（锐度检测）和伪彩色检测（伪彩色抑制）。然后，将用于浏览的图像数据流送至 LCD 控制器，需要存储的图像数据被进行 JPEG 压缩后存入存储器中。至此，整个数码相机的图像数据处理完成。为了让数码相机系统稳定的工作，在整个系统中还需要具有一个系统状态的检测控制电路，其主要用于检测供电系统的运行状况和各部分用户接口的运行状态。

二、全自动模糊控制洗衣机

如今，全自动洗衣机基本都具备了模糊控制，即俗称的“傻瓜”式洗涤方式。这种洗涤方式能够模仿人的思维，从而自动判断用户最佳的洗涤程序。模糊控制是通过洗衣机各个主要传感器自动检测所洗衣物的衣料质地、质量、水温、污垢程度以及洗衣水的混浊度等洗涤信息，这些传感器通过收集信息，然后传送给控制中心的微电脑，微电脑经过综合判断后，依照洗涤物的重量、质地选择合适的水位、洗涤时间、洗涤方式和漂洗遍数等工作参数，执行最佳的洗涤程序，从而获得最佳的洗涤效果。据统计：一台容量为 5kg 的模糊洗衣机的用水量要比双缸普通洗衣机节水 50%、节电 30%。

1. 控制原理

1965 年美国的扎德教授创立了模糊逻辑理论，到现在模糊技术已经被广泛地应用在各个领域。模糊控制技术在家用电器中得到了广泛的应用，形成了模糊家电系列产品。所谓模糊家电就是揉入人们对家电使用的经验知识，根据人的经验建立操作模式，在电脑的控制下可模仿人的思维进行判断的家用电器。

一个模糊控制系统通常由输入量、模糊推理规则和输出量组成。系统根据不同的输入量采用对应的推理规则决定输出量的大小。图 5 - 58 所示为模糊控制洗衣机的控制原理。

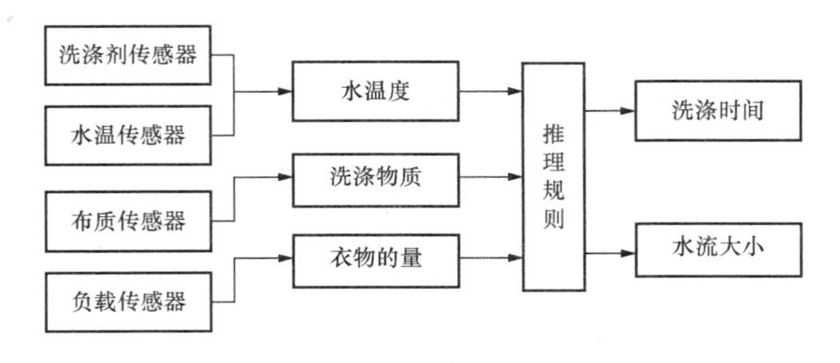

图 5 - 58　模糊控制洗衣机的控制原理

模糊控制首先针对控制对象按照人们的经验总结出模糊规则，然后由单片机对这些信息按照模糊规则作出决策来完成自动控制。在洗涤衣物过程中，衣物的多少、面料的软硬等都是模糊量，所以首先做大量的实验，总结出人为的洗涤方式，从而形成模糊控制规则。混浊度、布质、布量等都是通过现行状态的检测，再通过模糊推理得出的。

在模糊控制洗衣机中，主要考虑布质、布量、水温和肮脏度这几种条件，而从这些条件求取水位、洗涤时间、水流、漂洗方式和脱水程度的具体数据。任何一个模糊控制系统的设计关键是模糊控制器的设计。

模糊控制器一般是一个智能芯片，具有储存和计算能力，推理规则就储存在这个芯片中。所谓推理规则就是把人洗衣服的模糊经验数字化。例如如果负载小，洗涤化纤衣物，且水温高，人们就会用小的力量，洗涤短时间。将很多类似的经验规则化，就形成了推理规则。在用的时候，根据不同的输入组合，采用不同的规则就可以了。

2．模糊控制洗衣机结构

模糊控制洗衣机的结构如图 5－59 所示。它主要是靠多种传感器收集各种信息数据，如有自动感知水温高低、水量多少、衣料脏污程度的光电传感器，由此来决定洗衣粉的投放量；有自动检测衣料重量、布质、布量的传感器，以此自动选择相应的洗涤程度；有自动感知衣物脏污程度、性质、漂洗混浊度的光电传感器，以确定水温高低、洗涤时间和漂洗次数。还可根据室温和水温，自动调整洗涤时间长短，以达到节电、节水的目的。

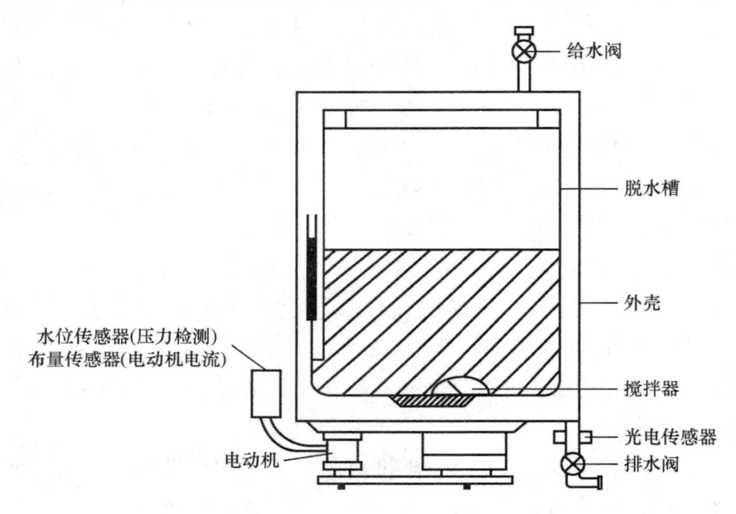

图 5－59　模糊控制洗衣机的结构

3．传感器

在洗衣服的时候，影响洗涤效果的主要因素有：衣服的种类、水的温度、洗涤剂和机械力。衣服的种类主要有棉纤维和化纤之分，化纤的衣服要比棉纤维的衣服好洗。水温越高，洗涤效果越好。洗涤剂主要是由各种酶决定洗涤效果。机械力也就是洗衣机通过水流来模拟揉、搓等各种人的动作，模糊控制洗衣机通常采用如下的传感器来进行信息量的提取。

（1）水位传感器。根据洗涤物的多少自动感知，设定并自动控制用水量。

（2）布质传感器。通过自动感知衣物重量和吸水程度，感知衣物的布料和质地，决定最佳洗衣程序。

（3）水温传感器。可以根据环境温度和水温，自动决定洗涤时间。

（4）光电传感器。根据衣物洗涤过程中洗涤循环水的透光率（脏污程度），决定最佳洗衣程序。

（5）负载量传感器。主要用于检测洗涤衣服的多少。

图 5－60 中光电传感器设在排水阀的旁边，发光二极管与光电晶体管把排水管夹在中间，使其对称设置，发光二极管发出的光透过洗涤液体，用光电晶体管变换电压，用微机判断其程度，然后检验洗涤液的污染程度。

上述传感器的输出端都连接在微机上，在计算机中经过数据处理后，可进行模糊推理，从而决定最适当的水位、水流的强弱、洗涤时间的长短、漂洗的次数以及脱水的时间。图 5 - 61 所示为模糊推理的结构，根据混浊度达到饱和状态的时间（即污垢的性质）以及这时的洗涤时间，推论的规则是以“假如（或如果）……的话，就（那么）……”这样的规则所组成，例如“如果洗涤液很脏，而且有油污，那么洗涤时间需要很长”，按这样的思维方法，在模糊控制洗衣机上，依据各种洗涤状态制定相应的规则，推理设定出最合适的洗涤方法。

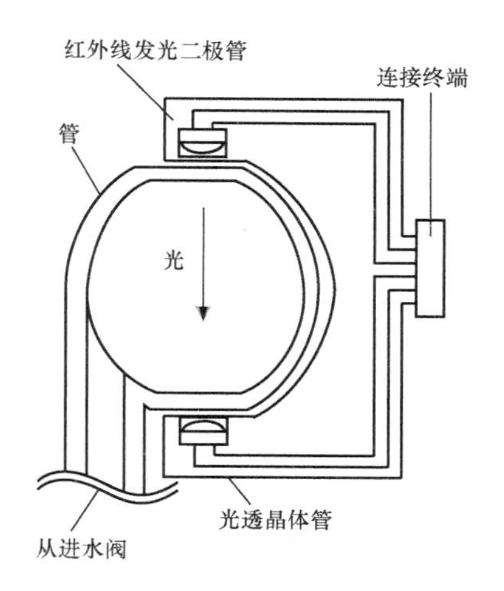

图 5 - 60　光电传感器组件

4. 混浊度检测系统

目前，洗衣机中液体混浊度检测主要通过检测被洗衣服的脏污程度、脏污性质来决定洗涤时间、漂洗次数

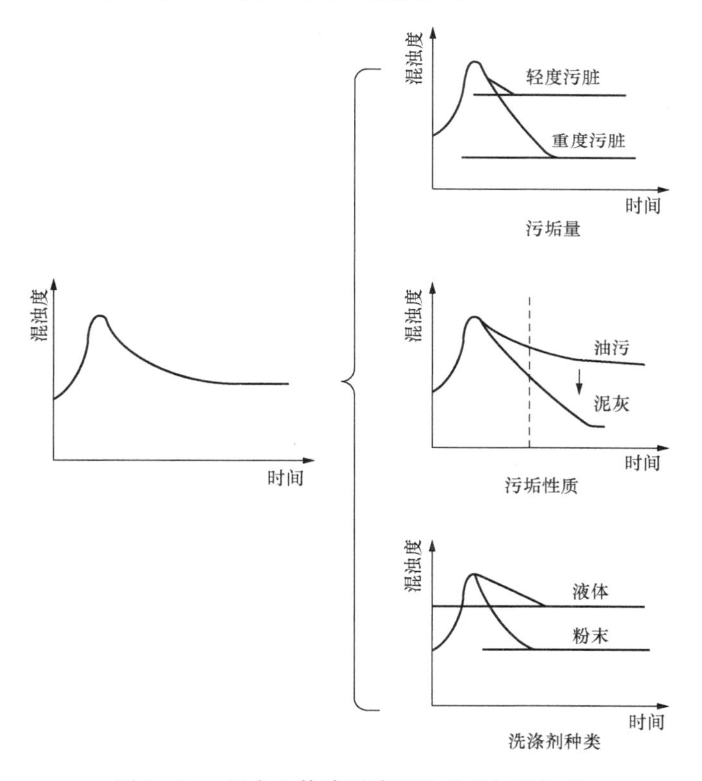

图 5 - 61　用光电传感器检测洗涤液的混浊度

等洗涤参数。由于受洗涤剂、洗涤方式等因素的影响，在检测过程中，被洗衣物的污染程度难以被准确地测定，其污染性质的检测更难以进行。采用混浊度传感器，通过动态检测混浊度和洗涤液导电率的变化，可决定洗涤时间、漂洗次数和时间。

（1）混浊度传感器。美国 Honey-well 公司生产的 APMS-10G 混浊度传感器的结构如图 5 - 62 所示。该传感器具有检测液体混浊度和导电率两项功能，混浊度的检测原理如图 5 - 63

所示。其输出的混浊度和导电率的值均为数字量，用户可通过计算机与传感器进行串口通信，直接得到数据。

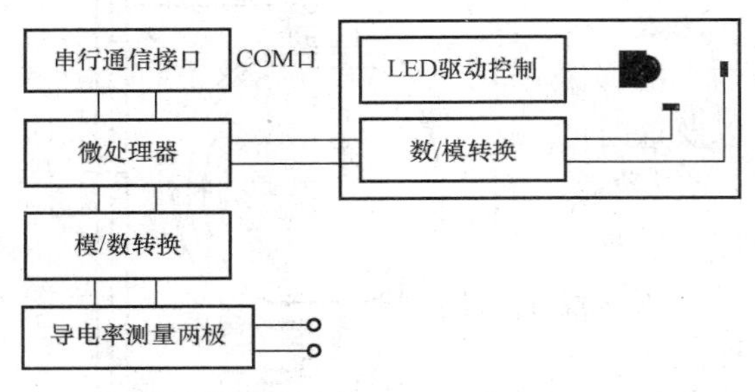

图 5-62 APMS-10G 混浊度传感器结构

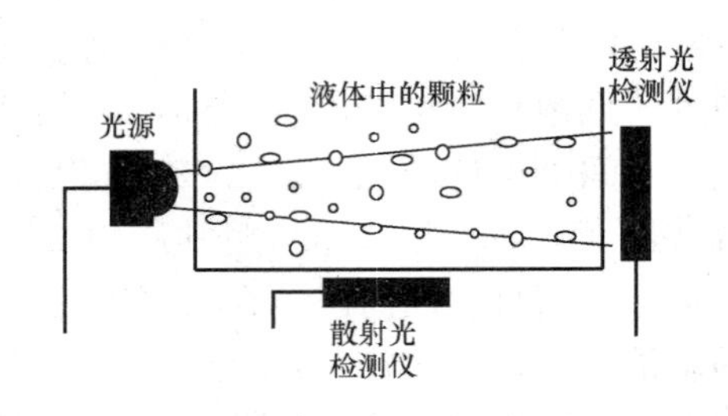

图 5-63 APMS-10G 混浊度检测原理

首先，通过计算机向传感器发送功能选择指令，具体指令见表 5-26；然后计算机等待传感器发回数据，一旦计算机收到字符“C0”，说明通信成功，可以接收数据，数据格式见表 5-27；然后经过处理就可得到检测参数值。表中，Tran-lo，Tran-hi 分别表示透射率（十六进制数）的低 2 位和高 2 位，Scat-lo，Scat-hi 分别表示散射率（十六进制数）的低 2 位和高 2 位。

表 5-26 计算机发送命令给传感器的数据格式

指令	传感器功能	浑浊度	导电率	温度
字符 1	起始代码	50H	50H	50H
字符 2	项目代码	03H	00H	01H
字符 3	校验和	ADH	B0H	AFH

表 5-27 传感器发送数据给计算机的数据格式

指令	传感器功能	浑浊度	导电率	温度
字符 1	起始代码	C0H	C0H	C0H
字符 2	项目代码	03H	00H	01H
字符 3	数据	Tran-lo	导电率	温度
字符 4	数据	Tran-hi		
字符 5	数据	Scat-lo		
字符 6	数据	Scat-hi		
字符 7	校验	校验和	校验和	校验和

（2）混浊度检测系统。目前，模糊洗衣机主要使用混浊度传感器检测洗涤液的污染状况来间接测量被洗衣物的脏污程度、脏污性质。被洗衣物的脏污程度越大，洗涤液越混浊，即洗涤液的混浊程度与被洗衣物的脏污程度有关。另外，根据洗涤液达到相同混浊度所需的时间不同，可判断出衣物的脏污性质是油性还是泥性脏污。在此基础上确定洗涤时间，这种方法的缺陷主要在于规则建立过于依赖经验。

为了更好的通过混浊度检测来确定主洗时间，可采用一种混浊度反馈控制的检测方法，通过检测，其结构原理如图 5-64 所示。

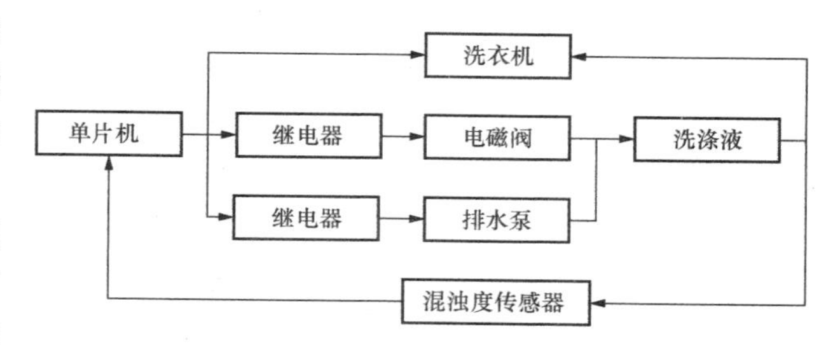

图 5-64　混浊度反馈控制检测装置系统结构原理

该装置的工作过程是：在进行混浊度检测时，单片机先通过继电器打开电磁阀，等待 20s，待洗衣机内的洗涤液进入到排水泵后，单片机通过继电器启动排水泵，30s 后，关断电磁阀和排水泵。这些洗涤液进入到混浊度传感器的测量槽，洗涤液静止 30s 后进行混浊度检测。在混浊度检测装置中，电磁阀和排水泵的加入有如下作用。

1）电磁阀的截止功能能实现洗涤液混浊度的静态检测，起到硬件滤波的作用。在洗涤过程中，洗涤液中有大量的气泡，如采用动态检测混浊度，则混浊度的变化很不规律。经过混浊度变化曲线进行频谱分析，发现混浊度的变化是一个缓变信号，相对于各种干扰因素而言，变化范围不大，通过低通滤波后，混浊度变化曲线不是很平稳，无法采用合适的决策来进行洗涤时间控制。图 5-65～图 5-68 所示分别为混浊度动态检测变化曲线、低通滤波后混浊度变化曲线、散射率和透射率曲线和导电率变化曲线。采用硬件滤波后，通过实验发现混浊度变化曲线很有规律，且非常平稳，这样不需要进行软件滤波，给系统节省不少资源。

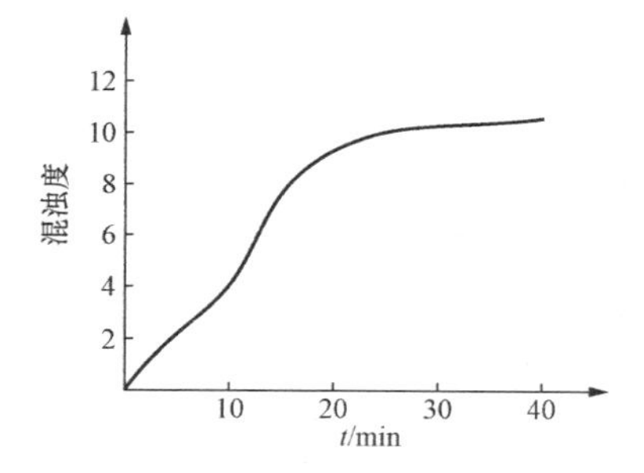

图 5-65　混浊度动态检测变化曲线

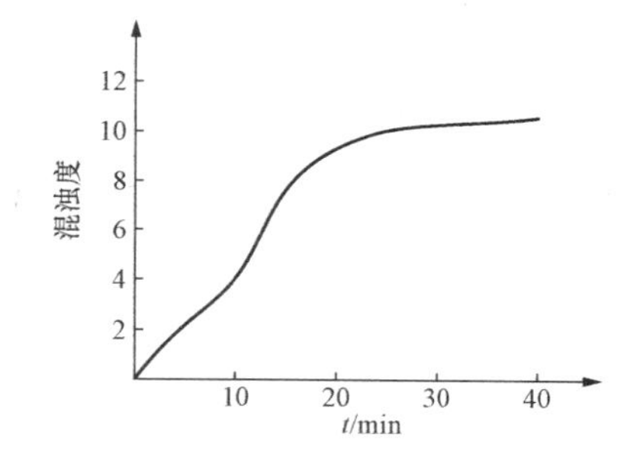

图 5-66　低通滤波后混浊度变化曲线

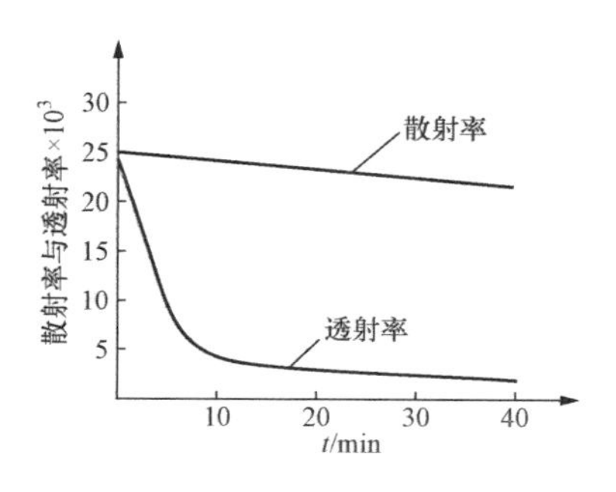

图 5-67　散射率和透射率曲线

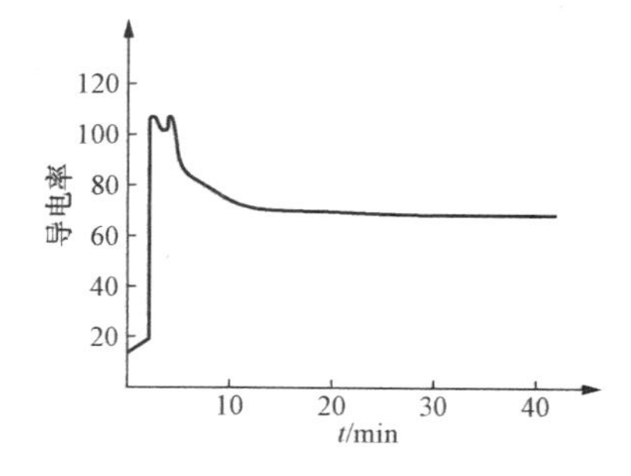

图 5-68　导电率变化曲线

2）保护传感器。由于工业洗衣机进行洗涤时，温度有可能高于传感器的工作温度，因此电磁阀还可起到隔绝高温液体的作用，从而保护传感器。

3）实时检测。排水泵的排水功能使混浊度传感器测量槽内的洗涤液或洗衣机内的洗涤液保持一致，从而实现实时检测洗涤液混浊度的功能。

这种混浊度检测方法是在主洗阶段实时检测洗涤液的混浊度变化情况，步骤是：检测洗涤剂混浊度时，先打开电磁阀，再打开排水阀使洗涤液进入混浊度传感器，关闭电磁阀和排水泵。由于洗涤时搅动的原因，洗涤液中有大量的气泡，故静置一段时间后检测混浊度，当在一定间隔时间内洗涤液混浊度增长率变化不大时，可结束洗涤。

三、立体车库

现在所知的最早的立体车库建于1918年，位于美国伊利诺伊州芝加哥市华盛顿西大街215号的一家宾馆（Hotel La Salle）的停车库，设计师是Holabird和Roche，该车库于2005年被推倒，在该原址上，后来由Jupiter Realty Corp兴建了一座49层的公寓大楼。在第十五届全国发明展览会项目中交通、建筑类提到不占地立体车库的第一发明人：刘玉恩。该发明是一种不占地位立体车库，包括：通行架，可允许车辆正常通行；固设于通行架上的车库群，为多层结构，每层至少包括有两个或两个以上可存放车辆的单元车库；纵向升降机，设于车库群及通行架中；横向移动架，可在升降机与单元车库之间移动；推举式交换装置，可将横向移动架上的车辆放置于单元车库上或可将单元车库上的车辆取回于横向移动架上；控制机构，控制存放或取出车辆。

车辆无处停放的问题是城市的社会、经济、交通发展到一定程度产生的结果，立体停车设备的发展在国外，尤其在日本已有近30～40年的历史，无论在技术上还是在经验上均已获得了成功。我国也于90年代初开始研究开发机械立体停车设备，距今已有近20年的历程。由于很多新建小区内住户与车位的配比为1：1，为了解决停车位占地面积与住户商用面积的矛盾，立体机械停车设备以其平均单车占地面积小的独特特性，已被广大用户接受。

常见立体车库类型及特点。在国家质量监督检验检疫总局颁布的《特种设备目录》中，将立体车库分为九大类，具体是：升降横移类、简易升降类、垂直循环类、水平循环类、多层循环类、平面移动类、巷道堆垛类、垂直升降类和汽车专用升降机。其中，升降横移类、平面移动类、巷道堆垛类、垂直升降类这四种类型的车库都是最典型的、市场上最多采用的、市场占有率最高的、最适合大型化发展的。

（1）升降横移类。升降横移类立体车库采用模块化设计，每单元可设计成两层、三层、四层、五层、半地下等多种形式，车位数从几个到上百个。此立体车库适用于地面及地下停车场，配置灵活，节省占地，建设周期短，消防、外装修、土建地基等投资少，造价低，可采用PLC自动控制，自动化程度高，运行平稳，工作噪声低，存取车迅速。

升降横移类车库以钢结构框架为主体，采用电动机驱动链条带动载车板作升降横移运动，实现存取车辆。其工作原理为：每个车位均有载车板，所需存取车辆的载车板通过升降横移运动到达地面层，驾驶员进入车库地面层，存取车辆，完成存取过程。停泊在这类车库内地面层的车辆只作横移，不必升降；而停泊在顶层的车辆只作升降，不作横移。中间层则通过升降横移运动为顶层车辆让出空位，或存取车辆。图5-69为升降横移式立体车库。

（2）平面移动类。平面移动类立体车库，每层的车台和升降机分别动作，提高了车辆的出入库速度，可自由利用地下空间，停车规模可达到数千台。部分区域发生故障时，不影响其他区域的正常运行，因此使用更加方便；采用以车辆驾驶员为中心的设计方法，提高了舒适性。采取多重保险措施，安全性能卓越；通过计算机和触屏界面进行综合管理，可全面监

图 5 - 69　升降横移式立体车库

视设备的运行状况，并且操作简单。图 5 - 70 和图 5 - 71 所示为全钢结构平移类车库和混凝土结构平移类车库。

图 5 - 70　全钢结构平移类车库

图 5 - 71　混凝土结构平移类车库

（3）巷道堆垛类。巷道堆垛类立体车库采用堆垛机作为存取车辆的工具，如图 5 - 72 所示。所有车辆均由堆垛机进行存取，因此对堆垛机的技术要求较高。单台堆垛机成本较高，所以巷道堆垛式立体车库适用于车位数需要较多的客户使用。通过升降机、行走台车及横移装置输送载车板实现存取车操作，整个过程全自动完成。固定式升降机＋各层行走台车的配置形式，可实现多个人同时存取车。

图 5 - 72　巷道堆垛类立体车库

（4）垂直升降类。简易升降类车库可以一个车位泊两台车，最适宜多车型家庭用。其构造简单实用，无需特殊地面基础要求，可任意迁移，搬迁安装容易。备有专用锁匙开关，防止外人开动设备，如图 5 - 73 所示。

垂直升降类立体车库如图 5 - 74 所示。它占地少，容车量大，高层设计最高能够达到平均一辆车仅占一平方米的空间。可同时提供多车位进出口，等待时间短。智能化程度高，可预约存取车及空车位导向。绿色环保车库，利用车库外形的空隙空间可以进行绿化，使车库变成一个立体的绿化体，有利于美化城市和环境。智能化控制，操作简单方便。

图 5 - 73 简易升降类

图 5 - 74 垂直升降类

（5）立体车库控制系统。按照上层任务和底层控制相分离的原则，立体车库控制系统如图 5 - 75 所示。各计算机之间通过局域网相连，上位机负责任务的分配、车库数据库的管理及设备状态的显示，管理员可通过上位机对存取车任务进行干预。服务器对用户的刷卡请求作出响应，并担负上位机、激光检测系统与底层可编程控制器（PLC）之间通信的任务。由

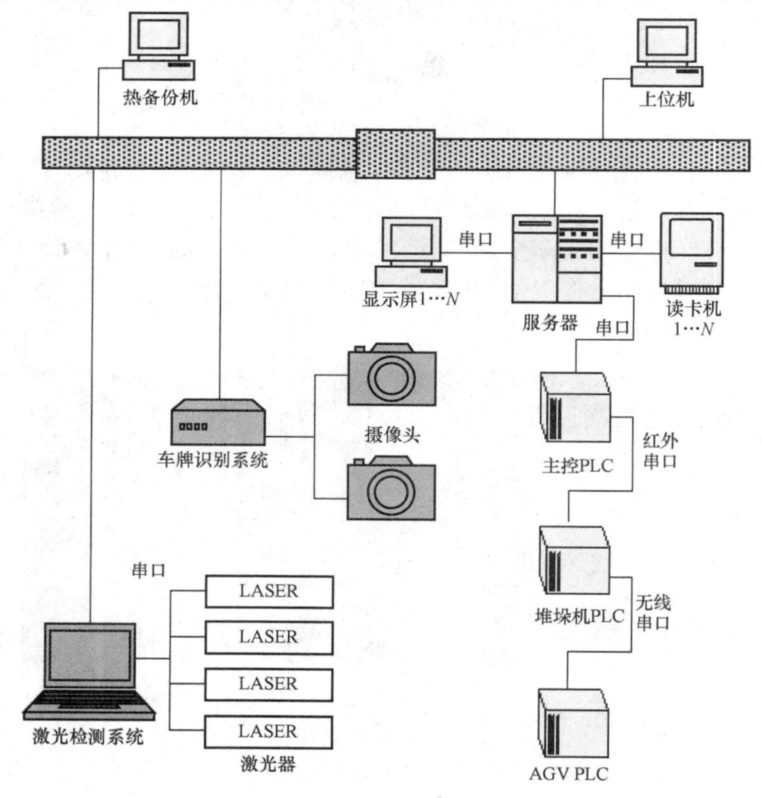

图 5 - 75 立体车库控制系统结构示意图

于服务器在系统中处于承上启下的地位，且其上连接的端口较多，因此它在正常运行时不配备键盘和鼠标等交互设备，以避免由于外设的请求造成机器死机等故障而中断系统运行。激光检测系统在进车和出车时对出入口转盘上的车辆进行检测分析，给出车辆位置姿态的调整命令或有无车的判断信息。车牌识别系统在进车时对车牌号码进行拍摄，通过识别软件将图形转化为文本信息，并上传至上位机存入数据库，确保车辆信息的完整和准确。服务器与主控 PLC 间使用串行通信方式，由于堆垛机和搬运小车为运动设备，无法进行有线连接，故根据实际情况，主控 PLC 与堆垛机 PLC、堆垛机 PLC 与智能搬运小车（AGV）之间分别选用了红外和无线模块进行通信。各 PLC 接收其上级下发的命令，完成属于本级的控制操作，并发送属于下级 PLC 的任务，同时对设备状态进行逐级上传，供服务器和上位机进行任务处理和状态显示。此外，系统还为上位机配备了热备份机，在上位机出现死机等异常情况时，能够迅速地接替其工作，保持记录数据的完整性。

（6）信息管理系统。立体车库上位机的信息管理系统担负着人机交互、数据维护、任务分配、状态监视等方面的任务，其核心是对数据库的操作与维护。信息管理系统包含停车卡管理、车位管理、任务管理、车位和系统软硬件状态的显示及处理、手动操作、操作历史记录及数据备份六大功能模块。

第六节　机电一体化系统的故障诊断与自修复技术

随着机电一体化产品不断进入生产与生活领域，人们对机电一体化产品的输出柔性、工作性能及可靠性方面提出了严格的要求。但由于机电一体化设备不同于一般的机械设备或电子设备，它有着其独特的故障特点和可靠性，所以需要针对当前流行的机电一体化设备的故障特点和可靠性进行分析。

大部分机器都由机械和电子两部分组成，只是两者所占的比例不同而已。机电一体化设备不是单纯的机械和电子的叠加，而是两者的有机结合。一般来说，机械是动作的执行者，电子是动作的控制者。只有两者协调动作，机器才能正常工作。两者之间的关系就像四肢和大脑的关系，机电一体化系统的最终目的是实行可控的运动行为，它是充分利用电子计算机信息处理和控制功能，利用可控驱动元件特性来替代机械系统。

一、机电一体化设备的故障表象分析

1. 机械设备的故障表象特点

（1）机械设备的运行过程是一个动态的过程，在不同时段的测试数据是不可重现的，用检测数据直接判断运行过程中的故障也是不可靠的。

（2）从系统特性来看，机械系统的故障具有随机性、连续性、离散性、缓变性、突发性、间歇性、模糊性等，其产生的原因有一对多性（一个故障结果可能由多种原因产生）、复合性（多个原因同时作用产生某个故障结果）。

2. 电子设备的故障表象特点

电子设备的故障特点具有隐蔽性、突发性、敏感性（如对温度、湿度等外界工作条件）。

3. 机电一体化设备的故障表象特点

机电一体化系统除具有原来机械和电子设备的特点外，又增加了故障转移性、表征复杂性、集成性、融合性、交叉性等特点。

一般来说，由于机械部分是动作的执行者、完成者，从故障表面现象来看，如果机械出现不动作，或未按预定动作执行，很容易认为是机械部分故障。事实上，机械不动作或未按预定动作执行，多半是由于电子（电气）部分出现了问题。原因可能是电子线路发不出动作指令，形成机械部分不动作；可能是电子部件检测到机械部件动作不到位，发出了停止信号，造成机械部件在后续工序出现错误。如在使用复印机时，由于输纸皮带长期与驱动轮接触，造成打滑现象，使得输纸带速度低于正常速度，纸张传感器检测到规定时间内纸张未能到达指定位置，从而发出停止指令，使输纸皮带停止前进，从而出现卡纸现象。从表面来看，是在故障位（定影部位）发生卡纸现象，则怀疑是定影上、下辊之间的缝隙偏小，或分离爪分离不到位产生卡纸。经过反复观察，发现输纸带有短暂间隙停顿现象出现，肉眼几乎看不出来。一个行之有效的故障排除方法是将输送带翻转过来，让毛边与驱动轮相接触，增加带轮的摩擦力，重新开机后故障消除。该故障的原因可总结为：机械磨损引起传送带运动速度变慢，速度传感器测到后发出停止信号，于是发生卡纸现象。此例体现了机电一体化设备故障的转移性。再如某型号打印机在装纸后系统提示缺纸，多次重新装纸后，故障依旧。从故障的表面来看为输纸部件出现差错，纸张不能安装到位。但仔细检查，驱动输纸部件的电机转动声响均匀，运转正常，输送皮带等没有磨损、打滑现象，也未发现任何部件有卡死现象；因此，怀疑是控制电路部分有问题，初步判断是纸张传感器有问题。经检查发现纸张传感器（光敏元件）表面覆盖有少量灰尘，用酒精棉球擦拭后开机重试，故障消除。此例体现了机电一体化设备的转移性和敏感性（对光敏感）。

二、机电一体化设备的故障诊断方法及可靠性

1. 机电一体化设备的故障诊断方法

由于机电一体化设备所具有的独特特点，所以不能沿用传统的单独针对机械或电子的维修诊断方法，而应将机电有机结合，转变思维方法。

首先，要对机电一体化系统有一个深入的分析，熟悉系统各功能模块框图，根据各组成部分的功能、组合形式和工作环境，分析故障可能的形式和影响程度。必要时可作故障树分析，根据故障发生的现象，层层分解，找出与故障形式的逻辑关系及与可靠性有关的各种因素，弄清产生故障的实质和根源。

机电一体化设备的故障诊断法有故障树分析法、拓扑网络分析法、自诊断法（故障代码、故障指示灯、报警声等）、温度检测诊断法、压力检测诊断法、振动检测诊断法、噪声检测诊断法、金相分析检测诊断法、时域模型分析法、频域模型分析法等。

具体诊断方法有以下三种。

（1）先机后电。由于机械结构的直观性，可以通过肉眼看到明显的故障表象，如断裂、变形、打滑、碰撞、卡死等，所以，先从机械部分入手，检查机械部分是否能正常工作，行程开关是否自如接通和断开，液压、气动装置是否能正常循环，然后再判断电子（电气）部分是否存在问题。一般而言，由于机械的工作特点，它是以执行元件、驱动元件等身份出现的，更容易因为磨损、变形等原因发生失效。

（2）先外后内。由执行部件到控制部件再到驱动部件逐个检查，找到故障源头。

（3）先干后叶。先分析主要部件，后分析次要部件，尤其要重点分析连接处零部件和接口部件。

2. 机电一体化系统的可靠性分析

可靠性是产品在规定条件下和规定时间内完成规定功能的能力。机电设备的可靠性与机电设备在使用环境、工作条件、运行情况、维修保养等有关，与各个组成单元自身的可靠性相关。机电设备的可靠性可用可靠度 R 来表示，$R=R_1+R_2+R_3$，其中，R 为整个机电一体化设备的可靠度，R_1 为机械部分的可靠度，R_2 为电气部分的可靠度，R_3 为机电接口的可靠度。由此可见，为了提高整个机电一体化设备的可靠性，必须对其各组成部分进行分析，提高各组成部分的可靠性，找出薄弱环节，改善设计方法，合理配置结构，必要时对重要部分可以采用冗余设计。

机电一体化设备的可靠性也可以通过提高机械工作精度（如运动精度、加工精度、控制精度等）来获得，可采用精密机械改造传统机械；电路控制部分也可用 PLC（可编程控制器）代替传统的继电器接触控制；还可采用先进的 NC（数字控制）、PC（计算机控制）代替传统控制方法等。

三、基于 HMM&SVM 的核动力设备机械故障诊断方法

在线监测与故障诊断方法对于提高核电厂运行的安全性和可靠性具有重大意义。然而，由于核电厂设备、系统复杂，其监测数据模型和诊断技术与常规电厂有很大的不同。当发生故障时，诊断过程往往非常复杂和困难。目前核电厂机械设备故障的诊断主要依靠运行人员的运行经验，有必要引入新的诊断手段为核电厂机械设备故障诊断提供更多的手段和方法。岳夏等结合隐马尔可夫模型（HMM）与支持向量机（SVM），提出了基于 HMM&SVM 的核动力设备机械故障诊断方法。

1. HMM 诊断系统

（1）HMM 诊断流程。核电机械设备的状态变化是一个时序过程。HMM 是一种时间序列的统计模型，描述一个双随机过程，对动态过程时间序列具有极强的建模能力和时序模式分类能力，特别适合分析非平稳、重复再现性不佳的信号。采用 HMM 进行故障诊断时，通过对比各模型输出的似然率大小判断设备所处的状态。基于 HMM 的故障诊断系统流程（如图 5－76 所示）首先需要对采集到的设备信号进行特征提取。特征提取后的诊断分为模型训练和分类决策两个过程。训练过程是一个离线学习过程，通过采用 Baum－Welch 等算

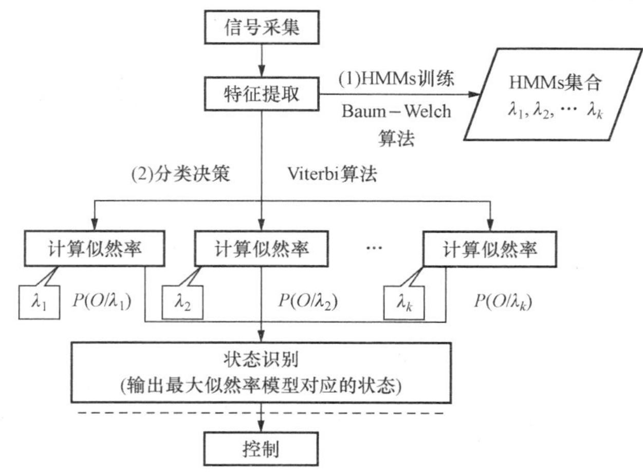

图 5－76　基于 HMM 的故障诊断系统流程

法对样本特征进行学习，从而获得用于分类决策的 HMM 模型组λ_1，…，λ_k（每一个状态需要训练至少一个 HMM）；决策过程则采用 Viterbi 等算法分别计算设备当前特征在各个 HMM 下的似然率 $P(O \mid \lambda_1)$，…，$P(O \mid \lambda_k)$，再通过比较各似然率大小，输出似然率最大的λ对应的状态为系统的诊断结果。

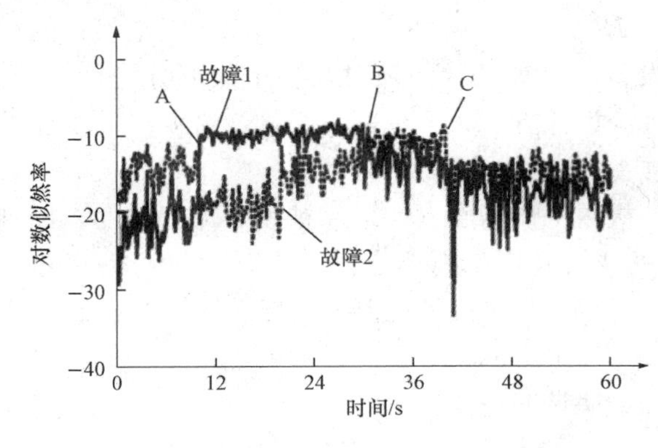

图 5-77　HMM 模型典型识别效果

（2）HMM 故障诊断系统的缺点。HMM 故障诊断系统具有动态性能好的优点。图 5-77显示了采用 HMM 对水泵流量过低进行诊断的典型过程。

从图 5-77 的似然率曲线的变化趋势可明显看出当系统运行至 A 时刻故障 1（流量突降）发生，然后随着时间的推移设备状态逐渐向故障 2 转变。在 B 时刻故障 2（流量逐步下降至低于警戒值）出现，直到 C 时刻故障消失。因此，HMM 可以很好地反应设备状态的改变趋势，这是其重要的优势。单纯采用 HMM 在处理复杂故障时，由于 Baum-Welch 算法不能很好地学习他类信息，加上 HMM 只考虑系统上一时刻的状态，所以总体的识别率常常会受到影响。如图 5-77 中当故障 2 发生时，HMM 分类的效果并不理想。尤其是诊断对象复杂时，这一现象更加突出。这也严重限制了 HMM 模型在核电厂设备机械故障诊断中的应用。

2. SVM 及混合诊断系统

为了应对核电设备机械故障诊断的复杂情况，既希望保留 HMM 模型的动态响应能力，又希望进一步提高系统的分类性能。考虑到核电设备故障样本少的特点，在 HMM 的基础上引入了 SVM 模型进行进一步分类。

（1）SVM 诊断流程。SVM 是在统计学习理论基础上发展起来的一种新的通用学习方法，因为可以实现在结构风险最小化情况下的最优分类而广受关注。SVM 模型具有小样本条件下的高分类能力，但是没有考虑系统前后时刻的关系，采用的竞争模式也不能很好地反映状态变化的趋势。

为了与 HMM 系统相匹配，这里的 SVM 选择一对一识别方法，即两两构建一个分类器。识别时通过投票表决的方式输出识别状态。SVM 诊断流程（如图 5-78 所示）同样分为模型训练过程和分类决策过程。训练过程通过学习样本特征获得用于分类的 $n(n+1)/2$ 个 SVM，即 $\varphi_{0,1}$，$\varphi_{0,2}$，…，$\varphi_{n-1,n}$（n 为状态种类）；决策过程则通过计算各 SVM 的决策函数，并依据其值与 0 的大小进行投票，统计各状态的得票率，输出得票率最多的状态为系统的诊断结果。

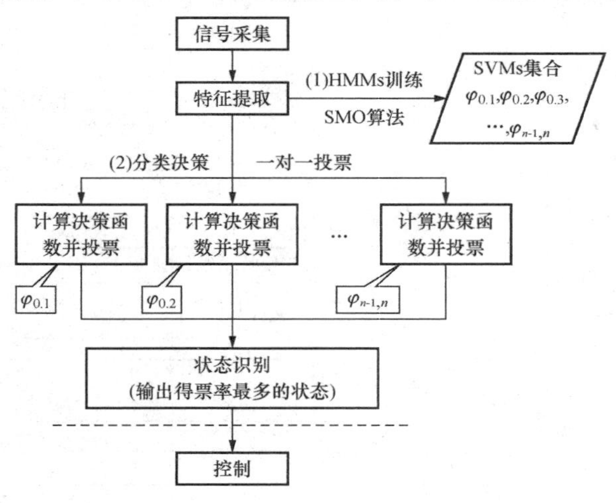

图 5-78　SVM 诊断流程

(2) HMM&SVM 混合模型诊断流程。为了结合两种模型的优点，提出基于HMM&SVM 的混合诊断系统。其诊断流程如图 5-79 所示。混合模型首先通过HMM 进行识别，输出最有可能的 n 个故障及其变化趋势。然后将获得的故障范围发送给 SVM，通过调用相关的 SVM 分类器识别出故障种类。

HMM&SVM 混合模型的实质是对诊断的不同阶段进行分工。首先利用HMM 含义明确、趋势描述效果好的特点，对故障进行初步分类，然后在此基础上利用 SVM 的强分类能力对疑似故障进行进一步甄别。

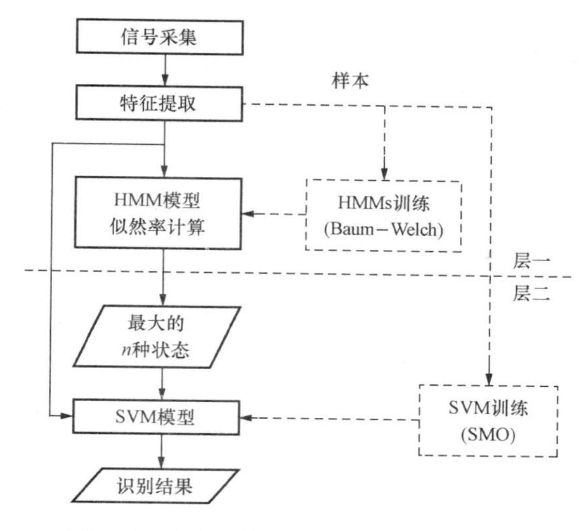

图 5-79　HMM&SVM 混合模型诊断流程

3. 实验与分析

为了验证 HMM&SVM 混合诊断系统在核电设备机械故障诊断中的性能，在主泵故障模拟装置上采集数据并进行实验分析。主泵故障模拟装置可模拟主泵的承磨环磨损、叶轮偏心、轴偏心、轴承偏心等机械故障，且每种故障可模拟 3 种严重程度。

实验通过采集模拟装置的振动信号，分别将 5 个特征频率的峰值、偏移以及信号的峭度指标、裕度指标、脉冲指标、波形指标、歪度作为诊断系统的输入特征。这 5 个特征频率分别选用实验泵的基频、2 倍频、2.4 倍频、3 倍频和 4 倍频，典型时域特征见表 5-28。

表 5-28　典型时域特征

状态	故障等级①	峭度指标	裕度指标	脉冲指标	波形指标	歪度
正常	—	3.361	10.42	8.789	1.265	0.0320
承磨环磨损	1	5.862	15.71	13.04	1.320	0.0435
	2	7.099	15.18	12.34	1.380	0.1514
	3	5.997	14.07	11.54	1.351	0.0696
叶轮偏心	1	3.499	10.59	8.916	1.272	0.0240
	2	3.718	8.947	7.491	1.285	0.0312
	3	4.036	9.841	8.203	1.297	0.0346
轴偏心	1	3.522	9.677	8.136	1.274	0.0493
	2	3.753	9.662	8.091	1.285	0.0478
	3	3.622	8.922	7.483	1.280	0.0506
轴承偏心	1	3.128	7.067	5.974	1.258	0.0543
	2	3.107	6.920	5.851	1.258	0.0761
	3	3.145	7.124	6.020	1.259	0.0542

① 故障等级越高表示程度越严重，以下相同。

多次实验后共采集到有效特征 6994 个（每一个特征对应 4s 的振动信号），包含主泵故障模拟装置正常运行以及承磨环磨损、叶轮偏心、轴偏心、轴承偏心 4 种故障，且每种故障均模拟了 3 种严重程度。因此，诊断系统共需对模拟泵的 13 种状态进行识别。为了比较各模型的性能，3 种模型均选用了 2096 个相同的特征用于训练。训练后获得 HMM 诊断系统的识别结果见表 5-29。

表 5-29 **HMM 识别结果**

状态	故障等级	次数	正确	识别率（%）
正常	—	660	541	82.0
承磨环磨损	1	66	64	97.0
	2	152	127	83.6
	3	176	170	96.6
叶轮偏心	1	946	842	89.0
	2	616	492	79.9
	3	682	518	76.0
轴偏心	1	682	680	99.7
	2	748	701	93.7
	3	726	685	94.4
轴承偏心	1	374	336	89.8
	2	528	312	59.1
	3	638	354	55.5
合计		6994	5822	83.2

从表 5-29 可看出，HMM 对于多数故障的识别效果很好，比如对轴偏心故障的识别，但是对轴承偏心 2 与 3 的识别率却很低。其原因除去故障特征较不明显之外，还与轴承偏心的特征值分布较为分散有关。由于 HMM 每种状态观测概率的积分为 1，如果特征值过于分散，会降低模型输出似然率的大小，从而影响到该状态的识别效果。

SVM 的识别率见表 5-30。从表 5-30 可看出，采用同样训练集的 SVM 的识别率要大大优于 HMM。同时轴承偏心 3 故障的识别率依然是最低的。HMM&SVM 混合系统的识别率见表 5-31。从表 5-31 可看出，HMM&SVM 混合系统的识别率在 SVM 的基础上进一步提高，这主要是因为 HMM 模块减少了无效投票的数量。此外，虽然 HMM 本身的识别率不如 SVM，但是其明确的含义对系统的实际应用非常重要。HMM 的似然率能够直接反映出设备当前状态与模型之间的匹配程度，因此通过似然率的变化曲线可以直观地分析出设备的变化趋势，这是 SVM 无法做到的。

表 5-30 **SVM 识别结果**

状态	故障等级	次数	正确	识别率（%）
正常	—	660	583	88.3

续表

状态	故障等级	次数	正确	识别率（%）
承磨环磨损	1	66	66	100
	2	152	149	98.0
	3	176	174	98.9
叶轮偏心	1	946	868	91.8
	2	616	600	97.4
	3	682	662	97.0
轴偏心	1	682	667	97.8
	2	748	739	97.8
	3	726	719	99.0
轴承偏心	1	374	351	93.9
	2	528	479	90.7
	3	638	537	84.2
合计		6994	6594	94.3

表 5-31　HMM&SVM 识别结果

状态	故障等级	次数	正确	识别率（%）
正常	—	660	583	88.3
承磨环磨损	1	66	66	100
	2	152	152	100
	3	176	176	100
叶轮偏心	1	946	872	92.2
	2	616	604	98.1
	3	682	660	96.7
轴偏心	1	682	670	98.2
	2	748	739	98.8
	3	726	719	99.0
轴承偏心	1	374	352	94.1
	2	528	482	91.3
	3	638	565	88.6
合计		6994	6640	94.9

四、机电一体化的自修复技术

1. 微胶囊自修复技术

微胶囊技术于 1953 年由美国 NCR（National Cash Reqist）公司的 B. K. Green 发明，并于 1954 年首次应用在无碳复写纸上，由此开创了微胶囊应用的新领域。

在随后的二十多年，英国、日本等国花费了很大的投资，在一些理论问题上取得了重大突破，又发展了许多微胶囊化方法，从而使微胶囊技术进一步系统化。

微胶囊是通过成膜材料包覆分散性的固体、液体或气体而形成的具有核壳结构的微小容器。近几年，随着复合材料技术的发展，微胶囊技术在复合材料裂纹自修复方面的应用得到了重视，并成为新材料领域研究的一个热点。

微胶囊自修复技术是受生物体损伤后具有自我愈合能力的启发，在聚合物复合材料产生裂纹的情况下，通过埋置于材料内部的微胶囊所包覆化学物质的释放，使裂纹缝合达到愈合裂纹和防止裂纹产生的目的。该项技术能够实现材料内部或外部损伤的自我修复，从而阻止复合材料尤其是脆性材料内部微裂纹的进一步扩展，延长材料的使用寿命，降低维修与维护成本。

（1）微胶囊的合成原料。在实际应用中，主要是根据具体的生产要求，选择囊芯和囊壁。不但要求囊料能够在囊芯物质上形成一层具有黏附力的薄膜（囊壁物质的表面张力应小于芯物质的表面张力），而且还要求囊壁材料不与囊芯物质发生化学反应，同时要考虑到产品在应用过程中的渗透性、稳定性和黏结性等因素。

1）囊芯材料的选择。不同应用领域，选择的囊芯材料不同，被包覆的囊芯可为油溶性、水溶性化或混合物，其状态可为固体、液体或气体。常用的囊芯材料主要有：染料、颜料、无碳复写纸的无色染料、脂肪、调味品、香料、阿司匹林、维生素、氨基酸、香精、薄荷油、醚类、醋类、醇类、石蜡类、苛性碱、胺类等。

2）囊壁材料的选择。微胶囊囊壁材料的选择对微胶囊产品的性能及应用往往起到决定性作用，应不同的囊芯和不同的应用领域来选择不同的囊壁材料。选择微胶囊囊壁材料考虑到囊芯的物理化学特性，油溶性囊芯需选水溶性囊壁材料，水溶性囊选油溶性囊壁材料，即囊壁材料应不与囊芯反应，且不与囊芯混溶。囊壁材料的性质及不同的应用条件，要求囊壁材料有一定的强度及可塑性，具有符合要求的黏度、熔点、玻璃化温度、成膜性、稳定性、渗透性、吸湿性、电性能、可聚合性、溶解性、相容性等，有些则需具有生物可降解性等。在目前研究报道中，高分子材料是最为常用的微胶囊囊壁材料，主要包括天然高分子材料、半合成高分子材料和全合成高分子材料三大类。

天然高分子材料包括明胶、甲壳、葡萄糖、阿拉伯胶、虫胶、紫胶、淀粉、糊精、蜡、松脂、海藻酸钠、白蛋、玉米肮等。合成高分子材料包括羧甲基纤维素、甲基纤维素、乙基纤维素等。全合成高分子材料包括聚乳酸、聚丙交醋、聚乙烯、聚己内醋、聚苯乙烯、聚丁二烯、聚丙烯、聚醚、聚乙二醇、聚乙烯醇、聚硅氧烷等。

（2）微胶囊的合成方法。随着新材料、新设备的不断出现，到目前为止，微胶囊化的方法已将近 200 种。目前微胶囊技术主要可分为化学法、物理化学法和物理法。

1）化学法主要利用单体小分子发生聚合反应生成高分子成膜材料囊芯包覆。

2）物理化学法是通过改变条件如温度、pH 值、加入电解质等使溶解的成膜材料从溶液中聚沉出来并将囊芯包覆形成微胶囊。

3）物理法主要是利用机械原理的方法合成微胶囊。

不同的合成方法制得的微胶囊性能差别很大，可应用于不同的领域。

（3）微胶囊的结构性能及其表征方法。目前微胶囊的应用研究不断深入但微胶囊技术的基础研究还不成熟和完整，对微胶囊的研究缺乏统一的标准，还没有全面系统的表征方法。由不同方法制备的微胶囊有许多形态与结构，而且粒径分布各异，因此有许多特征参数来描述微胶囊的性质和性能。主要有表面形态、粒径大小、粒径分布、囊壁厚度、囊芯含量、囊壁结构、稳定性、渗透性和力学性能等。

2. 纳米减摩自修复添加剂技术

纳米减摩自修复添加剂技术是一种通过摩擦化学作用来实现磨损表面自修复的技术。其原理是加入润滑油的复合添加剂中的纳米颗粒，随润滑油分散于各个摩擦副接触表面，在一定温度、压力、摩擦力作用下，纳米颗粒将与摩擦副发生摩擦化学作用，沉积在摩擦副表面，并填补表面微观沟谷，从而形成一层具有减摩耐磨作用的固态修复膜。

（1）微纳金属颗粒自修复添加剂。在微米减摩添加剂中加入纳米金属颗粒形成的微纳金属颗粒自修复添加剂，具有更好的自修复性能。如再制造技术国家重点实验室在M3微米减摩添加剂基础上配加纳米金属Cu颗粒，开发的M6微纳米减摩自修复添加剂，经300h柴油发动机台架试验表明，其对发动机气缸—活塞环摩擦副的自修复效果十分明显，自修复膜的生成，大大改善了缸套—活塞环摩擦副的润滑状况，显著降低了发动机有效转矩，修复后的活塞基本达到了“零磨损”。该微纳米减摩自修复添加剂的性能优于微米减摩添加剂和国外的某添加剂。中科院兰州化学物理研究所对Cu-DDP表面修饰纳米颗粒添加剂的研究表明，粒径为15nm的铜纳米微粒在润滑油中的抗磨效果优于粒径为40nm的铜纳米微粒。据此可以初步推测，粒径较小的纳米颗粒作为润滑油添加剂在金属磨损表面的沉积及其对磨损表面的修复能力更强。

（2）微纳层状硅酸盐自修复添加剂。层状硅酸盐是一类具有层状结构的固体润滑材料，它和石墨、二硫化钼的结构非常相似，具有良好的润滑性能。层状硅酸盐独特的层状结构使其具有优良的抗磨和减磨作用。因此，层状硅酸盐作为润滑油脂添加剂，将具有良好的润滑性能。近年来，在微纳米级层状硅酸盐微粉的制备和硅酸盐粉体在润滑油中的分散稳定的研究上取得了突破，已制备出一种复合层状硅酸盐、稀土化合物及表面改性剂的金属表面强化减摩修复剂。该修复剂具有表面强化修复和精细磨合的特点，摩擦过程中既能够在摩擦副表面形成含FeC_3、Fe_3O_4及铁镁硅酸盐纳米晶的高硬度修复层，延长运动摩擦部件磨损寿命，又可以显著降低摩擦副表面粗糙度，改善润滑状态，达到节能降耗的效果。其性能优于国外同类金属磨损自修复材料，但成本只有同类产品的1/5。该技术在变速箱、齿轮传动机构和发动机等的应用表明，可成倍延长机械装置的使用寿命，降低工作噪声减少摩擦功率损失，减少CO、CH_x的排放，降低油耗。

3. 现代飞行器的自修复飞行控制技术

随着现代航空技术的快速发展，现代飞行器设计越来越复杂精密，其性能也得到大幅改进和提高。作为飞行器核心技术之一的飞行控制技术，其自动化和复杂度也得以空前提高，对其操纵可靠性、安全性要求也进一步提高。可以说，现代飞行器的软、硬故障是影响其安全性的重要因素，尤其是操纵面损伤、卡死或浮松等硬故障可能成为现代飞行器飞行控制系统的致命问题。

为使现代飞行器及其飞行控制系统具有一定故障工作和故障安全能力，发展智能飞行控制系统将是大势所趋。自修复飞行控制技术是在电传飞行控制系统基础上发展起来的一种主、被动容错技术相结合的，具有一定智能化的先进飞行控制技术，在飞行器发生故障时可重新配置或重新构造飞行器控制律，解决现代飞行器电传操纵系统余度管理技术无法处理的飞行器损伤、卡死或浮松等硬故障发生后的控制性能保持问题。

(1) 自修复飞行控制技术内涵。自修复飞行控制技术具有一定模式识别和智能化信息处理功能，是主动飞行控制技术的进一步发展。智能控制技术与传统控制技术区别主要表现在：①智能控制技术无需确知受控对象的精确数学模型，采用知识表达、模糊逻辑、自动推理决策等相关信息处理技术；传统控制技术则必须已知受控对象的精确数学模型，并根据其数学模型及性能指标设计相应的解析控制律；②智能控制方法是人工智能技术、传统控制理论、运筹学和信息论相结合的控制方法，是这些学科的交叉，并利用计算机向工程实用全面深入发展；传统控制方法则是基于线性/非线性古典/现代控制理论，在工程实践运用上，线性系统控制方法已得到广泛深入的工程运用，但对非线性系统尤其是高阶非线性系统的控制还缺乏系统深入的工程应用研究。

具有智能控制技术特点的自修复飞行控制技术对现代飞行器及飞行控制系统的高可靠性和高生存性具有重要作用，自修复飞行控制技术主要内涵是：在对飞行控制系统进行设计时，可基于系统控制机构本身的功能硬件冗余，重新构造飞行器控制律，以便重新分布操纵面上的力和力矩，提高飞行控制系统对其机构硬件故障或战损的适应性，使故障或战损后的飞机仍可安全飞行甚至继续执行作战任务。显然，自修复飞行控制技术将使现代飞行控制系统的可靠性、可维护性和安全性等性能得以极大改善，降低现代飞行器的寿命周期费用并大大提高飞机的生存能力。

(2) 自修复飞行控制技术简要发展。1977 年 4 月 22 日，美国三角（Delta）航空公司 1080 航班的一架 DC-10 飞机在芝加哥发生坠毁事故，其原因认定为该机在起飞时其左升降舵发生卡死故障（舵面上偏 19°）；同样美国空军对在越战中参战战斗机进行了统计分析后得出：如果具有自修复能力，其 70%的战斗机可避免损失。由此可见，飞机具有自修复系统对提高其安全性、可靠性和生存能力的重要意义，飞行器的自修复控制技术也顺理成章地引起了人们的重视并得到发展。

在 20 世纪 80 年代，美空军将自修复飞行控制系统设计作为 2010 年下一代技术研究重点之一，1982 年 NASA 首次提出自修复控制概念，2 年后美国空军飞行动力学试验室开始实施自修复飞行控制系统计划，洛克希德·马丁公司将自设计飞行控制器（SDFC）用于 RESTORE 计划，已在 F-16 飞机上试飞成功。目前，以美国为代表的航空技术先进国家已经对自修复飞行控制系统关键技术、系统设计开展了大量研究和试飞验证。近年来，基于在线神经网络和动态逆的自修复控制系统也由波音公司在 RESTORE 项目进行开发研制，并以 X-36 飞机为载机成功试飞。2002 年，美军又明确提出研制具有故障自愈调控功能的无故障、少故障或免维修、少维修的新一代军用飞行器自修复飞行控制系统，标志着自修复飞行控制技术已发展到一个新的水平。

我国从 20 世纪 80 年代初期开始进行自修复控制的研究。在 1993 年航空科学基金首次资助飞机自修复控制系统的研究。"九五"期间对自修复飞行控制技术展开了深入研究，研究内容主要集中在自修复控制方案、故障检测、控制律重构、自修复控制鲁棒性以及开展数字仿真、地面半物理仿真试验等，并取得了一批阶段性研究成果。

（3）自修复飞行控制系统关键技术。基于容错控制基础上发展起来的飞行器飞行控制系统自修复关键技术，主要包括如下内容：①飞行控制系统故障的自动检测诊断、故障特征提取、故障模式识别与辨识、故障自动隔离技术；②自修复控制律的重构技术，主要包括重新配置飞行控制系统（reconfigurable flight control system）自修复控制律的重构技术和重新构造自修复飞控系统（reconstructible flight control system）自修复控制律的重构技术，以及相关的时序匹配及无痕迹切换等关键技术；③自修复飞行控制系统的仿真验证及试验评估技术。

1）故障自动检测与诊断技术。飞行控制系统故障的全局自动检测诊断、故障模式识别与辨识、故障自动隔离技术是自修复飞行控制技术的重要一环，对提高或改善自修复飞行控制系统品质起着关键作用。为此，对故障的自动检测诊断和隔离必须具有实时性，虚警率、漏警率要小。但现代飞行器及飞行控制系统是一种高度复杂的大系统，其故障模式复杂多样，导致对其各种未知故障的全面自动检测模式复杂多样，导致对其各种未知故障的全面自动检测诊断和隔离困难较大。目前飞行控制系统故障检测诊断技术主要包括基于系统动态模型和不依赖于系统动态模型的故障检测诊断技术。

基于系统动态模型的故障检测诊断技术包括检测滤波器技术（F-16 仿真和试飞验证采用）、等价空间技术（F-8、F-15、C-131H、仿真和试飞验证采用）、广义似然比技术、参数估计技术、马氏链技术、鲁棒观测器技术等。基于系统动态模型，检测诊断技术的主要步骤如下：首先，基于控制系统观测器或滤波器对系统状态参数实施重构，形成状态参数残差序列；然后对残差序列中的故障信息进行增强和放大，以便抑制模型误差等非故障信息；最后，对残差序列进行统计分析，实施故障信息的检测定位和隔离。

不依赖于系统动态模型的故障检测诊断技术，主要包括基于专家系统、模式识别、神经网络理论的故障检测诊断技术等如 F-16、F-18 战斗机的故障检测诊断就辅助模糊逻辑和神经网络技术。该技术具有一定智能性，其适应性好、应用灵活，但故障诊断较困难，不便于故障的在线辨识估计。

2）飞行控制系统自修复控制律的重新配置技术。飞行控制系统自修复控制律的重新配置技术是预先考虑飞行器全包线不同状态下飞行控制系统的所有故障模式，对飞行器可能故障模式进行分类，预先设计每种故障模式的自修复控制律并存储于机载飞控计算机上。基于故障检测/辨识模块，当发生某一类故障时，给出故障信息，及时调用已存储的相关自修复控制律对该类故障进行自修复。

显然重新配置自修复控制律必须事先预测飞行器全包线下的所有故障模式，并针对每种故障模式进行自修复控制律的配置。因此该类自修复控制系统需要进行大量设计，并需考虑到实际飞行控制系统各种情况下可能发生的所有故障模式，显然这是非常困难的甚至是基本做不到的。

重新配置飞行控制系统控制律方法主要包括伪逆法、多模型法、特征结构配置法、定量反馈法（quantitative feedback theory，QFT）等。

3）飞行控制系统自修复控制律的重新构造技术。飞行控制系统自修复控制律的重新构造技术是基于飞行器剩余的无故障元部件，针对当前系统模型，进行在线实时参数辨识，在线重新构造飞行器控制律，以使控制系统达到某种要求。显然该控制律重构是在线进行的，这对机载飞控计算机提出了较高要求，必须有足够大的内存容量和足够快的运算能力。

自修复飞行控制系统控制律重新构造方法主要有反馈线性化方法、模型跟随控制方法、模型参考自适应控制方法等。

反馈线性化方法也是非线性控制系统设计常用方法。该方法基于反馈线性化理论（微分几何和动态逆）对飞行器非线性动力学模型进行线性化处理，并以此来设计重构飞行器自修复控制律。该方法可避免大量增益调度表的设计和试验，降低对机载飞控计算机的存储容量要求，且能适应更为复杂的飞行状况。基于动态逆的飞行控制系统已在大迎角超机动飞机起飞/垂直着陆飞机、直升机以及无人机中得到成功应用。

模型跟随控制方法包括隐模型跟随控制和显模型跟随控制两大类。顾名思义，该控制方法是使实际系统输出能够精确跟踪参考模型输出，显然需要进行实时参数辨识，属于自适应控制范畴，其中隐模型跟随控制是没有明确的显式参考模型，只是在重构控制律时才能体现出来。

模型参考自适应控制基于机载计算机软件实现的参考模型与被控飞行器模型状态变量之间的运动偏差来重构控制律，通过实时辨识，实时调整来达到消除偏差的目的。

4）自修复飞行控制系统的仿真验证及试验评估技术。为验证所设计的飞行器自修复飞行控制系统的有效性，在系统投入使用前，必须对其进行仿真验证及系统性能评估，如采用全数字仿真、半实物仿真直至全实物物理仿真验证。目前已对这些工作展开研究，但还很不完善。近年来自修复飞行控制系统实物试验备受美国等航空发达国家重视，在各种新型试验飞行器上对其自修复飞行控制系统进行实物验证，如美国 NASA 的 X-33 计划、空军 X-36 先进无尾战斗验证机 RESTORE 计划、F-18 自修复飞行控制系统（SRFCS）计划、F-15 高集成数字电子设备（HIDEC）计划和 MD-11 的推力控制飞机项目等。但总体而言，对自修复飞控系统的仿真试验，尤其是半实物仿真试验和全实物物理试验还存在诸多难题有待研究解决。

习题与思考题

5-1 工业机器人三种基本驱动系统的主要特点是什么？

5-2 机器人控制系统中的主要控制方法有哪些？它们的控制原理是什么？

5-3 简述数控加工的插补原理。

5-4 简述数控设备伺服机构的三种控制结构。

5-5 简述汽车机电一体化的相关内容。

5-6 给出 4 种典型的车载网络，并简述其特点。

5-7 简述 AMT 工作的基本原理。

5-8 ABS 的作用是什么？

5-9 ABS 中检测车速的原理是什么？

5-10 国家规定的特种设备包含哪些设备？

5-11 电梯的八大系统包括哪些？

5-12 数码相机的光电成像原理是什么？

5-13 简述全自动洗衣机中混浊度检测系统的工作原理。

5-14　常见的立体车库有哪些类型？

5-15　机电一体化设备的故障诊断方法有哪些？

5-16　简述 HMM 和 SVM 的概念。

5-17　简述微胶囊自修复技术。

5-18　现代飞行器的自修复飞行控制技术主要有哪些？

参考文献

[1] 向士凡，肖继学，等. 机电一体化基础. 重庆：重庆大学出版社，2013.
[2] 刘杰. 机电一体化技术基础与产品设计. 2010.
[3] 孙卫青，李建勇. 机电一体化技术. 2版. 北京：科学出版社，2009.
[4] 刘龙江. 机电一体化技术. 北京：北京理工出版社，2009.
[5] 刘武发，刘德平. 机电一体化设计基础. 北京：化学工业出版社，2007.
[6] 三浦宏文. 机电一体化实用手册. 北京：科学出版社，2001.
[7] 林述温，范扬波. 机电装备设计. 北京：机械工业出版社，2002.
[8] 邱士安. 机电一体化技术. 西安：西安电子科技大学出版社，2004.
[9] 李建勇. 机电一体化技术. 北京：科学出版社，2004..
[10] 刘杰，宋伟刚，李允公. 机电一体化技术导论. 北京：科学出版社，2006.
[11] 朱喜林，张代治. 机电一体化设计基础. 北京：科学出版社，2004.
[12] 李成华，杨世凤，袁洪印. 机电一体化技术. 北京：中国农业大学出版社，2001.
[13] 补家武，等. 机电一体化技术与系统设计. 武汉：中国地质大学出版社，2001.
[14] 朱林，等. 机电一体化系统设计. 2版. 北京：石油工业出版社，2008.
[15] 王俊峰，张玉生. 机电一体化检测与控制技术. 北京：人民邮电出版社，2006.
[16] 李晓林，牛昱光，阎高伟. 单片机原理与接口技术. 2版. 北京：电子工业出版社，2011.
[17] 彭伟. 单片机C语言程序设计实训100例—基于8051＋Proteus仿真. 2版. 北京：电子工业出版社，2012.
[18] 李朝青，刘艳玲. 单片机原理及接口技术. 4版. 北京：北京航空航天大学出版社，2013.
[19] 陈忠平. 51单片机C语言程序设计经典实例. 北京：电子工业出版社，2012.
[20] 张齐，朱宁西. 单片机应用系统设计技术—基于C51的Proteus仿真. 3版. 北京：电子工业出版社，2013.
[21] 郑锋，王巧芝，李英建，等. 51单片机应用系统典型模块开发大全. 3版. 北京：中国铁道出版社，2013.
[22] 王敏，袁臣虎，冯慧，等. 单片机原理及接口技术—基于MCS-51与汇编语言. 北京：清华大学出版社，2013.
[23] 南金瑞. 汽车单片机及车载总线技术. 北京：北京理工大学出版社，2013.
[24] 姜志海，黄玉清，刘连鑫. 单片机原理及应用. 3版. 北京：电子工业出版社，2013.
[25] 孙育才，孙华芳. MCS-51系列单片机及其应用. 5版. 南京：东南大学出版社，2012.
[26] 罗峰，孙泽昌. 汽车CAN总线系统原理、设计与应用. 北京：电子工业出版社，2010.
[27] 龙志强. CAN总线技术与应用系统设计. 北京：机械工业出版社，2013.
[28] 于京诺. 汽车电子控制技术. 北京：机械工业出版社，2014.
[29] 毛红孙. 汽车电子控制装置. 3版. 北京：中国劳动社会保障出版社，2013.
[30] 何勇灵. 汽车电子控制技术. 北京：北京航空航天大学出版社，2013.
[31] 麻友良. 汽车电器与电子控制系统. 3版. 北京：机械工业出版社，2013.
[32] 高卫东，辛友顺，韩彦征. 51单片机原理与实践. 北京：北京航空航天大学，2008.
[33] 高卫东. 51单片机原理与实践：C语言版. 北京：北京航空航天大学，2011.
[34] 岳琪，李传鸿，张怡卓，等. MCS-51单片机基础教程. 哈尔滨：东北林业大学出版社，2007.

[35] 胡汉才. 单片机原理及系统设计. 北京：清华大学出版社，2002.
[36] 孙可平. 电磁兼容性与抗干扰技术. 大连：大连海事大学出版社，2005.
[37] 钟耀球，张卫华. FF总线控制系统设计与应用. 北京：中国电力出版社，2010.
[38] 葛长虹. 工业测控系统的抗干扰技术. 北京：冶金工业出版社，2006.
[39] 徐义亨. 工业控制工程中的抗干扰技术. 上海：上海科学技术出版社，2010.
[40] 王幸之，王雷，翟成，等. 单片机应用系统抗干扰技术. 北京：北京航空航天大学出版社，1999.
[41] 胡汉才. 单片机原理及其接口技术. 2版. 北京：清华大学出版社，2004.
[42] 万福君. MCS-51单片机原理、系统设计与应用. 北京：清华大学出版社，2008.
[43] 李泉溪. 单片机原理与应用实例仿真. 北京：北京航空航天大学出版社，2009.
[44] 汪建. 单片机原理及应用技术. 武汉：华中科技大学出版社，2012.
[45] 马争. 微计算机与单片机原理反心用. 北京：高等教育版社，2009.
[46] 黄惟公，邓成中. 单片机原理与接口技术（C51版）. 成都；四川大学出版社，2011.
[47] 张元良. 王建军. 单片机开发技术实例教程. 北京：机械工业出版社，2010.
[48] 曹龙汉，刘安才，高占国. MCS-51单片机原理及应用. 重庆：重庆出版社，2004.
[49] 邓安远，夏永恒. 单片机原理与应用. 北京：中国计划出版社，2008.
[50] 霍孟友，王爱群，孙玉德，等. 单片机原理与应用. 北京：机械工业出版社，2005.
[51] 史庆武，王艳春，李建辉. 单片机原理及接口技术. 北京：中国水利水电出版社，2008.
[52] 王幸之，钟爱琴，王雷，等. AT89系列单片机原理与接口技术. 北京：北京航空航天大学出版社，2004.
[53] 金建设. 单片机系统及应用. 北京：北京邮电大学出版社，2009.
[54] 谢敏. 单片机应用技术. 北京：机械工业出版社，2008.
[55] 刘焕平，童一帆. 单片机原理及应用. 北京：北京邮电大学出版社，2008.
[56] 刘刚，秦永左. 单片机原理及应用. 北京：中国林业出版社，2006.
[57] 张丽娜. 单片机原理及应用. 武汉：华中科技大学出版社，2004.
[58] 贾萍，别文群. 单片机原理及应用. 广州：广东高等教育出版社，2007.
[59] 刘军. 单片机原理与接口技术. 上海：华东理工大学出版社，2006.
[60] 张涛，王金岗. 单片机原理与接口技术. 北京：冶金工业出版社，2007.
[61] 李刚，林凌. 新概念单片机教程. 天津：天津大学出版社，2007.
[62] 张毅刚，彭喜元，姜守达，等. 新编MCS-51单片机应用设计. 哈尔滨：哈尔滨工业大学出版社，2003.
[63] 王岚. 微机控制与接口技术. 北京：中央广播电视大学出版社，2005.
[64] 高安邦，田敏，成建生. 机电一体化系统使用设计案例精选. 北京：中国电力出版社，2010.
[65] 秦实宏，徐春辉. MCS-51单片机原理及应用. 武汉：华中科技大学出版社，2010.
[66] 季宏锋，吴军辉，徐立鸿. I^2C总线技术及应用实例. 微型机与应用，2002，21（12）：26-28，61.
[67] 郑爱华，孙雨. 一种新型的SPI显示控制驱动器. 电脑开发与应用，2000，13（8）：11-13.
[68] 张华林. MAX7221的原理与应用. 漳州师范学院学报，2004，17（3）：43-47.
[69] 王川北，刘强. 深入浅出USB系统开发—基于ARM Cortex-M3. 北京：北京航空航天大学出版社，2012.
[70] 张念淮，江浩. USB总线接口开发指南. 北京：国防工业出版社，2001.
[71] 牛跃听，周立功，方丹. CAN总线嵌入式开发——从入门到实战. 北京：北京航空航天大学出版社，2012.
[72] 李泉溪. 单片机原理与应用实例仿真. 北京：北京航空航天大学出版社，2009.
[73] 李真花. CAN总线轻松入门与实践. 北京：北京航空航天大学出版社，2011.

[74] 李媛，杨帆，张功．PLC原理与应用．北京：北京邮电大学出版社，2009.
[75] 王兆义．可编程控制器教程．北京：机械工业出版社，2006.
[76] 李嗣福．计算机控制基础．合肥：中国科学技术大学出版社，2006.
[77] 冯浩，汪建新，赵书尚．机电一体化系统设计．武汉：华中科技大学出版社，2009.
[78] 徐小林，胡年，谢竹生．汽车发动机电子控制系统．北京：中国铁道出版社，2002.
[79] 姚道和．汽车电工与电子技术．武汉：武汉理工大学出版社，2009.
[80] 凌永成，于京诺．汽车电子控制技术．北京：中国林业出版社，2006.
[81] 付百学．汽车电子控制技术（上、下册）．北京：机械工业出版社，2000.
[82] 君兰工作室．机电一体化—从原理到应用．北京：科学出版社，2009.
[83] 成大先．机械设计手册（第5卷）．5版．北京：化学工业出版社，2008.
[84] 谭民，王硕．机器人技术研究进展．自动化学报，2013，39（7）：963-972.
[85] 张乃风，张志先，陶伟谦．智能机器人技术研究进展．机器人技术与应用，2012（6）：6-11.
[86] 郁建平．机电综合实践．北京：科学出版社，2008.
[87] 张建民，唐水源，冯淑华．机电一体化系统设计．2版．北京：高等教育出版社，2001.
[88] 张建民．机电一体化系统设计．3版．北京：高等教育出版社，2007.
[89] 朱德文，李大为．电梯安装与维修图解．北京：机械工业出版社，2011.
[90] 陈家盛．电梯结构原理及安装维修．5版．北京：机械工业出版社，2012.
[91] 余宁．电梯安装与调试技术．江苏：东南大学出版社，2011.
[92] 张道德，杨光友，周国柱，等．APMS-10G混浊度传感器在模糊控制工业洗衣机中的应用．仪表技术与传感器，2005（5）：45-46.
[93] 李瑞琴，邹慧君．机电一体化产品概念设计理论研究现状与发展展望．机械设计与研究，2003（6）：10-13.
[94] 何振俊．机电一体化系统的故障特点分析及可靠性研究．机电一体化，2006，12（2）：11-13.
[95] 岳夏，张春良，全燕鸣，等．基于HMM&SVM的核动力设备机械故障诊断方法研究．核动力工程，2012，33（3）：104-108.
[96] 周剑，陈加骐，未涛，等．自修复微胶囊的研究进展．江西化工，2013（2）：78-79.
[97] 谭俊，陈建敏，刘敏，等．面向绿色制造与再制造的表面工程．机械工程学报，2011，47（20）：95-103.
[98] 史佩京，乔玉林，徐滨士，等．减摩修复添加剂的研制及发动机台架考核．石油炼制与化工，2004，35（3）：34-37.
[99] 张博，徐滨士，许一，等．羟基硅酸镁对球墨铸铁摩擦副耐磨性能的影响及自修复作用．硅酸盐学报，2009（4）：492-496..
[100] 许一，于鹤龙，赵阳，等．层状硅酸盐自修复材料的摩擦学性能研究．中国表面工程，2009，22（3）：18-22.
[101] 于鹤龙，许一，史佩京，等．蛇纹石超细粉体作润滑油添加剂的摩擦学性能．粉末冶金材料科学与工程，2009（5）：310-315.
[102] 曲东才，于进勇，卢斌文，等．现代飞行器的自修复飞行控制技术．四川兵工学报，2012，33（2）：1-4.
[103] 郁建平．机电综合实践．北京：科学出版社，2008.
[104] 闻邦椿．机械设计手册（第5卷）．5版．北京：机械工业出版社，2010.
[105] 郑堤．机电一体化技术基础．北京：机械工业出版社，2009.
[106] 芮延年．机电一体化系统设计．北京：机械工业出版社，2004.
[107] 李运华．机电控制．北京：航空航天大学出版社，2003.

[108] 马哈利克. 机电一体化：原理·概念·应用. 北京：科学出版社，2008.
[109] 金子敏夫. 机电一体化技术基础. 戈平厚，刘松杨，杨清梅，译. 哈尔滨：哈尔滨工业大学出版社，2000.
[110] 杨黎明. 机电一体化系统设计手册. 北京：国防工业出版社，1997.
[111] 李运华. 机电控制. 北京：航空航天大学出版社，2003.
[112] 尹志强. 机电一体化系统设计课程设计指导书. 北京：机械工业出版社，2007.
[113] 徐志毅：机电一体化技术在支柱产业中的应用. 上海：上海科学技术出版社，1997.
[114] 高钟毓. 机电控制工程. 北京：清华大学出版社，2002.
[115] 刘助柏，知识创新思维方法论. 北京. 机械工业出版社，1999.
[116] 袁中凡. 机电一体化技术. 北京：电子工业出版社，2006.
[117] 殷际英. 光机电一体化实用技术. 北京：化学工业出版社，2003.
[118] 傅运刚，陈维健. 机电一体化应用技术基础. 徐州：中国矿业大学出版社，1996.
[119] 舒志兵. 机电一体化系统应用实例解析. 北京：中国电力出版社，2009.
[120] 朱蓓康，龚运新，申向丽. 机电一体化系统. 北京：北京师范大学出版社，2013.
[121] 姜培刚，盖玉先，王增才，等. 机电一体化系统设计. 北京：机械工业出版社，2003.
[122] 张立勋. 机电一体化系统设计. 3 版. 哈尔滨：哈尔滨工程大学出版社，2012.
[123] 薛惠芳，郑海明. 机电一体化系统设计. 北京：中国计量出版社，2012.
[124] 张发军. 机电一体化系统设计. 武汉：华中科技大学出版社，2013.
[125] 王纪坤，李学哲. 机电一体化系统设计. 北京：国防工业出版社，2013.
[126] 俞竹青，金卫东. 机电一体化系统设计. 北京：电子工业出版社，2011.
[127] 李永海，张艳芹，李闯. 深入浅出机电一体化技术应用丛书 机电一体化系统设计. 北京：中国电力出版社，2012.
[128] 李颖卓，张波，王茁. 机电一体化系统设计. 2 版. 北京：化学工业出版社，2010.
[129] 陈荷娟. 机电一体化系统设计. 2 版. 北京：北京理工大学出版社，2013.
[130] 孔祥冰，李东洁，曹宇. 机电一体化系统设计. 北京：中国电力出版社，2013.
[131] 张保成. 机电一体化系统设计. 北京：电子工业出版社，2012.
[132] 魏天路，倪依纯. 机电一体化系统设计. 北京：机械工业出版社，2011.
[133] 梁景凯，盖玉先. 机电一体化技术与系统. 北京：机械工业出版社，2011.